普通高等教育系列教材

# 单片机原理及应用教程

## 第4版

赵全利　主编
杜海龙　陈　军　秦春斌　　副主编

机械工业出版社

本教材从单片机应用的角度出发，在第 3 版的基础上进行修正、调整和扩充，翔实地描述了 51 系列及兼容单片机体系结构、工作原理、功能部件及软硬件应用开发资源。在单片机硬件组成的基础上，兼容汇编语言和 C51 应用程序的基础知识、编程技术、应用示例及单片机系统软硬件开发过程。

本书以 Keil 集成环境、Proteus 仿真软件及 ISP 下载等开发资源为平台，引用了大量的单片机软硬件仿真调试示例及工程应用实例，引导读者逐步认识、熟知、实践和应用单片机。

本书可作为高等院校电子信息、通信、自动化、机电及计算机类专业的教材，也可作为相关专业技术人员的参考用书。

本书配套授课电子课件、习题答案、程序代码及仿真电路源文件，需要的教师可登录 www.cmpedu.com 免费注册，审核通过后下载，或联系编辑索取（QQ：2850823885，电话：010-88379739）。

**图书在版编目（CIP）数据**

单片机原理及应用教程 / 赵全利主编. —4 版. —北京：机械工业出版社，2020.6（2024.8 重印）
普通高等教育系列教材
ISBN 978-7-111-65450-6

Ⅰ. ①单…　Ⅱ. ①赵…　Ⅲ. ①单片微型计算机-高等学校-教材
Ⅳ. ①TP368.1

中国版本图书馆 CIP 数据核字（2020）第 068327 号

机械工业出版社（北京市百万庄大街 22 号　邮政编码 100037）
策划编辑：胡　静　　责任编辑：胡　静
责任校对：张艳霞　　责任印制：常天培

天津嘉恒印务有限公司印刷

2024 年 8 月第 4 版 • 第 10 次印刷
184mm×260mm • 20 印张 • 496 千字
标准书号：ISBN 978-7-111-65450-6
定价：65.00 元

电话服务
客服电话：010-88361066
010-88379833
010-68326294

网络服务
机　工　官　网：www.cmpbook.com
机　工　官　博：weibo.com/cmp1952
金　　书　　网：www.golden-book.com
机工教育服务网：www.cmpedu.com

# 前　言

51 系列及兼容（增强型）单片机组成的单片机应用系统，以其通用性强、价廉、功能模块及软硬件设计灵活等特点而遍及各个控制领域，有着广泛的发展前景和稳定增长的市场需求。

单片机技术与人类生活、工业生产等息息相关，现代社会的发展离不开单片机技术的飞速进步，尤其当今社会，人工智能技术以及信息化数字化正在逐渐成为时代主流，工业生产需要实现智能化。党的二十大报告指出，推进新型工业化，加快建设制造强国、质量强国、航天强国、交通强国、网络强国、数字中国。推动战略性新兴产业融合集群发展，构建新一代信息技术、人工智能、生物技术、新能源、新材料、高端装备、绿色环保等一批新的增长引擎。推动制造业高端化、智能化、绿色化发展。实现制造业智能化离不开单片机技术的技术支撑，为了适应新形势下学习单片机的需要，作者从单片机应用的角度出发，在本书第 3 版的基础上进行修正、调整和扩充，翔实地描述了 51 系列及兼容单片机的体系结构、工作原理、功能部件及软硬件应用开发资源。在单片机硬件组成的基础上，兼容汇编语言和 C51 应用程序的基础知识、编程技术、应用示例及单片机系统软硬件开发过程。

本书融入了作者多年单片机原理及应用课程的教学和实践经验，并将其编入书中。本书作者都是长期工作在高等院校相关专业的一线教师，曾多次在单片机应用技术课程设计、毕业设计、机器人竞赛及全国大学生电子设计竞赛的培训工作中，将 Proteus 软件应用于单片机系统仿真设计及调试，取得了良好的教学效果和优异的竞赛成绩，并将其成功案例整理后编入本书。

本书以 Keil 集成环境、Proteus 仿真软件及 ISP 下载等开发资源为平台，引用了大量的单片机软硬件仿真调试示例及工程应用实例，引导读者逐步认识、熟知、实践和应用单片机。

本书的主要特点如下。

1）结构完整、层次分明、内容翔实、循序渐进，便于查阅和自学。

2）以应用示例为导向，将知识点贯穿其中，突出在实践中重新构建知识体系的教学方法。

3）实例内容丰富，汇编语言和 C51 编程并重，便于读者引用和移植。

4）资源丰富，多技术融合，支持单片机应用系统的整体设计和调试。

本书共 11 章，第 1 章在介绍计算机基本知识的基础上，详细描述了单片机应用系统组成、特点及开发资源；第 2 章介绍了 51 单片机硬件功能结构、内部组成、编程资源及最小应用系统；第 3 章介绍了 51 单片机指令系统、汇编语言及应用程序设计；第 4 章介绍了 C51 程序设计基础、集成开发环境 Keil 的使用及仿真调试；第 5 章介绍了 51 单片机中断系统结构和中断控制、中断响应、中断系统应用实例设计及仿真；第 6 章介绍了 51 单片机内部定时器/计数器原理、应用实例的设计及仿真；第 7 章介绍了 51 单片机串行通信接口、串行口通信应用实例的设计及仿真；第 8 章介绍了 51 单片机（未扩展）I/O 接口技术及应用；第 9 章介绍了 51 单片机系统扩展、存储器扩展、I/O 扩展、A-D 转换、D-A 转换及接口技术；第 10 章介绍了单片机应用系统开发、典型应用实例的软硬件设计过程；第 11 章介绍了 Proteus 系统仿真软件的使用与操作。

本书由赵全利主编，杜海龙、陈军、秦春斌任副主编，其中赵全利编写了第 1、2 章，杜海龙编写了第 3、4 章，陈军编写了第 5、7、9 章，薛迪杰编写了第 6、10 章，秦春斌编写了第 8

章，第 11 章、附录、电子课件、仿真调试、习题解答、图表制作、文字录入由王武举、罗光辉、刘克纯、骆秋容、徐维维、徐云林、缪丽丽和刘瑞新编写。全书由赵全利教授统筹设计，对各章节整改并统稿，刘瑞新教授主审定稿。

本书可作为高等院校电子信息、通信、自动化、机电及计算机类专业单片机原理及应用课程的教材，也可作为相关专业技术人员的参考用书。

本书所选例题及仿真实例都经上机调试成功，提供配套电子课件、部分习题参考答案、应用实例的 Keil 源程序文件及其 Proteus 仿真文件、ASCII（美国标准信息交换码）码表、书中部分电路非国家标准符号与国家标准的对照表、中英文缩写含义与中文对照表，以及 Proteus 元器件对照表，教师可从机械工业出版社教材服务网 http://www.cmpedu.com 下载使用。

本书中一些仿真电路的部分电气图形符号是非国家标准符号，与国家标准符号的对照表参阅本书电子资源或其他国家标准文件。

由于计算机技术发展速度很快，加之作者水平有限，书中难免存在不足和遗漏之处，恳请老师、同学及读者朋友们提出宝贵意见和建议。

编　者

# 目　录

# 第 1 章　单片机应用基础概述

计算机已广泛应用于信息处理、实时控制、辅助设计、智能模拟及现代通信网络等领域，尤其是微型计算机及微控制器（单片型计算机），在国民经济各个领域的应用不断深入，改变着人们传统的生活和工作方式。人类已进入以计算机为主要工具的信息时代。

本章以计算机的结构思想为引导，首先介绍了计算机和单片机的发展过程、计算机中表示信息的数制和编码及计算机系统结构组成。然后重点介绍单片型计算机（以下简称单片机）应用系统组成、特点及应用开发资源。最后通过单片机一个简单应用示例，使读者初步建立单片机应用的整体概念。

## 1.1　计算机及单片机简介

本节在计算机硬件经典结构的基础上，介绍了计算机和单片机的基本概念及常用单片机系列类型。

### 1.1.1　计算机到单片机的发展过程

**1．冯·诺依曼计算机**

1945 年 6 月发表的关于 EDVAC 的报告草案中，提出了以“二进制存储信息”和“存储程序（自动执行程序）”为基础的计算机结构思想，即冯·诺依曼结构。按照冯·诺依曼结构思想，进一步构建了计算机由运算器、控制器、存储器、输入设备和输出设备组成的经典结构，如图 1-1 所示。

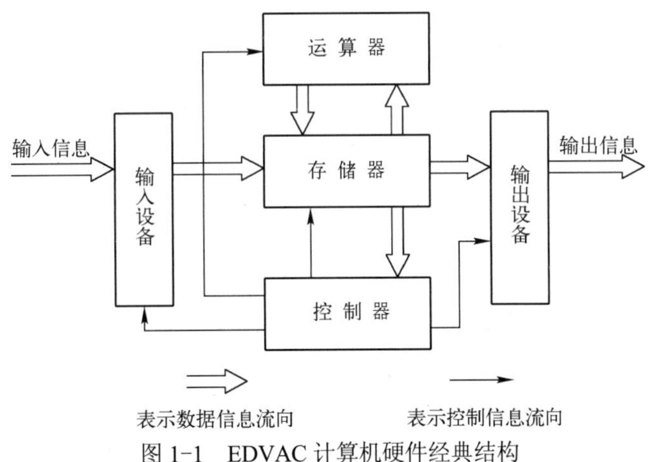


图 1-1　EDVAC 计算机硬件经典结构

在计算机中，二进制数是计算机硬件能直接识别并进行处理的唯一形式。计算机所做的任何工作都必须以二进制数据所表示的指令形式送入计算机内存中存储，一条条有序指令的集合称为程序。

根据冯·诺依曼的设计，计算机应能自动执行程序，而执行程序又归结为逐条执行指令。计算机对任何问题的处理都是对数据的处理，计算机所做的任何操作都是执行程序的结果。很好地认识和理解计算机的结构思想，有助于理解数据、程序与计算机硬件之间的关系，这对于学习和掌握计算机基本原理是十分重要的。

**2．从计算机到单片机**

1976年，随着人们对控制系统及智能仪器的强劲需求，Intel公司推出了MCS-48系列8位单片计算机，1981年8月，IBM公司推出以8088为CPU的世界上第一台16位微型计算机（IBM 5150 Personal Computer），即著名的IMB PC个人计算机，使计算机的应用日益广泛和深入。

Intel公司最早推出8051/31类单片机，但是由于公司将重点放在与PC兼容的高档芯片开发上，所以将MCS-51系列单片机中的8051内核使用权以专利互换或出让给世界许多著名IC制造厂商，如Philips、NEC、ATMEL、AMD、Dallas、Siemens、Fujutsu、OKI、华邦、LG等。

随着CPU技术的飞速发展，这些厂商在保持与8051单片机兼容时基础上先后改善了8051的许多特点，扩展了满足不同测控对象要求的外围电路，如模拟量输入的A-D、伺服驱动的PWM、高速输入/输出控制的HSL/HSO、串行扩展总线$I^2C$、保证程序可靠运行的WDT及引入使用方便且价廉的Flash ROM等。使得以8051为内核的MCU系列单片机在世界上产量最大，应用也最广泛，成为8位单片机的主流，成了事实上的标准MCU芯片。

通常所说的51系列单片机（以下简称51单片机）是对以Intel公司MCS-51系列单片机中8051为基核推出的各种型号兼容性单片机的统称。

51单片机是学习单片机应用基础的首选单片机，同时也是应用最广泛的一种单片机。51单片机其代表型号有Intel公司的80C51和ATMEL公司的AT89系列，但51单片机一般不具备自编程能力。

当前在应用系统盛行的STC单片机系列，完全兼容51单片机，其抗干扰性强、加密性强、超低功耗、可以远程升级、价格低廉、使用方便等特点，使得STC系列单片机的应用日趋广泛。

ATMEL公司的AT89系列单片机是目前世界上一种独具特色而性能卓越的单片机，在结构性能和功能等方面都有明显的优势，它在计算机外部设备、通信设备、自动化工业控制、宇航设备仪器仪表及各种消费类产品中都有着广泛的应用前景。

ATMEL公司生产的AT90系列是增强型RISC（精简指令集）内载Flash单片机，通常称为AVR系列（Advance RISC）。芯片上的Flash存储器附在用户的产品中，可随时编程，方便用户进行产品设计。其增强的RISC结构，使其具有高速处理能力，在一个时钟周期内可执行复杂的指令。AVR单片机工作电压为2.7～6.0V，可以实现耗电最优化。

ARM单片机采用了新型的32位ARM核处理器，使其在指令系统、总线结构、调试技术、功耗及性价比等方面都超过了传统的51单片机，同时ARM单片机在芯片内部集成了大量的片内外设，所以功能和可靠性都大大提高。

事实已经证明，尽管微控制器技术发展迅速，品类繁多，但51单片机以其通用性强、价格低廉、设计灵活等特点，仍然有着广泛的应用领域和稳定增长的市场。

常用51单片机厂商及型号如下。

Intel的：80C31、80C51、87C51、80C32、80C52、87C52等。

ATMEL的：89C51、89C52、89C2051、89S51（RC）、89S52（RC）等。

Philips、华邦、Dallas、Siemens等公司的许多产品。

STC单片机：89C51、89C52、89C516、90C516等众多系列。

### 1.1.2 微型计算机、个人计算机、单板机、单片机

随着大规模集成电路技术的迅速发展，把运算器、控制器和通用寄存器集成在一块半导体芯片上，称其为微处理器（机），也称CPU。以微处理器为核心，配上由大规模集成电路制作的只

读存储器（ROM）、读写存储器（RAM）、输入/输出接口电路及系统总线等所组成的计算机，称为微型计算机。

随着微型计算机技术的发展和强劲的市场需求，可以从不同角度对微型计算机进行分类。例如，按微处理器的制造工艺、微处理器的字长、微型计算机的构成形式、应用范围等进行分类。按微处理器字长来分，微型计算机一般分为 8 位、16 位、32 位和 64 位机。按微型计算机的构成形式分类，可分为单片机、单板机和个人计算机（PC）。

（1）单片机

单片机又称单片微控制器。它是将微处理器、存储器（RAM、ROM）、定时器及输入/输出接口等部件通过内部总线集成在一块芯片上，可嵌入各种工业、民用设备及仪器仪表内芯片型计算机。一块单片机芯片就是具有一定规模的微型计算机，再加上必要的外围器件，就可构成完整的计算机硬件系统。

单片机特殊的结构形式和特点，使其在智能化仪器仪表、家用电器、机电一体化产品、工业控制等各个领域内的应用都得到迅猛发展。尤其是随着微控制技术的不断完善及自动化程度的日益提高，单片机的应用是对传统控制技术的一场革命。

常用单片机主要包括 51 系列及其兼容机，以及嵌入式 ARM 系列等。常用单片机芯片外形如图 1-2 所示。

a) b)

图 1-2　单片机芯片外形

a) 贴片型单片机　b) 双列对封直插式单片机

（2）单板机

这里说的单板机是指简易的单片机实验及开发系统，或称开发板。它将单片机系统的各个部分都组装在一块印制电路板上，包括微处理器、输入/输出接口及配备简单的 LED、LCD、小键盘、下载器及插座等。单板机是学习及开发单片机应用的必备工具，其主要功能如下。

1）可以直接在单板机上进行单片机学习实验。

2）单片机应用系统开发。

3）直接用于控制系统。

单板机外形如图 1-3 所示。

图 1-3　单板机（单片机实验及开发板）外形

（3）PC

PC（Personal Computer）又称个人计算机（微机），可以实现各种计算、数据处理及信息管理等。PC 又可分为台式个人微机和便携式个人微机。台式机需要放置在桌面上，它的主机、键盘和显示器都是相互独立的，通过电缆和插头连接在一起。便携式个人微机又称笔记本电脑，它把主机、硬盘驱动器、键盘和显示器等部件组装在一起，可以用可充电电池供电，便于随身携带。

当 PC 运行单片机等微处理器开发环境软件时，可以通过 PC 方便地实现对单片机等微处理器芯片的编程、编译、代码下载及调试，这时的 PC 通常称为上位机。PC 作为上位机与单片机开发板通信如图 1-4 所示。

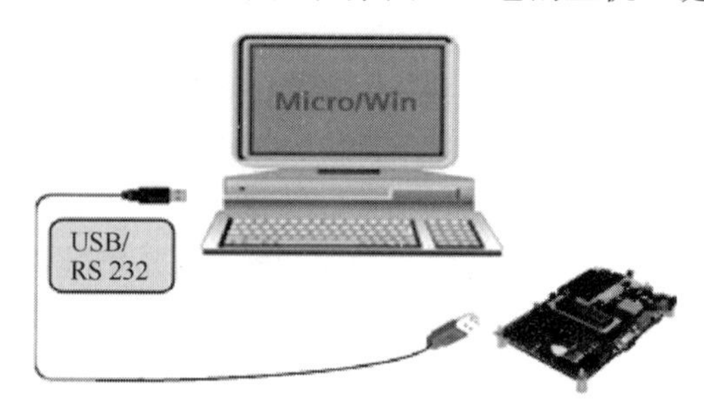


图 1-4　PC 与单片机通信连接

## 1.2　数制与编码

在计算机中，任何命令和信息都是以二进制数据的形式存储的。计算机所执行的全部操作都归结为对数据的处理和加工，为了便于理解计算机系统的基本工作原理，掌握数字、字母等字符在计算机系统中的表示方法及处理过程，本节主要介绍计算机中使用的数制和编码等方面的基础知识。

### 1.2.1　数制及其转换

数制就是计数方式。

日常生活中常用的是十进制计数方式，计算机内部使用的是二进制数据，在向计算机输入数据及输出数据时，人们惯于用十进制、十六进制数据等，因此，计算机在处理数据时，必须进行各种数制之间的相互转换。

**1．二进制数**

二进制数只有两个数字符号：0 和 1。计数时按“逢二进一”的原则进行计数，也称其基数为二。一般情况下，二进制数可表示为（110）$_2$、（110.11）$_2$、10110B 等。

根据位权表示法，每一位二进制数在其不同位置表示不同的值。例如：

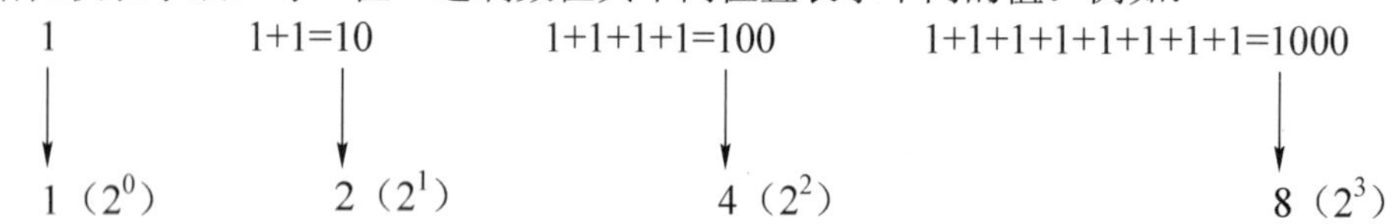


对于 8 位二进制数（低位～高位分别用 D0～D7 表示），则各位所对应的权值为

| $2^7$ | $2^6$ | $2^5$ | $2^4$ | $2^3$ | $2^2$ | $2^1$ | $2^0$ |
|---|---|---|---|---|---|---|---|
| D7 | D6 | D5 | D4 | D3 | D2 | D1 | D0 |

对于任何二进制数，可按位权求和展开为与之相应的十进制数。

$(10)_2=1\times2^1+0\times2^0=(2)_{10}$

$(11)_2=1\times2^1+1\times2^0=(3)_{10}$

$(110)_2=1\times2^2+1\times2^1+0\times2^0=(6)_{10}$

$(111)_2=1\times2^2+1\times2^1+1\times2^0=(7)_{10}$

$(1111)_2=1\times2^3+1\times2^2+1\times2^1+1\times2^0=(15)_{10}$

$(10110)_2=1\times2^4+0\times2^3+1\times2^2+1\times2^1+0\times2^0=(22)_{10}$

例如，二进制数 10110111，按位权展开求和计算可得：

$(10110111)_2=1\times2^7+0\times2^6+1\times2^5+1\times2^4+0\times2^3+1\times2^2+1\times2^1+1\times2^0$

$=128+0+32+16+0+4+2+1$

$=(183)_{10}$

对于含有小数的二进制数，小数点右边第一位小数开始向右各位的权值分别为

| $.2^{-1}$ | $2^{-2}$ | $2^{-3}$ | $2^{-4}$ | … |
|---|---|---|---|---|
| | | | | |

例如，二进制数 10110.101，按位权展开求和计算可得：

$(10110.101)_2=1\times2^4+1\times2^2+1\times2^1+1\times2^{-1}+0\times2^{-2}+1\times2^{-3}$

$=16+4+2+0.5+0.125$

$=(22.625)_{10}$

必须指出：在计算机中，一个二进制数（如 8 位、16 位或 32 位）既可以表示数值，也可以表示一种符号的代码，还可以表示某种操作（即指令），计算机在程序运行时按程序的规则自动识别，这就是本节开始所提及的，即一切信息都是以二进制数据进行存储的。

**2．十六进制数**

十六进制数是学习和研究计算机中二进制数的一种比较方便的工具。计算机在信息输入/输出或书写相应程序或数据时，可采用简短的十六进制数表示相应的位数较长的二进制数。

十六进制数有 16 个数字符号，其中 0～9 与十进制相同，剩余 6 个为 A～F，分别表示十进制数的 10～15，见表 1-1。十六进制数的计数原则是“逢十六进一”，也称其基数为十六，整数部分各位的权值由低位到高位分别为：$16^0$、$16^1$、$16^2$、$16^3$……

例如：$(31)_{16}=3\times16^1+1\times16^0=(49)_{10}$

$(2AF)_{16}=2\times16^2+10\times16^1+15\times16^0=(687)_{10}$

为了便于区别不同进制的数据，一般情况下可在数据后面跟一个后缀。

- 二进制数用“B”表示（如 00111010B）。
- 十六进制数用“H”表示（如 3A5H）。
- 十进制数用“D”表示（如 39D 或 39）。

**3．不同数制之间的转换**

前面已提及，计算机中的数只能用二进制表示，十六进制数适合读写方便的需要，日常生活中使用的是十进制数，计算机必须根据需要对各种进制数据进行转换。

（1）二进制数转换为十进制数

对任意二进制数均可按权值展开，将其转化为十进制数。

例如：$10111B=1\times2^4+0\times2^3+1\times2^2+1\times2^1+1\times2^0=23D$

$10111.011B=1\times2^4+0\times2^3+1\times2^2+1\times2^1+1\times2^0+0\times2^{-1}+1\times2^{-2}+1\times2^{-3}$

$=23.375D$

（2）十进制数转换为二进制数

1）方法 1。十进制数转换为二进制数，可将整数部分和小数部分分别进行转换，然后合并。其中整数部分可采用“除 2 取余法”进行转换，小数部分可采用“乘 2 取整法”进行转换。

例如：采用“除 2 取余法”将 37D 转换为二进制数。

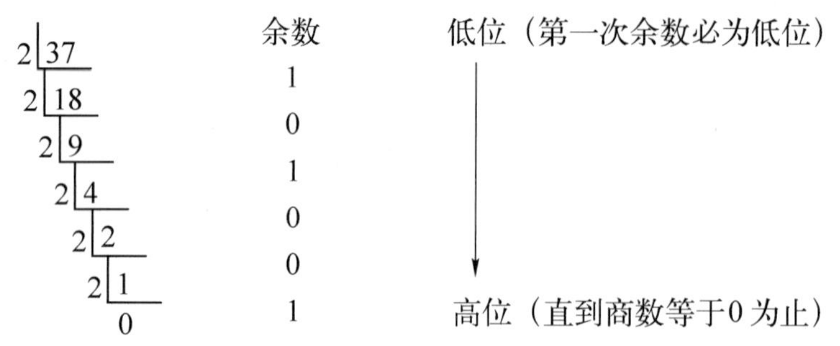


把所得余数由高到低排列起来可得：

37=100101B

例如：采用“乘2取整法”将0.625转换为二进制数小数。

```
 0.625
×   2
------
 1.250 -------- 取整数 1      高位（第一次整数 1 必为二进制数小数权值 的最高位）
×   2                          |
------                         |
 0.500 -------- 取整数 0       |
×   2                          |
------                         ↓
 1.000 -------- 取整数 1      低位
```

把所得整数由高到低排列起来可得：

0.625=0.101B

同理，把37.625转换为二进制数，只需将以上转换合并起来可得：

37.625=100101.101B

2）方法2。可将十进制数与二进制位权从高位到低位进行比较，若十进制数大于或等于二进制某位，则该位取“1”，否则该位取“0”，采用按位分割法进行转换。

例如，将37.625转换为二进制数。

| $2^7$ | $2^6$ | $2^5$ | $2^4$ | $2^3$ | $2^2$ | $2^1$ | $2^0$ |
|---|---|---|---|---|---|---|---|
| 128 | 64 | 32 | 16 | 8 | 4 | 2 | 1 |
| 0 | 0 | 1 | 0 | 0 | 1 | 0 | 1 |

将整数部分37与二进制各位权值从高位到低位进行比较，37>32，则该位取1，剩余37−32=5，逐位比较，得00100101B。

将小数部分0.625按同样方法，得0.101B。

结果为37.625D=100101.101B。

（3）二进制数与十六进制数的相互转换

在计算机进行输入、输出时，常采用十六进制数。十六进制是二进制数的简化表示。

因为 $2^4$=16，所以4位二进制数相当于1位十六进制数，二进制、十进制、十六进制对应的转换关系见表1-1。

**表1-1　二进制、十进制、十六进制转换表**

| 十　进　制 | 二　进　制 | 十 六 进 制 |
|---|---|---|
| 0 | 0000 | 0 |
| 1 | 0001 | 1 |

（续）

| 十 进 制 | 二 进 制 | 十 六 进 制 |
|---|---|---|
| 2 | 0010 | 2 |
| 3 | 0011 | 3 |
| 4 | 0100 | 4 |
| 5 | 0101 | 5 |
| 6 | 0110 | 6 |
| 7 | 0111 | 7 |
| 8 | 1000 | 8 |
| 9 | 1001 | 9 |
| 10 | 1010 | A |
| 11 | 1011 | B |
| 12 | 1100 | C |
| 13 | 1101 | D |
| 14 | 1110 | E |
| 15 | 1111 | F |

在将二进制数转换为十六进制数时，其整数部分可由小数点开始向左每4位为一组进行分组，直至高位。若高位不足 4 位，则补 0 使其成为 4 位二进制数，然后按表 1-1 对应关系进行转换。其小数部分由小数点向右每 4 位为一组进行分组，不足 4 位则末位补 0 使其成为 4 位二进制数，然后按表 1-1 所示的对应关系进行转换。

例如：1000101B=0100 0101B=45H

10001010B=1000 1010B=8AH

100101.101B=0010 0101.1010B=25.AH

需要将十六进制数转换为二进制数时，则为上述方法的逆过程。

例如：45.AH=0100　0101. 1010 B

例如：7ABFH=0111 1010 1011 1111 B

7　A　B　F

即 7ABFH =111101010111111B

（4）十进制数与十六进制数的相互转换

十进制数与十六进制数的相互转换可直接进行，也可先转换为二进制数，然后再把二进制数转换为十六进制数或十进制数。

例如，将十进制数 37D 转为十六进制数。

37D=100101B=00100101B=25H

例如，将十六进制数 41H 转换为十进制数。

41H=01000001B=65D

也可按位权展开求和方式将十六进制数直接转换为十进制数，这里不再详述。

### 1.2.2　编码

计算机通过输入设备（如键盘）输入信息和通过输出设备输出信息是多种形式的，既有数字

（数值型数据），也有字符、字母、各种控制符号及汉字（非数值型数据）等。计算机内部所有数据均用二进制代码的形式表示，前面所提到的二进制数，没有涉及正、负符号问题，实际上是一种无符号数的表示，在实际问题中，有些数据确有正、负之分。为此，需要对常用的数据及符号等进行编码，以表示不同形式的信息。这种以编码形式所表示的信息既便于存储，也便于由输入设备输入信息、输出设备输出相应的信息。

**1．二进制数的编码**

（1）机器数与真值

一个数在计算机中的表示形式称为机器数，而这个数本身（含符号“+”或“-”）称为机器数的真值。

通常在机器数中，用最高位“1”表示负数，“0”表示正数（以下均以 8 位二进制数为例）。

例如，设两个数为 N1、N2，其真值为

N1=105=+01101001B

N2= –105= –01101001B

则对应的机器数为

N1=0 1101001B（最高位“0”表示正数）

N2=1 1101001B（最高位“1”表示负数）

必须指出，对于一个有符号数，可因其编码不同而有不同的机器数表示法，如下面将要介绍的原码、反码和补码。

（2）原码、反码和补码

1）原码。按上所述，正数的符号位用“0”表示，负数的符号位用“1”表示，其数值部分随后表示，称为原码。

例如，仍以上面 N1、N2 为例，则

$[N1]_{原}$=0 1101001B

$[N2]_{原}$=1 1101001B

原码表示方法简单，便于与真值进行转换。但在进行减法时，为了把减法运算转换为加法运算（计算机结构决定了加法运算），必须引进反码和补码。

2）反码、补码。在计算机中，任何有符号数都是以补码形式存储的。对于正数，其反码、补码与原码相同。

例如，N1= +105 则$[N1]_{原}$=[ N1]$_{补}$=$[N1]_{反}$=0 1101001B。

对于负数，其反码为：原码的符号位不变，其数值部分按位取反。

例如，N2= –105 则$[N2]_{原}$=1 1101001B，$[N2]_{反}$=1 0010110B。

负数的补码为：原码的符号位不变，其数值部分按位取反后再加 1（即负数的反码+1），称为求补。

例如，N2= –105，则

$[N2]_{补}$=$[N2]_{反}$+1

=1 0010110B+1=1 0010111B

如果已知一个负数的补码，可以对该补码再进行求补码（即一个数补码的补码），即可得到该数的原码，即$[[X]_{补}]_{补}$=$[X]_{原}$，而求出真值。

例如，已知$[N2]_{补}$=1 0010111B，则$[N2]_{原}$=11101000B+1=11101001B。

可得真值：N2= -105。

对采用补码形式表示的数据进行运算时，可以将减法转换为加法。

例如，设 X=10，Y=20，求 X−Y。

X−Y 可表示为 X+（−Y），即 10+（−20）。

$[X]_{原}=[X]_{反}=[X]_{补}$=00001010B

$[-Y]_{原}$=10010100B

$[-Y]_{补}=[-Y]_{反}$+1=11101011B+1=11101100B

则有$[X+(-Y)]_{补}=[X]_{补}+[-Y]_{补}$

=00001010B+11101100B（按二进制相加）

=11110110B（和的补码）

再对$[X+(-Y)]_{补}$求补码可得$[X+(-Y)]_{原}$，即

$[X+(-Y)]_{原}$=10001001B+1=10001010B

则 X−Y 的真值为−10D。

必须指出：所有负数在计算机中都是以补码形式存放的。对于 8 位二进制数，作为补码形式，它所表示的范围为−128～+127；而作为无符号数，它所表示的范围为 0～255。对于 16 位二进制数，作为补码形式，它所表示的范围为−32 768～+32 767；而作为无符号数，它所表示的范围为 0～65 536。因而，计算机中存储的任何一个数据，由于解释形式的不同，所代表的意义也不同，计算机在执行程序时自动进行识别。

例如，某计算机存储单元的数据为 84H，其对应的二进制数表现形式为 10000100B，该数若解释为无符号数编码，其真值为 128+4=132；该数若解释为有符号数编码，最高位为 1 可确定为负数的补码表示，则该数的原码为 11111011B+1B=11111100B，其真值为−124；该数若解释为 BCD 编码，其真值为 84D（下面介绍）；若该数作为 8051 单片机指令时，则表示一条除法操作（见附录 A）。

**2．二−十进制编码**

二−十进制编码又称 BCD 编码。BCD 编码既具有二进制数的形式，以便于存储；又具有十进制数的特点，以便于进行运算和显示结果。在 BCD 码中，用 4 位二进制代码表示 1 位十进制数。常用的 8421BCD 码的对应编码见表 1−2。

**表 1−2　二−十进制编码（8421BCD 码）**

| 十进制数 | 8421BCD 码 |
|---|---|
| 0 | 0000B（0H） |
| 1 | 0001B（1H） |
| 2 | 0010B（2H） |
| 3 | 0011B（3H） |
| 4 | 0100B（4H） |
| 5 | 0101B（5H） |
| 6 | 0110B（6H） |
| 7 | 0111B（7H） |
| 8 | 1000B（8H） |
| 9 | 1001B（9H） |

例如，将 27 转换为 8421BCD 码，即

$$27D=(0010\ 0111)_{8421BCD码}$$

将 105 转换为 8421BCD 码，则

$$105D=(0001\ 0000\ 0101)_{8421BCD码}$$

因为 8421BCD 码中只能表示 0000B～1001B（0～9）这 10 个代码，不允许出现代码 1010B～1111B（因其值大于 9），因而，计算机在进行 BCD 加法（即二进制加法）过程中，若和的低四位大于 9（即 1001B）或低四位向高四位有进位时，为保证运算结果的正确性，低四位必须进行加 6 修正。同理，若和的高四位大于 9（即 1001B）或高四位向更高四位有进位时，为保证运算结果的正确性，高四位必须进行加 6 修正。

例如，$17=(0001\ 0111)_{8421BCD}$

$24=(0010\ 0100)_{8421BCD}$

17+24=41 在计算机中的操作为

```
   0001 0111B
 + 0010 0100B
 ------------
   0011 1011B  ←———— 个位超过 9，结果错误
 + 0000 0110B  ←———— 进行加 6 修正
 ------------
   0100 0001B  ←———— (01000001)8421BCD=41D，结果正确
```

**3．ASCII 码**

以上介绍的是计算机中的数值型数据的编码，对于计算机中非数值型数据，包括以下几种。

- 十进制数字符号："0"，"1"，…，"9"（不是指数值）。
- 26 个大小写英文字母。
- 键盘专用符号："#""$""&""+""="。
- 键盘控制符号："CR"（回车）"DEL"等。

上述这些符号在由键盘输入时不能直接装入计算机，必须将其转换为特定的二进制代码（即将其编码），以二进制代码所表示的字符数据的形式装入计算机。

ASCII（American Standard Code for Information Interchange）码是一种国际标准信息交换码，它利用 7 位二进制代码来表示字符，再加上 1 位校验位，故在计算机中用 1 个字节即 8 位二进制数来表示一个字符，这样有利于对这些数据进行处理及传输。常用字符的 ASCII 码表示见表 1-3。

**表 1-3　常用字符的 ASCII 码**

| 字　符 | ASCII 码 |
|---|---|
| 0 | 00110000B（30H） |
| 1 | 00110001B（31H） |
| 2 | 00110010B（32H） |
| ⋮ | ⋮ |
| 9 | 00111001B（39H） |
| A | 01000001B（41H） |
| B | 01000010B（42H） |
| C | 01000011B（43H） |
| ⋮ | ⋮ |

（续）

| 字　符 | ASCII 码 |
| --- | --- |
| a | 01100001B（61H） |
| b | 01100010B（62H） |
| c | 01100011B（63H） |
| ⋮ | ⋮ |
| CR（回车） | 00001101B（0DH） |

ASCII（美国标准信息交换码）码见附录 B。

## 1.3　计算机系统组成

计算机系统主要包括硬件系统和软件系统两大部分。

### 1.3.1　计算机硬件组成

#### 1．微型计算机硬件结构

微处理器是计算机的核心部件，如果把一台计算机比作一个加工厂，微处理器就是这个加工厂的总调度和核心加工车间。

微处理器主要由算术逻辑运算部件（ALU）、累加器、控制逻辑部件、程序计数器及通用寄存器等组成。把微处理器芯片、存储器芯片、输入/输出（I/O）接口芯片等部件通过一组通用的信号线（内总线）连接在印制电路板上，称为主机。主机的 I/O 接口通过一组通用的信号线（总线）把外部设备（如键盘、显示器及必要的 I/O 装置）连接在一起，构成了微型计算机，如图 1-5 所示。

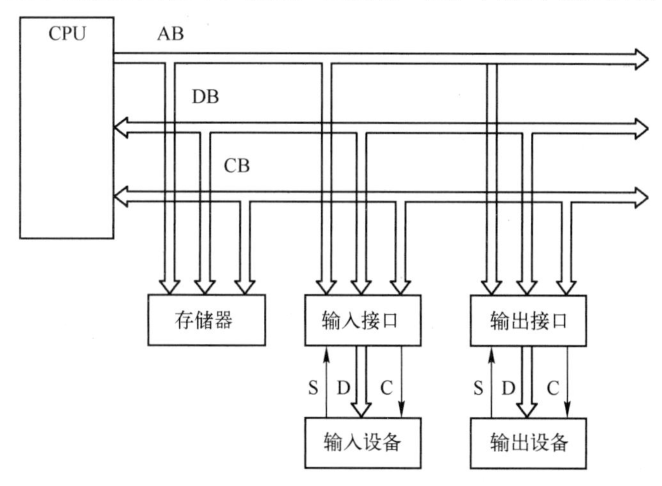


图 1-5　微型计算机硬件结构

#### 2．存储器

存储器具有记忆功能，用来存放数据和程序。计算机中的存储器主要有随机存储器（RAM）和只读存储器（ROM）两种。随机存储器一般用来存放程序运行过程中的中间数据，计算机掉电时数据不再保存。只读存储器一般用来存放程序，计算机掉电时信息不会丢失。

在计算机中，二进制数的每一位是数据的最小存储单位。将 8 位（bit）二进制数称为一个字节（Byte），字节是计算机存储信息的基本数据单位。

存储器的容量常以字节为单位表示如下。

1Byte=8bit　　　　1024B=1KB　　　　1024KB=1MB

1024MB=1GB　　　1024GB=1TB

若存储器内存容量为 64MB，即表示其容量为

$$64MB=64\times1024KB$$
$$=64\times1024\times1024B$$

在 51 单片机中，存储器容量一般可扩展为 64KB，即 64×1024=65536 个字节存储单元。

**3．总线**

总线是连接计算机各部件之间的一组公共的信号线。一般情况下，可分为系统总线和外总线。

系统总线是以微处理器为核心引出的连接计算机各逻辑功能部件的信号线。利用系统总线可把存储器、输入/输出接口等部件通过标准接口方便地挂接在总线上，如图 1-5 所示。

微处理器通过总线与各部件相互交换信息，这样可灵活机动、方便地改变计算机的硬件配置，使计算机物理连接结构大大简化。但是，由于总线是信息的公共通道，各种信息相互交错，非常繁忙，因此，CPU 必须分时地控制各部件在总线上相互传送信息，也就是说，总线上任一时刻只能有一个挂在总线上的设备传送一种信息。所以，系统总线应包括地址总线（AB）、控制总线（CB）和数据总线（DB）。

1）地址总线（AB）：CPU 根据指令的功能需要访问某一存储器单元或外部设备时，其地址信息由地址总线输出，然后经地址译码单元处理。地址总线为 16 位时，可寻址范围为 $2^{16}$=64K，地址总线的位数决定了所寻址存储器容量或外设数量的范围。在任一时刻，地址总线上的地址信息唯一对应某一存储单元或外部设备。

2）控制总线（CB）：由 CPU 产生的控制信号是通过控制总线向存储器或外部设备发出控制命令的，以使在传送信息时协调一致地工作。CPU 还可以接收由外部设备发来的中断请求信号和状态信号，所以控制总线可以是输入、输出或双向的。

3）数据总线（DB）：CPU 是通过数据总线与存储单元或外部设备交换数据信息的，故数据总线应为双向总线。在 CPU 进行读操作时，存储单元或外设的数据信息通过数据总线传送给 CPU；在 CPU 进行写操作时，CPU 把数据通过数据总线传送给存储单元或外设。

**4．输入/输出（I/O）接口**

CPU 通过接口电路与外部输入、输出设备交换信息，如图 1-5 所示。

一般情况下，外部设备种类、数量较多，而且各种参数（如运行速度、数据格式及物理量）也不尽相同。CPU 为了实现选取目标外部设备并与其交换信息，必须借助接口电路。一般情况下，接口电路通过地址总线、控制总线和数据总线与 CPU 连接；通过数据线（D）、控制线（C）和状态线（S）与外部设备连接。

在微机系统中，常常把一些通用的、复杂的 I/O 接口电路制成统一的、遵循总线标准的电路板卡，CPU 通过板卡与 I/O 设备建立物理连接，使用十分方便。

### 1.3.2　计算机软件系统

软件就是程序，软件系统就是计算机上运行的各种程序、管理的数据和有关的各种文档。

根据软件功能的不同，软件可分为系统软件和应用软件。

使用和管理计算机的软件称为系统软件，包括操作系统、各种语言处理程序（如 C51 编译器）等软件，系统软件一般由商家提供给用户。

应用软件是用户在计算机系统软件资源的平台上，为解决实际问题所编写的应用程序。在计算机硬件已经确定的情况下，为了让计算机解决各种不同的实际问题，就需要编写相应的应用程序。随着市场对软件需求的膨胀和软件技术的飞速发展，常用的应用软件已经标准化、模块化和商品化，用户在编写应用程序时可以通过指令直接调用。

### 1.3.3 计算机语言及程序设计

计算机语言是实现程序设计、以便人与计算机进行信息交流的必备工具，又称程序设计语言。

**1．计算机语言**

计算机语言可分为 3 类：机器语言、汇编语言、高级语言。

机器语言（又称二进制目标代码）是 CPU 硬件唯一能够直接识别的语言，在设计 CPU 时就已经确定其代码的含义。人们要计算机所执行的任何操作，最终都必须转换为相应的机器语言，CPU 才能识别和控制执行。CPU 系列不同，其机器语言代码的含义也不同。

由于机器语言必须为二进制代码描述，不便于记忆、使用和直接编写程序，为此产生了与机器语言相对应的汇编语言。

汇编语言使用人们便于记忆的符号来描述与之相应的机器语言，机器语言的每一条指令，都对应一条汇编语言的指令。但是，用汇编语言编写的源程序必须翻译为机器语言，CPU 才能执行。把汇编语言源程序翻译为机器语言的工作由“汇编程序”完成，整个翻译过程称之为“汇编”。

用汇编语言编写的程序运行速度快、占用存储单元少、效率高，在单片机应用系统中，使用汇编语言编写应用程序较为普遍，但程序设计者必须熟悉单片机内部资源等硬件设施。

目前，社会上广泛使用的是高级语言（如 C 语言），是一种接近人们习惯的程序设计语言，它使用人们所熟悉的文字、符号及数学表达式来编写程序，使程序的编写和操作都显得十分方便。由高级语言编写的程序称为“源程序”。在计算机内部，源程序同样必须翻译为 CPU 能够接受的二进制代码所表示的“目标程序”，具有这种翻译功能的程序称为“编译程序”，如图 1-6 所示。

每一种高级语言都有与其相应的编译程序。在计算机内运行编译程序，才能运行相应的高级语言所编写的源程序。

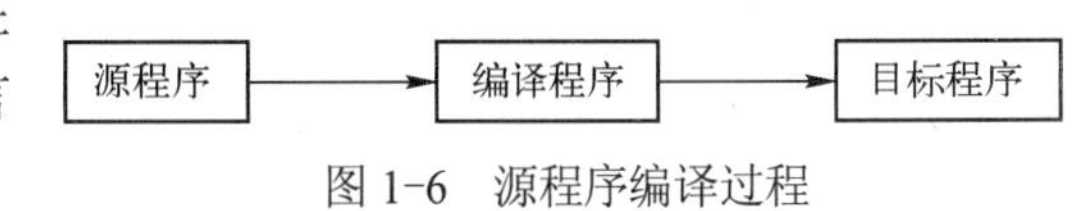

图 1-6　源程序编译过程

**2．程序设计**

下面给出计算机在处理简单问题时，程序设计的一般步骤。

1）确定数据结构。依据任务提出的要求，规划输入数据和输出的结果，确定存放数据的数据结构。

2）确定算法。针对所确定的数据结构来确定解决问题的步骤。

3）编程。根据算法和数据结构，用程序设计语言编写程序，存入计算机中。

4）调试。在编译程序环境下，编译、调试源程序，修改语法错误和逻辑错误，直至程序运行成功。

5）整理源程序并总结资料。

**3．算法**

所谓算法，是为解决某一特定的问题，所给出的一系列确切的、有限的操作步骤。

程序设计的主要工作是算法设计，有了一个好的算法，就会产生质量较好的程序。程序实际上是用计算机语言所描述的算法。也就是说，依据算法所给定的步骤，用计算机语言所规定的表达形式去实现这些步骤，即为源程序。

在算法设计中应遵循下面几个准则。

1）可执行性。算法是编写程序代码的主要依据，算法设计中的每一步骤，都必须是所使用的高级语言能够描述的操作。

2）确定性。算法中每一操作步骤必须有确切的含义。也就是说，该操作对于相同的输入必能得出相同的结果。

3）有穷性。一个算法必须在有限的操作步骤完成后，得出正确结果，才能够使算法结束。

4）输入。一个算法，可以有零个、一个或多个特定对象的输入。

5）输出。一个算法，其主要目的是求解问题，可以有一个或多个与输入相关的输出。

目前，一般采用自然语言、一般流程图和N-S结构流程图对算法进行描述。

常用一般流程图符号如图1-7所示。

图1-7　常用流程图符号

**4．结构化程序设计**

对同一个需要求解的问题，不同的算法会编出不同的程序。

结构化程序要求程序设计者不能随心所欲地编写程序，而要按一定的结构形式来设计、编写程序。在程序设计时，大家都共同遵守这一规定，使程序清晰、易读、易修改。

（1）结构化程序设计步骤

结构化程序设计步骤如下。

1）自顶向下，逐步求精。所谓自顶向下，就是首先从全局出发进行整体设计，然后依据整体设计向下层逐层分解。所谓逐步求精，就是对上一层任务逐层进行细化。一般来说，一个大的任务可以分解为若干个子任务，而每个子任务又可以继续分解为若干个更小的子任务，这样向下逐层细化直至每个子任务仅处理一个简单容易实现的问题。

2）模块化设计。所谓模块化，就是在程序设计时，由自顶向下，逐步求精所得出的一个个子任务的处理程序，称为“功能模块”。一个大的程序，就是由若干个这样的功能模块组成的，在整体设计部署下，编程实际上成为若干个小问题的处理。每一块模块可以分配给不同的程序设计者去完成，这样，编程不再是一件十分复杂和困难的事情。

（2）结构化程序特点

由结构化算法得出的功能模块应具备下述特点。

1）一个模块处理一个特定的小问题。

2）每一个模块可以独立地进行编程、调试。

3）除最上层外，每层功能模块可接受上层调用。

4）每一个模块编程只能使用顺序结构、选择结构和循环结构（3种基本结构）描述。

已经证明，这3种基本结构组成的算法可以解决任何复杂的问题。本书使用的汇编语言及C语言具有结构化程序设计的功能和特征。

**【例1-1】** 求S=1+2+3+…+99+100的值的算法描述方式。

（1）用自然语言描述

设一整型变量i，并令i=1（这里的“=”不同于数学里的“等号”，它表示赋值，把1赋给i，以下类同）。

1）设一整型变量 s 存放累加和。

2）每次将 i 与 s 相加后存入 s。

3）使 i 值增 1，取得下次的加数。

4）重复执行上步，直到 i 的值大于 100 时，执行下一步。

5）将累加和 s 的值输出。

（2）用一般流程图描述

如图 1-8 所示，用一般流程图描述的流程图由顺序结构和循环结构组成。

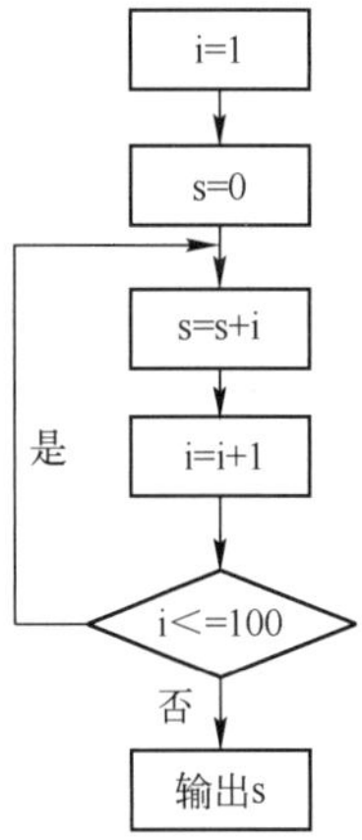

图 1-8　一般流程图

## 1.4　单片机与嵌入式系统

所谓嵌入式系统，是指以嵌入式应用为目的的计算机系统。这个计算机系统是作为其他系统的组成部分使用的，单片机应用系统是典型的嵌入式系统。

### 1.4.1　单片机的特点和应用

单片机结构上的设计，在硬件、指令系统及 I/O 能力等方面都有独到之处，具有较强而有效的控制功能。虽然单片机只是一个芯片，但无论从组成还是逻辑功能上来看，都具有微机系统的含义。一块单片机芯片就是具有一定规模的微型计算机，再加上必要的外围器件，就可构成完整的计算机硬件系统。

**1．单片机的应用特点**

1）具有较高的性能价格比。高性能、低价格是单片机一个最显著的特点，其应用系统具有印制板小、接插件少、安装调试简单方便等特点，使单片机应用系统的性能价格比大大高于一般微机系统。

2）体积小，可靠性高。由单片机组成的应用系统结构简单，其体积特别小，极易对系统进行电磁屏蔽等抗干扰措施。一般情况下，单片机对信息传输及对存储器和 I/O 接口的访问，是在单片机内部进行的，因此不易受外界的干扰。所以单片机应用系统的可靠性比一般微机系统高得多。

3）控制功能强。单片机采用面向控制的指令系统，实时控制功能特别强。

在实时控制方面，尤其是在位操作方面单片机有着不俗的表现。CPU 可以直接对 I/O 口进行输入、输出操作及逻辑运算，并且具有很强的位处理能力，能有针对性地解决由简单到复杂的各类控制任务。

在单片机内存储器 ROM 和 RAM 是严格分工的。ROM 用作程序存储器，只存放程序、常数和数据表格，由于配置较大的程序存储空间 ROM，可以将已调试好的程序固化在 ROM 中，这样不仅掉电时程序不丢失，还避免了程序被破坏，从而确保了程序的安全性。而 RAM 用作数据存储器，存放临时数据和变量，这种方案使单片机更适用于实时控制系统。

4）使用方便、容易产品化。由于单片机具有体积小、功能强、性价比较高、系统扩展方便、硬件设计简单等优点，单片机的硬件功能具有广泛的通用性。同一种单片机可以用在不同的控制系统中，只是其中所配置的软件不同而已。换言之，给单片机固化上不同的软件，便可形成用途不同的专用智能芯片，可称为“软件就是仪器”。

单片机开发工具具有很强的软、硬件调试功能，使研制单片机应用系统极为方便，加之现场运行环境的可靠性，因此使单片机能满足许多小型对象的嵌入式应用要求。

**2．单片机的应用领域**

单片机由于其体积小、功耗低、价格低廉，且具有逻辑判断、定时计数、程序控制等多种功能，广泛应用于智能仪表、可编程序控制器、家用电器、医用设备、航空航天、专用设备的智能化管理及过程控制等领域。可以毫不夸张地说，凡是能想到的地方，单片机都可以用得上。

1）智能仪器。智能仪器是含有微处理器的测量仪器。单片机广泛应用于各种仪器仪表，使仪器仪表智能化取得了令人瞩目的进展。

2）工业控制。单片机广泛应用于各种工业控制系统中，如数控机床、温度控制、可编程顺序控制等。

3）家用电器。目前各种家用电器普遍采用单片机取代传统的控制电路，如洗衣机、电冰箱、空调、彩电、微波炉、电风扇及高级电子玩具等。由于配上了单片机，使其功能增强而身价倍增，深受用户的欢迎。

4）机电一体化。机电一体化是机械工业发展的方向，机电一体化产品是指集机械技术、微电子技术、计算机技术于一体，具有智能化特征的机电产品。

5）PWM（Pulse Width Modulation）控制——脉冲宽度调制技术。单片机可以方便地实现PWM，直接利用数字量来等效地获得所需要波形的（模拟量）幅值。

单片机除以上各方面应用之外，还广泛应用于办公自动化领域（如复印机）、汽车电路、通信系统（如手机）、计算机外围设备等，成为计算机发展和应用的一个重要方向。

单片机的应用从根本上改变了传统控制系统的设计思想和设计方法。过去必须由模拟电路、数字电路及继电器控制电路实现的大部分功能，现在已能用单片机并通过软件方法实现。由于软件技术的飞速发展，各种软件系列产品的大量涌现，可以极大地简化硬件电路。“软件就是仪器”已成为单片机应用技术发展的主要特点，这种以软件取代硬件并能提高系统性能的控制技术，称之为微控制技术。微控制技术标志着一种全新概念的出现，是对传统控制技术的一次革命。随着单片机应用的推广普及，单片机技术无疑将是21世纪最为活跃的新一代电子应用技术。随着微控制技术（以软件代替硬件的高性能控制技术）的发展，单片机的应用已经导致传统控制技术发生巨大变革。

单片机正朝着高性能和多品种发展。然而，由于应用领域大量需要的仍是8位单片机，因此，各大公司纷纷推出高性能、大容量、多功能的新型8位单片机。目前，市场上广泛使用的主流产品仍然是51单片机。例如，由STC公司推出的高性价比的STC89系列单片机（带负载能力最强）和ATMEL公司生产的AT89系列单片机。由于51单片机使用方便、灵活且仍能满足绝大多数应用领域的需要，有着广泛的发展前景和市场需求。

### 1.4.2 嵌入式系统

从使用的角度来说，计算机应用可分为两类：一类是应用广泛且独立使用的计算机系统（如个人计算机、工作站等），另一类是嵌入式计算机系统。

所谓嵌入式系统，是“以应用为中心，以计算机技术为基础，软件硬件可裁减，功能、可靠性、成本、体积、功耗严格要求的专用计算机系统”，即以嵌入式应用为目的的计算机系统。一个手持的 MP3 和一个微型计算机工业控制系统都可以认为是嵌入式系统，它与通用计算机技术的最大差异是必须支持硬件和软件裁减，以适应应用系统对体积、功能、功耗、可靠性、成本等的特殊要求。

单片机应用系统是典型的嵌入式系统。嵌入式系统的重要特征有以下方面。

（1）系统内核小

嵌入式系统一般应用于小型电子装置，系统功能针对性强，系统资源相对有限，所需内核较之传统的计算机系统要小得多。

（2）专用性强

嵌入式系统的个性化很强，尤其是软件系统和硬件的结合非常紧密，即使在同一系列的产品中也需要根据系统硬件的变化进行软件设计和修改。同时针对不同的功能要求，需要对系统进行相应的更改。

（3）系统精简

嵌入式系统一般没有系统软件和应用软件的明显区分，其功能设计及实现上不要求过于复杂，这样一方面利于控制系统成本，同时也利于实现系统安全。

（4）高实时性

高实时性是嵌入式软件的基本要求，而且软件要求固态存储，以提高速度。软件代码要求高质量、高可靠性、实时性。

（5）嵌入式软件开发走向标准化

嵌入式系统的应用程序可以在没有操作系统的情况下直接在芯片上运行。但为了合理地调度多道程序、充分利用系统资源及对外通信接口，用户必须自行选配实时操作系统（Real-Time Operating System，RTOS）开发平台，这样才能保证程序执行的实时性、可靠性，并减少开发时间，保障软件质量。

（6）嵌入式系统开发需要开发工具和环境

嵌入式系统其本身不具备自主开发能力，在设计完成以后，用户必须通过开发工具和环境才能进行软、硬件调试和系统开发。

单片机正是应嵌入式计算机系统应用的要求而应运而生的，并以嵌入式应用为主要目的。

嵌入式计算机系统，是作为其他系统的组成部分使用的。单片机以面向控制、较小的体积、现场运行环境的可靠性等特点满足了许多对象的嵌入式应用要求。在嵌入式系统中，单片机是最重要也是应用最多的智能核心器件。

### 1.4.3 单片机应用系统的组成

单片机应用系统包括单片机硬件系统和软件系统。

**1．单片机应用系统硬件组成**

单片机应用系统硬件组成是指通过系统配置，给单片机系统按控制对象的环境要求配置相应的外部接口电路（如数据采集系统的传感器接口、控制系统的伺服驱动接口单元及人机对话接口等），以构成满足对象要求的单片机硬件环境，或者是当单片机内部功能单元不能满足对象要求时，通过系统扩展，在外部并行总线上扩展相应的外围功能单元所构成的系统。

单片机应用系统的硬件组成，如果按其系统扩展及配置状况，可分为最小系统、最小功耗系统和典型系统等。

（1）单片机最小系统

单片机最小系统是指单片机嵌入一些简单的控制对象（如开关状态的输入/输出控制等），并能维护单片机运行的控制系统。这种系统成本低，结构简单，其功能完全取决于单片机芯片技术的发展水平。

（2）单片机最小功耗应用系统

单片机最小功耗应用系统的作用是使系统功耗最小。设计该系统时，必须使系统内所有器件及外设都有最小的功耗。最小功耗应用系统常用在一些袖珍式智能仪表及便携式仪表中。

（3）单片机典型应用系统

单片机可以方便地应用在工作、生活的各个领域，小到一个闪光灯、定时器，大到单片机组成的工业控制系统，如可编程控制器等。单片机典型应用系统也是单片机控制系统的一般模式，它是单片机要完成工业测控功能必须具备的硬件结构形式。其系统框图如图 1-9 所示。

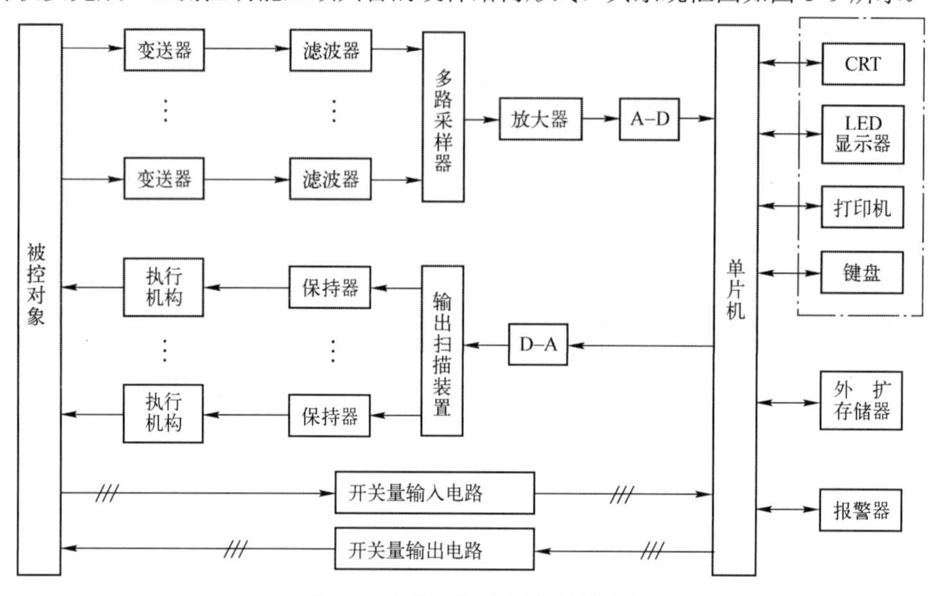


图 1-9　单片机典型应用系统框图

图 1-9 所示是一个典型的单片机闭环控制系统，单片机同时实现了 LED 数据显示和报警等多种功能。

下面简述模拟量闭环控制的工作过程。

1）被控对象的物理量通过变送器转换成标准的模拟电量，如把 0～500℃温度转换成 4～20mA 标准直流电流输出。

2）该输出经滤波器滤除输入通道的干扰信号，然后送入多路采样器。多路采样器（可以在单片机控制下）分时地对多个模拟量进行采样、保持。

3）在单片机应用程序的控制下，使 A-D 转换器能将某时刻的模拟量转换成相应的数字量，然后该数字量输入单片机。

4）单片机根据程序所实现的功能要求，对输入的数据进行运算（如 PID 运算）处理后，经输出通道输出相应的数字量。

5）该数字量经 D-A 转换器转换为相应的模拟量。该模拟量经保持器控制相应的执行机构，对被控对象的相关参数进行调节，从而控制被调参数的物理量，使之按照单片机程序给定规律变化。

**2．单片机的软件系统**

单片机的软件系统包括系统软件和应用软件。

（1）系统软件

系统软件是处于底层硬件和高层应用软件之间的桥梁。但是，由于单片机的资源有限，应综合考虑设计成本及单片机运行速度等因素，故设计者必须在系统软件和应用软件实现的功能与硬件配置之间，仔细地寻求平衡。

单片机的系统软件构成有以下两种模式。

1）监控程序。用非常紧凑的代码，编写系统的底层软件。这些软件的功能是实现系统硬件的管理及驱动，并内嵌一个用于系统的开机初始化等的引导（BOOT）模块。

2）操作系统。当前已有许多种适合于8位至32位单片机的操作系统进入实用阶段，如在51系列单片机可以运行的RTX51操作系统。在操作系统的支持下，嵌入式系统会具有更好的技术性能，如程序的多进程结构、与硬件无关的设计特性、系统的高可靠性、软件开发的高效率等。

（2）应用软件

应用软件是用户为实现系统功能要求设计的程序。应用软件经过编译及仿真调试成功后，必须由开发系统通过上位机将目标程序下载到应用系统的单片机芯片内，进行系统调试，才能最终完成系统设计。

## 1.5 单片机应用开发资源

单片机是一个具有微机含义且功能强大的芯片，但它毕竟是一个芯片，在构成一个单片机应用系统时需要解决以下问题。

1）硬件电路设计环境。首先通过电路设计环境实现电路原理图设计，包括连接输入、输出接口电路，实现对外部设备的控制（如键盘、LED显示器）等，为电路仿真调试及PCB设计提供支持。

2）编辑用户程序及下载。单片机芯片一般不具有控制程序，用户程序依赖于外部软件编辑、编译后，通过软硬件环境下载到单片机的存储器中。

3）仿真调试。为了保证单片机软硬件设计的可靠性，减少调试过程中软硬件修改的烦琐，可以首先对单片机软硬件进行仿真调试。

4）在仿真调试成功的基础上再进行脱机运行调试。

完成以上功能所需要的软硬件资源称为单片机开发资源。

常用的单片机开发资源包括单片机开发板（也可以自制）、Keil单片机集成开发环境、Proteus仿真软件、ISP下载软件及Protel原理图及PCB设计软件等。

**1. 单片机开发板**

单片机开发板是用于学习51、STC、AVR、ARM等系列单片机的实验设备，用户可以根据选用的单片机芯片系列选用相应的单片机开发板。

（1）单片机开发板主要功能

1）与上位机通信。可以与上位机进行通信，以完成程序下载及调试功能。

2）单片机应用电路实验。在开发板中完成单片机课程实验项目及所需求的一般开发设计功能。

3）作为主控系统。由于当前单片机开发板品种繁多，有单片机最小开发系统，一直到功能强大的资源配备系统，用户可以根据需求直接选用单片机开发板作为主控系统。

（2）单片机开发板主要组成

1）硬件资源。主要包括单片机芯片及接口电路、键盘、显示器、SD卡、A-D及D-A转换、传感器（变送器）、外部通信电路、可编程扩展芯片及控制端口等。

2）软件资源。一般开发板都可以实现与上位计算机通信，进行程序下载及调试。

性能优良的开发板配备各种常用实验需求的汇编源程序及C51语言源程序代码、电路原理图、PCB电路图、实验手册、使用手册及单片机开发板的详细讲解视频等学习资料，方便读者自学使用。

**2．Keil 集成开发环境**

Keil μVision 开发环境是德国 Keil Software, Inc.and Keil Elektronik GmbH 开发的微处理器开发平台，可以开发多种 51 单片机程序。

Keil Ax51 编译器支持对 8051 及其兼容产品的所有汇编指令集，Keil Cx51 编译器兼容 ANSI C 语言标准，由于其环境和 Microsoft Visual C++环境类似，所以赢得了众多用户的青睐。

Keil Ax51 的主要功能如下。

（1）源代码编辑、编译

可以对 51 单片机汇编语言程序代码和 C51 程序代码编辑后进行编译，编译后产生 4 个文件：列表文件（.LST）、目标文件（.OBJ）、Intel HEX 文件及程序源代码文件等。

（2）仿真调试

程序编译后对源程序进行仿真调试，可以全速运行、单步跟踪、单步运行等。

（3）仿真联调

可以与仿真软件 Proteus 进行软硬件仿真联调，达到在调试中修改程序和电路仿真同步进行。

**3．Proteus 仿真软件**

Proteus 软件是英国 Lab Center Electronics 公司开发的 EDA 工具软件。该软件已有 20 多年的历史，用户遍布全球 50 多个国家，是目前功能最强，最具成本效益的 EDA 工具。

软件支持从电路原理图设计、代码调试到处理器与外围电路协同仿真调试，并且能够一键切换到 PCB 设计，使电路原理图与 PCB 设计无缝连接，真正实现了从概念到产品的完整设计，是目前世界上唯一将电路仿真软件、PCB 设计软件和虚拟模型仿真软件三合一的设计平台，其支持的处理器模型有 51 系列、HC11 系列、PIC、AVR、ARM、8086 以及 MSP430 等

该软件受到单片机爱好者、从事单片机教学的教师及致力于单片机开发应用的研发人员的青睐。

**4．ISP 下载**

ISP（In-System Programming）即在线系统编程，是无需将存储芯片（如EPROM）从嵌入式设备上取出就能对其进行编程的。

在线系统编程需要在目标板上有额外的电路完成编程任务。其优点是，即使器件焊接在电路板上，仍可对其（重新）进行编程。在线系统编程是Flash 存储器的固有特性（通常无需额外的电路），Flash 几乎都采用这种方式编程。

ISP 下载线就是一根用来在线下载程序的线，类似 USB 线，但不一样。

**5．Protel 软件**

Protel 软件的主要功能是电路原理图及 PCB 设计，工程中常用的版本有 Protel 99 SE、Protel DXP、Protel designer。

Protel 99 SE 是一个 Client/Server 型的应用程序，它提供了一个基本的框架窗口和与 Protel 99 SE 组件之间的用户接口。在运行主程序时各服务器程序可在需要的时间调用，从而加快了主程序的启动速度，而且极大地提高了软件本身的可扩展性。Protel 99 SE 主要功能模块包括电路原理图设计、PCB 设计和电路仿真。各模块具有丰富的功能，可以实现电路设计与分析的目标。

## 1.6　一个简单的单片机应用示例

单片机所独有的特点，使单片机可以方便地构成各种控制系统，实现对被控对象的控制。

开发单片机应用系统时，一般要经过以下步骤。

1）总体设计。分析问题，明确任务，拟定出性价比最高的方案。

2）硬件设计。

3）软件设计。

4）编译、仿真调试。

5）程序下载调试，运行成功。

为了从整体上初步认识、领会单片机应用系统，下面介绍一个十分简单的单片机应用示例的开发过程，使读者初步建立一个单片机应用的整体概念和基本知识结构（实例中有关软、硬件方面的内容在后续章节中将分别详细介绍）。

例如，利用单片机实现 LED 发光二极管循环闪烁。

（1）总体设计

控制要求简单，只需要通过单片机输出口的一个位控制 LED 就可以实现。

（2）硬件设计

可直接由单片机的输出口 P1.0 控制一个 LED 发光二极管，运行 Proteus ISIS（详见本书第 11 章），输入电路仿真原理图如图 1-10 所示（注意，仿真图中电源及时钟电路系统默认存在，可以不添加）。

在图 1-10 中，被控对象是 1 个发光二极管，采用阳极接电源 $V_{CC}$，阴极由 P1.0 控制。若 P1.0 输出为“0”（低电平），发光二极管的阴极为低电平，则该二极管加正向电压被点亮发光。若 P1.0 输出为“1”，发光二极管的阴极为高电平，则发光二极管截止而熄灭。

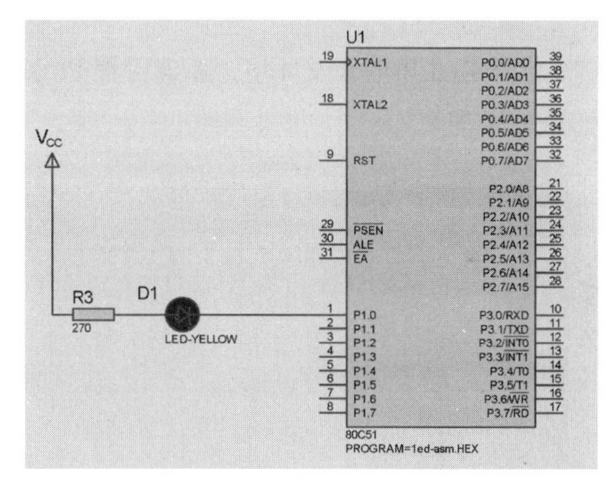


图 1-10 闪光灯仿真原理图

（3）软件设计

单片机软件设计就是面向硬件电路编写控制程序。

根据以上原理，针对其硬件电路的控制程序设计算法为：使 P1.0 输出“0”（低电平），点亮相应位的发光二极管，并经软件延时后，再输出“1”（高电平）发光二极管熄灭，延时后再点亮发光二极管，反复循环。

以上算法可以选择使用汇编语言描述（编程），也可以使用 C 语言描述（编程）。

1）汇编语言源程序如下。

```
        ORG 0000H
        SETB   P1.0
START:  LCALL   DELAY           ;调用延迟一段时间的子程序
        CPL     P1.0            ;对 P1.0 求反(1 变 0,0 变 1)
        SJMP    START           ;不断循环
DELAY:  MOV    R0 , #00H        ;延时子程序入口
   LP:  MOV    R1 , #00H
  LP1:  DJNZ   R1 , LP1
        DJNZ   R0 , LP
        RET                     ;子程序返回
        END
```

打开 Keil 集成开发环境（详见本书 4.7 节），新建工程 Project，输入以上代码（代码中的标点符号均按西文输入，下同）后保存源程序，文件名为 main.asm，如图 1-11 所示。

2）C51 程序如下。

```
#include <reg51.h>
#define uchar unsigned char
void delay(uchar n);
sbit i=P1^0;
void main( )
{
 While(1)
   {
      i=!i;                              //求反(1 变 0,0 变 1)
      delay(30);                         //调用延时函数
    }
}
void delay(uchar n)                      //延时函数
{ uchar   a ,b,c;
 for(c=0;c<n;c++)
            for(a=0;a<100;a++)
                  for(b=0;b<100;b++)
                  ;
}
```

打开 Keil 集成开发环境，新建工程 Project，输入以上代码后保存源程序，文件名为 main.c，如图 1-12 所示。

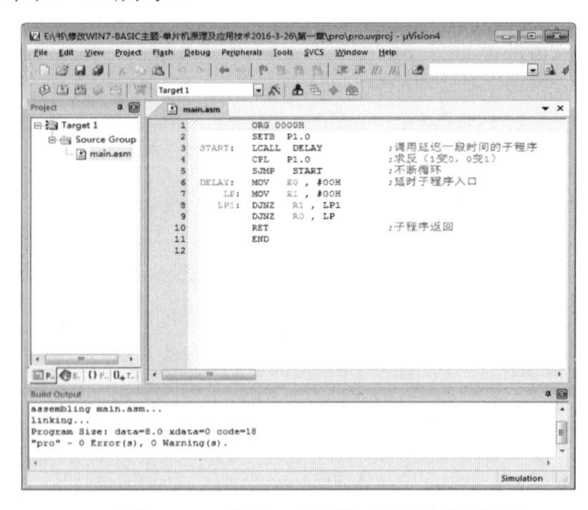


图 1-11　输入、编辑汇编语言源程序

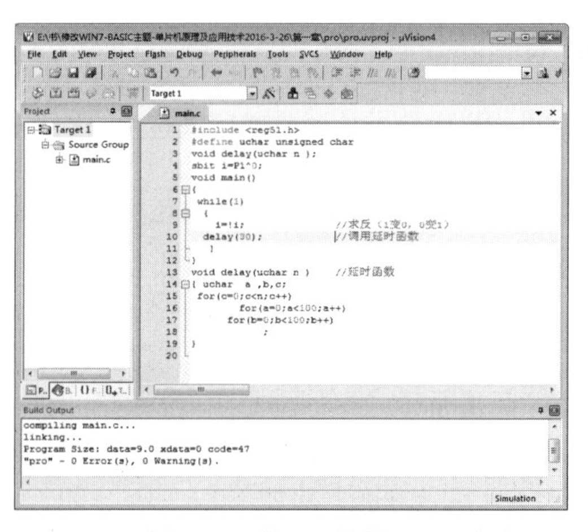


图 1-12　输入、编辑 C51 源程序

（4）程序编译、仿真及调试

在 Keil 集成开发环境下编译源程序并生成.HEX 文件。然后，在 Proteus ISIS 仿真电路中双击单片机芯片选择加载.HEX 文件，单击仿真控制按钮进行仿真调试，观察单片机仿真运行结果如图 1-13 所示。

（5）制作硬件电路

在仿真调试成功的基础上，依据仿真原理图完善制作硬件电路（PCB），实际硬件电路原理图包括电源 $V_{CC}$、时钟及复位电路，如图 1-14 所示。

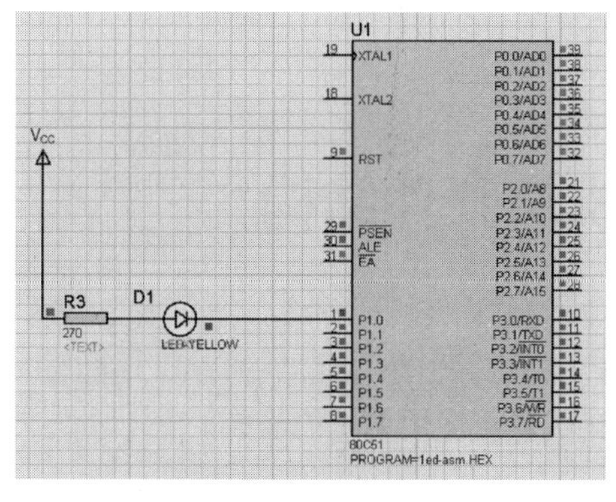


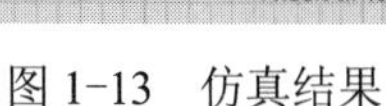

图 1-13　仿真结果

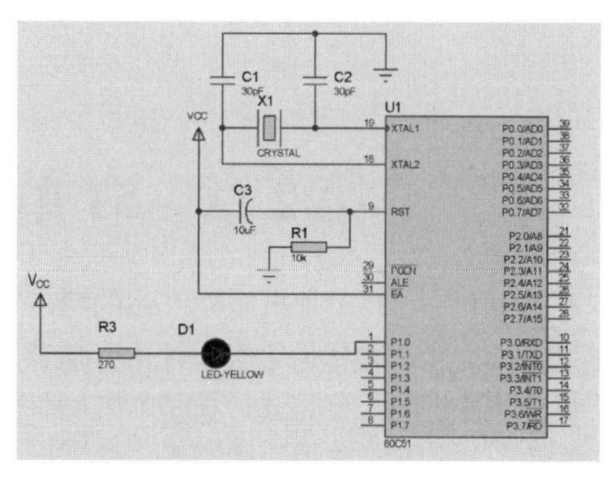


图 1-14　硬件电路

（6）程序下载、硬件调试运行

通过 ISP 下载软件将程序对应的.HEX 文件写入单片机的程序存储器 ROM 中，即可投入使用。

AT 公司的 89 系列单片机需要专门的编程器写入程序，STC 系列单片机可以由上位机在线通过串口（P3.0/P3.1）直接下载用户程序。

对单片机电路直接调试运行，LED 发光二极管循环闪烁，运行成功。

## 1.7　思考与练习

1．为什么说计算机的结构思想是学习计算机基本原理的基础？

2．单片机的应用灵活性体现在哪些方面？

3．简述单片机的发展历程。

4．计算机能够识别的数值是什么？为什么要引进十六进制数？

5．数值转换。

（1）37=（　　）B=（　　）H　　（2）12.875=（　　）B=（　　）H

（3）10110011B=（　　）H=（　　）$_{10}$　　（4）10111.101B=（　　）H=（　　）$_{10}$

（5）56H=（　　）B=（　　）$_{10}$　　（6）3DFH=（　　）B=（　　）$_{10}$

（7）1A.FH　=（　　）B=（　　）$_{10}$　　（8）3C4DH=（　　）B=（　　）$_{10}$

6．对于二进制数 10001001B，若理解为无符号数，则该数对应的十进制数为多少？若理解为有符号数，则该数对应的十进制数为多少？若理解为 BCD 数，则该数对应的十进制数为多少？

7．列出下列数据的反码、原码和补码。

（1）+123　（2）-127　（3）+45　（4）-9

8．简述单片机系统组成。

9．解释以下术语：

单片机　PC　上位机　开发板　源程序

程序编译　程序下载　在线系统编程　总线　嵌入式系统

10．设存储器的存储容量为 64KB，它表示多少个存储单元？

11．简述 51 系列单片机、STC 单片机的相同点与不同点。

12．单片机应用开发主要有哪些软、硬件资源？主要功能是什么？

13．单片机开放板的主要用途是什么？

14．结合简单单片机应用示例，简述单片机的仿真过程和开发过程。

# 第 2 章　51 单片机及硬件结构

本章首先介绍 51 单片机系列产品的特点、硬件功能结构及内部组成，然后重点描述了单片机芯片引脚及功能，详尽地讲解了片内存储器和特殊功能寄存器的存储结构特征、编址和作用。最后介绍了单片机的工作方式、典型 CPU 时序和单片机最小应用系统的组成。

## 2.1　51 单片机系列

51 单片机是对所有兼容 Intel 8051指令系统单片机的统称。

在强劲的市场需求推动下，随着 Flash ROM 技术及 CPU 工艺技术的高速发展，51 单片机取得了长足的进展。各种 51 兼容机应运而生，单片机片内在原来仅包含随机存储器 RAM、只读存储器 ROM、I/O 口、中断系统及定时器/计数器等功能的基础上，发展成为多种 I/O 接口、驱动电路、脉宽调制电路、模拟多路转换器、A-D 转换器、WDT 等功能模块，成为较为完善的单片微型计算机硬件系统。

目前，常用 51 单片机系列产品主要有Intel（英特尔）、ATMEL（艾德梅尔）、STC（国产宏晶）单片机等。

**1．51 系列及兼容单片机的典型产品**

51 系列单片机产品（如果根据型号的后两位）可以分为 51 子系列和 52 子系列，它们的结构基本相同，其主要差别是在片内存储器的配置上有所不同。

（1）51 子系列

51 子系列（80C51、89C51、89S51 等）是 ROM 型单片机，内含 4KB 的掩模 ROM 程序存储器和 128B 的 RAM 数据存储器，可寻址范围均为 64KB。例如，87C51 内含 4KB 的可编程 EPROM 程序存储器；89C51 内含 4KB 的闪速 EEPROM；89S51 内含 4KB 的 Flash 闪速程序存储器。

（2）52 子系列

52 子系列（80C52、89C52\89s52 等）为增强型单片机，内含 8KB 的掩模 ROM 程序存储器和 256B 的 RAM 数据存储器。

**2．STC单片机**

STC 单片机为 51 内核增强型单片机，是当前广泛应用的 51 兼容单片机。

（1）STC 单片机主要特点

STC 单片机主要特点如下。

1）在 51 单片机的基础上增加了脉宽调制电路（PWM）、模拟多路转换器、A-D 转换器、高速 SPI 通信端口、硬件看门狗等功能模块。

2）时钟工作频率可以提高到 35MHz，单片机工作速度大大提高。

3）可在线编程和在系统编程，不需要专用编程器和仿真器。

4）加密性强。

5）具有较强的抗干扰能力。

6）宽电压工作范围，低功耗。

7）价格低，具有较高的性价比。

（2）常用 STC 单片机

比较常用的 STC 单片机有：STC12C2052 系列、STC12C5608 系列、STC12C5A 系列。各系列内部仅仅在ROM或者 RAM 容量配置不同而已。

1）STC12C2052 系列单片机的ROM容量仅有 5KB，SRAM有 256B，8 位 A-D 转换器，2 路 D-A 转换器。

2）STC12C5608 系列单片机的 ROM 最高可达 30KB，SRAM为 768B，10 位的 A-D 转换器，4 路D-A转换器，功能适中，得到大多数用户青睐。

3）STC12C5A 系列最高型号的ROM达到了 60KB，SRAM则达到了 1280B，10 位的 A-D 转换器，2 路 D-A 转换器，在 51 单片机及兼容机中其性能是相当可观的。

## 2.2　51 单片机总体结构

本节以 51 单片机基本内核的典型产品 8051 为例，对单片机的结构作详细介绍。

### 2.2.1　51 单片机总体结构框图及功能

8051 单片机内部由 CPU、4KB 的 ROM、256B 的 RAM、4 个 8 位的 I/O 并行端口、一个串行口、两个 16 位定时/计数器及中断系统等组成，其内部基本结构框图如图 2-1 所示。

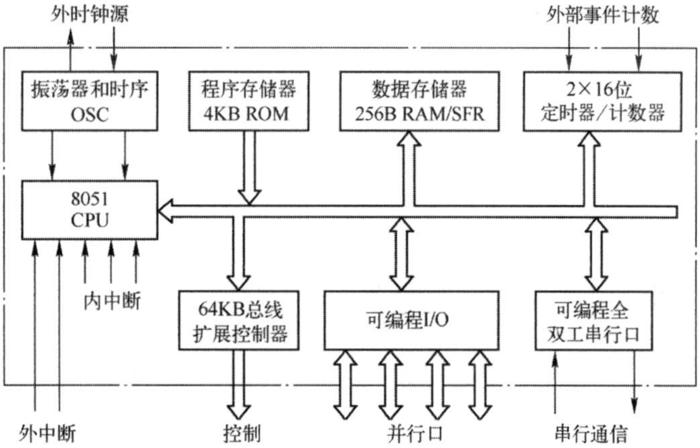

由图 2-1 可以看出，单片机内部各功能部件通常都挂靠在内部总线上，它们通过内部总线传送地址信息、数据信息和控制信息，各功能部件分时使用总线，即所谓的内部单总线结构。

图2-2为8051单片机系统结构原理框图。

图 2-1　8051 单片机内部基本结构框图

#### 1．CPU

CPU 是单片机内部的核心部件，是单片机的指挥和控制中心。从功能上看，CPU 可分为运算器和控制器两大部分。

（1）控制器

控制器主要功能是依次取出由程序计数器所指向的程序存储器 ROM 存储单元的指令代码，并对其进行分析译码。然后通过定时和控制电路，按时序规定发出指令功能所需要的各种（内部和外部）控制信息，使各功能模块协调工作，执行该指令功能所需的操作。

控制器主要包括程序计数器、指令寄存器、指令译码器及定时控制电路等。

程序计数器（Program Counter，PC）是一个 16 位的专用寄存器，用来存放 CPU 要执行的、存放在程序存储器中的、下一条指令存储单元的地址。当 CPU 要取指令时，CPU 首先将 PC 的内容（即指令在程序存储器的地址）送往地址总线（AB）上，从程序存储器取出当前要执行的指令，经指令译码器对指令进行译码，由定时、控制电路发出各种控制信息，完成指令所需的操作。同时，PC 的内容自动递增或按上一条指令的要求，指向 CPU 要执行的下一条指令的地址。当前指令执行完后，

CPU 重复以上操作。CPU 就是这样不断地取指令，分析执行指令，从而保证程序的正常运行。

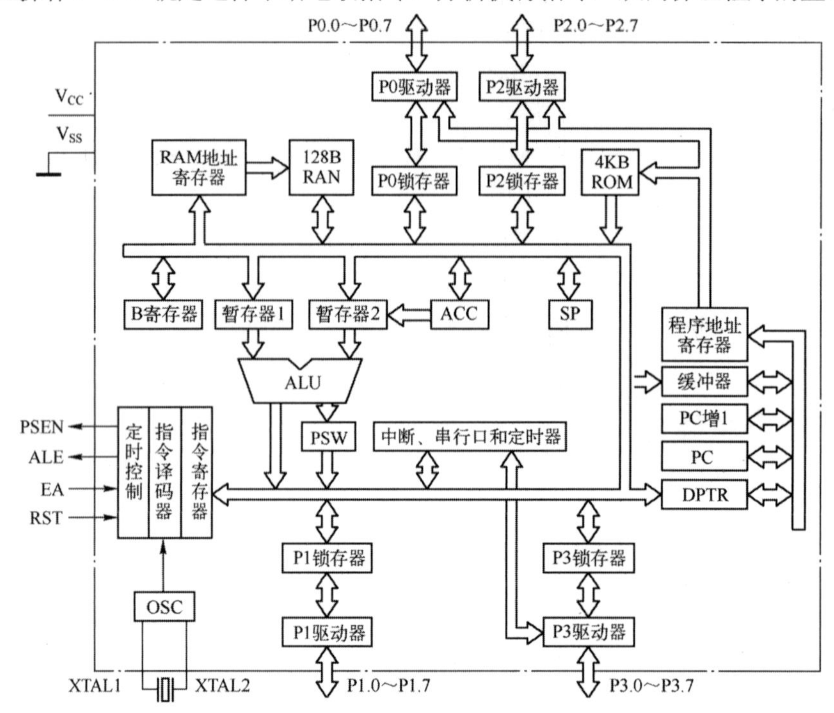


图 2-2　8051 单片机系统结构原理框图

由此可见，程序计数器 PC 实际上是当前指令所在地址的指示器。CPU 所要执行的每一条指令，必须由 PC 提供指令的地址。对于一般顺序执行的指令，PC 的内容自动指向下一条指令；而对于控制类指令，则是通过改变 PC 的内容，来改变执行指令的顺序。

当系统上电复位后，PC 的内容为 0000H，CPU 便从该入口地址开始执行程序。所以，单片机主控程序的首地址自然应定位为 0000H。

（2）运算器 ALU

运算器的功能是对数据进行算术运算和逻辑运算。计算机对任何数据的加工、处理必须由运算器完成。

运算器可以对单字节（8 位）、半字节（4 位）二进制数据进行加、减、乘、除算术运算和与、或、异或、取反、移位等逻辑运算。

运算器由算术逻辑运算部件 ALU、累加器 ACC、程序状态字寄存器 PSW 等组成。各部分主要功能如下。

1）算术逻辑运算部件 ALU。

ALU 由加法器和其他逻辑电路组成。ALU 主要用于对数据进行算术和各种逻辑运算，运算的结果一般送回累加器 ACC，而运算结果的状态信息送程序状态字 PSW。

2）累加器 ACC。

ACC 是一个 8 位寄存器，指令助记符可简写为“A”，它是 CPU 工作时最繁忙、最活跃的一个寄存器。CPU 的大多数指令，都要通过累加器“A”与其他部件交换信息。ACC 常用于存放使用次数高的操作数或中间结果。

3）程序状态寄存器 PSW。

PSW 是一个 8 位寄存器，用于寄存当前指令执行后的某些状态，即反映指令执行结果的一些特征信息。这些信息为后续要执行的指令（如控制类指令）提供状态条件，供查询和判断，不同的特征用不同的状态标志来表示。

PSW 各位定义见表 2-1。

**表 2-1　PSW 各位定义**

| 位 | D7 | D6 | D5 | D4 | D3 | D2 | D1 | D0 |
|---|---|---|---|---|---|---|---|---|
| 位地址 | D7H | D6H | D5H | D4H | D3H | D2H | D1H | D0H |
| 位名 | Cy | AC | F0 | RS1 | RS0 | OV | F1 | P |

- Cy（PSW.7）：即 PSW 的 D7 位，进位/借位标志。

在进行加、减运算时，如果运算结果的最高位 D7 有进位或借位时，Cy 置“1”，否则 Cy 置“0”。在执行某些运算指令时，可被置位或清零。在进行位操作时，Cy 是位运算中的累加器，又称位累加器。MCS-51 有较强的位处理能力，一些常用的位操作指令，都是以位累加器为核心而设计的。Cy 的指令助记符用“C”表示。

- AC（PSW.6）：即 PSW 的 D6 位，辅助进位标志。

在进行加、减法运算时，如果运算结果的低 4 位向高 4 位产生进位或借位时，AC 置“1”，否则 AC 置“0”。

AC 位可用于 BCD 码运算调整时的判断位，即作为 BCD 码调整指令“DA　A”的判断依据之一。

- F0（PSW.5）及 F1（PSW.1）：即 PSW 的 D5 位、D1 位，用户标志位。

可由用户根据需要置位、复位，作为用户自行定义的状态标志。

- RS1 及 RS0（PSW.4 及 PSW.3）：即 PSW 的 D4 位、D3 位，寄存器组选择控制位。

用于选择当前工作的寄存器组，可由用户通过指令设置 RS0、RS1，以确定当前程序中选用的寄存器组。当前寄存器组的指令助记符为 R0～R7，它们占用 RAM 地址空间。

RS0、RS1 与寄存器组的对应关系见表 2-2。

**表 2-2　RS0、RS1 与寄存器组的对应关系表**

| RS1　RS0 | 寄 存 器 组 | 片内 RAM 地址 | 指令助记符 |
|---|---|---|---|
| 0　　0 | 0 组 | 00H～07H | R0～R7 |
| 0　　1 | 1 组 | 08H～0FH | R0～R7 |
| 1　　0 | 2 组 | 10H～17H | R0～R7 |
| 1　　1 | 3 组 | 18H～1FH | R0～R7 |

由此可见，单片机内的寄存器组，实际上是片内 RAM 中的一些固定的存储单元。

单片机上电或复位后，RS0 和 RS1 均为 0，CPU 自动选中 0 组，片内 RAM 地址为 00H～07H 的 8 个单元为当前工作寄存器，即 R0～R7。

- OV（PSW.2）：即 PSW 的 D2 位，溢出标志位。

在进行算术运算时，如果运算结果超出一个字长所能表示的数据范围即产生溢出，该位由硬件置“1”，若无溢出，则置“0”。例如，MCS-51 单片机的 CPU 在运算时的字长为 8 位，对于有符号数来说，其表示范围为–128～+127，运算结果超出此范围即产生溢出。

- P（PSW.0）：即 PSW 的 D0 位，奇偶标志位。

P 用于表示累加器 A 中“1”的个数是奇数还是偶数，若为奇数，则 P=1，否则 P=0。

P 常用来作为传输通信中对数据进行奇、偶校验的标志位。

**2．RAM**

RAM 为单片机内部数据存储器。其存储空间包括随机存储器区、寄存器区、特殊功能寄存器及位寻址区。

**3. ROM**

ROM 为单片机内部程序存储器，主要用于存放处理程序（下节详述）。

**4. 并行 I/O 口**

P0～P3 是 4 个 8 位并行 I/O 口，每个口既可作为输入，也可作为输出。单片机在与外部存储器及 I/O 端口设备交换信息时，必须由 P0～P3 口完成。

P0～P3 口提供 CPU 访问外部存储器时所需的地址总线、数据总线及控制总线。

P0～P3 口作为输出时，数据可以锁存，输入时具有缓冲功能。每个口既可同步传送 8 位数据，又可按位寻址传送其中 1 位数据，使用十分方便。

**5. 定时器/计数器**

定时器/计数器用于定时和对外部事件进行计数。当它对具有固定时间间隔的内部机器周期进行计数时，它是定时器；当它对外部事件所产生的脉冲进行计数时，它是计数器。

**6. 中断系统**

51 单片机有 5 个中断源，中断处理系统灵活、方便，使单片机处理问题的灵活性和工作的效率大大提高。

**7. 串行接口**

串行接口提供对数据各位按序一位一位地传送。

51 单片机中的串行接口是一个全双工通信接口，即能同时进行发送和接收数据。

**8. 时钟电路 OSC**

CPU 执行指令的一系列动作都是在时序电路的控制下一拍一拍进行的，时钟电路用于产生单片机中最基本的时间单位。

以上所述为 51 单片机内部的基本功能部件。对于存储器、定时器、中断系统、串行接口等，后续章节中将分别详细介绍。

### 2.2.2 51 单片机芯片引脚功能

8051 单片机芯片采用 40 脚双列直插式封装，其引脚排列及逻辑符号如图 2-3 所示。

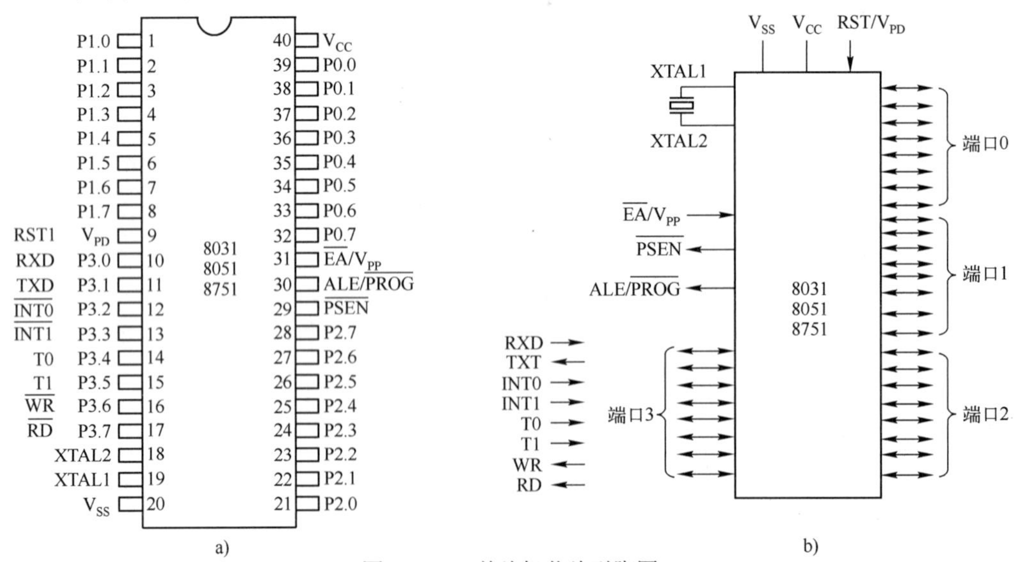


图 2-3 51 单片机芯片引脚图

a) DIP 引脚 b) 逻辑符号

STC12C5A 系列单片机芯片引脚图如图 2-4 所示。

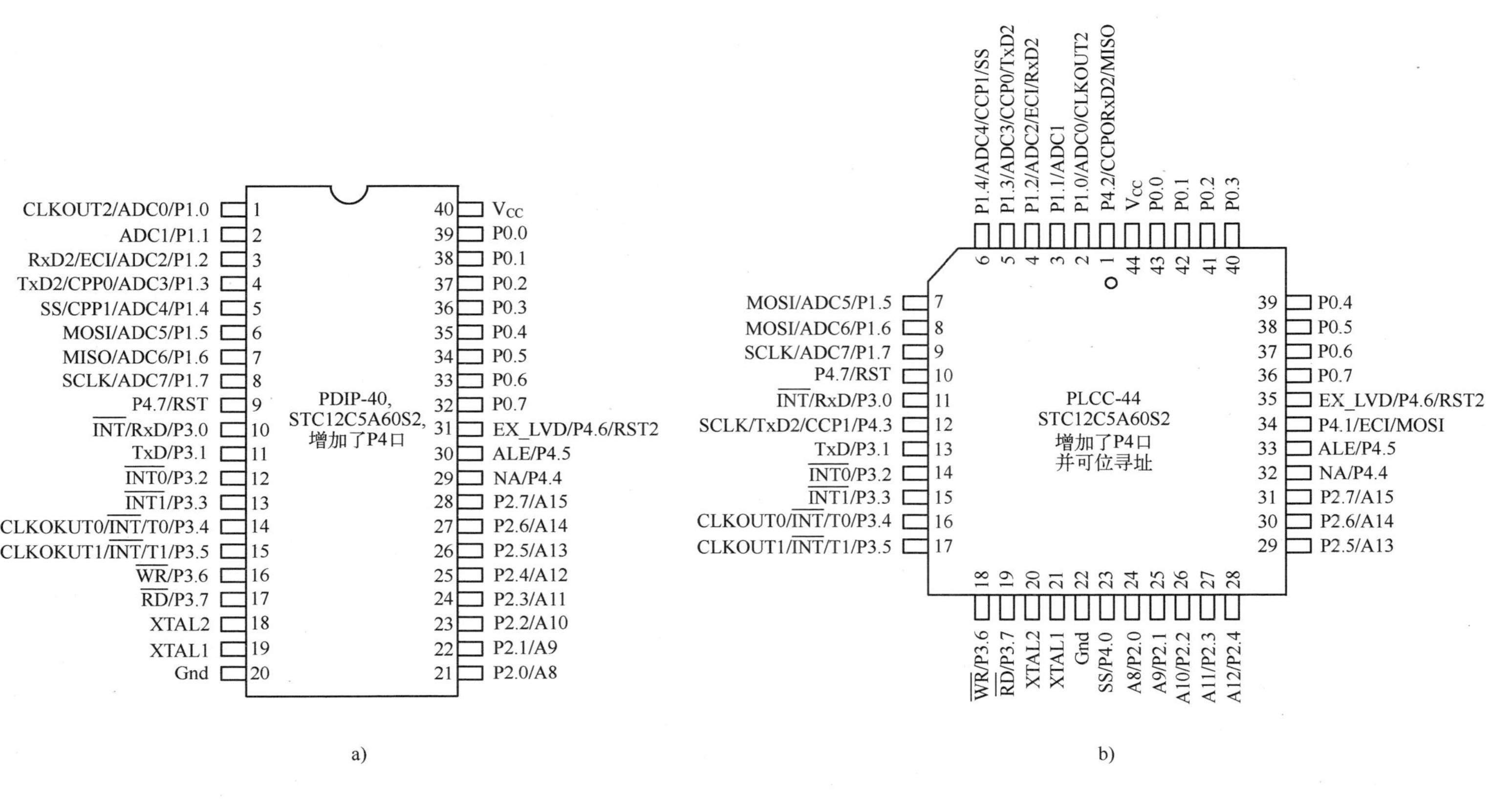


图2–4　STC12C5A系列单片机芯片引脚图

a）40脚双列直插式　b）贴片式

由于 51 单片机的高性能而受引脚数目的限制，所以有不少引脚具有双重功能。

下面分别说明 8051 单片机各引脚的含义和功能。

**1．主电源引脚 $V_{CC}$ 和 $V_{SS}$**

$V_{CC}$：接主电源+5V。

$V_{SS}$：电源接地端。

**2．时钟电路引脚 XTAL1 和 XTAL2**

为了产生时钟信号，在 8051 内部设置了一个反相放大器，XTAL1 是片内振荡器反相放大器的输入端，XTAL2 是片内振荡器反相放大器的输出端，也是内部时钟发生器的输入端。当使用自激振荡方式时，XTAL1 和 XTAL2 外接石英晶振，使内部振荡器按照石英晶振的频率振荡，即产生时钟信号。

当使用外部信号源为 8051 提供时钟信号时，XTAL1 应接地，XTAL2 接外部时钟信号。

**3．控制信号引脚**

（1）RST/$V_{PD}$

RST/$V_{PD}$ 为复位/备用电源输入端。

复位功能：单片机上电后，在该引脚上出现两个机器周期（24 个振荡周期）宽度以上的高电平，就会使单片机复位。可在 RST 与 $V_{CC}$ 之间接一个 10μF 的电容，RST 再经一 8kΩ下拉电阻接 $V_{SS}$，即可实现单片机上电自动复位。

备用功能：在主电源 $V_{CC}$ 掉电期间，该引脚 $V_{PD}$ 可接＋5V 电源，当 $V_{CC}$ 下降到低于规定的电平，而 $V_{PD}$ 在其规定的电压范围内时，$V_{PD}$ 就向片内 RAM 提供备用电源，以保持片内 RAM 中信息不丢失，以便电压恢复正常后单片机能正常运行。

（2）ALE/$\overline{\text{PROG}}$

ALE/$\overline{\text{PROG}}$ 为低 8 位地址锁存使能输出/编程脉冲输入端。

地址锁存使能输出 ALE：当单片机访问外部存储器时，外部存储器的 16 位地址信号由 P0 口输出低 8 位，P2 口输出高 8 位，ALE 可用作低 8 位地址锁存控制信号；当不用作外部存储器地址锁存控制信号时，该引脚仍以时钟振荡频率的 1/6 固定地输出正脉冲，可以驱动 8 个 LS 型 TTL 负载。

编程脉冲输入端 $\overline{\text{PROG}}$：在对 8751 片内 EPROM 编程（固化程序）时，该引脚用于输入编程脉冲。

（3）$\overline{\text{PSEN}}$

$\overline{\text{PSEN}}$ 为外部程序存储器控制信号，即读选通信号，可以驱动 8 个 LS 型 TTL 负载。

CPU 在访问外部程序存储器时，在每个机器周期中，$\overline{\text{PSEN}}$ 信号两次有效。

（4）$\overline{\text{EA}}$/$V_{PP}$

$\overline{\text{EA}}$/$V_{PP}$ 为外部程序存储器允许访问/编程电源输入。

$\overline{\text{EA}}$：当 $\overline{\text{EA}}$=1 时，CPU 从片内程序存储器开始读取指令。当程序计数器 PC 的值超过 0FFFH 时（8051 片内程序存储器为 4KB），将自动转向执行片外程序存储器的指令。当 EA=0 时，CPU 只能访问片外程序存储器。

$V_{PP}$：在对 8751 内部 EPROM 编程时，此引脚应接 21V 编程电源。

特别注意，不同芯片有不同的编程电压 $V_{PP}$，应仔细阅读芯片说明。

**4．并行 I/O 口 P0～P3 端口引脚**

单片机实现任何控制功能，必须通过 I/O 端口引脚实现对接口电路（外部设备）相关信息的读、写，以实现对外部设备的控制。51 单片机与外部设备的信息交换，全部由并行 8 位 I/O 共 32 位数据线来实现。8051 并行 I/O 端口 P0～P3 端口结构引脚图，如图 2-5 所示。

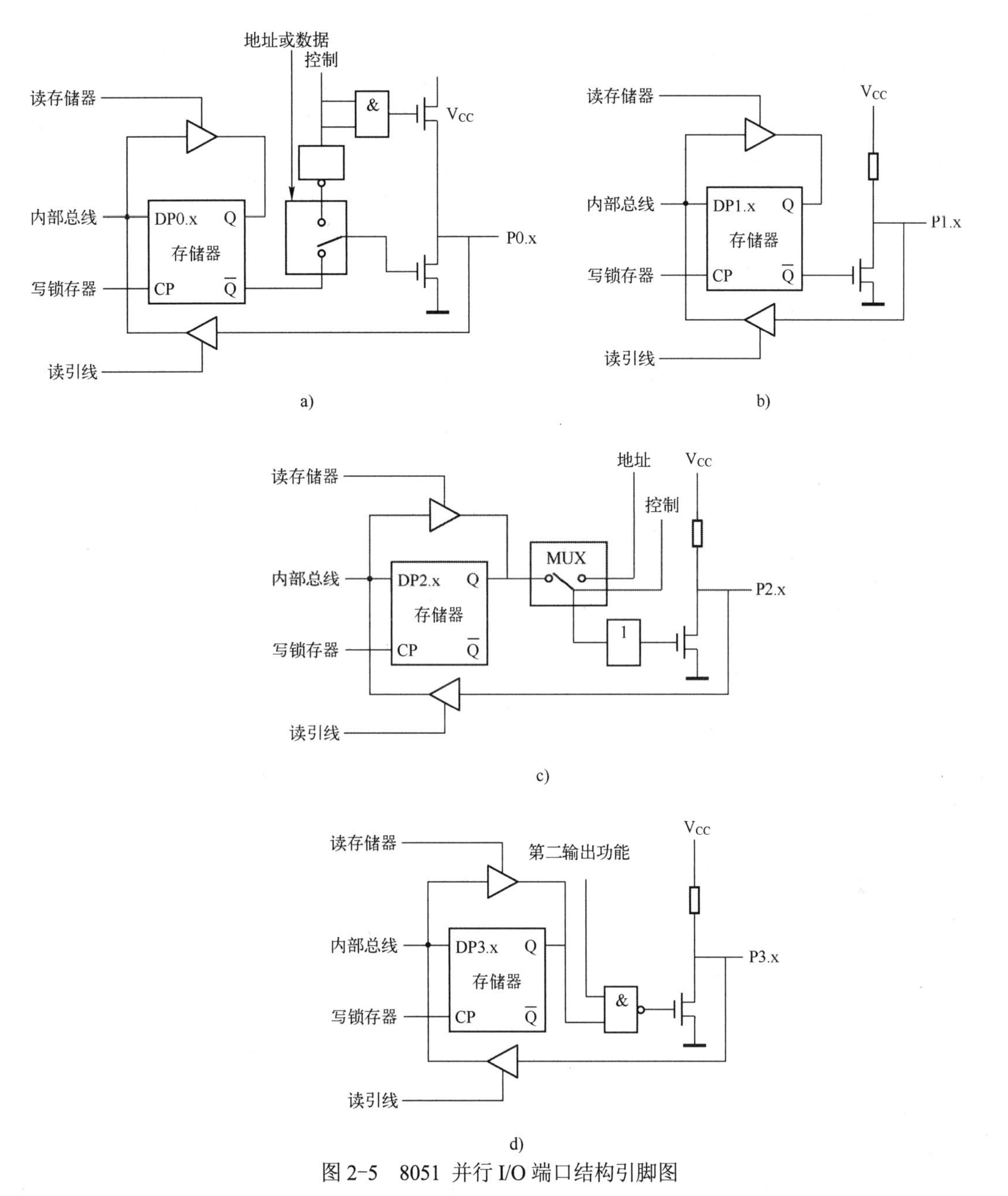


图 2-5　8051 并行 I/O 端口结构引脚图

a) P0 端口结构引脚图　b) P1 端口结构引脚图　c) P2 端口结构引脚图　d) P3 端口结构引脚图

（1）P0 口（P0.0～P0.7）

P0 口内部是一个 8 位漏极开路型双向 I/O 端口。

P0 口在作通用 I/O 口使用时应外接 10kΩ左右的上拉电阻。在端口进行输入操作（即 CPU 读取端口数据）前，应先向端口的输出锁存器写“1”。

在 CPU 访问片外存储器时，P0 口自动作为地址/数据复用总线使用，分时向外部存储器提供低 8 位地址和传送 8 位双向数据信号。P0 口作为地址/数据复用总线使用时是一个真正的双向口。

在对 EPROM 编程时，由 P0 口输入指令字节，而在验证程序时，P0 输出指令字节（验证时应外接上拉电阻）。

对于标准（早期）的 Intel8051 单片机，P0 口能以吸收电流的方式驱动 8 个 LS 型 TTL 负载。LS 型 TTL 负载是指单片机端口所接负载是 74LS 系列的数字芯片。以 TI 公司的 74LS00 芯片为例，其输入端接高电平时，输入电流为 20μA，输入端接低电平时，输入电流是-0.4mA。因此，单片机端口（位）输出高电平时，每个 LS 型 TTL 输入端将是 20μA 的拉电流型负载；单片机端口（位）输出低电平时，则吸收 0.4mA 的负载电流。P0 口每个端口（位）可以驱动 8 个 LS 型 TTL 负载，允许吸收电流为 0.4×8=3.2mA。

（2）P1 口（P1.0～P1.7）

P1 口是一个内部带上拉电阻的 8 位准双向 I/O 端口。

当 P1 输出高电平时，能向外部提供拉电流负载，因此，不需再外接上拉电阻。当端口用作输入时，也应先向端口的输出锁存器写入“1”，然后再读取端口数据。

在对 EPROM 编程和验证程序时，它用来输入低 8 位地址。

早期 8051 单片机 P1 口能驱动 4 个 LS 型 TTL 负载。

（3）P2 口（P2.0～P2.7）

P2 口也是一个内部带上拉电阻的 8 位准双向 I/O 端口。

当 CPU 访问外部存储器时，P2 口自动用于输出高 8 位地址，与 P0 口的低 8 位地址一起形成外部存储器的 16 位地址总线。此时，P2 口不再作为通用 I/O 口使用。

早期 8051 单片机 P2 口可驱动 4 个 LS 型 TTL 负载。

在对 EPROM 编程和验证程序时，P2 口用作接收高 8 位地址。

（4）P3 口（P3.0～P3.7）

P3 口是一个内部带上拉电阻的 8 位多功能双向 I/O 端口。

P3 口除了作通用 I/O 端口外，其主要功能是它的各位还具有第二功能。无论 P3 口作通用输入口还是作第二输入功能口使用，相应位的输出锁存器和第二输出功能端都应置“1”。

早期 8051 单片机 P3 口能驱动 4 个 LS 型 TTL 负载。

P3 口作为第二功能使用时各引脚定义见表 2-3。

**表 2-3　P3 口各位的第二功能表**

| P3 口引脚 | 第 二 功 能 |
|---|---|
| P3.0 | RXD（串行口输入端） |
| P3.1 | TXD（串行口输出端） |
| P3.2 | $\overline{\text{INT0}}$（外部中断 0 输入端） |
| P3.3 | $\overline{\text{INT1}}$（外部中断 1 输入端） |
| P3.4 | T0（定时器 0 的外部输入） |
| P3.5 | T1（定时器 1 的外部输入） |
| P3.6 | $\overline{\text{WR}}$（外部数据存储器“写”控制输出信号） |
| P3.7 | $\overline{\text{RD}}$（外部数据存储器“读”控制输出信号） |

可以看出，P3 口的第二功能包含：串行输入/输出、外部中断控制、定时器外部输入控制及外部存储器读写控制端口。由于这些控制端口单片机没有专设的控制信号引脚，单片机在进行上述操作时所需要的控制信号必须由 P3 口提供，P3 口第二功能相当于 PC 中 CPU 的控制线引脚。

综上所述，由于 P0 口与 P1、P2、P3 口的内部结构不同，其功能也不相同。随着 51 兼容机性能的不断提升，负载驱动电流也比早期的 51 单片机大大提高，在使用时应注意以下方面。

1）P0～P3 都是准双向 I/O 口，即 CPU 在读取数据时，必须先向相应端口的锁存器写入“1”。各端口名称与锁存器名称在编程时相同，均可用 P0～P3 表示。当系统复位时，P0～P3 端口锁存器全为“1”，CPU 可直接对其进行读取数据。

2）由于早期 51 单片机驱动能力较低，如果驱动更多的器件，可以用“8 位总线缓冲驱动”芯片来实现，例如，经常使用的 74LS244、74LS245 芯片。

3）P0 口可作通用输入、输出端口使用。若输出高电平驱动拉电流负载时，需外接阻值合适的上拉电阻（一般为几千欧）才能使该位输出高电平（或负载所需分压电平）。P1、P2、P3 口输出均接有内部上拉电阻，输出端无须外接上拉电阻。拉电流能力一般不高于 1mA。

4）常用的 89C51 单片机 P0 口输出低电平时，一个引脚吸收的最大电流为 10mA，允许吸收的最大总电流（即 P0 口 8 个引脚允许电流总和）为 26mA；P1、P2 及 P3 口分别吸收的总电流最大为 15mA；最新 STC12 系列单片机 I/O 口的吸收电流是 20mA，传统 STC89Cxx 系列单片机 I/O 口的吸收电流是 8～12mA。为了提高输出负载能力，单片机输出口一般采用驱动器输出，并且以输出低电平作为控制信号。

5）P0、P2、P3 口在无系统扩展时可以作通用 I/O 端口使用。但在系统扩展时应当特别注意，当 CPU 访问由扩展的外部存储器时，CPU 将自动地把外部存储器的地址线信号（16 位）送 P0、P2 口（P0 口输出低 8 位地址，P2 口输出高 8 位地址），向外部存储器输出 16 位存储单元地址。在控制信号 ALE 的作用下，该地址低 8 位被锁存后，P0 口自动切换为数据总线。这时经 P0 口可向外部存储器进行读、写数据操作。此时，P0 口为地址/数据复用口（不必外接上拉电阻）、P2 口不再作通用 I/O 端口、P3.7 或 P3.6 作为读或写控制信号输出。

6）P3 口若不需要作第 2 功能口，则自动作为通用 I/O 口使用。当仅需要 P3 口的某些位作第 2 功能使用时，则另一些位不宜作为位处理的 I/O 口使用。

## 2.3 51 单片机存储结构及位处理器

存储器是 51 单片机最重要的编程资源，已介绍的寄存器 PSW 和 P0～P3 都属于存储器的范畴。本节主要介绍 51 单片机存储器的结构、配置、字节编址及位地址。

### 2.3.1 51 单片机存储器的特点

51 单片机的存储器与一般微机存储器的配置不同，微机把程序和数据共存同一存储空间，各存储单元对应唯一的地址。而 51 单片机的存储器把程序和数据的存储空间严格区分开。

51 单片机存储器的划分方法如下。

（1）物理存储空间分配

51 单片机存储器为字节存储单元，从物理结构上划分，有如下 4 个存储空间。

1）片内程序存储器（4KB）。

2）片外程序存储器（可以扩展为 64KB）。

3）片内数据存储器（256B）。

4）片外数据存储器（可以扩展为 64KB）。

（2）逻辑地址空间

从用户使用（编程）的角度划分，51 单片机存储器从逻辑上划分为 3 个存储器地址空间。

1）片内外统一编址的 64KB 的程序存储器地址空间。

2）片内（128+128）B 数据存储器地址空间。

3）片外 64KB 的数据存储器地址空间。

对于同一地址信息，可表示不同的存储单元。故在访问不同的逻辑存储空间时，51 单片机提供了不同形式的指令如下。

- MOV 指令用于访问内部数据存储器。
- MOVC 指令用于访问片内外程序存储器。
- MOVX 指令用于访问外部数据存储器。

显然，51 单片机的存储器结构较微机复杂。掌握 51 单片机存储器结构对单片机应用程序设计是大有帮助的，因为单片机应用程序就是面向 CPU、面向存储器进行设计的。

8051 单片机存储结构如图 2-6 所示。

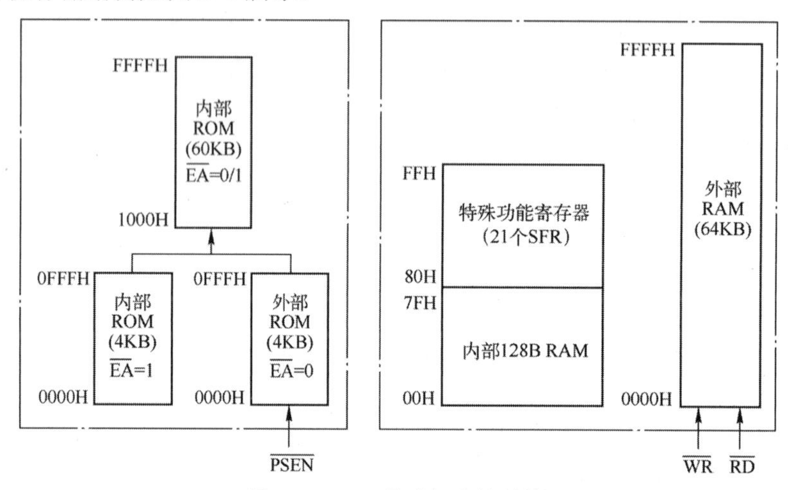


图 2-6　8051 单片机存储结构

由图 2-6 可以看出，内部程序存储器（4KB-ROM）地址空间为 0000H～0FFFH，外部程序存储器地址空间为 0000H～FFFFH。

内部数据存储器（128B-RAM）地址空间为 00H～7FH，特殊功能寄存器（共 21 个）在 RAM 的 80H～FFH 地址空间内，而外部数据存储器地址空间为 0000H～FFFFH。

## 2.3.2 程序存储器

程序存储器用于存放已编制好的程序及程序中用到的常数。一般情况下，在程序调试运行成功后，由单片机开发板将程序写入（下载）程序储存器。程序在运行中不能修改程序存储器中的内容。

程序存储器由 ROM 构成，单片机掉电后 ROM 内容不会丢失。

8051 片内有 4KB 的 ROM，87C51 内含 4KB 的可编程 EPROM 程序存储器，89C51 内含 4KB 的闪速 EEPROM；89S51 内含 4KB 的 Flash 闪速程序存储器。

单片机在工作时，由程序计数器（PC）自动指向将要执行的指令在程序存储器中的存储地址。51 单片机程序存储器地址为 16 位（二进制数），因此程序存储器的地址范围为 64KB。片内、片外程序存储器的地址空间是连续的。

8052、89S52 等单片机内部 ROM 为 8KB。

当引脚 $\overline{EA}$=1 时，CPU 访问内部程序存储器（即 8051 的程序计数器 PC 在 0000H～0FFFH 地址范围内），当 PC 的值超过 0FFFH，CPU 自动转向访问外部程序存储器，即自动执行片外程序存储器中的程序。

当 $\overline{EA}$=0 时，CPU 访问外部程序存储器（8051 程序计数器 PC 在 0000H～FFFFH 地址范围内），CPU 总是从外部程序存储器中取指令。

一般情况下，首先使用片内程序存储器，因此，设置 $\overline{EA}$=1。

MOVC 指令用于访问程序存储器。

在程序存储器中，51 单片机定义了 7 个单元用于特殊用途。

0000H：CPU 复位后，PC=0000H，程序总是从程序存储器的 0000H 单元开始执行。

0003H：外部中断 0 中断服务程序入口地址。

000BH：定时器/计数器 0 溢出中断服务程序的入口地址。

0013H：外部中断 1 中断服务程序入口地址。

001BH：定时器/计数器 1 溢出中断服务程序的入口地址。

0023H：串行口中断服务程序的入口地址。

002BH：定时器/计数器 2 溢出或 T2EX（P1.1）端负跳变时的入口地址（仅 52 子序列所特有）。

由于以上 7 个特殊用途的存储单元相距较近，在实际使用时，通常在入口处安放一条无条件转移指令。例如，在 0000H 单元可安排一条转向主控程序的转移指令；在其他入口可安排转移指令使之转向相应的由用户设计的中断服务程序实际入口地址。

### 2.3.3 数据存储器

数据存储器用于存放程序运算的中间结果、状态标志位等。

数据存储器由 RAM 构成，一旦掉电，其数据将丢失。

在 51 单片机内，数据存储器分为内部数据存储器和外部数据存储器，这是两个独立的地址空间，在使用时必须分别编址。

内部数据存储器为（128+128）B。外部数据存储器最大可扩充为 64KB，其地址指针为 16 位二进制数。

51 单片机提供 MOV 指令用于访问内部 RAM，MOVX 用于访问外部 RAM。

内部数据存储器是最活跃、最灵活的存储空间，51 单片机指令系统寻址方式及应用程序大部分是面向内部数据存储器的。内部数据存储器分为高、低 128B 两大部分，如图 2-7 所示。

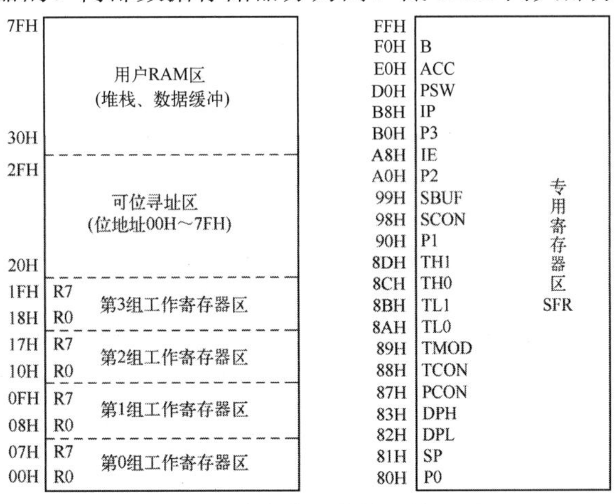


图 2-7 片内数据存储器的配置

由图 2-7 可以看出：

- 低 128B 为 RAM 区，地址空间为 00H～7FH。
- 高 128B 为特殊功能寄存器（SFR）区，地址空间为 80H～FFH，其中仅有 21 个字节单元是有定义的。

**1．通用寄存器区**

在低 128B 的 RAM 区中，将地址 00～1FH 共 32 个单元设为工作寄存器区，这 32 个单元又分为 4 组，每组由 8 个单元按序组成通用寄存器 R0～R7。

通用寄存器 R0～R7 不仅用丁暂存中间结果，而且是 CPU 指令中寻址方式不可缺少的工作单元。任一时刻 CPU 只能选用一组工作寄存器为当前工作寄存器，因此，不会发生冲突。未选中的其他三组寄存器可作为一般数据存储器使用。

CPU 复位后，自动选中第 0 组工作寄存器。

可以通过程序对程序状态字 PSW 中的 RS1、RS0 位进行设置，以实现工作寄存器组的切换，RS1、RS0 的状态与当前工作寄存器组的对应关系见表 2-2。

**2．可位寻址区**

地址为 20H～2FH 的 16 个 RAM（字节）单元，既可以像普通 RAM 单元按字节地址进行存取，又可以按位进行存取，这 16 个字节共有 128（16×8）个二进制位，每一位都分配一个位地址，编址为 00H～7FH，如图 2-8 所示。

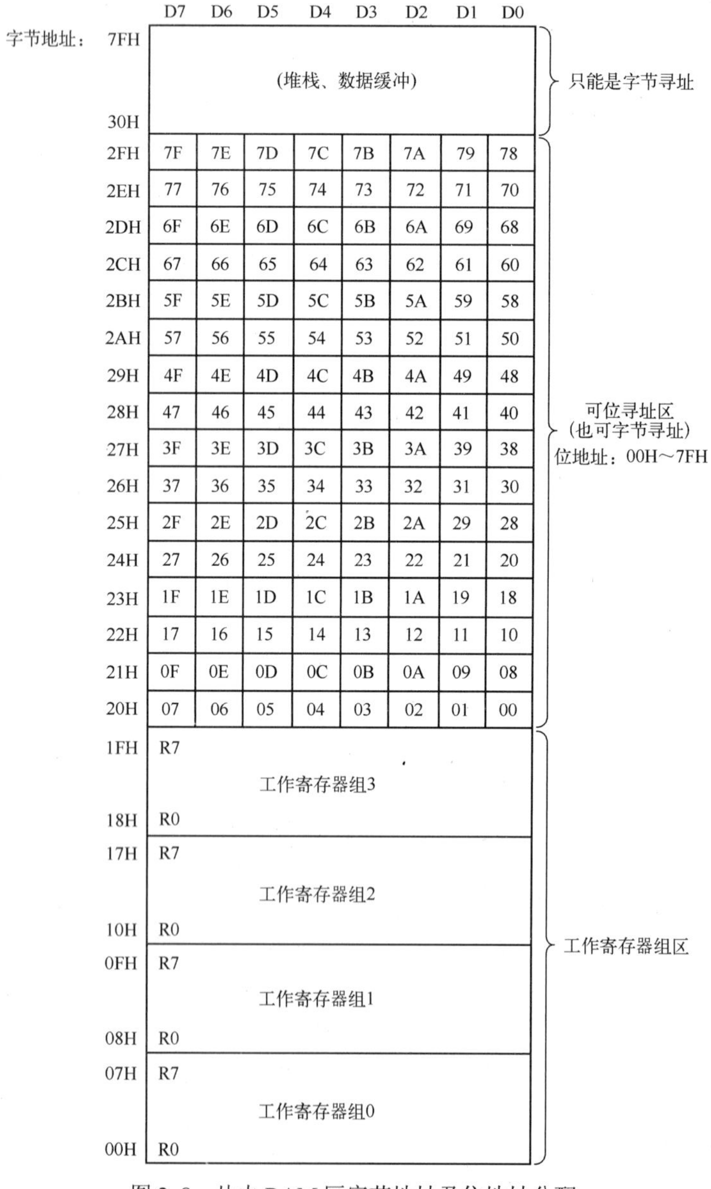


图 2-8　片内 RAM 区字节地址及位地址分配

由图 2-8 看出，位地址和字节地址都是用 8 位二进制数（2 位十六进制数）表示，但其含义不同。字节地址单元的数据是 8 位二进制数，而位地址单元的数据是 1 位二进制数，在使用时要特别注意。

1）字节地址 20H 单元，该地址单元的数据为 D0～D7（8 位）；而该单元的每一位的地址如下。

| 位地址： | 07H<br>(20H.7) | 06H<br>(20H.6) | 05H<br>(20H.5) | 04H<br>(20H.4) | 03H<br>(20H.3) | 02H<br>(20H.2) | 01H<br>(20H.1) | 00H<br>(20H.0) |
|---|---|---|---|---|---|---|---|---|
| 位： | D7 | D6 | D5 | D4 | D3 | D2 | D1 | D0 |

因为位地址 00H～07H 分别表示 20H 单元 D0～D7 位的地址，故其位地址又可表示为 20H.0～20H.7。

2）位地址为 20H，该位地址单元是字节地址 24H 单元的第 0 位，故位地址又可表示为 24H.0。

必须指出，对于某个地址，既可以表示字节地址，又可以表示位地址（如 20H、21H 等），那么，如何区分一个地址是字节地址还是位地址呢？可以通过指令中操作数的类型确定。如果指令中的另一个操作数为字节数据，则该地址必为字节地址；如果指令中的另一个操作数为一位数据，则该地址必为位地址。例如：

```
MOV   A,   20H      ;A 为字节单元, 20H 为字节地址
MOV   C,   20H      ;C 为位单元, 20H 为位地址, 即 24H.0
```

**3．只能字节寻址的 RAM 区**

在 30H～7FH 区的 80 个 RAM 单元为用户 RAM 区，只能按字节存取。所以，30H～7FH 区是真正的数据缓冲区。

**4．堆栈缓冲区**

在应用程序中，往往需要一个后进先出的 RAM 缓冲区，用于子程序调用和中断响应时保护断点及现场数据，这种后进先出的 RAM 缓冲区称之为堆栈。原则上，堆栈区可设在内部 RAM 的 00H～7FH 的任意区域，但由于 00H～1FH 及 20H～2FH 区域的特殊作用，堆栈区一般设在 30H～7FH 的范围内。由堆栈指针 SP 指向栈顶单元，在程序设计时，应通过对 SP 初始化来设置堆栈区。

## 2.3.4　专用寄存器（SFR）

在片内数据存储器的 80H～FFH 单元（高 128B）中，有 21 个单元作为专用寄存器（SFR），又称特殊功能寄存器。

51 单片机内部的 I/O 口（P0～P3）、CPU 内的累加器 A 等统称为特殊功能寄存器。这些寄存器离散分布在片内数据存储器的 80H～FFH 单元，每一个寄存器都有一个确定的地址，并定义了寄存器符号名，其地址分布见表 2-4。

由于特殊功能寄存器并未占满 128 个单元，故对空闲地址的操作是没有意义的。

对特殊功能寄存器的访问只能采用直接寻址方式。

对其地址能被 8 整除的特殊功能寄存器，可对该寄存器的各位进行位寻址操作。

**表 2-4　特殊功能寄存器（SFR）地址**

| 寄　存　器 | 位地址及位名 | | | | | | | | 字 节 地 址 |
|---|---|---|---|---|---|---|---|---|---|
| | D7 | D6 | D5 | D4 | D3 | D2 | D1 | D0 | |
| B | F7H | F6H | F5H | F4H | F3H | F2H | F1H | F0H | F0H |
| | | | | | | | | | |
| ACC | E7H | E6H | E5H | E4H | E3H | E2H | E1H | E0H | E0H |
| | | | | | | | | | |

（续）

| 寄 存 器 | 位地址及位名 | | | | | | | | 字 节 地 址 |
|---|---|---|---|---|---|---|---|---|---|
| | D7 | D6 | D5 | D4 | D3 | D2 | D1 | D0 | |
| PSW | D7H | D6H | D5H | D4H | D3H | D2H | D1H | D0H | D0H |
| | Cy | AC | F0 | RS1 | RS0 | OV | F1 | P | |
| IP | BFH | BEH | BDH | BCH | BBH | BAH | B9H | B8H | B8H |
| | | | | PS | PT1 | PX1 | PT0 | PX0 | |
| P3 | B7H | B6H | B5H | B4H | B3H | B2H | B1H | B0H | B0H |
| | P3.7 | P3.6 | P3.5 | P3.4 | P3.3 | P3.2 | P3.1 | P3.0 | |
| IE | AFH | AEH | A-DH | ACH | ABH | AAH | A9H | A8H | A8H |
| | EA | | | ES | ET1 | EX1 | ET0 | EX0 | |
| P2 | A7H | A6H | A5H | A4H | A3H | A2H | A1H | A0H | A0H |
| | P2.7 | P2.6 | P2.5 | P2.4 | P2.3 | P2.2 | P2.1 | P2.0 | |
| SBUF | | | | | | | | | 99H |
| SCON | 9FH | 9EH | 9DH | 9CH | 9BH | 9AH | 99H | 98H | 98H |
| | SM0 | SM1 | SM2 | REN | TB8 | RB8 | TI | RI | |
| P1 | 97H | 96H | 95H | 94H | 93H | 92H | 91H | 90H | 90H |
| | P1.7 | P1.6 | P1.5 | P1.4 | P1.3 | P1.2 | P1.1 | P1.0 | |
| TH1 | | | | | | | | | 8DH |
| TH0 | | | | | | | | | 8CH |
| TL1 | | | | | | | | | 8BH |
| TL0 | | | | | | | | | 8AH |
| TMOD | GATE | $C/\overline{T}$ | M1 | M0 | GATE | $C/\overline{T}$ | M1 | M0 | 89H |
| TCON | 8FH | 8EH | 8DH | 8CH | 8BH | 8AH | 89H | 88H | 88H |
| | TF1 | TR1 | TF0 | TR0 | IE1 | IT1 | IE0 | IT0 | |
| PCON | | | | | | | | | 87H |
| DPH | | | | | | | | | 83H |
| DPL | | | | | | | | | 82H |
| SP | | | | | | | | | 81H |
| P0 | 87H | 86H | 85H | 84H | 83H | 82H | 81H | 80H | 80H |
| | P0.7 | P0.6 | P0.5 | P0.4 | P0.3 | P0.2 | P0.1 | P0.0 | |

下面简要介绍部分特殊功能寄存器（SFR）。

1）累加器 ACC：字节地址为 E0H，并可对其 D0～D7 各位进行位寻址，D0～D7 位地址相应为 E0H～E7H。

2）寄存器 B：字节地址为 F0H，并可对其 D0～D7 各位进行位寻址，D0～D7 位地址相应为 F0H～F7H，主要用于暂存数据。

3）程序状态字 PSW：字节地址为 D0H，并可对其 D0～D7 各位进行位寻址，D0～D7 数据位的位地址相应为 D0H～D7H，主要用于寄存当前指令执行后的某些状态信息。

例如：Cy 表示进位/借位标志，指令助记符为 C，位地址为 D7H（也可表示为 PSW.7）。

4）堆栈指针 SP：字节地址为 81H，不能进行位寻址。

5）端口 P0：字节地址为 80H，并可对其 D0～D7 各位进行位寻址。D0～D7 数据位的位地址相应为 80H～87H（也可表示为 P0.0～P0.7）。

6）端口 P1：字节地址为 90H，并可对其 D0～D7 各位进行位寻址。D0～D7 数据位的位地址相应为 90H～97H（也可表示为 P1.0～P1.7）。

7）端口 P2：字节地址为 A0H，并可对其 D0～D7 各位进行位寻址。D0～D7 数据位的位地址相应为 A0H～A7H（也可表示为 P2.0～P2.7）。

8）端口 P3：字节地址为 B0H，并可对其 D0～D7 各位进行位寻址。D0～D7 数据位的位地址相应为 B0H～B7H（也可表示为 P3.0～P3.7）。

SFR 的 TMOD、TCON、SCON、DPH、DPL 及 IE 等寄存器是单片机主要功能部件的重要组成部分，在后续章节中详细介绍。

### 2.3.5 位处理器

所谓位处理，是指对一位二进制数据（即 0 和 1）的处理，一位二进制数的典型应用就是开关量（位）控制。当输出的一位二进制数据为 1（ON）时，控制负载通电，为 0（OFF）时控制负载断电，如电动机起动/停止、多层电梯及交通灯的控制等。单片机具有较强的位处理能力。

对于许多控制系统，开关量控制是控制系统的主要目的，传统的 CPU，对于开关量控制却显得不那么方便，而 51 单片机值得骄傲的正是它有效地解决了单一位的控制。

51 单片机片内 CPU 还是一个性能优异的位处理器，也就是说 51 单片机实际上又是一个完整而独立的 1 位单片机（也称布尔处理机）。该布尔处理机除了有自己的 CPU、位寄存器、位累加器（即进位标志 Cy）、I/O 口和位寻址空间外，还有专供位操作的指令系统，可以直接寻址并对位存储单元和 SFR 的某一位进行操作。51 单片机对于位操作（布尔处理）有置位、复位、取反、测试转移、传送、逻辑与和逻辑或运算等功能。

把 8 位微型机和布尔处理机相互结合在一起，是单片机的主要特点之一，也是微机技术上的一个突破。

布尔处理机在开关量决策、逻辑电路仿真和实时控制方面非常有效。而 8 位微型机在数据采集及处理、数值运算方面有明显的优势。在 51 单片机中，8 位微型机和布尔处理机的硬件资源是复合在一起的，二者相辅相成。

例如，8 位 CPU 的程序状态字 PSW 中的进位标志 Cy，在布尔处理机中用作累加器 C；又如，内部数据存储器既可字节寻址，又可位寻址，这正是 51 单片机在设计上的精美之处。

利用布尔处理功能可以方便地进行随机逻辑设计，使用软件来实现各种复杂的逻辑关系，免除了许多类似 8 位数据处理中的数据传送、字节屏蔽和测试判断转移等烦琐的方法，从而取代数字电子电路所能实现的组合逻辑和时序逻辑电路，在这一方面，可以说单片机是万能的数字电路。

## 2.4 51 单片机工作方式

51 单片机的工作方式包括复位方式、程序执行方式、节电方式和 EPROM 的编程和校验方式，在不同的情况下，其工作方式也不相同。

### 2.4.1 复位及复位方式

单片机在启动运行时需要复位，使 CPU 以及其他功能部件处于一个确定的初始状态（如 PC 的值为 0000H），并从这个状态开始工作，单片机应用程序必须以此作为设计前提。

另外，在单片机工作过程中，如果出现死机时，也必须对单片机进行复位，使其重新开始工作。

51 单片机的复位电路包括上电复位电路和按键（外部）复位电路，如图 2-9 所示。

不管是何种复位电路，都是通过复位电路产生的复位信号（高电平有效）由 $RST/V_{PD}$ 引脚送入到内部的复位电路，对 51 单片机进行复位。复位信号要持续两个机器周期（24 个时钟周期）

以上，才能使 51 单片机可靠复位。

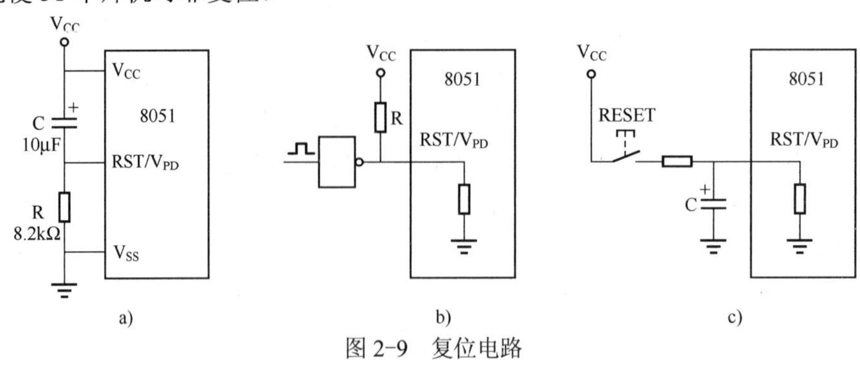


图 2-9　复位电路

a) 上电复位　b) 按键脉冲复位　c) 按键（手动）电平复位

（1）上电复位

所谓上电复位，是指单片机接通工作电源（$V_{CC}$=5V）时，片内各功能部件的初始状态。

上电复位电路利用电容器充电来实现复位。在图 2-9a 中可以看出，上电瞬时 RST/$V_{PD}$ 端的电位与 $V_{CC}$ 等电位，RST/$V_{PD}$ 为高电平，随着电容器充电电流的减少，RST/$V_{PD}$ 的电位不断下降，其充电时间常数为 $10\times10^{-6}\times8.2\times10^{3}$s=$82\times10^{-3}$s=82ms，此时间常数足以使 RST/$V_{PD}$ 在保持为高电平的时间内完成复位操作。

（2）按键复位

按键复位电路又包括按键脉冲复位和按键电平复位。图 2-9b 为按键脉冲复位电路，由外部提供一个复位脉冲，复位脉冲的宽度应大于两个机器周期。图 2-9c 为按键电平复位电路，按下复位按键，电容 C 被充电，RST/$V_{PD}$ 端的电位逐渐升高为高电平，实现复位操作，按键释放后，电容器经内部下拉电阻放电，RST/$V_{PD}$ 端恢复低电平。

（3）复位后内部寄存器状态

单片机复位后，其片内各寄存器状态见表 2-5。单片机复位后部分寄存器初始状态如下。

**表 2-5　复位后内部寄存器状态**

| 寄存器 | 内容 | 寄存器 | 内容 |
|---|---|---|---|
| PC | 0000H | TH0 | 00H |
| ACC | 00H | TL0 | 00H |
| B | 00H | TH1 | 00H |
| PSW | 00H | TL1 | 00H |
| SP | 07H | SBUF | 不定 |
| DPTR | 0000H | TMOD | 00H |
| P0～P3 | 0FFH | SCON | 00H |
| IP | ×××00000B | PCON（HMOS） | 0×××××××B |
| IE | 0×000000B | PCON（CMOS） | 0×××0000B |
| TCON | 00H | | |

1）P0～P3 端口输出全为 0FFH。

2）程序计数器 PC=0000H，指向程序存储器 0000H 单元，使 CPU 从首地址重新开始执行程序。

3）堆栈寄存器 SP=07H。

4）51 单片机在电复位时，其内部 RAM 中的数据保持不变。

## 2.4.2　程序执行工作方式

程序执行方式是单片机的基本工作方式，通常可分为连续执行和单步执行两种工作方式。

**1．连续执行方式**

连续执行方式就是单片机正常执行控制程序的工作方式。

被执行程序存储在片内（或片外）的 ROM 中，由于单片机复位后程序计数器 PC=0000H，因此机器在加电或按键复位后总是到 0000H 处开始连续执行程序，由于 ROM 区开始的一些存储单元的特殊作用，可以在 0000H 处放一条转移指令，以便跳转到指定的程序存储器中的任一单元去执行程序。

**2．单步执行方式**

用户在调试程序时，常常要一条一条地执行程序中的每一条指令。单步执行方式就是为用户调试程序而设计出的一种工作方式。可设置一单步执行按键，当需要单步执行程序时，可以按下该键，每按一次可以执行一条指令。

单步执行方式是利用单片机外部中断功能实现的。其原理为：单步执行键相当于外部中断的中断源，当它被按下时，相应电路就产生一个负脉冲送到单片机的外部中断输入端（$\overline{\text{INT0}}$或$\overline{\text{INT1}}$）引脚，51 单片机便能自动执行预先设计好的具有单步执行指令的中断服务程序，从而实现单步执行的功能。

## 2.4.3 节电工作方式

节电工作方式是一种能减少单片机功耗的工作方式，通常有空闲方式和掉电方式两种，只有 CHMOS 型器件才有这种工作方式。CHMOS 型单片机是一种低功耗器件，正常工作时耗电 11～20mA 电流，空闲状态为 1.7～5mA 电流，掉电方式为 5～50μA。因此，CHMOS 型单片机特别适用于低功耗场合。

CHMOS 型单片机的节电工作方式是由特殊功能寄存器 PCON 控制的。PCON 各位定义为

| PCON.7 | PCON.6 | PCON.5 | PCON.4 | PCON.3 | PCON.2 | PCON.1 | PCON.0 |
|---|---|---|---|---|---|---|---|
| SMOD | | | | $GF_1$ | $GF_0$ | PD | IDL |

其中，SMOD 为串行口波特率倍率控制位；GF0、GF1 为通用标志位；PD 为掉电控制位，PD=1 进入掉电方式；IDL 为空闲控制位，IDL=1 进入空闲方式。

当 PD 与 IDL 同时为 1 时，先进入掉电控制方式。

**1．掉电方式**

单片机在运行过程中，如果发生掉电，片内 RAM 和 SFR 中的信息将会丢失。为防止信息丢失，可以把一组备用电源加到 RST/$V_{PD}$ 端，当 $V_{CC}$ 上的电压低于 $V_{PD}$ 上的电压时，备用电源通过 $V_{PD}$ 端，以低功耗保持内部 RAM 和 SFR 中的数据。

利用这种方法，可以设计一个掉电保护电路，当外部电路检测到即将发生掉电时，立即通过外部中断输入端$\overline{\text{INT0}}$通知 CPU，CPU 执行中断服务程序把有关数据保存到内部 RAM 中，然后执行如下指令将 PD 设置为 1 即可进入掉电工作方式。

```
MOV    PCON, #02H
```

在掉电方式下，内部 RAM 的 00H～7FH 中的数据被保留下来，不会丢失。在掉电期间，电源 $V_{CC}$ 电压可以降到 2V，内部 RAM 耗电电流为 50μA。当电源电压恢复到 5V 后，硬件复位 10ms 可以使单片机退出掉电方式。

80C51 复位后 SFR 重新初始化，但 RAM 中内容保持不变。因此，若要使得 80C51 在退出掉电方式后能继续执行原来的程序，就必须在掉电前预先把 SFR 中的内容保护到片内 RAM，并在掉电方式退出后从 RAM 中把被保护的数据取出，送回到 SFR，恢复 SFR 中原来的内容。

**2．空闲方式**

80C51 执行如下指令可以将 IDL 设置为 1 从而进入空闲方式。

```
MOV   PCON, # 01H
```

进入空闲方式后，CPU 停止工作，但中断、串行口和定时器 / 计数器可以继续工作。此时，CPU 中的 SP、PC、PSW、A 及 SFR 中的其他寄存器和内部 RAM 中的内容均保持不变，时钟电路继续工作，ALE 和 $\overline{\text{PSEN}}$ 变为高电平，无脉冲输出，处在无效状态。

在空闲工作方式期间，如果有中断产生，则单片机通过内部的硬件电路自动使 IDL=0，CPU 从空闲方式中退出，继续执行原来的程序。

除了以上工作方式外，对于存储器 EPROM 型的 51 单片机（8751），用户可以把程序写入 EPROM，并能通过暴露在紫外光下擦除。也可以将 EPROM 的内容读出进行校验。另外，8751 片内有一个保密位，一旦将该位写入，就可以禁止任何外部方法对片内程序存储器进行读/写操作，而且只能执行片内 EPROM 的程序，只有将 EPROM 全部擦除，保密位才能被一起擦除，以便再次建立。

## 2.5　51 单片机的时序

时序就是计算机指令执行时各种微操作在时间上的顺序关系。

计算机所执行的每一操作都是在时钟信号的控制下进行的。每执行一条指令，CPU 都要发出一系列特定的控制信号，这些控制信号（即 CPU 总线信号）在时间上的相互关系就是 CPU 的时序。

学习 CPU 时序，有助于理解指令的执行过程，有助于灵活地利用单片机的引脚进行硬件电路的设计。尤其是通过控制总线对片外存储器及 I/O 设备操作的时序，更是单片机使用者应该关心的。

### 2.5.1　时钟

计算机执行指令的过程可分为取指令、分析指令和执行指令 3 个步骤，每个步骤又由许多微操作所组成，这些微操作必须在一个统一的时钟脉冲的控制下才能按照正确的顺序执行。

时钟脉冲由时钟振荡器产生，51 单片机的时钟振荡器是由单片机内部反相放大器和外接晶振及微调电容组成的一个三点式振荡器，将晶振和微调电容接到 8051 的 XTAL1 和 XTAL2 端即可产生自激振荡。通常振荡器输出的时钟频率 $f_{osc}$ 为 6～16MHz，调节微调电容可以微调振荡频率 $f_{osc}$，51 单片机也可以使用外部时钟，如图 2-10 所示。

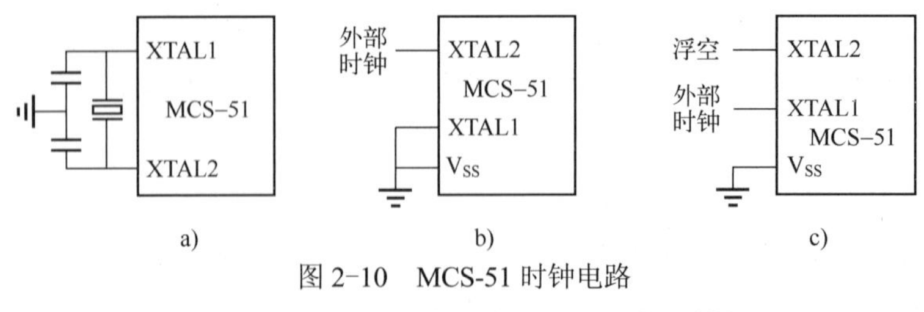


图 2-10　MCS-51 时钟电路

a) 振荡电路　b) 8051 外部时钟　c) 80C51 外部时钟

### 2.5.2　CPU 时序

单片机的时序是指 CPU 在执行指令时所需控制信号的时间顺序。时序信号是以时钟脉冲为基准产生的。CPU 发出的时序信号有两类：一类用于片内各功能部件的控制，由于这类信号在

CPU 内部使用，用户无须了解；另一类信号通过单片机的引脚送到外部，用于片外存储器或 I/O 端口的控制，这类时序信号对单片机系统的硬件设计非常重要。

**1．时钟周期、机器周期和指令周期**

（1）时钟周期

时钟周期也称振荡周期，即振荡器的振荡频率 $f_{osc}$ 的倒数，是单片机操作时序中的最小时间单位。时钟频率为 6MHz 时，则它的时钟周期应是 166.7ns。

时钟脉冲是计算机的基本工作脉冲，它控制着计算机的工作节奏。

（2）机器周期

执行一条指令的过程可分为若干个阶段，每一阶段完成一个规定的操作，完成一个规定操作所需要的时间称为一个机器周期。

机器周期是单片机的基本操作周期，每个机器周期包含 6 个状态周期，用 S1、S2、S3、S4、S5、S6 表示，每个状态周期又包含两个节拍 P1、P2，每个节拍持续一个时钟周期，因此，一个机器周期包含 12 个时钟周期，分别表示为 S1P1、S1P2、S2P1、S2P2、…、S6P1、S6P2，如图 2-11 所示。

（3）指令周期

指令周期定义为执行一条指令所用的时间。由于 CPU 执行不同的指令所用的时间不同，所以不同的指令其指令周期是不相同的，指令周期由若干个机器周期组成。通常包含一个机器周期的指令称为单周期指令，包含两个机器周期的指令称为双周期指令，依此类推。通常，一个指令周期含有 1～4 个机器周期。

51 单片机的指令可以分单周期指令、双周期指令和四周期指令 3 种。只有乘法指令和除法指令是四周期指令，其余都是单周期指令和双周期指令。

例如，51 单片机外接石英晶体振荡频率为 12MHz 时，时钟（振荡）周期为 1/12μs，状态周期为 1/6μs，机器周期为 1μs，指令周期为 1～4μs。

**2．51 单片机的取指 / 执行时序**

51 单片机执行任何一条指令时都可以分为取指令阶段和执行阶段（此处将分析指令阶段也包括在内）。取指令阶段把程序计数器 PC 中的指令地址送到程序存储器，选中指定单元并从中取出需要执行的指令。指令执行阶段对指令操作码进行译码，以产生一系列控制信号完成指令的执行。51 单片机指令的取指 / 执行时序如图 2-11 所示。

由图 2-11 可以看出，在指令的执行过程中，ALE 引脚上出现的信号是周期性的，每个机器周期出现两次正脉冲，第一次出现在 S1P2 和 S2P1 期间，第二次出现在 S4P2 和 S5P1 期间。

ALE 信号每出现一次，CPU 就进行一次取指令操作。

图 2-11a 为单字节单周期指令的时序，在一个机器周期中进行两次指令操作，但是对第二次取出的内容不作处理，称作假读。

例如，累加器加 1 指令“INC　A”。

图 2-11b 为双字节单周期指令的时序，在一个机器周期中 ALE 的两次有效期间各取一字节。

例如，加法指令“ADD　A，#data”。

图 2-11c 为单字节双周期指令的时序，只有第一次指令是有效的，其余 3 次均为假读。

例如，DPTR 加 1 指令“INC DPTR”。

图 2-11d 为访问外部 RAM 指令“MOVX　A，　@DPTR”（单字节双周期）的时序。

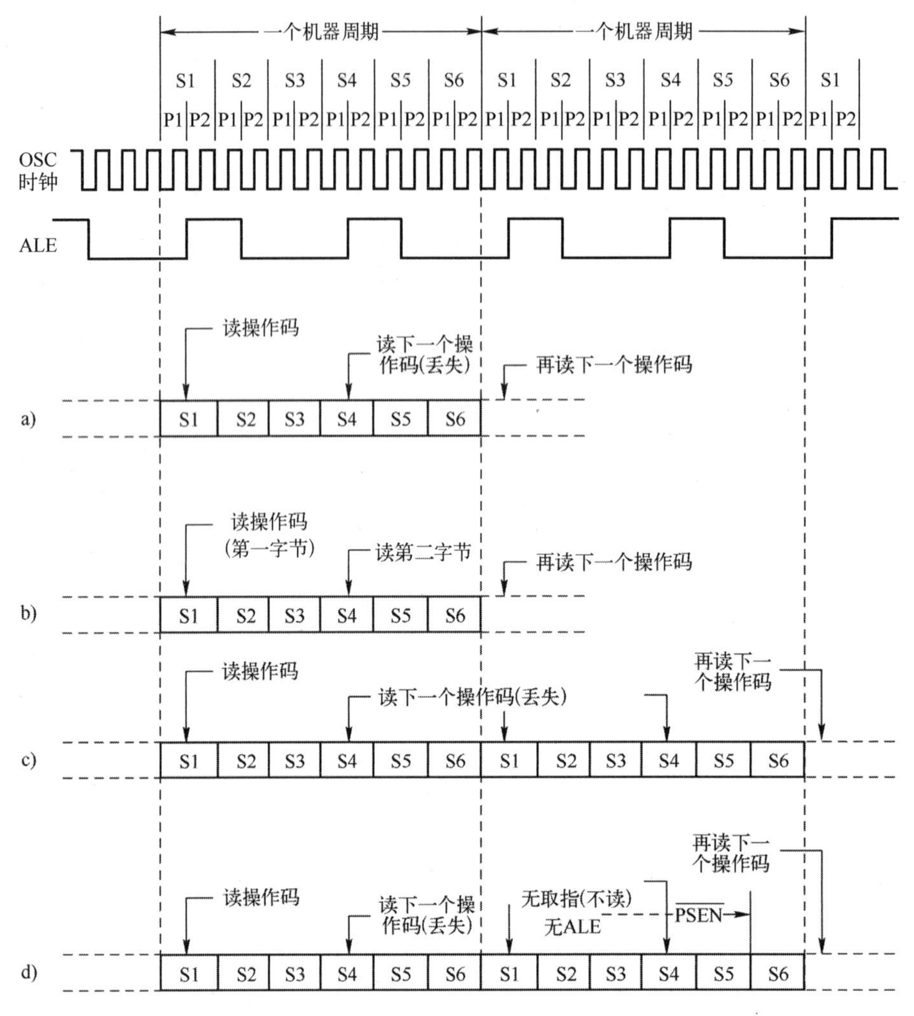


图 2-11　51 单片机的取指/执行时序

a) 单字节单周期指令　b) 双字节单周期指令　c) 单字节双周期指令　d) 访问外部 RAM 指令 MOVX（单字节双周期）

### 3．访问外部 ROM 时序

当从外部 ROM 读取指令时，在 ALE 与 $\overline{\text{PSEN}}$ 两个信号的控制之下，将指令读取到 CPU。其详细过程如下。

1）ALE 信号在 S1P2 有效时，$\overline{\text{PSEN}}$ 继续保持高电平或从低电平变为高电平无效状态。

2）8051 在 S2P1 时，把 PC 中高 8 位地址从 P2 口送出，把 PC 中低 8 位地址从 P0 口送出，从 P0 口送出的低 8 位地址在 ALE 信号的下降沿被锁存到片外地址锁存器中，然后与 P2 口中送出的高 8 位地址一起送到片外 ROM。

3）$\overline{\text{PSEN}}$ 在 S3P1 至 S4P1 期间有效时，选中片外 ROM 工作，并根据 P2 口和地址锁存器输出的地址从片外 ROM 中读出指令码，经 P0 口送到 CPU 的指令寄存器 IR。由此也可以看出，当访问外部存储器时，P0 口首先输出外部存储器的低 8 位地址，然后接收由外部存储器中读出的数据，这是一个分时复用的地址 / 数据总线。所以从 P0 口中送出的低 8 位地址必须由片外的地址锁存器锁存，否则当它切换为数据总线时，低 8 位地址将消失，导致无法正确地访问外部存储器。

4）在 S4P2 时序后开始的第二次读外部 ROM，过程与前面相同。

**4．读外部 RAM 时序**

访问外部 RAM 的操作有两种情况，即读操作和写操作，两种操作的方式基本相同。主要区别是 8051 利用 P3 的第二功能，通过 P3.6 输出 $\overline{WR}$（写命令），对外部 RAM 进行写操作；通过 P3.7 输出 $\overline{RD}$（读命令），对外部 RAM 进行读操作。51 单片机读外部 RAM 时序如图 2-12 所示。

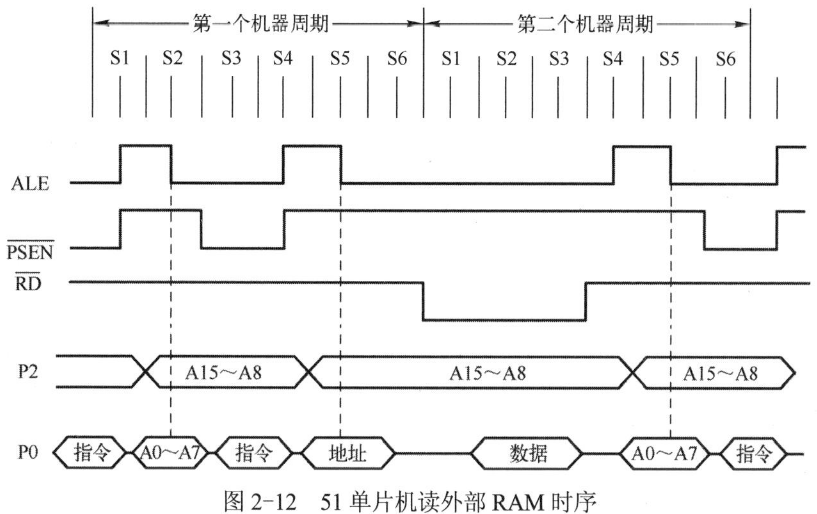


图 2-12 51 单片机读外部 RAM 时序

设片外 RAM 的 2000H 单元存放的数据为 20H，DPTR 中已保存该单元的地址，则 CPU 执行 MOVX A，@DPTR 指令，便可从片外 RAM 的 2000H 单元中将数据读出送入到累加器 A 中。指令执行的过程如下。

1）ALE 在第一次和第二次有效期间，用于从片外 ROM 中读取 MOVX 指令的指令码。

2）CPU 在 $\overline{PSEN}$ 为低电平时，把从片外 ROM 读得的指令码经 P0 口送入指令寄存器 IR，译码后产生控制信号，控制对外部 RAM 的读操作。

以下 3）～5）步骤是对外部 RAM 的读操作过程。

3）CPU 在 S5P1 把 DPTR 中高 8 位地址 20H 送到 P2 口，低 8 位地址 00H 送到 P0 口，且 ALE 在 S5P2 的下降沿时锁存 P0 口地址。

4）CPU 在第二个机器周期中的 S1～S3 期间使 $\overline{RD}$ 有效选中外部 RAM 工作，读出 2000H 单元中的数据 20H。在读外部 RAM 期间，第一次的 ALE 信号无效，$\overline{PSEN}$ 也处在无效状态。

5）CPU 把外部 RAM 中读出的数据 20H 经 P0 口送到 CPU 的累加器 A 中。

由以上分析可见，通常情况下，每一个机器周期中 ALE 信号两次有效。仅仅在访问外部 RAM 期间（执行 MOVX 指令时），第二个机器周期才不发出第一个 ALE 脉冲。

## 2.6 单片机最小系统

单片机最小系统一般是指单片机能够用来实现简单 I/O 口控制的硬件电路组成，是单片机初学者的必备工具。

### 2.6.1 单片机最小系统组成

根据单片机的特点，单片机最小系统硬件电路包括单片机、电源电路、时钟电路、复位电路及简单 I/O 连接（需要时）等组成。所需电子元器件见表 2-6。

表 2-6　单片机最小系统所需元器件

| 元器件名称 | 参数 | 数量 |
|---|---|---|
| 单片机 | AT89S51 DIP-40 | 1 |
| 晶振 | 12MHz | 1 |
| 瓷片电容 | 20pF | 2 |
| 电解电容 | 10μF | 1 |
| 按键 | | 1 |
| 电阻 | 5.6kΩ | 1 |

设计 51 单片机（AT89S51）最小系统电路，如图 2-13 所示（注：该图为原理图，图中引脚排列与单片机实际引脚位置并非一致）。

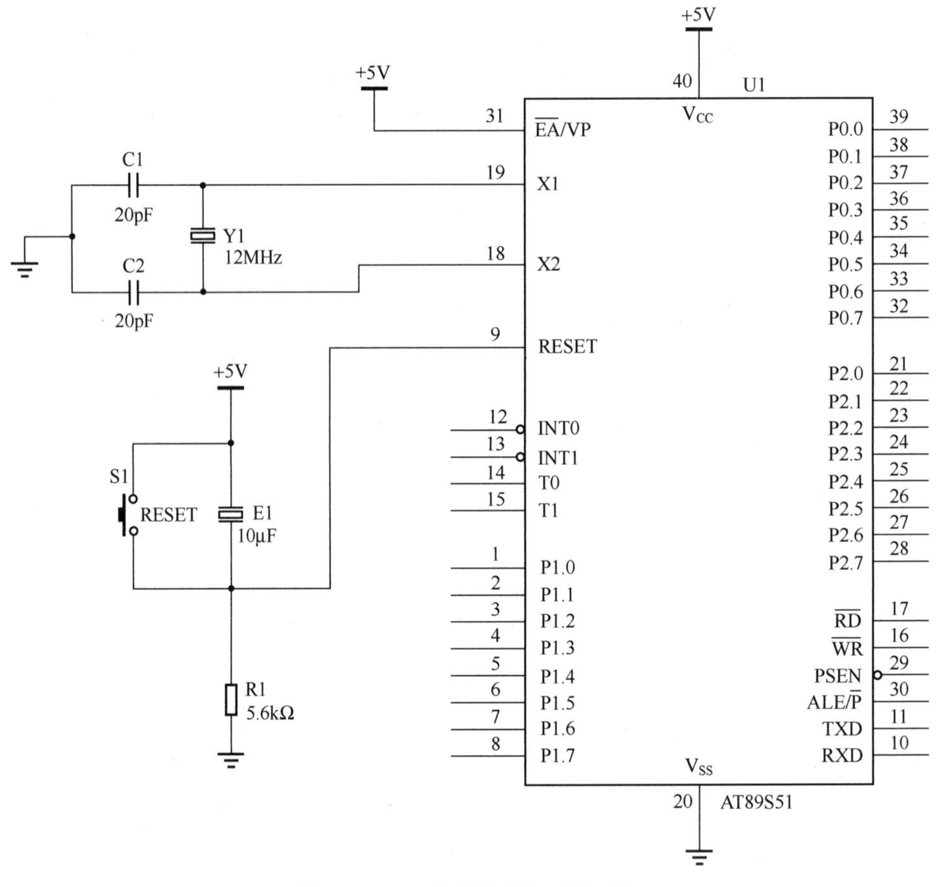


图 2-13　51 单片机最小系统电路

## 2.6.2　单片机最小系统应用电路

一个单片机最小系统应用电路，实际上应该是一块具有基本控制功能的单片机开发板，可以根据用户需要实现基本的、不同的控制功能。

在制作或应用单片机最小系统时，注意以下事项。

1）可以利用万用板或 PCB 板，连接（或焊接）元器件，构成单片机最小系统的硬件电路。为了方便应用，一般单片机最小系统应用电路都包括 I/O 口的连接键盘、LED 发光二极管及 ISP

下载电路，某 STC51 单片机最小系统电路板实物如图 2-14 所示。

图 2-14　51 单片机最小系统电路板

2）必须给单片机提供稳定可靠的工作电源。

为防止电源系统引入的各种干扰，必须为单片机系统配置一个稳定可靠的电源供电模块。单片机最小系统中电源供电模块的电源可以通过计算机的 USB 口供给，也可使用直流输出电压 5V 的外部稳压电源供给。AT89S51 单片机的工作电压范围为 4.0～5.5V，本电路外接电源为+5V 直流电源。

3）时钟电路即振荡电路，用于产生单片机最基本的时间单位。

单片机一切指令的执行都是由晶体振荡器提供的时钟频率节拍所控制。为保证振荡电路的稳定性和可靠性，AT89S51 单片机时钟频率范围应控制在 1.2～24MHz。单片机晶振提供的时钟频率越高，单片机运行速度就越快。由于单片机内部带有振荡电路，AT89S51 只需要使用 11.0592MHz 的晶体振荡器及两个电容（容量一般为 15～50pF）作为振荡源。本电路中晶振和电容取值分别为 12MHz 和 20pF。

4）复位电路用于产生复位信号，使单片机从固定的起始状态开始工作。

在单片机内部，复位时是把一些寄存器及存储设备恢复出厂时给单片机预设的值。本电路采用按键复位的形式，其电容和电阻值分别为 10μF 和 5.6kΩ。

5）验证最小系统工作状态。验证方法是将最小系统上电，然后用示波器测试最小系统单片机的第 30 引脚（ALE），在晶振频率为 12MHz 时，该引脚输出为 2MHz 的方波，若观察到波形则说明最小系统工作正常。

6）在以上基础上，使用单片机最小系统选择合适的 I/O 端口（P0～P3）控制外围部件，将控制程序下载到单片机芯片中，在软件控制下，实现系统功能。

读者可参考第 1 章 1.6 节单片机简单应用示例，并通过单片机最小系统实现其功能。

## 2.7　思考与习题

1．举例说明 51 单片机有哪些典型产品，它们有何区别。

2．8051 单片机内部包含哪些主要功能部件？各功能部件的主要作用是什么？

3．程序状态字寄存器 PSW 各位的定义是什么？

4．51 单片机存储器结构的主要特点是什么？程序存储器和数据存储器有何不同？

5．51 单片机内部 RAM 可分为几个区？各区的主要作用是什么？

6．51 单片机的 4 个 I/O 端口在结构上有何异同？使用时应注意哪些事项？

7．为什么 51 单片机 I/O 端口输出控制信号一般选择为低电平有效？

8．为什么 51 单片机 P0 口在输出高电平时要合理选择上拉电阻值？

9．为什么 51 单片机 I/O 端口在读取数据前应先写入“1”？

10．为什么说单片机具有较强的位处理能力？

11．指出 8051 单片机可进行位寻址的存储空间。

12．位地址 90H 和字节地址 90H 及 P1.0 有何异同？如何区别？

13．在访问外部 ROM 或 RAM 时，P0 和 P2 口分别用来传送什么信号？P0 口为什么要采用片外地址锁存器？

14．什么是时钟周期？什么是机器周期？什么是指令周期？当振荡频率为 12MHz 时，一个机器周期为多少微秒？

15．51 单片机有几种复位方法？复位后，CPU 从程序存储器的哪一个单元开始执行程序？

16．8051 系统掉电时如何保存内部 RAM 中的数据？

17．8051 单片机引脚 ALE 的作用是什么？当 8051 不外接 RAM 和 ROM 时，ALE 上输出的脉冲频率是多少？其作用是什么？

18．单片机最小系统组成包括哪些部分？各部分功能是什么？

# 第3章　51单片机指令系统及汇编语言程序设计

指令系统是 CPU 能够直接执行的全部命令的集合，CPU 的主要功能是由它的指令系统来体现的。程序是计算机所能识别的一条条命令的有序集合。任何计算机语言编写的任何程序，都必须转换为指令系统中相应指令代码的有序集合，CPU 才能执行。

本章主要介绍 51 单片机指令中的操作数寻址方式、指令系统、伪指令、汇编语言程序设计基础，并通过应用程序实例引导读者掌握汇编语言程序设计的技术和方法。

## 3.1　指令系统简介

每一种 CPU 都有其独立的指令系统，本节主要介绍 51 单片机指令系统的特点、指令格式、分类及符号说明。

51 单片机指令系统共有 111 条指令，其中有 49 条单字节指令、45 条双字节指令和 17 条三字节指令，其中有 64 条指令的执行时间为一个机器周期，45 条指令的执行时间为两个机器周期。

### 3.1.1　指令格式

51 单片机指令系统中的每一条指令都有两级指令格式。

1） CPU 可直接识别并执行的机器语言指令。

2） 汇编语言指令（简称汇编指令）。

机器语言指令是计算机唯一能识别的指令，在设计 CPU 时由其硬件定义。

机器语言指令由二进制数“0”和“1”编码而成，也称目标代码，执行速度最快。然而，使用时非常烦琐费时，不易阅读和记忆，对用户而言，一般不采用机器语言编写程序。

汇编语言指令是在机器语言指令的基础上，用英文单词或英文单词缩写表示机器语言指令的操作码（助记符），用符号表示操作数或操作数的地址。汇编语言指令实际上是符号化的机器语言。一条汇编指令必有一条相应的机器语言指令与之对应，由于汇编指令易读、便于记忆，在单片机应用时，一般应采用汇编语言编写应用程序。然而，用汇编语言所编写的程序（又称源程序），CPU 不能直接执行，必须将其翻译成机器语言的目标代码，这一过程称为汇编。

本章主要通过汇编指令介绍 51 单片机的指令系统。

51 单片机汇编语言指令格式由以下几个部分组成。

```
[标号:]   操作码   [目的操作数]   [,源操作数]   [:注释]
```

其中，[ ]中的项表示为可选项。

例如：

```
LOOP:MOV   A,R1        ;A←R1
```

标号：又称为指令地址符号，一般是由 1～6 个字符组成，是以字母开头的字母数字串，与操作码之间用冒号分开。

操作码：由助记符所表示的指令操作功能。

操作数：指参加操作的数据或数据的地址。

注释：为该条指令作的说明，以便于阅读。

操作码是指令的核心，不可缺少，其他几项根据不同指令为可选项。

在 51 单片机指令系统中，不同功能的指令，操作数作用也不同。例如，传送类指令多为两个操作数，写在左面的称为目的操作数（表示操作结果存放的寄存器或存储器单元地址），写在右面的称为源操作数（指出操作数的来源）。

操作码与操作数之间必须用空格分隔，操作数与操作数之间必须用逗号“，”分隔。

### 3.1.2 指令分类及符号说明

**1．指令分类**

51 的指令系统分为以下 5 大类。

1）数据传送类：片内 RAM、片外 RAM、程序存储器的传送指令、交换及堆栈指令。

2）算术运算类：加法、带进位加、减、乘、除、加 1、减 1 指令。

3）逻辑运算类：逻辑与、或、异或、测试及移位指令。

4）控制程序转移类：无条件转移与调用、条件转移、空操作指令。

5）布尔变量操作类：分为位数据传送、位与、位或、位转移指令。

**2．符号说明**

为了便于查阅和学习单片机的指令系统，下面简单介绍描述指令的一些替代符号。

1）#data：表示指令中的 8 位立即数（data），“#”表示后面的数据是立即数。

2）#data16：表示指令中的 16 位立即数。

3）direct：表示 8 位内部数据存储器单元的地址。它可以是内部 RAM 的单元地址 0～127，或特殊功能寄存器的地址，如 I/O 端口、控制寄存器、状态寄存器等（128～255）。

4）Rn：n=0～7，表示当前选中的寄存器区的 8 个工作寄存器 R0～R7。

5）Ri：i=0 或 1，表示当前选中的寄存器区中的 2 个寄存器 R0、R1，可作地址指针（即间址寄存器）。

6）Addr11：表示 11 位的目的地址。用于 ACALL 和 AJMP 的指令中，目的地址必须存放在与下一条指令第一个字节同一个 2KB 程序存储器地址空间之内。

7）Addr16：表示 16 位的目的地址。用于 LCALL 和 LJMP 指令中，目的地址范围在整个 64KB 的程序存储器地址空间之内。

8）rel：表示一个补码形式的 8 位带符号的偏移量。用于 SJMP 和所有的条件转移指令中，偏移字节相对于下一条指令的第一个字节计算，在-128～+127 范围内取值。

9）DPTR：数据指针，可用作 16 位的地址寄存器。

10）bit：内部 RAM 或专用寄存器中的直接寻址位。

11）/：位操作数的前缀，表示对该位操作数取反，如/bit。

12）A：累加器 ACC。

13）B：专用寄存器，用于 MUL 和 DIV 指令中。

14）C：进位/借位标志位，也可作为布尔处理机中的累加器。

15）@：间址寄存器或基址寄存器的前缀，如@Ri、@A+PC、@A+DPTR。

16）$：当前指令的首地址。

对于本书中指令注释部分的表示形式，作以下说明。

1）←：表示将箭头右边的内容传送至箭头的左边。

2）若 X 为任意一个寄存器，（X）作为源操作数则表示寄存器的内容，X 作为目的操作数则表示该寄存器。例如，A←（A）+1 表示 A 的内容加 1 的和送给 A，A←（Rn）表示 Rn 的内容送给 A。

3）若 X 为任意一个寄存器，则（（X））作为源操作数表示 X 所指向的存储单元的内容，（X）作为目的操作数表示 X 所指的存储单元。例如，（Ri）←（（Ri））+1 则表示 Ri 所指向存储单元的内容加 1 后再送到该单元中去。

4）对于直接地址 direct，则（direct）作为源操作数表示该地址单元的内容，作为目的操作数表示该地址单元。例如，（direct）←（direct）+1 表示 direct 单元的内容加 1 的和送给 direct 单元，如（20H）←（20H）+1。

## 3.2 寻址方式

所谓寻址方式就是寻找或获得操作数的方式。

指令的一个重要组成部分是操作数。指令中的操作数必须由寻址方式来指定参与运算的操作数或操作数所在单元的地址。

寻址方式是指令系统中最重要的内容之一，寻址方式越多样，则计算机的功能越强，编程灵活性越强。寻址方式的一个重要问题是：如何在整个存储范围内，灵活、方便地找到所需要的数据单元。51 单片机因它特有的存储器地址空间，设计了以下 7 种寻址方式。

**1．立即寻址**

在立即寻址方式中，操作数直接出现在指令中。操作数前加“#”号表示，也称立即数。指令的操作数可以是 8 位或 16 位数。

源操作数立即寻址指令示例：

```
MOV   A,   #26H                    ;A←26H
```

指令执行结果：（A）=26H，即把立即数 26H 直接送到 A 中。

```
MOV   DPTR, #2000H                 ;DPTR←2000H
```

指令执行结果：（DPTR）=2000H。DPTR 是数据存储器地址指针，由两个特殊功能寄存器 DPH 和 DPL 组成。立即数的高 8 位送 DPH，低 8 位送 DPL，所以，（DPH）=20H，（DPL）=00H。

在立即寻址方式中，立即数作为指令的一部分同指令一起放在程序存储器中。

**2．直接寻址**

在直接寻址方式中，操作数所在的存储单元地址直接出现在指令中，这一寻址方式可进行内部存储单元的访问。它包括特殊功能寄存器地址空间和内部 RAM 的低 128 字节存储单元。

（1）特殊功能寄存器地址空间的直接寻址

在指令中使用特殊功能寄存器符号表示数据的存储地址，这也是唯一可寻址特殊功能寄存器（SFR）的寻址方式。

源操作数直接寻址指令示例：

```
MOV   TCON, ACC              ;ACC 经汇编后就是累加器直接地址 E0H
```

指令执行结果：源操作数地址为 E0H 单元（累加器 A）的内容传送给寄存器 TCON。

```
MOV   A, P1
```

指令执行结果：源操作数 P1 的内容传送给 A。

其中，TCON、P1 是特殊功能寄存器 SFR，其对应的直接地址是 88H 和 90H。

注意：P0 口的直接地址是 80H，指令 MOV A, P0 与 MOV A, 80H 是等价的。

（2）内部 RAM 的低 128B 单元的直接寻址

源操作数直接寻址指令示例：

```
MOV   A, 76H
```

指令执行结果：内部 RAM 地址为 76H 单元的内容传送给 A。

```
ADD   A, 43H
```

指令执行结果：A 的内容与内部 RAM 地址为 43H 单元的内容相加的和传送给 A。

**3．寄存器寻址**

在寄存器寻址方式中，寄存器中的内容就是操作数。

源操作数寄存器寻址指令示例：

```
MOV   A, R1          ;A←(R1)
```

指令执行结果：把寄存器 R1 中的内容送到累加器 A 中。若 R1 中存放的操作数为 3CH，则指令执行的结果是（A）=3CH。

寄存器寻址方式可用于访问的寄存器有如下几种。

1）当前工作寄存器 Rn（n=0～7，机器语言的低 3 位指明所用的寄存器）。

2）累加器 A[隐含在机器语言操作码中（下同）]。

3）寄存器 B（以 AB 寄存器成对出现）。

4）位累加器 C。

5）数据指针 DPTR。

需要说明，指令中对累加器的操作，使用“A”和“ACC”其执行结果是一样的。但使用“ACC”属于直接寻址，使用“A”则属于寄存器寻址（因为“A”不表示累加器的地址，而是累加器的代号）。

**4．寄存器间接寻址**

在寄存器间接寻址方式中，指定寄存器中的内容是操作数的地址，该地址对应存储单元的内容才是操作数。可见，这种寻址方式中寄存器实际上是地址指针。寄存器名前用间址符“@”表示寄存器间接寻址。该方式可用于编程时操作数单元地址并不明确、在汇编时才能明确的场合。

对外部 RAM 进行读取操作时，必须采用寄存器间接寻址方式。

例如，操作数 45H 存放在内部 RAM 的 3FH 单元中，地址信息 3FH 存放在 R0 寄存器中，则执行以下指令。

```
MOV   A,   @R0
```

其功能是将 R0 所指的 3FH 单元中内容 45H 送 A 中，执行结果：（A）=45H。

寄存器间接寻址使用方法的规定如下。

1）访问内部数据存储器时，用当前工作寄存器 R0 和 R1 进行间接寻址，即@R0、@R1，在堆栈操作中则用堆栈指针 SP 作间址。

例如，源操作数寄存器间接寻址访问内部数据存储器指令示例：

```
MOV    @R1,   76H
XCHD   A,     @R0
```

2）访问外部数据存储器时，0 页内 256 单元（0000H～00FFH）用 R0 和 R1 工作寄存器进行间接寻址。使用 16 位数据指针寄存器 DPTR 进行间址寻址时，可以访问全部 64KB（0000H～

FFFFH）地址空间的任一单元。

例如，源操作数寄存器间接寻址访问外部数据存储器指令示例：

```
MOVX   A, @ R1
MOVX   @DPTR, A
```

**5．变址寻址**

变址寻址方式是以程序指针 PC 或数据指针 DPTR 为基址寄存器，以累加器 A 作为变址寄存器（地址偏移量），两者内容相加形成 16 位的操作数地址，变址寻址方式主要用于访问固化在程序存储器中的某个字节。

变址寻址方式有以下两类。

1）用程序指针 PC 作基地址，A 作变址，形成操作数地址：@A+PC。

例如，执行下列指令：

| 地址 | 目标代码 | 汇编指令 |
|---|---|---|
| 2100 | 7406 | MOV　A, #06H |
| 2102 | 83 | MOVC　A, @A+PC |
| 2103 | 00 | NOP |
| 2104 | 00 | NOP |
| ⋮ | ⋮ | ⋮ |
| 2109 | 32 | DB　32H |

当执行到 MOVC　A，　@A+PC 时，当前 PC=2103H，A=06H，因此@A+PC 指示的地址是 2109H，该指令的执行结果是（A）=32H。

2）用数据指针 DPTR 作基地址，A 作变址，形成操作数地址：@A+DPTR。

例如，执行下列指令：

```
          MOV      A, #01H
          MOV      DPTR, #TABLE
          MOVC     A, @A+DPTR
TABLE:DB           41H
          DB       42H
```

程序中，变址偏移量（A）=01H，基地址为表的首地址 TABLE，指令执行后将地址为 TABLE+01H 程序存储器单元的内容传送给 A，所以执行结果是（A）=42H。

**6．相对寻址**

相对寻址是以程序计数器 PC 的当前值作为基地址，与指令中的第二字节给出的相对偏移量 rel 进行相加，所得和为程序的转移地址。

这种寻址方式用在相对转移指令中。相对偏移量 rel 是一个用补码表示的 8 位有符号数，程序的转移范围在相对 PC 当前值的+127～−128B 之间。

例如，相对寻址转移指令示例：

```
SJMP   08h      ;双字节指令
```

设 PC=2000H 为本指令的地址，则 PC 的当前值为 2002H，转移目标地址为

(2000H+02H)+08H=200AH

例如，相对寻址条件转移指令示例：

```
JZ     30H              ;若(A)=0 时,跳转 PC←(PC)+2+rel
                        ;若(A)≠0 时,则程序顺序执行
```

这是一个零跳转指令，是双字节指令。

指令执行完后，PC 当前值为该指令首字节所在单元地址+2，所以，

目的地址=当前 PC 的值+rel

在程序中，目的地址常以标号表示，在汇编时由汇编程序将标号汇编为相对偏移量，但标号的位置必须保证程序的转移范围在相对 PC 当前值的+127～-128B 之间。

例如，以标号表示的相对寻址转移指令：

```
JZ    LOP          ; 若(A)=0 时,跳转到标号 LOP 处执行,即 PC←(LOP=((PC)+2+rel))
```

**7. 位寻址**

51 单片机中有独立的性能优越的布尔处理器，包括位变量操作运算器、位累加器（C 符号表示，与累加器是不同的）和位存储器，可对位地址空间的每个位进行位变量传送、状态控制、逻辑运算等操作。

位地址包括：内部 RAM 地址空间的可进行位寻址的 128 位和 SFR 地址空间的可位寻址的 11 个 8 位寄存器的 88 位。位寻址给出的是直接地址。

例如，位直接地址指令示例：

```
MOV   C, 07H          ;C←(07H)
```

07H 是内部 RAM 的位地址空间的 1 个位地址，该指令的功能是将 07H 内的位操作数送位累加器 C 中。若（07H）=1，则指令执行结果 C=1。

再如，以符号表示的位直接地址指令示例：

```
SETB   EX0            ;EX0←1
```

EX0 是 IE 寄存器的第 0 位，相应位地址是 A8H，指令的功能是将 EX0 位置 1，指令执行的结果是 EX0=1。

若需要对累加器进行位寻址时，必须使用 ACC。例如，ACC.7 表示累加器的第 7 位，而不能写成 A.7。

由以上 7 种寻址方式可以看出，不同的寻址方式所寻址的存储空间是不同的。正确地使用寻址方式不仅取决于寻址方式的形式，而且取决于寻址方式所对应的存储空间。例如，位寻址的存储空间只能是片内 RAM 的 20H～2FH 字节地址中的所有位（位地址为 00H～7FH）和部分 SFR 的位，决不能是该范围之外的任何单元的任何位。

51 单片机的 7 种寻址方式与所涉及的存储器空间对应关系如下。

1）立即寻址：立即数在程序存储器 ROM 中。

2）直接寻址：操作数的地址在指令中，操作数在片内 RAM 低 128B 和专用寄存器 SFR。

3）寄存器寻址：操作数在工作寄存器 R0～R7，A，B，Cy，DPTR。

4）寄存器间接寻址：操作数的地址在指令中，操作数在片内 RAM 低 128B[以@R0、@R1、SP（仅对 PUSH、POP 指令）形式寻址]、片外 RAM（以@R0、@R1、@DPTR 形式寻址）。

5）基址加变址寻址：操作数在程序存储器 ROM。

6）相对寻址：操作数在程序存储器-128～+127B 范围内。

7）位寻址：操作数为片内 RAM 的 20H～2FH 字节地址中的所有位（位地址为 00H～7FH）和部分 SFR 的位。

## 3.3 指令系统

51单片机指令系统的111条指令可分为5大类，下面分别介绍各类指令的格式、功能、寻址方式及应用。

### 3.3.1 数据传送类指令

**1．数据传送类指令的特点**

数据传送指令是最常用的一类指令，共有29条，可以通过累加器进行数据传送，还可以在数据存储器之间或工作寄存器与数据存储器之间直接进行数据传送。

该类指令一般是把源操作数传送到目的操作数，源操作数可以采用寄存器、寄存器间接、直接、立即、基址加变址5种寻址方式；目的操作数可以采用寄存器、寄存器间接、直接3种寻址方式。指令执行后，源操作数不变，目的操作数修改为源操作数。

数据传送类指令一般不影响标志位，只有堆栈操作可以直接修改程序状态字PSW，对目的操作数为A的指令将影响奇偶标志P位。

数据传送类指令按存储空间可分为5类。数据传送类指令表见附录A。

**2．数据传送类指令**

（1）片内数据传送指令

1）以累加器A为目的操作数的指令有以下形式：

```
MOV   A,   Rn          ;A←(Rn)源操作数为寄存器寻址
MOV   A,   @Ri         ;A←((Ri))源操作数为寄存器间接寻址
MOV   A,   direct      ;A←(direct)源操作数为直接寻址
MOV   A,   #data       ;A←data 源操作数为立即寻址
```

该组指令的功能是把源操作数传送给累加器A。

**【例3-1】** 数据传送指令示例。

```
MOV    A,   R1         ;将R1的内容传送至A
MOV    A,   #16H       ;将立即数16H传送至A
MOV    R0, #20H        ;将立即数20H传送至R0
MOV    A,   @R0        ;将R0指示的内存单元20H的内容传送至A
MOV    A,   30H        ;将内存单元30H单元的内容传送至A
```

2）以工作寄存器Rn为目的操作数的指令有以下形式：

```
MOV    Rn,   A         ;Rn←(A)
MOV    Rn,   direct    ;Rn←(direct)
MOV    Rn,   #data     ;Rn←data
```

**【例3-2】** 将A的内容传送至R1；30H单元的内容传送至R3；立即数80H传送至R7，用以下指令完成。

```
MOV    R1,   A         ;R1←(A)
MOV    R3,   30H       ;R3←(30H)
MOV    R7,   #80H      ;R7←80H
```

3）以直接地址为目的操作数的指令有以下形式：

```
MOV    direct,   A
MOV    direct,   Rn
```

```
MOV    direct,  direct
MOV    direct,  @Ri
MOV    direct,  #data
```

**【例 3-3】** 将 A 的内容传送至 30H 单元；R7 的内容传送至 20H 单元；立即数 0FH 传送至 27H 单元；40H 单元内容传送至 50H 单元。用以下指令完成：

```
MOV    30H,  A          ;(30H)←(A)
MOV    20H,  R7         ;(20H)←(R7)
MOV    27H,  #0FH       ;(27H)←0FH
MOV    50H,  40H        ;(50H)←(40H)
```

4）以间接地址为目的操作数的指令：

```
MOV    @Ri,  A
MOV    @Ri,  direct
MOV    @Ri,  #data
```

该组指令的功能：把源操作数所指定的内容传送至以 R0 或 R1 为地址指针的片内 RAM 单元中。源操作数有寄存器寻址、直接寻址和立即寻址 3 种方式；目的操作数为寄存器间接寻址。

**【例 3-4】** 将 20H 开始的 32 个单元全部清零。

```
     MOV    A,#00H            ;A←00H
     MOV    R0,    #20H       ;R0←20H,以 R0 作地址指针
     MOV    R7,    #20H       ;R7 计数,R7←32
LP1:MOV    @R0,   A          ;将 R0 指示的单元清零
     INC    R0                ;R0←(R0)+1,R0 指向下一单元
     DJNZ   R7,    LP1        ;R7←(R7)-1,若 R7 不为 0,则转 LP1
```

5）16 位数据传送指令有以下唯一形式：

```
MOV    DPTR,   #data16
```

该指令的功能：把 16 位立即数传送至 16 位数据指针寄存器 DPTR。

当要访问片外 RAM 或 I/O 端口时，一般用于将片外 RAM 或 I/O 端口的地址赋给 DPTR。

**【例 3-5】** 将外部 RAM 的 8000H 单元的内容传送至 A 中。

```
MOV    DPTR,   #8000H       ;DPTR←8000H
MOVX   A,      @DPTR        ;A←(8000H)
```

（2）片外数据存储器传送指令

片外数据存储器传送指令有以下形式：

```
MOVX    A,   @Ri          ;A←((Ri)),为寄存器间接寻址
MOVX    A,   @DPTR        ;A←((DPTR)),为寄存器间接寻址
MOVX    @R,   A           ;(Ri)←(A)
MOVX    @DPTR, A          ;(DPTR)←(A)
```

单片机内部与片外数据存储器是通过累加器 A 进行数据传送的。

片外数据存储器的 16 位地址只能通过 P0 口和 P2 口输出，低 8 位地址由 P0 口送出，高 8 位地址由 P2 口送出，在地址输出有效且低 8 位地址被锁存后，P0 口作为数据总线进行数据传送。

CPU 对片外 RAM 的访问只能用寄存器间接寻址的方式，且仅有 4 条指令。以 DPTR（16 位）作间接寻址时，寻址的范围达 64KB；以 Ri（8 位）作间接寻址时，仅能寻址 256B 的范围。而且片外 RAM 的数据只能和累加器 A 之间进行数据传送。

必须指出的是，51 单片机指令系统中没有设置访问外设的专用 I/O 指令，且片外扩展的 I/O

端口与片外 RAM 是统一编址的，即 I/O 端口可看作独占片外 RAM 的一个地址单元，因此对片外 I/O 端口的访问均可使用这类指令。

**【例 3-6】** 有一输入设备，其端口地址为 2040H，该端口数据为 41H，将此数据存入片内 RAM 的 20H 单元。

用以下指令完成：

```
MOV     DPTR,  #2040H
MOVX    A,     @DPTR      ;A←(2040H),即 A←41H
MOV     20H,   A          ;(20H)←(A)
```

执行结果：片内 20H 单元的内容为 41H。

**【例 3-7】** 有一输出设备，其端口地址为 2041H，将片内 RAM 的 20H 单元的数据 41H 输出给该设备。用以下指令完成：

```
MOV     DPTR,  #2041H     ;DPTR←2041H
MOV     A,  20H           ;A←(20H)
MOVX    @DPTR,  A         ;(2041H)←(A)
```

执行结果：片外 2041H 端口的内容为 41H。

**【例 3-8】** 把片外 RAM 的 2000H 单元中的数 61H 取出，传送到片外 RAM 的 3FFFH 单元中去。在片外 RAM 之间传送数据也必须通过累加器 A 来完成，指令段如下。

```
MOV     DPTR,  #2000H     ;DPTR←2000H
MOVX    A,     @DPTR      ;A←(2000H),即 A←61H
MOV     DPTR,  #3FFFH     ;DPTR←3FFFH
MOVX    @DPTR,  A         ;(3FFFH)←(A)
```

执行结果：3FFFH 单元的内容为 61H。

（3）程序存储器数据传送指令

程序存储器数据传送指令有以下两种形式。

```
MOVC    A,  @A+PC         ;A←(A+PC),即基址寄存器 PC 的当前值与变址寄存器 A
                           的内容之和作为操作数的地址(可在程序存储器中的当前
                           指令下面 256 单元内)
MOVC    A,  @A+DPTR       ;A←(A+DPTR),即基址寄存器 DPTR 的内容与变址寄存
                           器 A 的内容之和作为操作数的地址(可在程序存储器的
                           64KB 的任何空间)
```

51 单片机指令系统中，这两条指令主要用于查表技术，在使用时应注意以下几点。

1）A 的内容为 8 位无符号数，即表格的变化范围为 256B。

2）PC 的内容为当前值。由于 CPU 在读取本指令时，PC 已指向下一条指令，故 PC 作基址寄存器时，已不是原 PC 值，而是 PC+1（因为本指令是单字节指令）。

3）MOVC A，@A+PC 与 MOVC A， @A+DPTR 两条指令的区别：

前者查表的范围与存放该指令的地址有关，由于 PC 的值已经确定，以及 8 位累加器 A 的限制，数据表格只能存放在该指令后面的 256 个字节单元之内。而后者查表范围通过改变 DPTR 的值可达整个程序存储器 64KB 的任何地址空间（即 DPTR 的值为表格首地址），其数据表格可以为各个程序模块共享。

4）将要查表的数据字作为偏移量送累加器 A 中，通过改变变址寄存器 A 的内容即可改变表格中的位置，执行该指令即可获得所需的内容（即将该位置单元的内容传送给 A）。因此，可以根据需要设计表格的内容，将 A 的内容作为偏移量以实现换码。

**【例 3-9】** LED 显示器 0～9 的字形显示段码在程序存储器中的存放情况（数据表）如下。

```
210AH:  0C0H        字符“0”的段码
210BH:  0F9H        字符“1”的段码
210CH:  0A4H        字符“2”的段码
210DH:  0B0H        字符“3”的段码
210EH:  99H         字符“4”的段码
 …
```

从段码表中取出“3”并送 LED（设外部端口地址为 1200H）显示，可用以下指令完成。

```
2100H:  MOV     A,   #0AH            ;A←0AH(偏移量)
2102H:  MOVC    A,   @A+PC           ;A←(2103H+0AH=210DH),即 A←0B0H
2103H:  MOV     DPTR, #1200H         ;DPTR←1200H
2106H:  MOVX    @DPTR,   A           ;输出显示“3”
```

执行结果：A=0B0H，PC=2107H。字符“3”的段码送 1200H 显示。

**【例 3-10】** 在程序存储器中，有一表示数字字符的 ASCII 代码的数据表格，表格的起始地址为 7000H。

```
7000H:  30H   (字符“0”的代码)
7001H:  31H   (字符“1”的代码)
7002H:  32H   (字符“2”的代码)
7003H:  33H   (字符“3”的代码)
7004H:  34H   (字符“4”的代码)
7005H:  35H   (字符“5”的代码)
…
```

将 A 中的数字 2 转换为字符“2”的 ASCII 代码，可用以下指令完成。

```
1004H:  MOV     A, #02H              ;A←02H
1006H:  MOV     DPTR, #7000H         ;DPTR←7000H
1009H:  MOVC    A, @A+DPTR           ;A←(7000H+02H),即 A←32H
```

执行结果：A=32H，PC=100AH。

（4）数据交换指令

数据交换指令有以下形式。

1）字节交换指令：

```
XCH     A, Rn                ;A 的内容与 Rn 的内容交换
XCH     A,   @Ri             ;A 的内容与(Ri)的内容交换
XCH     A,   direct          ;A 的内容与(direct)的内容交换
```

2）低半字节交换指令：

```
XCHD    A,   @Ri             ;A 的低 4 位与(Ri)的低 4 位交换
```

3）累加器 A 的高、低半字节交换指令：

```
SWAP    A                    ;A 的低 4 位与高 4 位互换
```

**【例 3-11】** 数据交换指令示例。

1）设 A=3FH，R0=20H，（20H）=46H（即内部 RAM20H 单元的内容为 46H）。

执行指令：

```
XCH     A,   @R0
```

执行结果：A=46H，（20H）=3FH。

2）A=7FH，R0=20，（20H）=35H。

执行指令：

```
XCHD    A,  @R0
```

执行结果：A=75H，（20H）=3FH。

3）将 20H 单元的内容与 A 的内容互换，然后将 A 的高 4 位存入 R1 指向的内部 RAM 单元中的低 4 位，A 的低 4 位存入该单元的高 4 位。

可由下列指令完成。

```
XCH     A,  20H         ;A←(20H)
SWAP    A               ;A7～A4 与 A3～A0 互换
MOV     @R1, A          ;(R1)←(A)
```

由以上传送类指令可以看出：指令的功能主要由助记符和寻址方式来体现，只要掌握了助记符的含义和与之相对应的操作数的寻址方式，指令是很容易理解的。

必须强调的是，累加器 A 是一个特别重要的寄存器，无论 A 作目的寄存器还是源寄存器，CPU 对它都有专用指令。

由于累加器 A 位于片内 RAM 的高 128B（SFR）的存储空间，其字节地址为 E0H，也可以采用直接地址来寻址。例如：

```
MOV     A, Rn           ;单字节指令,目的操作数为寄存器寻址,指令执行需一个机器周期(见附
                         录 A 中的表 A-1)。
```

也可以用

```
MOV     E0H, Rn         ;双字节指令,目的操作数为直接寻址,指令执行需两个机器周期
```

上面两条指令的执行结果都是将 Rn 的内容传送至 A 中。再如：

```
MOV     20H,  A         ;单字节指令,指令执行需一个机器周期
MOV     20H,  R1        ;双字节指令,指令执行需两个机器周期
```

由此可以看出，完成某一功能采用不同的指令，其占用存储单元的数量及指令执行的时间（尤其在循环结构程序中）有较大的差别。因而，在程序设计过程允许的情况下，应尽可能地使用含有累加器 A 的指令，以利于减少程序在存储器中的存储单元占有量，提高程序的运行速度。

注意：在上述指令中，寄存器 Rn 是由 PSW 中的 RS1、RS0 来选定，Rn 对应该工作寄存器组的 R0～R7 中的某一个；直接地址 direct 为片内 RAM 的 00H～7FH 单元及 80H～FFH 中的某些专用寄存器单元；在间接寻址@Ri 中，只能用当前工作寄存器 R0 或 R1 作地址指针，可用 MOV 访问片内 RAM 的 00H～7FH 单元。由于 Ri 为 8 位存储器，用 MOVX 访问片外 RAM 时，间接寻址@Ri 寻址范围只能在 0～255 的存储单元内。

（5）堆栈操作指令

堆栈操作指令有以下形式。

```
PUSH    direct          ;SP←(SP)+1(先指针加 1)
                        ;(SP)←(direct)(再压栈)
POP     direct          ;(SP)←(direct)(先弹出)
                        ;SP←(SP)-1(再指针减 1)
```

在 51 单片机中，堆栈只能设定在片内 RAM 中，由 SP 指向栈顶单元。

PUSH 指令是入栈（或称压栈或进栈）指令，其功能是先将堆栈指针 SP 的内容加 1，然后将

直接寻址 direct 单元中的数压入到 SP 所指示的单元中。

POP 是出栈（或称弹出）指令，其功能是先将堆栈指针 SP 所指示的单元内容弹出到直接寻址 direct 单元中，然后将 SP 的内容减 1，SP 始终指向栈顶。

使用堆栈时，一般需重新设定 SP 的初始值。因为系统复位或上电时，SP 的值为 07H，而 07H 是 CPU 的工作寄存器区的一个单元地址，为了不占用寄存器区的 07H 单元，一般应在需使用堆栈前，由用户给 SP 设置初值（栈底）。但应注意不能超出堆栈的深度。一般 SP 的值可以设置为 1FH 以上的片内 RAM 单元。

堆栈操作指令一般用在中断处理或子程序过程中，若需要保护现场数据（如内部 RAM 单元的内容），首先执行现场数据的入栈指令，用于保护现场；中断处理或子程序结束前再使用出栈指令恢复现场数据。

**【例 3-12】** 堆栈操作指令示例。

1）设堆栈栈底为 30H，将现场 A 和 DPTR 的内容压栈。

已知 A=12H，DPTR=3456H。

可由以下指令完成。

```
MOV    SP,  #30H
PUSH    A
PUSH    DPL
PUSH    DPH
```

执行结果：SP=33H，片内 RAM 的 31H、32H、33H 单元的内容分别为 12H、56H、34H。

2）将本例“1)”中已压栈的内容弹出到原处，即恢复现场。

可由以下指令完成。

```
POP    DPH
POP    DPL
POP    A
```

执行结果：SP=30H，A=12H，DPTR=3456H。

### 3.3.2 算术运算类指令

**1．算术运算类指令特点**

算术运算类指令共有 24 条，包括加、减、乘、除 4 种基本的算术运算指令。

该类指令的主要功能如下。

1）对 8 位无符号数进行直接的运算。

2）借助溢出标志对有符号的二进制整数进行加减运算。

3）借助进位标志，可以实现多字节的加减运算。

4）对压缩的 BCD 数进行运算（压缩 BCD 数，是指在 1 个字节中存放 2 位 BCD 数）。

5）算术运算指令对程序状态字 PSW 中的 Cy、AC、OV 三个标志都有影响，根据运算的结果可将它们置 1 或清 0。但是加 1 和减 1 指令不影响这些标志。

算术运算类指令用到的助记符有：ADD、ADDC、SUBB、INC、DEC、DA、MUL 和 DIV 8 种，其指令见附录 A。

**2．加法指令**

（1）不带进位的加法指令

不带进位的加法指令有以下形式。

```
ADD    A,  #data        ;A←(A)+data
ADD    A,  direct       ;A←(A)+(direct)
ADD    A,  Rn           ;A←(A)+(Rn)
ADD    A,  @Ri          ;A←(A)+((Ri))
```

这4条指令的功能是完成A中的数与源操作数所确定的内容按二进制运算相加，其和送入目的操作数累加器A中。

若参加运算的数为两个无符号数，其数值范围为0～255，运算结果超出此范围，则CPU自动置进位标志位Cy=1（否则Cy=0），由此可判断运算结果是否溢出。

若参加运算的数为两个补码表示的有符号数，其数值范围为-128～+127，运算结果超出此范围，则CPU自动置溢出标志位OV=1（否则OV=0），由此可判断运算结果是否溢出。另外还可通过溢出表达式来判断运算结果是否溢出：

$$OV=D_{6\to7}\oplus D_{7\to C}$$

式中，$D_{6\to7}$表示第6位向第7位有进位，$D_{7\to C}$表示第7位向Cy有进位，运算结果是否溢出可以通过这两种情况进行异或来判断。

**【例3-13】** 已知A=B5H，R1=96H，执行指令：

```
ADD  A,  R1
          A    10110101
     +   R1    10010110
         ----------------
               01001011
```

运算结果：A=4BH，OV= $D_{6\to7}\oplus D_{7\to C}=0\oplus1=1$，其和产生溢出。

则标志位：Cy=1，AC=0，OV=1。

（2）带进位加法指令

带进位加法指令有以下形式。

```
ADDC    A,  Rn          ;A←(A)+(Rn)+Cy
ADDC    A,  @Ri         ;A←(A)+((Ri))+Cy
ADDC    A,  direct      ;A←(A)+(direct)+Cy
ADDC    A,  #data       ;A←(A)+#data+Cy
```

该组指令的功能：将指令中指出的源操作数与A的内容及进位标志位Cy的值相加，结果送A。此类指令常用于多字节加法运算中。

**【例3-14】** 设A=0AEH，（20H）=81H，Cy=1，求两数的和及对标志位的影响。

```
ADDC  A,  20H
```

执行结果为：A=0AEH+81H+1=30H，Cy=1，AC=1，OV=1。

（3）加1指令

加1指令有以下形式。

```
INC     A               ;A←(A)+1
INC     Rn              ;Rn←(Rn)+1
INC     direct          ;(direct)←(direct)+1
INC     @Ri             ;(Ri)←((Ri))+1
INC     DPTR            ;DPTR←(DPTR)+1
```

该组指令的功能是把操作数指定的单元或寄存器的内容加1。

**【例3-15】** 设R0=7EH，DPTR=10FEH，（7EH）=0FFH，（7FH）=38H，执行下列指令：

```
INC     @R0             ;(7EH)=00H
INC     R0              ;( R0)=7FH
INC     @R0             ;(7FH)=39H
INC     DPTR            ;(DPTR)=10FFH
INC     DPTR            ;(DPTR)=1100H
INC     DPTR            ;(DPTR)=1101H
```

执行结果：（7EH）=00H，R0=7FH，（7FH）=39H，DPTR=1101H。

（4）十进制调整指令

十进制调整指令形式如下。

```
DA      A               ;A←(A)(BCD 码调整)
```

指令的功能：将存放于 A 中的两个 BCD 码（十进制数）的和进行十进制调整，使 A 中的结果为正确的 BCD 码数。

由于算术逻辑单元 ALU 只能作二进制运算，如果进行 BCD 码运算的结果超过 9，必须对结果进行修正。此时只需在加法指令之后紧跟一条这样的指令，即可根据标志位 Cy、AC 和累加器的内容对结果自动进行修正，使之成为正确的 BCD 码形式。

**【例 3-16】** 若有 BCD 码：A=56H，R3=67H，两数相加仍用 BCD 码的两位数表示，结果为 23H，执行以下指令：

```
ADD     A,  R3          ;A←56H+67H,即(A)=0BDH
DA      A               ;A←23H
```

则结果为：A=23H，Cy=1。

注意：DA　A 指令只能用在加法指令（ADD、ADDC 或 INC）之后，DA　A 指令影响 Cy，不影响 OV。

**3．减法指令**

（1）带借位减法指令

带借位减法指令有以下形式。

```
SUBB    A,  Rn          ;A←(A)-(Rn)-Cy
SUBB    A,  @Ri         ;A←(A)-((Ri))-Cy
SUBB    A,  direct      ;A←(A)-(direct)-Cy
SUBB    A,  #data       ;A←(A)-data-Cy
```

该组指令的功能：从累加器 A 中减去源操作数指定的内容和标志位 Cy，结果存入累加器 A 中。

指令执行后影响 Cy、AC、OV 及 P 等标志，根据这些标志可分析两数差值情况：

当两个无符号数相减时，若 Cy=1，表明被减数小于减数，此时必须将累加器 A 中的值连同借位一并考虑才是正确结果。

当两个有符号数相减时，若同号相减，则不发生溢出，OV=0，结果正确。异号相减时，若 OV=0，表明没有发生溢出；若 OV=1，表明发生溢出，从而导致运算结果发生错误。

**【例 3-17】** 设 A=0DBH，R1=73H，Cy=1。

执行指令：

```
SUBB    A,  R1
```

结果为：A=67H，Cy=0，AC=0，OV=0。

（2）减 1 指令

减 1 指令有以下几种形式。

```
DEC    A          ;A←(A)-1
DEC    Rn         ;Rn←(Rn)-1
DEC    @Ri        ;(Ri)←((Ri))-1
DEC    direct     ;(direct)←(direct)-1
```

该组指令的功能：将指定的操作数的内容减 1。若操作数为 00H，则减 1 后下溢为 0FFH，不影响标志位，只有 DEC　A 影响标志位 P。

**4．乘法指令**

乘法指令的形式如下。

```
MUL    AB         ;A←A×B 低字节,B←A×B 高字节
```

该指令的功能：把累加器 A 和寄存器 B 中的两个 8 位无符号数相乘，乘积又送回 A、B 内，A 中存放低位字节，B 中存放高位字节。若乘积大于 255，即 B 中非 0，则溢出标志 OV=1，否则 OV=0，而 Cy 总为 0。

**【例 3-18】** 设 A=50H，B=32H，执行指令：

```
MUL    AB
          A   01010000
      ×   B   00110010
      ----------------
          1111 10100000
```

执行结果：A=0A0H，B=0FH，OV=1，Cy=0。

**5．除法指令**

除法指令的形式如下。

```
DIV    AB         ; A←(A)/ (B) (商),B←(A)/ (B) (余数)
```

该指令的功能：把 A 中的 8 位无符号数除以 B 中的 8 位无符号数，商存放在 A 中，余数存放在 B 中。Cy 和 OV 均清零。若除数为 0，执行该指令后结果不定，并将 OV 置 1。

**【例 3-19】** 设 A=0FAH（250），B=14H（20），执行指令：

```
DIV    AB
```

执行结果为：A=0CH（12），B=0AH（10），OV=0，Cy=0。

### 3.3.3　逻辑运算类指令

逻辑操作指令共 24 条，所有指令均对 8 位二进制数按位进行逻辑运算。

逻辑运算类指令无进位，一般不影响标志位。

**1．双操作数逻辑运算指令**

（1）逻辑“与”指令

逻辑“与”指令有以下形式。

```
ANL A,   Rn             ;A←(A)∧(Rn)
ANL A,   @Ri            ;A←(A)∧((Ri))
ANL A,   direct         ;A←(A)∧(direct)
ANL A,   #data          ;A←(A)∧data
ANL direct,   A         ;(direct)←(direct)∧(A)
ANL direct,   #data     ;(direct)←(direct)∧data
```

该组指令的功能：将源操作数和目的操作数按对应位进行逻辑“与”运算，并将结果存入目的地址（前 4 条指令为 A，后 2 条指令为直接寻址的 direct 单元）中。

与运算规则是：与“0”相与，本位为“0”（即屏蔽）；与“1”相与，本位不变。

逻辑“与”指令常用于屏蔽操作数中的某些位。

**【例 3-20】** 设 A=0AAH，将 A 的低 4 位保持不变，高 4 位屏蔽，然后将其经 P1 口输出。

可执行以下指令：

```
ANL    A,  #0FH
MOV    P1,  A
```

执行结果为 A=0AH（高 4 位清零，低 4 位不变）。

逻辑“与”指令也可用于判断某些位是否为 1。如对于有符号数运算结果的最高位（D7）为 1，则说明该数为负数。如：

```
ADD   A,  R1      ;A←(A)+(R1)
AND   A,  #80H    ;A←(A)∧10000000B,若(A)=0,说明 A 中原数为正数,否则为负数。
JNZ      LOP      ;为负数则转标号 LOP 处执行。
```

该指令段表示累加器 A 与寄存器 R1 的数据相加的结果为负数时，程序转至标号 LOP 处执行。

（2）逻辑“或”指令

逻辑“或”指令有以下形式。

```
ORL      A,  Rn              ;A←(A)∨(Rn)
ORL      A,  @Ri             ;A←(A)∨((Ri))
ORL      A,  direct          ;A←(A)∨(direct)
ORL      A,  #data           ;A←(A)∨data
ORL      direct,  A          ;(direct)←(direct)∨(A)
ORL      direct,  #data      ;(direct)←(direct)∨data
```

该组指令的功能：将源操作数和目的操作数按对应位进行逻辑“或”运算，并将结果存入目的地址（前 4 条指令为 A，后 2 条指令为直接寻址的 direct 单元）中。

或运算规则是：与“1”相或，本位为“1”；与“0”相或，本位不变。

**【例 3-21】** 已知 A=0D4H，执行指令：

```
ORL    A, #0FH
            1101  0100
       ∨    0000  1111
       ----------------
            1101  1111
```

执行结果为 A=0DFH（高 4 位不变，低 4 位置 1）。

（3）逻辑“异或”指令

逻辑“异或”指令有以下形式。

```
XRL      A,  Rn              ;A←(A)⊕(Rn)
XRL      A,  @Ri             ;A←(A)⊕((Ri))
XRL      A,  direct          ;A←(A)⊕(direct)
XRL      A,  #data           ;A←(A)⊕data
XRL      direct,  A          ;(direct)←(direct)⊕(A)
XRL      direct,  #data      ;(direct)←(direct)⊕data
```

该组指令的功能是：将源操作数和目的操作数按对应位进行逻辑“异或”运算，并将结果存入目的地址（前 4 条指令为 A，后 2 条指令为直接寻址的 direct 单元）中。

异或运算的运算规则是：与“1”异或，本位为非（即求反）；与“0”异或，本位不变。

**【例 3-22】** A=0D4H，执行指令：

```
XRL     A,#0FH
              1101    0100
           ⊕ 0000    1111
          ----------------
              1101    1011
```

执行结果为 A=0DBH（高 4 位不变，低 4 位求反）。

对于相等的两个数，则异或结果为 0，由此可判断两数是否相等。

**2．单操作数逻辑运算指令**

单操作数逻辑运算指令有以下两种形式。

（1）累加器 A 清零指令

累加器 A 清零指令：

```
CLR     A                   ;A←0
```

（2）累加器 A 求反指令

累加器 A 求反指令：

```
CPL     A                   ;A←(Ā)
```

**【例 3-23】** 利用求反指令，对 40H 单元内容求补（即求反加 1）。

可执行以下指令。

```
MOV     A,  40H
CPL     A
INC     A
MOV     40H,  A
```

**3．累加器 A 循环移位指令**

（1）累加器 A 循环移位指令

累加器 A 循环移位指令有以下形式。

```
RL    A                 ;A 的各位依次左移一位,A.0←A.7
RR    A                 ;A 的各位依次右移一位,A.7←A.0
```

该组指令不影响标志位。

当 A 的最高位（D7）为 0 时，执行一次 RL 指令相当于对 A 进行一次乘 2 操作。

当 A 的最低位（D0）为 0 时，执行一次 RR 指令相当于对 A 进行一次除 2 操作。

该指令连续执行 4 次，与指令 SWAP　A 的执行结果相同。

（2）带进位位 Cy 的累加器 A 循环移位指令

带进位位 Cy 的累加器 A 循环移位指令有以下形式。

```
RLC     A               ;A 的各位依次左移一位,Cy←A.7,A.0←Cy
RRC     A               ;A 的各位依次右移一位,Cy←A.0,A.7←Cy
```

### 3.3.4　控制转移类指令

程序一般是顺序执行的（由程序计数器 PC 自动递增实现），但有时因为操作的需要或比较复杂的程序，需要改变程序的执行顺序，即将程序跳转到某一指定的地址（即将该地址赋给 PC）后再执行，此时就要用到控制转移指令。

控制转移指令共 17 条，可分为 4 类：无条件转移指令、条件转移指令、空操作指令及子程序调用与返回指令。

### 1．无条件转移指令

不受任何条件限制的转移指令称为无条件转移指令。51 单片机无条件转移指令有以下类型。

（1）长转移指令

长转移指令的形式如下。

```
LJMP      addrl6          ;PC←(PC)+2
                          ;PC←addr16
```

该指令功能：把 16 位地址（addr16）送给 PC，从而实现程序转移。允许转移的目标地址在整个程序存储器空间。

在实际使用时，addr16 常用标号表示，该标号即为程序要转移的目标地址，在汇编时把该标号汇编为 16 位地址。

**【例 3-24】** 某单片机的监控程序的起始地址为 8000H，要求单片机开机后自动执行监控程序。

单片机开机后程序计数器 PC 为复位状态，即（PC）=0000H。为使开机后自动转向 8000H 处执行，则必须在 0000H 单元存放一条转移指令：

```
ORG    0000H
LJMP     LOP
          ⋮
ORG    8000H
LOP:      ...             ;监控程序的起始地址
```

（2）绝对转移指令

绝对转移指令的形式如下。

AJMP　　addr11　　　　;PC←(PC)+2

　　　　　　　　　　　;$PC_{10\sim0}$←$addr_{10\sim0}$,$PC_{15\sim11}$不变

该指令功能是把 PC 当前值（加 2 修改后的值）的高 5 位与指令中的 11 位地址拼接在一起，共同形成 16 位目标地址送给 PC，从而使程序转移。允许转移的目标地址在程序存储器现行地址的 2K（即 $2^{11}$）字节的空间内。

在实际使用时，addr11 常用标号表示，注意所引用的标号必须与该指令下面第一条指令处于同一个 2KB 范围内，否则会发生地址溢出错误。该标号即为程序要转移的目标地址，在汇编时把该标号汇编为 16 位地址。

（3）相对转移指令（亦称短转移指令）

相对转移指令的形式如下。

```
SJMP    rel                   ;PC←(PC)+2+rel
```

该指令的功能：根据指令中给出的相对偏移量 rel [相对于当前 PC=（PC）+2]，计算出程序将要转移的目标地址（PC）+2+rel，把该目标地址送给 PC。

注意，相对偏移量 rel 是一个用补码形式表示的有符号数，其范围为-128～+127，所以该指令控制程序转移的空间不能超出这个范围，故称短转移指令。

在实际使用时，rel 常用标号来表示，该标号即为程序要转移的目标地址。

**【例 3-25】** 在程序存储器 0100H 单元开始存储有下列程序段，则程序执行完 SJMP 指令后，自动转向 LOOP 处执行。分析标号 LOOP 的地址是怎样形成的，并计算相对转移指令 SJMP 中的偏移量 rel。

```
0100H              SJMP     LOOP
```

```
0102H               MOV     A, #10H
…
0130H               ADD     A, R0
0131H     LOOP:     MOV     A, #40H
…
```

分析：程序中标号 LOOP 所代表的指令地址是 0131H，在取出 0100H 单元的 SJMP 指令后，PC 的当前值为（PC）+2=0100H+2=0102H，目标地址为 PC 的当前值加 rel，即 LOOP=（PC）+2+rel。

求出相对偏移量为 rel=LOOP-（PC）-2=0131H-0100H-2=2FH。

在实际应用中常使用该指令完成程序“原地踏步”的功能，等待中断事件的发生，可用以下指令：

```
LOOP: SJMP     LOOP
```

或

```
SJMP   $
```

以上两条指令执行的结果是相同的。

（4）间接长转移指令（相对长转移指令）

间接长转移指令的形式如下。

```
JMP        @A+DPTR        ; PC←(A)+(DPTR)
```

该指令也称散转指令，其功能是把累加器 A 中 8 位无符号数与数据指针 DPTR 的 16 位数相加，结果作为下一条指令地址送入 PC，指令执行后不改变 A 和 DPTR 中的内容，也不影响标志位。

该指令可根据 A 的内容进行跳转，而 A 的内容又可随意改变，故可形成程序分支。本指令跳转范围为 64KB。

例如，下面程序段可根据 A 的值决定转移的目标地址，形成多分支散转结构。

```
          …
          MOV     A,   #DATA          ;数据 DATA 决定程序的转移目标
          MOV     DPTR,   #TABLE      ;设置基址寄存器初值
          CLR     C                   ;进位标志清零
          RLC     A                   ;对(A)进行乘 2 操作
          JMP     @A+DPTR             ;PC←(A)+(DPTR)
          …
TABLE:    AJMP    ROUT0               ;若(A)=0,转标号 ROUT0
          AJMP    ROUT1               ;若(A)=2,转标号 ROUT1
          AJMP    ROUT2               ;若(A)=4,转标号 ROUT2
          …
```

注意：由于本指令和 AJMP 指令均为双字节指令，故 A 的内容必须为偶数。

**2．条件转移指令**

所谓条件转移指令是指根据指令中给定的判断条件决定程序是否转移。

当条件满足时，就按指令给定的相对偏移量进行转移；否则，程序顺序执行。

51 单片机的条件转移指令中目标地址的形成属于相对寻址，其指令转移范围、偏移量的计算及目标地址标号的使用均同 SJMP 指令。

51 单片机的条件转移指令有以下类型。

（1）累加器判零转移指令

累加器判零转移指令有以下形式。

```
JZ      rel     ;若(A)=0,则 PC←(PC)+2+rel(满足条件作相对转移)
                ;否则,PC←(PC)+2(顺序执行)
JNZ     rel     ;若(A)≠0,则 PC←(PC)+2+rel(满足条件作相对转移)
                ;否则,PC←(PC)+2(顺序执行)
```

这两条指令均为双字节指令，以累加器 A 的内容是否为 0 作为转移的条件。本指令执行前，累加器 A 应有确定的值。

（2）比较不相等转移指令

比较不相等转移指令有以下 4 种形式。

1）指令格式：

```
CJNE    A, #data, rel
```

该指令的功能：若(A)>data，则 PC←（PC）+3+rel，且 Cy=0（满足条件相对转移）。若（A）<data，则 PC←（PC）+3+rel，且 Cy=1（满足条件相对转移）。否则，PC←（PC）+3 且 Cy=0（顺序执行）。

2）指令格式：

```
CJNE    A,direct, rel
```

该指令的功能：若（A）>（direct），则 PC←（PC）+3+rel，且 Cy=0（满足条件相对转移）。若（A）<（direct），则 PC←（PC）+3+rel，且 Cy=1（满足条件相对转移）。否则，PC←（PC）+3 且 Cy=0（顺序执行）。

3）指令格式：

```
CJNE    Rn, #data, rel
```

该指令的功能：若（Rn）>data，则 PC←（PC）+3+rel，且 Cy=0（满足条件相对转移）。若（Rn）<data，则 PC←（PC）+3+rel，且 Cy=1（满足条件相对转移）。否则，PC←（PC）+3 且 Cy=0（顺序执行）。

4）指令格式：

```
CJNE    @Ri, data, rel
```

该指令的功能：若（（Ri））>data，则 PC←（PC）+3+rel，且 Cy=0（满足条件相对转移）。若（（Ri））<data，则 PC←（PC）+3+rel，且 Cy=1（满足条件相对转移）。否则，PC←（PC）+3 且 Cy=0（顺序执行）。

该组指令为三字节指令，其功能是比较前面两个操作数（无符号数）的大小，若两数不相等为条件满足，则作相对转移，由偏移量 rel 指定地址；若相等为条件不满足，则顺序执行下一条指令。

注意：两数在比较时按减法操作并影响标志位 Cy，但指令的执行结果不影响任何一个操作数内容。

**【例 3-26】** 将数据 00H～0FH 写入 RAM 的 30H～3FH 单元。

可执行以下指令。

```
        MOV     A,    # 0H
        MOV     R0,   #30H
LOOP:   MOV     @R0, A
        INC     A
        INC     R0
```

```
          CJNE    R0, #40H, LOOP      ;(R0)-40H≠0 时转 LOOP
STOP:     SJMP    STOP
```

（3）减 1 不为 0 转移指令

减 1 不为 0 转移指令有以下形式。

```
DJNZ      Rn,rel                      ;Rn←(Rn)-1
                                      ;若(Rn)≠0,条件满足转移,PC←(PC)+2+rel
                                      ;否则,PC←(PC)+2
DJNZ      direct,rel                  ;(direct)←(direct)-1
                                      ;若(direct)≠0,则 PC←(PC)+3+rel
                                      ;否则,PC←(PC)+3
```

该组指令中第一条指令为双字节指令，第二条指令为三字节指令。

该组指令对控制已知循环次数的循环过程十分有用，在应用程序中需要多次重复执行某程序段时，可指定任何一个工作寄存器 Rn 或 RAM 的 direct 单元为循环计数器，对计数器赋初值以后，每完成一次循环，执行该指令使计数器减 1，直到计数器值为 0 时循环结束。

**【例 3-27】** 设计一个延时 1ms 的子程序，设晶振频率为 12MHz，一个机器周期为 1μs，可由以下指令完成。

```
                                      执行时间(机器周期)
DELAY:    MOV     R7, #0FFH               1
 LOOP:    NOP                             1
          NOP                             1
          DJNZ    R7, LOOP                2
          RET                             2
```

此程序中 LOOP 为循环程序的入口，由 DJNZ 指令判断 R7 是否为“0”来决定是否进入循环，循环体执行一次需 4 个机器周期，R7 的内容 255 即为循环次数，该程序段的总执行时间为

$$(1+4\times 255+2)\mu s=1023\mu s\approx 1ms$$

由此可看出，循环时间的长短可通过循环次数来控制，延时时间为 100ms 的子程序可对该程序修改如下。

```
DELAY:    MOV     R5,#64H
 LOP1:    MOV     R7, #0FFH
 LOOP:    NOP
          NOP
          DJNZ    R7, LOOP
          DJNZ    R5,LOP1
          RET
```

条件转移指令还包括根据位状态判断是否转移，详见本章 3.3.6 节位操作类指令。

**3．空操作指令**

空操作指令的形式如下。

```
NOP                           ;PC←(PC)+1
```

NOP 指令是唯一的一条不使 CPU 产生任何操作控制的指令，该指令的功能是使程序计数器 PC 加 1，在执行时间上消耗 12 个时钟周期，因此常用 NOP 指令实现等待或延时。

### 3.3.5 子程序调用与返回指令

在程序设计时，常常有一些程序段被多次反复执行，为了缩短程序，节省存储空间，把具有通用意义且逻辑上相对独立的某些程序段编写成子程序。当某个程序（可以是主程序或子程序）需要引用该子程序时，可通过子程序调用指令转向该子程序执行，当子程序执行完毕，可通过子程序返回指令返回到子程序调用指令的下一条指令继续执行原程序。

在调用子程序过程中需要解决以下问题。

1）保护断点。所谓断点是指子程序调用指令的下一条指令的第一个字节地址。

为了使子程序执行之后能正确返回，需要把断点送入堆栈保存，当子程序执行完毕，再从堆栈中取出该断点送回 PC，继续执行原来的程序。保护断点是系统自动执行的，不需要用户程序处理。

2）建立子程序入口。子程序入口是指子程序中第一条指令的第一个字节地址，即子程序调用指令给出的目标地址。在执行调用指令时，需将子程序的入口地址送入程序计数器 PC，以便执行子程序。

3）保护现场。所谓保护现场是指在执行子程序前，需要保存程序中正在使用的存储单元和寄存器的内容。这些内容有可能在执行子程序时丢失，所以，执行子程序前，可通过指令将这些内容压入堆栈保存。

51 单片机子程序调用与返回指令有以下形式。

（1）绝对调用指令

绝对调用指令格式如下。

```
ACALL    addr11        ;PC←(PC)+2
                       ;SP←(SP)+1,SP←PC0~7
                       ;SP←(SP)+1,SP←PC8~15
                       ;PC0~10←addr11
```

该指令为双字节指令。

从程序存储器取出该指令后，PC 自动加 2 指向下一条指令的首地址（断点地址），然后执行该指令，其功能是：首先保护断点，将 PC 的值压栈保护（先压低位，后压高位），接着将指令中的 11 位目标地址（addr11）送入 PC 的低 11 位与 PC 的高 5 位合成一个程序要转移的目标地址，即子程序入口地址，从而转去执行被调用的子程序。

ACALL 指令由于只给出 11 位目标地址，所以，目标地址只能在 ACALL 的下一条指令 2KB 的空间范围内。

该指令执行速度相对较快。

（2）长调用指令

长调用指令格式如下。

```
LCALL    addr16        ;PC←(PC)+3
                       ;SP←(SP)+1,(SP)←PC0~7
                       ;SP←(SP)+1,(SP)←PC8~15
                       ;PC←addr16
```

该指令为三字节指令。

从程序存储器取出该指令后，PC 自动加 3 指向下一条指令的首地址（断点地址），然后执行该指令，其功能是：首先保护断点，将 PC 的值压栈保护（先压低位，后压高位），接着将指令中的 16 位目标地址（addr16）送入 PC，即子程序入口地址，从而转去执行被调用的子程序。

该指令提供 16 位目标地址，可调用 64KB 范围内的任意子程序。在实际应用时，addr16 常用被调用子程序第一条指令的标号（地址）表示。

（3）一般子程序返回指令

子程序返回指令格式如下。

```
RET                    ;PC8~15←((SP)),SP←(SP)-1
                       ;PC0~7←((SP)),SP←(SP)-1
```

当程序执行到本指令时，自动从堆栈中取出断点地址送给 PC，程序返回断点[即调用指令（ACALL 或 LCALL）的下一条指令处] 继续往下执行。

RET 指令为子程序的最后一条指令。

（4）中断子程序返回指令

中断子程序返回指令格式如下。

```
RETI                   ;PC8~15←((SP)),SP←(SP)-1
                       ;PC0~7←((SP)),SP←(SP)-1
```

该指令除具有 RET 指令的功能外，在返回断点的同时，RETI 还要释放中断逻辑以接受新的中断请求。中断服务程序（中断子程序）必须用 RETI 返回。

RETI 指令为中断子程序的最后一条指令。

### 3.3.6 位操作类指令

51 单片机的一大特点是在硬件结构中有一个位处理机和位寻址空间，在指令系统中设有专门处理布尔（位）变量的指令子集，又称位操作指令。

在位处理机中，借用进位标志 Cy 来存放逻辑运算结果，大部分位操作指令都涉及 Cy，因此，它相当于位处理机的“累加器”，称“位累加器”，用符号 C 表示。位操作指令以位（bit）为单位进行运算和操作。

位操作指令共 17 条，所有的位操作指令均采用位（直接）寻址方式，在进行位操作时，51 单片机汇编语言中的位地址可用以下 4 种方式表示。

1）直接位地址方式。如 0E0H 为累加器 A 的 D0 位的位地址，标志位 F0 的位地址为 0D5H。

2）点操作符表示方式。用操作符“.”将具有位操作功能单元的字节地址或寄存器名与所操作的位序号（0～7）分隔。例如，PSW.5 说明是程序状态字的第 5 位，即 F0。

3）位名称方式。对于可以位寻址的特殊功能寄存器，在指令中直接采用位定义名称。

例如，EA 为中断允许寄存器的第 7 位。

4）用户定义名方式。如用伪指令“OUT　BIT　P1.0”定义后，允许指令中用 OUT 代替 P1.0。

**1．位传送指令**

位传送指令有以下形式。

```
MOV    C,bit         ;Cy←(bit)
MOV    bit,C         ;(bit)←(Cy)
```

指令中其中一个操作数必须是进位标志 C，bit 可表示任何直接位地址。

**【例 3-28】** 将 ACC 中的最高位送入 P1.0 输出，可执行以下指令。

```
MOV    C, ACC.7
MOV    P1.0, C
```

**2．位置位和复位指令**

（1）位置位指令

位置位指令有以下形式。

```
SETB    C          ;Cy←1
SETB    bit        ;(bit)←1
```

（2）位复位指令

位复位指令有以下形式。

```
CLR C              ;Cy←0
CLR bit            ;(bit)←0
```

采用这类指令可以对布尔累加器 C 和指定位置 1 或清零。

例如：

```
SETB    P1.0       ;可使 P1.0 置 1
CLR     P1.0       ;可使 P1.0 清零
```

**3．位逻辑运算指令**

（1）位逻辑“与”指令

位逻辑“与”指令有以下形式。

ANL C, bit　　　　;$C\leftarrow(C)\wedge(bit)$

ANL C, /bit　　　　;$C\leftarrow(C)\wedge(\overline{bit})$

该组指令的功能是：进位标志 Cy 与直接寻址位的布尔值进行位逻辑“与”运算，结果送入 Cy。

注意：bit 前的斜杠表示对（bit）求反，求反后再与 Cy 的内容进行逻辑操作，但并不改变 bit 原来的值。

（2）位逻辑“或”指令

位逻辑“或”指令有以下形式。

ORL　C, bit　　　　;$C\leftarrow(C)\vee(bit)$

ORL　C, /bit　　　　;$C\leftarrow(C)\vee(\overline{bit})$

该组指令的功能是：进位标志 Cy 与直接寻址位的布尔值进行位逻辑“或”运算，结果送入 Cy。

（3）位逻辑“非”指令

位逻辑“非”指令有以下形式。

CPL　C　　　　;$Cy\leftarrow(\overline{Cy})$

CPL　bit　　　　;$(bit)\leftarrow(\overline{bit})$

该组指令的功能是：对进位标志 Cy 或直接寻址位 bit 的布尔值进行位逻辑“非”运算，结果送入 Cy 或 bit。

**【例 3-29】** 由 P1.0、P1.1 输入两个位数据（“0”或“1”）存放在位地址 X、Y 中，使 Z 满足逻辑关系式：$Z=\overline{X\overline{Y}+\overline{X}}$，Z 经 P1.3 输出。

可执行以下指令。

```
X       BIT     20H.0
Y       BIT     20H.1
Z       BIT     20H.2
MOV     C,      P1.0
MOV     X,      C
```

```
MOV  C,   P1.1
MOV  Y,   C
MOV  C,   X
ANL  C,   /Y
ORL  C,   /X
CPL  C
MOV  Z,   C
MOV  P1.3, C
```

**4．位条件转移指令**

（1）位累加器 Cy 状态判断转移指令

位累加器 Cy 状态判断转移指令有以下形式。

```
JC      rel        ;若 Cy=1,则 PC←(PC)+2+rel(满足条件作相对转移)
                   ;否则,PC←(PC)+2(顺序执行)
JNC     rel        ;若 Cy=0,则 PC←(PC)+2+rel(满足条件作相对转移)
                   ;否则,PC←(PC)+2(顺序执行)
```

该组指令为双字节指令。

该组指令通常与 CJNE 指令一起使用，可以比较出两个数的大小，从而形成大于、小于、等于 3 个分支。

（2）位状态判断转移指令

位状态判断转移指令有以下形式。

```
JB      bit, rel   ;若(bit)=1,则 PC←(PC)+3+rel(满足条件作相对转移)
                   ;否则,PC←(PC)+3(顺序执行)
JNB     bit, rel   ;若(bit)=0,则 PC←(PC)+3+rel(满足条件作相对转移)
                   ;否则,PC←(PC)+3(顺序执行)
JBC     bit, rel   ;若(bit)=1,则 PC←(PC)+3+rel 且 bit←0(满足条件作相
                   对转移)
                   ;否则,PC←(PC)+3(顺序执行)
```

该组指令为三字节指令。

**【例 3-30】** 测试 P1 口的 P1.7 位，若该位为 1，将片内 30H 单元的内容输出到 P2 口，否则，读入 P1 口的状态存入片内 20H 单元。可执行以下指令。

```
        JB   P1.7,  LOOP     ;P1.7 为 1 转 LOOP
        MOV  P1,    #0FFH    ;读 P1 口数据前,先置 P1 为 0FFH
        MOV  20H,   P1
        …
LOOP:   MOV  P2,    30H
```

## 3.4 汇编语言程序设计基础

每一类 CPU 都有自己的指令系统，当指令和地址采用二进制代码表示时，称之为机器语言。CPU 直接识别和执行的是机器语言的指令代码。

汇编语言是一种采用助记符表示的机器语言，即用助记符号来代表指令的操作码和操作数，用标识符代表地址、常数或变量。助记符一般都是英文单词的缩写，因此使用方便。这种用助记符和标识符编写的程序称为汇编语言源程序。

### 3.4.1 汇编语言特征

汇编语言是学习单片机应用编程的重要内容，其主要特征如下。

（1）汇编语言源程序与汇编程序（编译）

汇编语言源程序是用户编写的应用程序，它必须翻译成机器语言的目标代码（亦称目标程序）计算机才能执行。其翻译工作可由汇编（编译）程序自动完成，汇编程序的功能就是将用助记符号编写的源程序翻译成用机器语言表示的目标程序，如图 3-1 所示。

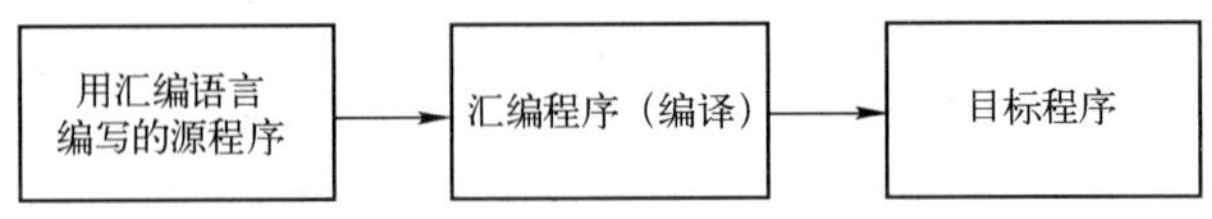


图 3-1 汇编程序的功能示意图

（2）汇编语言与 C51

在 51 单片机实际应用过程中，应用程序仍然可以采用汇编语言编写。虽然当前使用 C51 编写单片机应用程序已成为潮流，但汇编语言仍然是单片机应用的基本编程语言。在熟悉汇编语言的基础上再学习 C51 编程，是学习单片机 C51 程序设计的最佳途径。汇编语言的特点如下。

1）汇编语言是直接面向单片机硬件编程的，它反映了单片机指令执行的工作流程。学习汇编语言可以深刻理解单片机的工作原理，有助于编写高效率程序。

2）在功能相同的条件下，汇编语言生成的目标程序，所占用的存储单元比较少，而且执行的速度也比较快。

3）由于单片机应用的许多场合主要是输入 / 输出、检测及控制，而汇编语言具有直接针对输入 / 输出端口的操作指令，便于自控系统及检测系统中数据的采集与发送。

4）单片机资源的控制字等参数设置，在汇编语言源程序和 C51 程序中是相同的。汇编语言是直接对其资源进行操作的；C51 对单片机资源的操作是通过自定义变量设置来完成的，这些变量需要说明为单片机内部资源的实际地址才有意义。

因此，汇编语言是学习单片机的重要组成部分，也是学习 C51 程序设计的基础。

### 3.4.2 汇编语言程序的组成

汇编语言源程序是由汇编语句组成的，一般情况下，汇编语言语句可分为：指令性语句（即汇编指令）和指示性语句（即伪指令）。

**1．指令性语句**

指令性语句由前已述及的指令系统所定义的汇编指令组成（简称指令），是进行汇编语言程序设计的可执行语句，每条指令都产生相应的机器语言的目标代码。源程序的主要功能是由指令性语句去完成的。

**2．指示性语句**

指示性语句（伪指令）又称汇编控制指令。它是控制汇编（翻译）过程的一些命令，程序员通过伪指令要求汇编程序在进行汇编时的一些定位、运算及符号转换操作。因此，伪指令不产生机器语言的目标代码，是汇编语言程序中的不可执行语句。

必须说明的是：汇编过程和程序的执行过程是两个不同的概念，汇编过程是将源程序翻译成机器语言的目标代码，此代码按照伪指令的安排存入存储器中。程序的执行过程是由 CPU 从存储器中逐条取出目标代码并逐条执行，完成程序设计的功能。

### 3.4.3 伪指令

伪指令主要用于指定源程序存放的起始地址、定义符号、指定暂存数据的存储区及将数据存入存储器、结束汇编等。一旦源程序被汇编成目标程序后，伪指令就不再出现（即它并不生成目标程序），而仅仅在对源程序的汇编过程中起作用。因此，伪指令给程序员编制源程序带来较多的方便。

51 单片机汇编语言中常用的伪指令有以下几种。

**1．ORG（汇编起始地址）**

格式：ORG　16 位地址

功能：规定了紧跟在该伪指令后的源程序经汇编后产生的目标程序存储在程序存储器中的起始地址。

汇编起始地址伪指令应用示例：

```
          ORG    3000H
START:    MOV    A,  R1
          …
```

汇编结果：ORG　3000H 下面的程序或数据存放在存储器 3000H 开始的单元中，标号 START 为符号地址，其值为 3000H。

**2．END（结束汇编）**

格式：END 或 END　　标号

功能：汇编语言源程序的结束标志，即通知汇编程序不再继续向下进行汇编。

如果源程序是一段子程序，则 END 后不加标号。

如果是主程序，加标号时，所加标号应为主程序模块的第一条指令的符号地址，汇编后程序从标号处开始执行。若不加标号，汇编后程序从 0000H 单元开始执行。

**3．EQU（等值）**

格式：标识符　　EQU　　数或汇编符号

功能：把数或汇编符号赋给标识符，且只能赋值一次。

等值伪指令应用示例：

```
LOOP   EQU   20H            ;LOOP 等价于 20H
LP     EQU   R0             ;LP 可表示 R0
MOV    A,    LOOP           ;20H 单元的内容送入 A
```

等值伪指令应用示例：

```
INT-1    EQU    001BH
ORG      INT-1
AJMP     LP1
```

这两个伪指令后面的指令序列放在地址 001BH 开始的存储单元中。

注意，EQU 与前面的标号之间不要使用冒号，而只用一个空格来进行分隔。

**4．DB（定义字节）**

格式：[标号：]　DB　项或项表

功能：将项（单数据）或项表（多数据）中的字节（8 位）数据依次存入标号所指示的存储单元中。

注意：项与项之间用“，”分隔；字符型数据用" "括起来；数据可以采用二进制、十六进制及 ASCII 码等形式表示；省去标号不影响指令的功能；负数须转换成补码表示；可以多次使用 DB 定义字节。

定义字节伪指令应用示例 1：

```
DELAY:   DB   50H                  ;将 50H 存入存储单元 DELAY 中
```

定义字节伪指令应用示例 2：

```
         ORG   2000H
TAB:     DB    12H, 0AFH, 00111001B, "9"
```

该伪指令汇编结果：将 12H 存放在 TAB（即 2000H）单元，0AFH 存放在 TAB+1 单元，00111001B 存放在 TAB+2 单元，“9”存放在 TAB+3 单元。

**5．DW（定义字）**

格式：[标号：]　DW　项或项表

功能：将项或项表中的字（16 位）数据依次存入标号所指示的存储单元中。

定义字伪指令应用示例 1：

```
ADDR:   DW   1234H        ;将字 1234H 存入 ADDR 开始的两个字节单元中
```

定义字伪指令应用示例 2：

```
          ORG   3000H
TAB:      DW    0102H, 0304H, 0506H
```

该伪指令汇编结果为：将 0102H 存入 TAB（3000H、3001H）单元，将 0304H 存入 TAB+2（3002H、3003H）单元，将 0506H 存入 TAB+4（3004H、3005H）单元。

若要定义多个字时，可以多次使用 DB 定义字节。

**6．DS（定义存储单元）**

格式：标号：DS　数字

功能：从标号所指示的单元开始，根据数字的值保留一定数量的字节存储单元，留给以后存储数据用。

定义存储单元伪指令应用示例：

```
SPACE:   DS   10            ;从 SPACE 开始保留 10 个存储单元
                            ;下一条指令将从 SPACE+10 处开始汇编
```

**7．BIT（地址符号设置）**

格式：标识符　BIT　位地址

功能：将位地址赋以标识符（注意，不是标号）。

地址符号设置伪指令应用示例：

```
A1    BIT   P1.0            ;位地址 P1.0 赋给 A1
A2    BIT   20H.1           ;位地址 20H.1 赋给 A2
```

经以上定义后，A1 和 A2 就可当作位地址来使用。

```
MOV   C,   A1               ;C←P1.0
MOV   A2,  C                ;20H.1←C
```

### 3.4.4　程序设计步骤及技术

汇编语言是面向 CPU 进行编程的语言。汇编语言程序设计除了应具有一般程序设计的特征外，还具有其自身的特殊性。

**1．程序设计步骤**

汇编语言程序设计一般经过以下几个步骤。

1）分析问题，明确任务要求，对于复杂的问题，需要抽象成数学模型，即用数学表达式来描述。

2）确定算法，即根据实际问题和指令系统的特点确定完成这一任务需经历的步骤。

3）根据所选择的算法，确定内存单元的分配；使用哪些存储器单元；使用哪些寄存器；程序运行中的中间数据及结果存放在哪些单元，以利于提高程序的效率和运行速度；然后制定出解决问题的步骤和顺序，画出程序的流程图。

4）根据流程图，编写源程序。

5）上机对源程序进行汇编、调试。

**2．程序设计技术**

在进行汇编语言程序设计时，对于同一问题，会有不同的编程方式，但应按照结构化程序设计的要求，即程序的基本结构应采用顺序、选择和循环 3 种基本结构，而实现基本结构的指令语句也会有多种不同的形式，因而在执行速度、所占内存空间、易读性和可维护性等方面就有所不同。

因此，在进行程序设计时，应注意以下事项和技巧。

1）把要解决的问题化成多个具有一定独立性的功能模块，各模块尽量采用子程序完成其功能。

2）力求少用无条件转移指令，尽量采用循环结构。

3）对主要的程序段要下功夫精心设计，这样会收到事半功倍的效果。如果在一个重复执行 100 次的循环程序中多用了 2 条指令，或者每次循环执行时间多用了 2 个机器周期，则整个循环就要多执行 200 条指令或多执行 200 个机器周期，使整个程序运行速度大大降低。

4）由于 51 单片机程序存储器的某些初始单元已有定义，因此，在需要使用这些单元或附近单元时，应在该单元内安排一条转移指令。

5）能用 8 位数据解决问题的就不要使用 16 位数据。

6）在中断处理程序中，要保护好现场（包括标志寄存器的内容），中断结束前要恢复现场。

7）累加器是信息传递的枢纽，在调用子程序时应通过累加器传送子程序的参数，通过累加器向主程序传送返回参数。所以，在子程序中一般不把累加器推入堆栈。若需保护累加器的内容时，应先把累加器的内容存入其他寄存器单元，然后再调用子程序。

8）为了保证程序运行的安全可靠，应考虑使用软件抗干扰技术，如数字滤波技术、指令冗余技术、软件陷阱技术，用汇编语言程序实现这些技术，不需要增加硬件成本，可靠性高，稳定性好，方便灵活。

用汇编语言编写程序，对于初学者来说容易遇到困难，程序设计者只有通过实践，不断积累经验，才能编写出较高质量的程序。

## 3.5 程序设计实例

下面通过几个程序设计实例来学习如何使用汇编语言编写程序。

### 3.5.1 汇编语言基本程序设计

**1．简单程序**

简单程序是按照程序编写的顺序逐条依次执行的，是程序最基本的结构。

【例 3-31】 将片内 RAM 的 30H 和 31H 的内容相加，结果存入 32H。假设整个程序存放在存储器中以 2000H 为起始地址的单元。

程序 1：采用直接寻址方式传送数据进行两个操作数相加运算。

```
ORG     2000H
MOV     A,   30H           ;取第一个操作数
ADD     A,   31H           ;两个操作数相加
MOV     32H,  A            ;存放结果
END
```

程序 2：采用寄存器间接寻址方式进行两个操作数相加运算。

```
ORG     8000H
MOV     R0,  #30H          ;R0←30H
MOV     A,   @R0           ;A←(30H)
INC     R0                 ;指向下一个单元
ADD     A,   @R0           ;两个操作数相加
INC     R0                 ;指向下一个单元
MOV     @R0,  A            ;存放结果
END
```

程序中采用寄存器间接寻址必须先给地址指针 R0 赋值。

【例 3-32】 拼字：将外部数据存储器 3000H 和 3001H 的低 4 位取出拼成一个字，送到 3002H 单元中，程序如下。

```
ORG     2000H
MOV     DPTR, #3000H       ;DPTR←外部数据存储器地址
MOVX    A, @DPTR           ;取 3000H 单元数据送 A
ANL     A, #0FH            ;屏蔽高 4 位
SWAP    A                  ;将 A 的低 4 位与高 4 位交换
MOV     R1, A              ;暂存于 R1
INC     DPTR               ;指向下一单元
MOVX    A, @DPTR           ;3001H 单元数据送 A
ANL     A, #0FH            ;屏蔽高 4 位
ORL     A, R1              ;拼成一个字节
INC     DPTR               ;指向下一单元
MOVX    @DPTR, A           ;拼字结果送 3002H 单元
SJMP    $
END
```

说明：

1）由于 51 单片机没有停机指令，本例中最后一条指令 SJMP  $自循环“停机”。

2）访问外部数据存储器时，必须先建立外部数据存储器地址指针，访问外部数据存储器的指令为 MOVX。

**2．分支程序**

分支程序是根据程序中给定的条件进行判断，再根据条件的“真”与“假”决定程序是否转移。

【例 3-33】 将片外 RAM 的首地址为 10H 开始存放的数据块，传送到片内 RAM 首地址为 20H 开始的数据块中去，如果数据为“0”，就停止传送，程序如下。

```
ORG     2000H
MOV     R0,  #10H
MOV     R1,  #20H
```

```
LOOP:   MOVX    A,   @R0        ;A←片外 RAM 数据
HERE:   JZ      HERE            ;数据=0 终止,程序"原地踏步"
        MOV     @R1,  A         ;片内 RAM←A
        INC     R0
        INC     R1
        SJMP    LOOP            ;循环传送
        END
```

**【例 3-34】** 求符号函数。

$$Y=\begin{cases}1 & 当X>0\\0 & 当X=0\\-1 & 当X<0\end{cases}$$

设 X、Y 分别为 30H、31H 单元。

分析：有 3 条路径需要选择，因此需要采用分支程序设计，其流程图如图 3-2 所示。

程序如下。

```
        ORG     2000H
        X       EQU   30H
        Y       EQU   31H
        MOV     A,    X          ;A←(X)
        JZ      LOOP0            ;A 为 0 值,转 LOOP0
        JB      ACC.7,LOOP1      ;最高位为 1 为负数
        MOV     A,   #01H        ;A←1
        SJMP    LOOP0
LOOP1:  MOV     A,   #0FFH       ;A←-1(补码)
LOOP0:  MOV     Y,    A          ;(Y)←A
        SJMP    $
        END
```

**3．循环程序**

在程序执行过程中，当需要多次反复执行某段程序时，可采用循环程序。循环程序可以简化程序的编制，大大缩短程序所占用的存储单元（尽管执行的时间不会减少），是程序设计中最常用的方法之一。循环程序一般由以下 3 部分组成。

1）初始化。用于确定循环开始的初始化状态，如设置循环次数（计数器）、地址指针及其他变量的起始值等。

2）循环体。这是循环程序的主体，即循环处理需要重复执行的部分。

3）循环控制。修改计数器和指针，并判断循环是否结束。

对于比较复杂的问题，需要采用多重循环，即在循环体内又使用了内层的循环程序。可根据问题的需要，实现循环嵌套。

**【例 3-35】** 有 20 个数存放在内部 RAM 从 41H 开始的连续单元中，求其和并将结果存放在 40H 单元（和数是一个 8 位二进制数，不考虑进位问题）。

程序流程图如图 3-3 所示。

程序如下。

```
        ORG     2000H
        MOV     A,    #00H       ;清累加器 A
        MOV     R7,   #14H       ;建立循环计数器 R7 初值
        MOV     R0,   #41H       ;建立内存数据指针
```

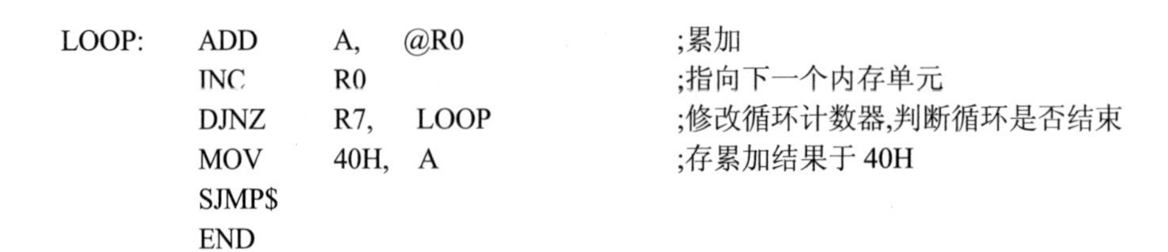

```
LOOP:   ADD     A,    @R0        ;累加
        INC     R0               ;指向下一个内存单元
        DJNZ    R7,   LOOP       ;修改循环计数器,判断循环是否结束
        MOV     40H,  A          ;存累加结果于 40H
        SJMP$
        END
```

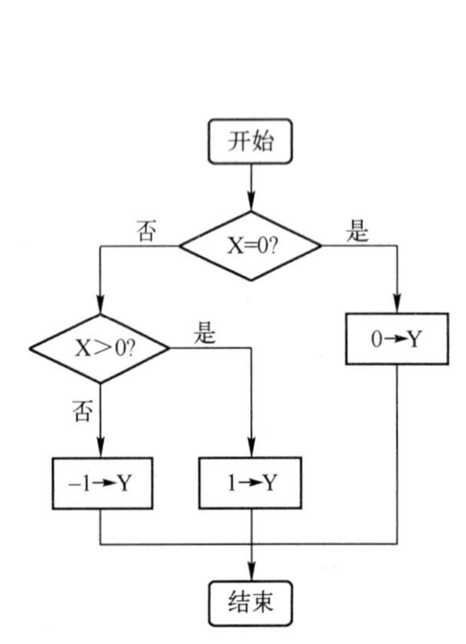


图 3-2　符号函数流程图

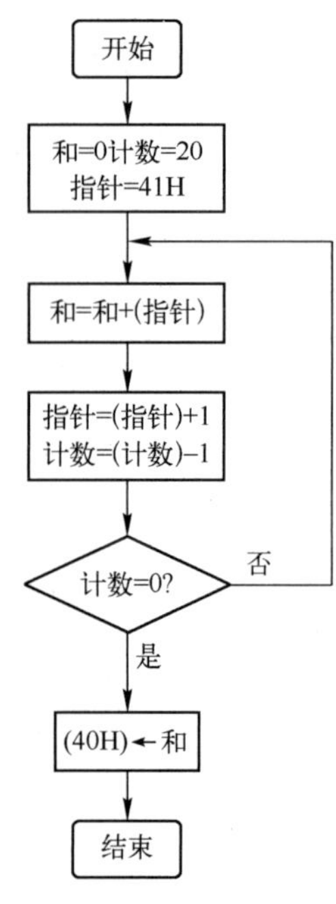


图 3-3　求和流程图

【例 3-36】 在内部 RAM 的 42H 开始的连续单元中存放一组 8 位无符号数，该数组的长度 n（n≤3DH）存放在 41H 中，找出这组数中的最大数，并将其存入内部 RAM 的 40H 单元。

可以先将第一个数组元素（42H 单元内容）送 40H 单元，然后将数组中其余数依次与 40H 中的值相比较，若大于则取代 40H 中的值，否则比较下一个数，直到所有数全部比较完毕，此时 40H 单元中的数据为最大值。

程序如下。

```
        ORG     2000H
        MOV     R0,   #42H
        MOV     40H,  @R0        ;第一个数送入 40H 单元
        DEC     41H              ;设循环次数(计数器初值)
LOOP:   INC     R0               ;取下一个数
        MOV     A,    @R0        ;A 中为下一个数
        CJNEA,  40H,  COMP
COMP:   JC      NEXT
        MOV     40H,  A          ;较大数存入 40H 单元
NEXT:   DJNZ    41H,  LOOP       ;控制循环
        SJMP$
        END
```

注意：由于数组长度在 41H 中，所以可直接利用 41H 作为循环控制单元。不过由于程序开始时取第一个数送入 40H 单元作为比较初值，所以计数器初值应为数组长度减 1。

### 3.5.2 延时程序设计

**【例 3-37】** 较长时间的延时子程序，可以采用多重循环来实现。

利用 CPU 中每执行一条指令都有固定的时序这一特征，令其重复执行某些指令从而达到延时的目的。子程序如下。

```
                源程序                         机器周期数
DELAY:   MOV     R7,   #0FFH                      1
LOOP1:   MOV     R6,   #0FFH                      1
LOOP2:   NOP                                      1
         NOP                                      1
         DJNZ    R6,   LOOP2                      2
         DJNZ    R7,   LOOP1                      2
         RET                                      2
```

程序中：

内循环一次所需机器周期数=（1+1+2）个=4 个。

内循环共循环 255 次的机器周期数=4×255 个=1020 个。

外循环一次所需机器周期数=（4×255+1+2）个=1023 个。

外循环共循环 255 次，所以该子程序总的机器周期数=（255×1023+1+2）个=260868 个。

因为一个机器周期为 12 个时钟周期，所以该子程序最长延时时间=260868×12/$f_{osc}$ 。

注意：用软件实现延时时，不允许有中断，否则会严重影响定时的准确性。如果需要延时更长的时间，可采用更多重的循环，如延时 1min，可采用三重循环。

程序中所用标号 DELAY 为该子程序的入口地址，以便由主程序或其他子程序调用。最后一句 RET 指令，可实现子程序返回。

### 3.5.3 代码转换程序设计

**【例 3-38】** 编写一子程序，将 8 位二进制数转换为 BCD 码。

设要转换的二进制数在累加器 A 中，子程序的入口地址为 BCD1，转换结果存入 R0 所指示的 RAM 中，程序如下。

```
BCD1:    MOV     B,     #100
         DIV     AB                    ;A←百位数,B←余数
         MOV     @R0,   A              ;(R0)←百位数
         INC     R0
         MOV     A,     #10
         XCH     A,     B
         DIV     AB                    ;A←十位数,B←个位数
         SWAP    A
         ADD     A,     B              ;十位数和个位数组合到 A
         MOV     @R0,   A              ;存入(R0)
         RET
```

**【例 3-39】** 用查表法将累加器 A 中的低 4 位（十六进制数）转换成 ASCII 码，且保留在 A 中，程序如下。

```
HASC:    ANL     A,     #0FH           ;取 A 的低 4 位
         INC     A
         MOVC    A,     @A+PC
```

```
        RET
        DB      30H, 31H, 32H, …, 39H
        DB      41H, 42H, …, 46H
```

【例 3-40】 编写一子程序，将累加器 A 中的 ASCII 码转换为十六进制数。

根据十六进制数和它的 ASCII 字符编码之间的关系，可以得出：十六进制数 0～9 的 ASCII 为 30H～39H，其差值为 30H；十六进制数 A～F 的 ASCII 为 41H～46H，其差值为 37H，程序如下。

```
ASCH:   CLR     C
        SUBB    A,  #30H
        CJNEA, #0AH,  NEXT
NEXT:   JC   DONE
        SUBB  A, #07H
DONE:   RET
```

### 3.5.4 查表程序设计

查表是程序设计中使用的基本方法。只要适当地组织表格，就可以十分方便地利用表格进行多种代码转换和算术运算等。

【例 3-41】 利用表格计算内部 RAM 的 40H 单元中一位 BCD 数的平方值，并将结果存入 41H 单元。首先组织平方表，且把它作为程序的一部分。程序如下。

```
        ORG     2000H
        MOV     A, 40H
        MOV     DPTR, #SQTAB
        MOVC    A, @A+DPTR
        MOV     41H, A
        SJMP$
SQTAB:  DB      0, 1, 4, 9, 16, 25, 36, 49, 64, 81
```

说明：

1）本例因为将平方表作为程序的一部分，因此采用程序存储器访问指令 MOVC。

2）执行 MOVC A，@A+DPTR 指令查表前，必须给基址寄存器（DPTR）赋值。使用本查表指令，数表可以安放在程序存储器 64KB 空间的任何地方。

3）查表所需的执行时间较少，但需较多的存储单元。

### 3.5.5 运算程序设计

【例 3-42】 编写一子程序，实现多字节加法。

两个多字节数分别存放在起始地址为 FIRST 和 SECOND 的连续单元中（从低位字节开始存放），两个数的字节数存放在 NUMBER 单元中，最后求得的和存放在 FIRST 开始的区域中。使用 51 单片机字节加法指令进行多字节的加法运算，可用循环程序来实现，程序如下。

```
SUBAD:  MOV     R0,  #FIRST
        MOV     R1,  #SECOND            ;送起始地址
        MOV     R2,  NUMBER             ;字节数送 R2
        CLR     C                       ;清 Cy
LOOP:   MOV     A,     @R0
        ADDC    A,   @R1                ;进行一次加法运算
        MOV     @R0,      A             ;存结果
```

```
        INC     R0
        INC     R1                      ;修改地址指针
        DJNZ    R2,   LOOP              ;计数及循环控制
        RET
```

### 3.5.6 排序程序设计

【例 3-43】 设 N 个数据依次存放在内部 RAM 以 BLOCK 开始的存储单元中，编写程序实现 N 个数据按升序次序排序，结果仍存放在原存储单元中。

对数据进行排序是程序设计中常用的数据处理方式。排序的算法有选择法、冒泡法、比较法等。本程序采用冒泡法排序。

冒泡排序法的基本算法是：N 个数排序，从数据存放单元的一端（如起始单元）开始，将相邻两个数依次进行比较，如果相邻两个数的大小次序和排序要求一致，则不改变它们的存放次序，否则相互交换两数位置，使其符合排序要求，这样逐次比较，直至将最小（降序）或最大（升序）的数移至最后。然后，再将 n-1 个数继续比较，重复上面操作，直至比较完毕。

可采用双重循环实现冒泡法排序，外循环控制进行比较的次数，内循环实现依次比较交换数据，程序如下。

```
ORG     0000H
BLOCK   EQU     20H                 ;设 BLOCK 为 20H 单元
N       EQU     10
        MOV     R7,   #N-1          ;设置外循环计数器
NEXT:   MOV     A,    R7
        MOV     80H,  A
        MOV     R6,   A             ;设置内循环计数器
        MOV     R0,   #20H          ;设置数据指针
COMP:   MOV     A,    @R0
        MOV     R2,   A
        INC     R0
        CLR     C
        SUBB    A,    @R0
        JC      LESS
        MOV     A,    R2
        XCH     A,    @R0
        DEC     R0
        MOV     @R0,  A
        INC     R0
LESS:   DJNZ    R6, COMP            ;(R6)-1 不等于 0,转 COMP 继续内循环
        MOV     R0, #20H
        DEC     80H
        MOV     R6,   80H
        DJNZ    R7,   COMP
        RET
        END
```

### 3.5.7 输入/输出程序设计

【例 3-44】 编写一数据输入程序，每当 P0.0 由高电平变为低电平时，由 P1 口读入外部设备 1 个 8 位数据，连续读入 N 次。读入数据分别存入内部 RAM 以 BLOCK 开始的存储单元中。程序如下。

```
    ORG     0000H
BLOCK    EQU        20H
    N    EQU        10
         MOV        R2，  #8H
         MOV        R0,   #BLOCK
LOOP:    MOV        P1,    #0FFH
         JB         P0.0    $           ;等待,直到 P0.0 输入为低电平时,执行下一指令
         MOV        A,     P1           ;读 P1 口数据
         JNB        P0.0    $           ;等待,直到 P0.0 输入为高电平时,执行下一指令
         MOV        @R0,   A
         INC        R0
         DJNZ       R2,    LOOP
         RET
         END
```

【例 3-45】 单片机的 P1.0～P1.3 端口分别接 4 个发光二极管 D1～D4（共阳极），P1.4～P1.7 端口分别接 4 个开关 K1～K4（公共端接地），编程将开关的状态通过发光二极管显示（开关闭合，对应的发光二极管亮；开关断开，对应的发光二极管灯灭）。程序如下。

```
ORG    0000H
START: MOV    A, P1
         ANL     A, #0F0H
         RR      A                  ;右移 4 次,高 4 位开关状态移入低 4 位
         RR      A
         RR      A
         RR      A
         ORL     A, #0F0H
         MOV     P1, A
         SJMP    START
         END
```

【例 3-46】 编写一个循环闪烁灯程序。用 P1 口的 P1.0～P1.7 分别控制 8 个发光二极管的阴极（共阳极接高电平），每次其中某个发光二极管闪烁点亮 10 次，依次右移循环不止。程序如下。

```
    ORG    0000H

MOV       A,        #0FEH          ;A←点亮第 1 位发光二极管的代码
SHIFT:    LCALL     FLASH          ;调用闪烁 10 次的子程序
          RR        A              ;右移 1 次
          SJMP      SHIFT          ;循环
FLASH:    MOV       R2,   #0AH     ;闪烁 10 次
FLASH1:   MOV       P1,   A        ;点亮某个发光二极管
          LCALL     DELAY          ;调用延时子程序 DELAY
          MOV       P1, #00H       ;熄灭
          LCALL     DELAY          ;调用延时子程序
          DJNZ      R2,   FLASH1   ;循环 10 次
          RET
DELAY:    MOV      R3,   #8FH      ;延时子程序入口
   L1:    MOV      R4,   #0F8H
   L2:    NOP
          NOP
          DJNZ     R4,   L2
          DJNZ     R3,   L1
```

```
        RET
        END
```

### 3.5.8 数字滤波程序设计

在单片机控制系统和智能仪表测量过程中，需要通过单片机的I/O端口读取外部设备的数据，为了克服这些数据的随机误差，可用程序实现数字滤波，抑制有效信号中的干扰成分，消除随机误差。常用的滤波算法有限幅滤波、平均滤波、递推平均滤波等。

**【例3-47】** 限幅滤波子程序可以有效地抑制尖脉冲干扰。

设D1、D2为内部RAM单元，分别存放由某一输入口在相邻时刻采样的两个数据，如果它们的差值过大，超出了允许相邻采样值之差的最大变化范围M，则认为发生了干扰，此次输入数据予以剔除，则用D1单元的数据取代D2。滤波程序如下。

```
      ORG   0000H
      PT: MOV        A,  D2
           CLR       C
           SUBB      A,  D1
           JNC       PT1
           CPL       A
           INC       A
     PT1:  CJNE      A, #M, PT2
           AJMP      DONE
     PT2:  JC        DONE
           MOV       D2, D1
    ONE:   RET
           END
```

算术平均滤波算法是连续读取 N 个数据求其平均值，对滤除被测信号上的随机干扰非常有效。对于输入数据振荡频率较高时，可采用递推平均滤波法，这里不再详述。

## 3.6 单片机I/O端口应用程序及仿真

单片机I/O端口是单片机与外部设备进行信息交换的唯一通道，任何单片机应用系统都离不开对I/O端口的读、写操作。

本节在Keil单片机集成开发环境（简称Keil）和Proteus电路仿真环境下，通过51单片机I/O端口电路及汇编语言程序的典型应用实例，介绍单片机汇编语言程序上机、调试及仿真过程。

**1．设计要求**

本例要求单片机实现8位流水灯左移循环点亮，其关键技术是程序循环及延时的设计。

**2．电路设计**

（1）设计技术

单片机电路设计的要点是对每一个流水灯实现位控，即一个I/O端口控制一个灯，要解决的主要问题是驱动及接口电路形式。在实际应用中，流水灯的功率因应用场合不同其大小也不同，如果单片机端口的输出电流达不到驱动要求，就必须通过单片机输出端口控制驱动电路实现对流水灯的控制。本例仅以8支LED发光二极管模拟流水灯（共阳极连接电路形式），由于LED发光二极管驱动电流仅为10mA左右，以单片机端口输出低电平为有效驱动信号，其输出负载能力完全满足驱动要求（接口不需要驱动电路）。

（2）Proteus 电路设计（详见第 11 章）

1）建立设计文件。在桌面双击 ISIS 7 Professional 快捷方式图标，打开 ISIS 7 Professional 窗口。选择“File”→“New Design”命令，在设计文件模板选择窗口选择“Default 模板”，然后选择“Save Design”命令，输入文件名（这里取 IO1.DSN）保存文件。

2）放置元器件。单击元器件选择按钮“P”，选择电路需要的元器件（包括单片机、LED 二极管、电阻、电容、晶振，其单片机型号必须与 Keil 中选择的型号一致）见表 3-1。

**表 3-1　元器件清单**

| 元器件名称 | 参数 | 数量 | 关键字 |
|---|---|---|---|
| 单片机 | AT89C51 | 1 | 89C51 |
| 晶振 | 12MHz | 1 | Crystal |
| 瓷片电容 | 30pF | 2 | Cap |
| 电解电容 | 10μF | 1 | Cap-Pol |
| 电阻 | 10kΩ | 1 | Res |
| 电阻 | 300Ω | 8 | Res |
| LED-YELLOW | | 8 | LED—Yellow |

在 ISIS 原理图编辑窗口放置元器件后，单击窗口左侧工具箱中的“Terminals Mode”按钮，再选择“POWER”“GROUND”来放置电源和地。

3）拖动鼠标指针对元器件连接布线、双击元器件进行元器件参数设置等操作。

完成流水灯仿真电路设计如图 3-4 所示。

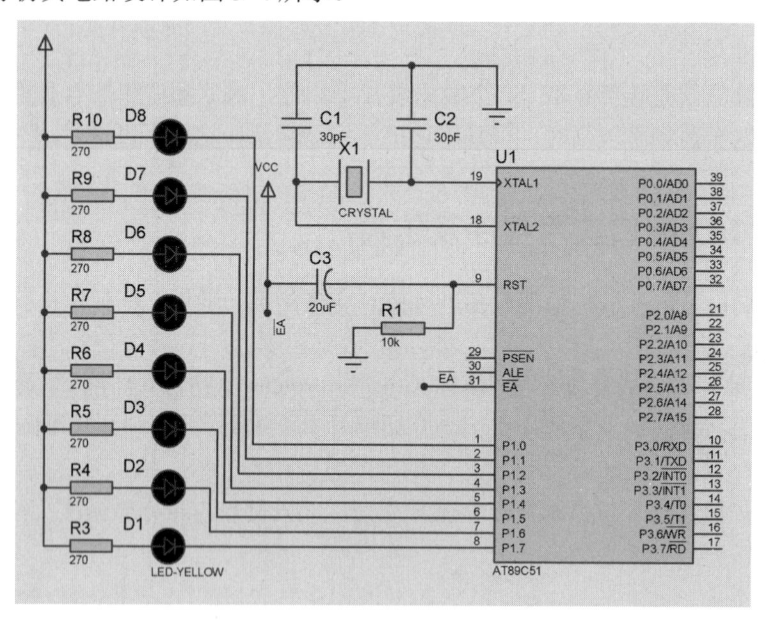


图 3-4　单片机流水灯仿真电路

**3．程序设计**

流水灯程序设计的关键技术是循环和软件延时，51 单片机汇编语言源程序（.asm）代码如下。

```
        ORG 0000H
        MOV     A, #0FEH        ;FEH 为点亮第一个发光二极管的代码
START:  MOV     P1, A           ;点亮 P1.0 位控制的发光二极管
```

```
        LCALL   DELAY           ;调用延迟一段时间的子程序
        RL      A               ;左移一位
        SJMP    START           ;不断循环
DELAY:  MOV     R0 , #0FFH      ;延时子程序入口(循环嵌套实现延时)
LP:     MOV     R1 , #0FFH
LP1:    NOP                     ;微调整延时时间
        NOP
        NOP
        DJNZ    R1 , LP1
        DJNZ    R0 , LP
        RET                     ;子程序返回
        END
}
```

**4．Keil 工程建立及仿真**

1）启动 Keil 程序，在μVision4 启动窗口，执行“Project”→“New μVision Project”命令，在打开的“新建工程”对话框中输入工程文件名“IO1”，保存工程。

2）选择 CPU 类型，如选择 AT89C51。

3）执行“File”→“New”命令，在窗口代码编辑区输入汇编源程序代码，保存为.asm 文件，编辑汇编源程序如图 3-5 所示。

4）添加源程序文件到工程中。在窗口“Project”栏中将工程展开，在 Source Group1 菜单上右击，在弹出的快捷菜单中选择“Add Existing Files to ‘Source Group1’”，选择保存过的源程序文件（.c 或.asm 文件）即可完成源程序文件的添加。

5）设置环境。在工程窗口的 Target1 上右击，在弹出的快捷菜单中选择“Options for Target ‘Target1’”，在该窗口单击“Output”选项，选择“Creat Hex File”（建立目标文件）；选择“Debug”→“Use Simulator”命令，设置仿真调试。

6）编译源程序。选择“Project”→“Build target”命令对源程序进行编译生成.“HEX”文件。

7）程序仿真。

在工具栏中单击按钮或者按〈Ctrl+F5〉快捷键，进入 Keil 调试环境。程序运行（〈F5〉键）、停止、单步跟踪（跟踪子程序）（〈F11〉键）、单步跟踪（〈F10〉键）、跳出子程序（〈Ctrl + F11〉键）和运行到当前行（〈Ctrl + F10〉键）。汇编程序仿真调试如图 3-6 所示。

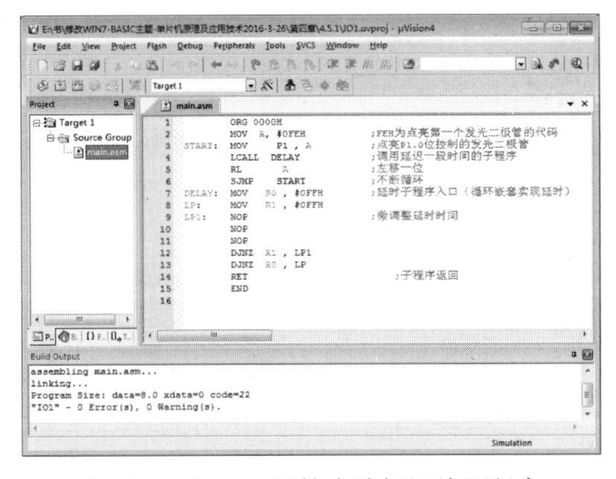

图 3-5 在 Keil 环境中编辑汇编源程序

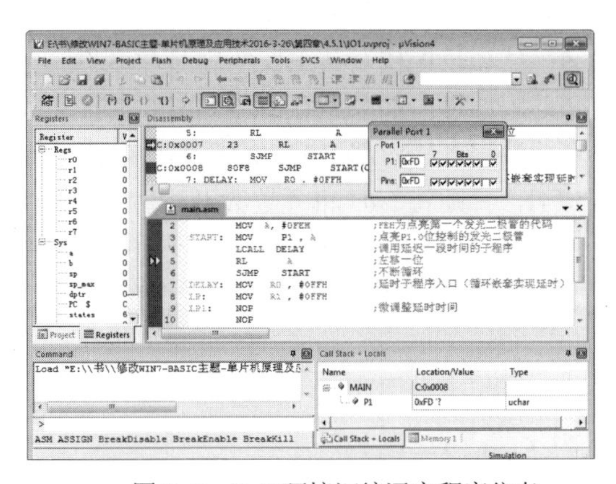

图 3-6 Keil 环境汇编语言程序仿真

**5. Proteus 仿真调试**

1）加载目标程序。在 ISIS 中打开已经建立的原理图窗口，双击单片机 AT89C51 图标，在弹出的“Edit Component”对话框中的“Program File”栏中选择需要加载的目标文件（.HEX），单击“OK”按钮，完成目标程序的加载。

2）Proteus 仿真调试。单击窗口左下角的“Play”（仿真运行）按钮、“Step”（单步）按钮和“Pause”（暂停）按钮“Stop”（停止）按钮，可以对电路进行仿真调试。仿真调试结果如图 3-7 所示。

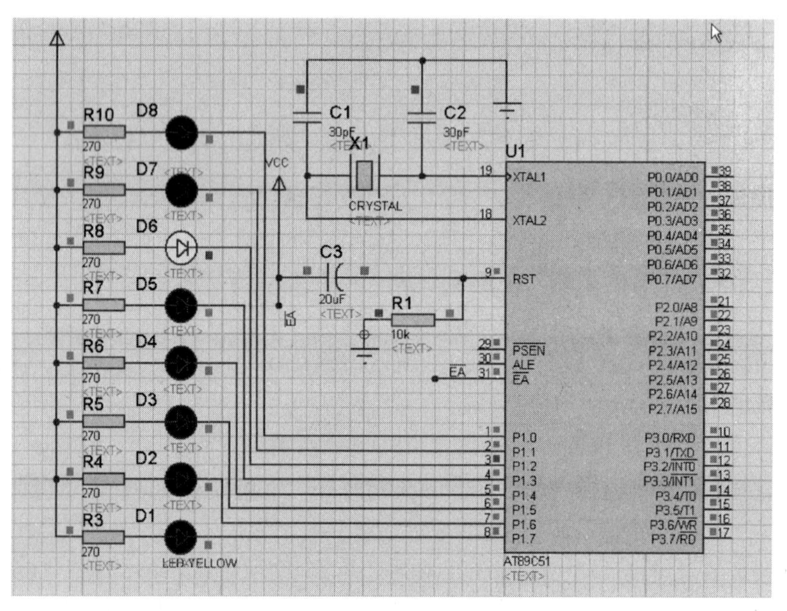


图 3-7　仿真调试结果

## 3.7 思考与练习

1．汇编语言有什么特征？为什么要学习汇编语言？

2．51 单片机有哪几种寻址方式？举例说明它们是怎样寻址的？

3．位寻址和字节寻址如何区分？在使用时有何不同？

4．什么是堆栈？其主要作用是什么？

5．编程将内部数据存储器 20H～30H 单元内容清零。

6．编程查找内部 RAM 的 32H～41H 单元中是否有 0AAH 这个数据，若有则将 50H 单元置为 0FFH，否则将 50H 单元置为 0。

7．查找 20H～4FH 单元中出现 00H 的次数，并将查找结果存入 50H 单元。

8．已知 A=83H，R0=17H，（17H）=34H，写出下列程序段执行完后 A 中的内容。

```
ANL    A, #17H
ORL    17H, A
XRL    A, @R0
CPL    A
```

9．已知单片机的 $f_{osc}$=12MHz，分别设计延时 0.1s、1s、1min 的子程序。

10．51 单片机汇编语言中有哪些常用的伪指令？各起什么作用？

11．比较下列各题中的两条指令有什么异同？

1）MOV A, R1 和 MOV 0E0H, R1

2）MOV A, P0 和 MOV A, 80H

3）LOOP: SJMP LOOP 和 SJMP $

12．下列程序段汇编后，从 3000H 开始各有关存储单元的内容是什么？

```
        ORG     3000H
TAB1:   EQU     1234H
TAB2:   EQU     5678H
        DB      65,13,"abcABC"
        DW      TAB1,TAB2,9ABCH
```

13．为了提高汇编语言程序的效率，在编写时应注意哪些问题？

14．编写 8 字节外部数据存储器到内部数据存储器的数据块传送程序，外部数据存储器地址范围为 40H～47H，内部数据存储器地址范围为 30H～37H。

15．编写 8 字节外部程序存储器到内部数据 RAM 的传送程序，外部程序存储器地址为 2040H～2047H，内部 RAM 地址为 30H～37H。

16．内部 RAM 的 20H 单元开始有一个数据块，以 0DH 为结束标志，试统计该数据块长度，将该数据块传送到外部数据存储器 7E01H 开始的单元，并将长度存入 7E00H 单元。

17．编写一个用查表法查 0～9 字形 7 段码（见第 8 章 8.2.1 节的表 8-1）的子程序，调用子程序前，待查表的数据存放在累加器 A 中，子程序返回后，查表的结果也存放在累加器 A 中（假设表的首地址为 TABLE）。

18．内部 RAM 的 DATA 开始的区域中存放着 10 个单字节十进制数，求其累加和，并将结果存入 SUM 和 SUM+1 单元。

19．内部 RAM 的 DATA1 和 DATA2 单元开始存放着两个等长的数据块，数据块的长度在 LEN 单元中。请编程检查这两个数据块是否相等。若相等，将 0FFH 写入 RESULT 单元，否则将 0 写入 RESULT 单元。

20．有一输入设备，其端口地址为 20H，要求在 1s 钟时间内连续采样 10 次读取该端口数据，求其算术平均值，结果存放在内部 RAM 区 20H 单元。

21．编写子程序，将内部 RAM 区以 30H 为起始地址的连续 10 个存储单元中的数据，按照从小到大的顺序排序，排序结果仍存放在原数据区。

# 第 4 章　C51 程序设计及应用

可以对 51 单片机进行编程的 C 语言，通称为 C51。

C51 不仅具有 C 语言结构清晰的优点，同时具有汇编语言面向单片机内部资源编程的能力，便于功能描述和实现，易于阅读、移植及实现模块化程序设计。C51 越来越受到广大单片机程序设计者的青睐。

本章从应用的角度详细介绍 C51 编程基础、程序设计、单片机集成开发环境 Keil 的使用及程序调试方法，并以单片机典型设计示例介绍 Proteus 电路设计及软、硬件仿真。

所使用的编程环境为 Keil C μVision V4，所使用仿真软件实验平台为 Proteus 7.10，51 单片机型号为 80C51。

## 4.1　C51 简介

C51 建立在 C 语言基础上，并根据 51 单片机内核编程需要进行扩展。C 语言运行平台是 PC，C51 运行平台为 51 单片机，但 C51 应用程序必须在 PC 上运行的 Keil 环境下进行开发。

### 4.1.1　C 语言的标识符和关键字

标识符是用来标识源程序中某个对象的名字的，这些对象可以是语句、数据类型、函数、变量、常量和数组等。一个标识符有字符串、数字和下划线等组成，第一个字符必须是字母或者下划线，C 编译程序识别英文字母的大小写。

为便于阅读和理解程序，标识符应该以含义清晰的字符组合命名。

关键字则是编程语言保留的特殊标识符，有时又称为保留字，它们具有固定名称和含义。C 语言关键字见表 4-1。

表 4-1　ANSI C 标准规定的 32 个关键字

| 关键字 | 用　途 | 说　明 |
| --- | --- | --- |
| auto | 存储种类说明 | 用以说明局部变量，缺省值为此 |
| break | 程序语句 | 退出最内层循环体 |
| case | 程序语句 | switch 语句中的选择项 |
| char | 数据类型说明 | 单字节整型数或字符型数据 |
| const | 存储类型说明 | 在程序执行过程中不可更改的常量值 |
| continue | 程序语句 | 转向下一次循环 |
| default | 程序语句 | switch 语句中的失败选择项 |
| do | 程序语句 | 构成 do-while 循环结构 |
| double | 数据类型说明 | 双精度浮点数 |
| else | 程序语句 | 构成 if-else 选择结构 |
| enum | 数据类型说明 | 枚举 |

(续)

| 关键字 | 用　途 | 说　明 |
| --- | --- | --- |
| extern | 存储种类说明 | 在其他程序模块中说明了的全局变量 |
| float | 数据类型说明 | 单精度浮点数 |
| for | 程序语句 | 构成 for 循环结构 |
| goto | 程序语句 | 构成 goto 转移结构 |
| if | 程序语句 | 构成 if-else 选择结构 |
| int | 数据类型说明 | 基本整型数 |
| long | 数据类型说明 | 长整型 |
| register | 存储种类说明 | 使用 CPU 内部寄存器的变量 |
| short | 数据类型说明 | 短整型数 |
| signed | 数据类型说明 | 有符号数，二进制数据的最高位为符号位 |
| sizeof | 运算符 | 计算表达式或数据类型的字节数 |
| static | 存储种类说明 | 静态变量 |
| struct | 数据类型说明 | 结构类型数据 |
| switch | 程序语句 | 构成 switch 选择结构 |
| typedef | 数据类型说明 | 重新进行数据类型定义 |
| union | 数据类型说明 | 联合类型数据 |
| unsigned | 数据类型说明 | 无符号数据 |
| void | 数据类型说明 | 无类型数据 |
| volatile | 数据类型说明 | 该变量在程序执行中可被隐含地改变 |
| while | 程序语句 | 构成 while 和 do-while 循环结构 |

### 4.1.2　C51 的扩展

C51 编译器兼容 ANSI C 标准，又扩展支持了 51 单片机（微处理器），其扩展内容如下。

1）存储区。

2）存储区类型。

3）存储模型。

4）存储类型说明符。

5）变量数据类型说明符。

6）位变量和位可寻址数据。

7）SFR（特殊功能寄存器）。

8）指针。

9）函数属性。

10）C51 增加以下关键字对 51 单片机（微处理器）进行支持，见表 4-2。

表 4-2　C51 增加的关键字

| 关键字 | 说明 |
| --- | --- |
| _at_ | 为变量定义存储空间绝对地址 |
| alien | 声明与 PL/M51 兼容的函数 |

(续)

| 关键字 | 说明 |
| --- | --- |
| bdata | 可位寻址的内部 RAM |
| bit | 位类型 |
| code | ROM |
| compact | 使用外部分页 RAM 的存储模式 |
| data | 直接寻址的内部 RAM |
| idata | 间接寻址的内部 RAM |
| interrupt | 中断服务函数 |
| large | 使用外部 RAM 的存储模式 |
| pdata | 分页寻址的外部 RAM |
| _priority_ | RTX51 的任务优先级 |
| reentrant | 可重入函数 |
| sbit | 声明可位寻址的特殊功能位 |
| sfr | 8 位的特殊功能寄存器 |
| sfr16 | 16 位的特殊功能寄存器 |
| small | 内部 RAM 的存储模式 |
| _task_ | 实时任务函数 |
| using | 选择工作寄存器组 |
| xdata | 外部 RAM |

### 4.1.3 存储区、存储类型及存储模式

51 单片机支持程序存储器和数据存储器分别独立编址。

存储器根据读写情况可以分为程序存储区（ROM）、快速读写存储器（内部 RAM）及随机读写存储器（外部 RAM）。

C51 编译器实现了 C 语言与 51 单片机内核的接口，即在 C51 程序中，任何类型数据（变量）必须以一定的存储类型方式定位在 51 单片机的某个存储区内，否则变量没有相应的存储空间，便没有任何意义。

**1．存储区和存储类型**

C51 存储器类型与 51 单片机存储空间的对应关系，如图 4-1 所示。

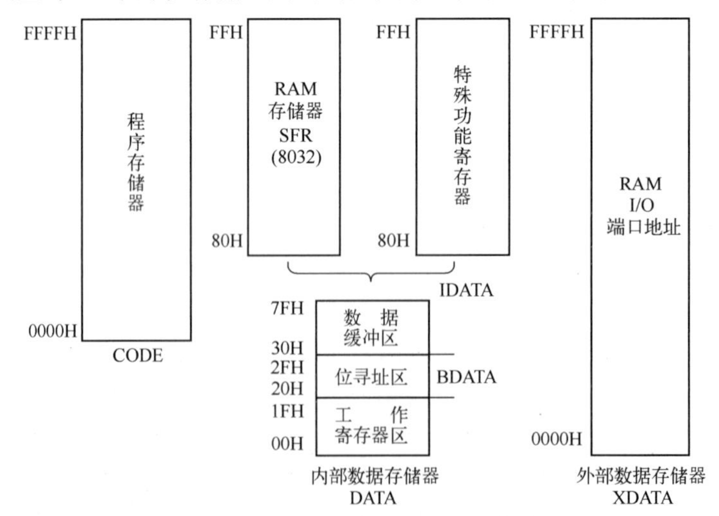


图 4-1　C51 存储类型与 51 单片机存储空间

（1）程序存储器（code）

code 存储类型：在 8051 中程序存储器是只读存储器，其空间为 64KB，在 C51 中用 code 关键字来声明访问程序存储区中的变量。

（2）内部数据存储器

在 51 单片机中，内部数据存储器属于快速可读写存储器，与 51 兼容的扩展型单片机最多有 256B 内部数据存储区。其中，低 128B（0x00～0x7F）可以直接寻址，高 128B（0x80～0xFF）只能使用间接寻址。其存储类型有以下 3 种。

1）data 存储类型：声明的变量可以对内部 RAM 直接寻址 128B（0x00～0x7F）。在 data 空间中的低 32B 又可以分为 4 个寄存器组（同单片机结构）。

2）idata 存储类型：声明的变量可以对内部 RAM 间接寻址 256B（0x00～0xFF），访问速度与 data 类型相比略慢。

3）bdata 存储类型：声明的变量可以对内部 RAM 的 16B（0x20～0x2F）的 128 位进行位寻址，允许位与字节混合访问。

（3）外部数据存储器

外部数据存储器又称随机读写存储器，访问存储空间为 64KB。其访问速度要比内部 RAM 慢。访问外部 RAM 的数据要使用指针进行间接访问。

在 C51 中使用关键字 xdata 和 pdata 存储类型声明的变量来访问外部存储空间中的数据。

1）xdata 存储类型声明的变量可以访问外部存储器 64KB 的任何单元（0x0000～0xFFFF）。

2）pdata 存储类型声明的变量可以访问外部存储器（一页）低 256B（不建议使用）。

**2．存储模式**

在 C51 中，存储器模式可以确定变量的存储类型。程序中可用编译器控制命令 SMALL、COMPACT、LARGE 指定存储器模式。

在 SMALL 模式中，程序中所有的变量位于单片机的内部 RAM 数据区，这和用 data 存储类型标识符声明的变量是相同的。由于 SMALL 模式中的变量访问速度最快且效率高，所以对于经常使用的变量应置于内部 RAM 中。

SMALL 模式是 C51 编译器在缺省的情况下默认的存储器类型，一般情况下应使用 SMALL 存储模式。

### 4.1.4 数据类型及变量

在 C51 中不仅支持所有的 C 语言标准数据类型，而且还对其进行了扩展，增加了专用于访问 8051 硬件的数据类型，使其对单片机的操作更加灵活。C51 数据类型见表 4-3。

**表 4-3 数据类型**

| 数据类型 | 位 | 字节 | 取值范围 |
|---|---|---|---|
| bit （C51） | 1 | | 0 或 1 |
| bdata | 8 | 1 | -128～127 |
| char | 8 | 1 | -128～127 |
| unsigned char（C51） | 8 | 1 | 0～255 |
| enum | 8/16 | 1/2 | -128～127 或-32768～32767 |
| short | 16 | 2 | -32768～32767 |
| unsigned short | 16 | 2 | 0～65536 |

(续)

| 数据类型 | 位 | 字节 | 取值范围 |
|---|---|---|---|
| int | 16 | 2 | -32768～32767 |
| unsigned int | 16 | 2 | 0～65535 |
| long | 32 | 4 | -2147483648～2147483647 |
| unsigned long | 32 | 4 | 0～4294967295 |
| float | 32 | 4 | ±1.175494E-38～±3.402823E+38 |
| sbit（C51） | 1 | | 0 或 1 |
| sfr（C51） | 8 | 1 | 0～255 |
| sfr16（C51） | 16 | 2 | 0～65535 |

由表 4-3 可以看出，bit、sbit、bdata、sfr、sfr16 是 C51 中特有的数据类型，unsigned char 是 C51 程序中常用的数据类型。

C51 程序中使用的常量和变量数据都要归属为一定的数据类型。因此，程序中的任何变量必须先定义数据类型后才能使用。必须清楚地认识到，所谓变量，实际上就是存储器的某一指定数据存储单元，由于该单元可以被赋予相应数据类型的不同数值，所以称为变量。

（1）bit 类型及变量

bit 用于声明位变量，其值为 1 或 0。编译器对于用 bit 类型声明的变量会自动分配到位于内部 RAM 的位寻址区。通过单片机存储结构可以看出，用户可进行位寻址的区域只有内部 RAM 地址为 0x20H～0x2FH 的 16 个字节单元，对应的位地址为 0x00H～0xFFH，所以在一个程序中只能声明 16×8=128 个位变量。例如：

```
bit   bdata   flag;        /*说明位变量 flag 定位在片内 RAM 位寻址区*/
bit   KeyPress;            /*说明位变量 KeyPress 定位在片内 RAM 位寻址区*/
```

但是位变量不能声明为指针类型或者数组，下列的变量声明都是非法的。

```
bit   *bit_t;
bit    bit_t[2];
```

bit 类型也可以作为一个函数的返回值类型。

（2）sbit 类型及变量

sbit 类型用于声明可以进行位寻址的字节变量（8 位）中的某个位变量（注意与 bit 的区别），其值为 1 或 0。在 51 单片机内部 RAM 及 SFR 中，可以进行位寻址的字节单元包括：RAM 中 0x20H～0x2FH 的 16 个字节单元及 SFR 中地址能够被 8 整除的寄存器。例如，P0 口（字节地址为 80H），P0^0～P0^7（P0.0～P0.7）相应的位地址为 80H～87H。

例如，声明位变量如下。

```
sbit   LED = P1^7;              /*声明字节地址 P1 中的第 7 位为 LED*/
sbit   LED = 0x87;              /*声明位地址 0x87 表示 LED 的位地址*/
char bdata bobject;             /*声明可位寻址的字节变量 bobject*/
sbit bobj3=bobject^3;           /*声明位变量 bobj3 为 bobject 的第 3 位*/
sbit CY=oxD0^7;                 /*声明字节地址 0xD0(PSW)中的第 7 位为 CY*/
sbit CY=0xD7;                   /*声明位地址 0xD7 表示 CY 的位地址*/
```

（3）bdata 类型及变量

bdata 用于声明可位寻址的字节变量（8 位）。同样编译器对于用 bdata 类型声明的变量会自动分配到位于内部 RAM 的位寻址区。由于单片机内部可进行位寻址的区域只有内部 RAM 地址为

0x20H～0x2FH 的 16 个字节单元，所以在程序中只能声明 16 个可位寻址的字节变量。如果已经声明了 16 个该类型的变量，就不能声明位变量，否则会提示超出位寻址地址空间。例如：

```
bdata stat                      //声明可位寻址字节变量 stat
sbit   stat_1 = stat^1;         //声明字节变量 stat 的第 1 位为位变量 stat_1
```

（4）sfr 类型及变量

sfr 类型用于声明单片机中的特殊功能寄存器（8 位），位于内部 RAM 地址为 0x80～0xFF 的 128B 存储单元，这些存储单元一般作为计时器、计数器、串口、并口和外围使用，在这 128B 中有的区域未定义是不能使用的。

注意：sfr 类型的值只能是与单片机特殊功能寄存器对应的字节地址。

例如，定义 TMOD 位于 0x89、P0 位于 0x80、P1 位于 0x90、P2 位于 0xA0、P3 位于 0xB0。

```
sfr    TMOD = 0x89H;           //声明 TMOD(定时器/计数器工作模式寄存器), 其地址为 89H
sfr      P0 = 0x80;            //声明 P0 为特殊功能寄存器,地址为 80H
sfr      P1 = 0x90;            //声明 P1 为特殊功能寄存器,地址为 90H
sfr      P2 = 0xA0;            //声明 P0 为特殊功能寄存器,地址为 A0H
sfr      P3 = 0xB0;            //声明 P0 为特殊功能寄存器,地址为 B0H
```

例如，为使用 sbit 类型的变量访问 sfr 类型变量中的位，可声明如下。

```
sfr   PSW=0xD0;                //声明 PSW 为特殊功能寄存器,地址为 0xD0H
sbit   CY=PSW^7;               //声明 CY 为 PSW 中的第 7 位
```

（5）sfr16 类型及变量

sfr16 类型用于声明两个连续地址的特殊功能寄存器（可定义地址范围为 0x80～0xFF，即特殊功能寄存器 SFR 区）。例如，在 8052 中用两个连续地址 0xCC 和 0xCD 表示计时器/计数器 2 的低字节和高字节计数单元，可用 sfr16 声明如下。

```
sfr16   T2 = 0xCC;     //声明 T2 为 16 位特殊功能寄存器,地址 0xCCH 为低字节,0xCDH 为高字节
T2 = 0x1234;           //将 T2 载入 0x1234,低地址 0xCCH 存放 0x34,高地址 0CDH 存放 0x12
```

（6）char（字符型）及变量

char 类型用于声明长度是一个字节的字符变量，所能表示的数值范围是-128～+127。

例如：

```
char data var;         //声明位于内部数据存储器 data 区的变量 var
```

（7）unsigned char（无符号字符型）及变量

unsigned char 类型用于声明长度是一个字节的无符号字符变量，所能表示的数值范围是 0～255。例如：

```
unsigned char xdata exm;     //在片外 RAM 区的声明一个无符号字符变量 exm
```

（8）int（整型）及变量

int 类型用于声明长度是两个字节的整型变量，所能表示的数值范围是-32768～32767。

例如：

```
int    count1;               //声明一个整型变量 count1(默认片内 data 存储区)
```

在 C51 程序中，不宜使用该类型变量。在数值范围为两个字节时，可以使用该类型变量。

（9）unsigned int（无符号整型）及变量

unsigned int 类型用于声明长度是两个字节的无符号整型变量，所能表示的数值范围是 0～65535。例如：

```
unsigned int count2;            //声明一个无符号整型变量 count2(默认片内 data 存储区)
```

## 4.2 C51 运算符及表达式

C51 在数据处理时，可以兼容 C 语言的所有运算符。

由运算符和操作数组成的符号序列称为表达式，表达式是程序语句的重要组成部分。在 C51 中，除了控制语句及输入、输出操作外，其他所有的基本操作几乎都可以使用表达式来处理，这不仅使程序功能清晰、易读，同时可以大大简化程序结构。

### 4.2.1 算术运算符与表达式

C51 算术运算符与表达式如下。

1）加法或取正运算符“+”。例如，2+3（=5），2.0+3=（5.0）。

2）减法或取负运算符“-”。例如，5-3（=2）。

3）乘法运算符“*”。例如，2*3（=6），2.0*3=6.0。

4）除法取整运算符“/”。例如，6/3（=2），7/3（=2），12/10（=1）。

5）除法取余运算符“%”，例如，7%3（=1），12/10（=2）。

在使用算术运算符时需注意如下 3 点。

1）加、减、乘、除为双目运算符，需有两个运算对象。

2）除法取余运算符“%”两侧运算对象的数据类型为整型、无符号整型、字符型、无符号字符型。

3）“*”“/”“%”为同级运算符，其优先级高于“+”“-”。

### 4.2.2 关系运算符与表达式

关系表达式是由关系运算符连接表达式构成的。

**1．关系运算符**

关系运算符都是双目运算符，共有如下 6 种。

1）“>”（大于？）。

2）“<”（小于？）。

3）“>=”（大于或等于？）。

4）“<=”（小于或等于？）。

5）“==”（等于？）。

6）“!=”（不等于？）。

关系运算符前面的 4 种优先级高于后面的两种。关系运算符具有自左至右的结合性。

**2．关系表达式**

由关系运算符组成的表达式，称为关系表达式。关系运算符两边的运算对象，可以是 C 语言中任意合法的表达式或数据。

例如，关系表达式 x>y（表示比较 x 大于 y 吗？）；关系表达式（x=5）<=y（表示首先 5 赋给变量 x，然后比较 x<=y 吗？）。

关系表达式的值是整数 0 或 1，其中 0 代表逻辑假，1 代表逻辑真。

在 C 语言中不存在专门的“逻辑值”，请读者务必注意。

例如，关系表达式 7>4，其值为 1；7<4，其值为 0。

例如，表达式 a=（7>4），表示把比较结果 1 赋给变量 a。

关系运算符、算术运算符和赋值运算符之间的优先级次序如下。

算术运算符优先级最高，关系运算符次之，赋值运算符最低。

例如：

```
int x=3,y=4,a;          //定义变量并赋予 x=3,y=4
a=x+1<=y-1;             //根据运算符优先级,等价于 a =((x+1)<=(y-1)),结果 a=0
```

关系表达式常用在条件语句和循环语句中。

### 4.2.3 逻辑运算符与表达式

逻辑表达式是由逻辑运算符连接表达式构成的。

**1．逻辑运算符**

C 语言中提供了以下 3 种逻辑运算符。

1）单目逻辑运算符："!"（逻辑非）。

2）双目逻辑运算符："&&"（逻辑与）。

3）双目逻辑运算符："||"（逻辑或）。

其中逻辑与"&&"的优先级大于逻辑或"||"，它们的优先级都小于逻辑非"!"。逻辑运算符具有自左至右的结合性。

逻辑运算符、赋值运算符、算术运算符、关系运算符之间优先级的次序由高到低如下所示。

"!"（逻辑非）→算术运算符→关系运算符→"&&"（逻辑与）→"||"（逻辑或）→赋值运算符

**2．逻辑表达式**

由逻辑运算符组成的表达式称为逻辑表达式。逻辑运算符两边的运算对象可以是 C 语言中任意合法的表达式。

逻辑表达式的结果为 1（结果为"真"时）或 0（结果为"假"时）。

表达式 a 和表达式 b 进行逻辑运算时，其运算规则见表 4-4。

**表 4-4　逻辑运算的真值表**

| a | b | !a | !b | a && b | a || b |
|---|---|---|---|---|---|
| 非 0 | 非 0 | 0 | 0 | 1 | 1 |
| 非 0 | 0 | 0 | 1 | 0 | 1 |
| 0 | 非 0 | 1 | 0 | 0 | 1 |
| 0 | 0 | 1 | 1 | 0 | 0 |

例如：

```
ch > ='A'   &&   ch < = 'Z'                      //ch 是大写字母时,表达式值为 1,否则为 0
(year%4= =0 && year%100!=0) || year%400= =0      //在万年历中,如果 year 为闰年,表达式值为 1,
                                                 //否则为 0
```

### 4.2.4 赋值运算符与表达式

**1．赋值运算符**

"="是赋值运算符，赋值运算符构成的赋值表达式格式如下。

〈变量名〉=表达式

1）赋值表达式是把表达式的值赋给变量。

例如，a=3，表示把 3 赋给变量 a；P0=0xff，表示把 0xffH 赋给 P0 口。

2）赋值运算符为双目运算符，即“=”两边的变量名和表达式均为操作数，一般情况下变量与表达式的值类型应一致。

3）运算符左边只能是变量名，而不能是表达式。

例如，a=a+3，表示把变量 a 的值加 3 后赋给 a。

**2．复合赋值运算符**

在赋值运算符“=”前面加上双目运算符，如“<<”“>>”“+”“-”“*”“%”“/”等即构成复合赋值运算符，见表 4-5。

**表 4-5　复合赋值运算符**

| 运算符 | 说明 | 运算符 | 说明 |
|---|---|---|---|
| += | 加法赋值运算符 | <<= | 左移位赋值运算符 |
| -= | 减法赋值运算符 | &= | 逻辑与赋值运算符 |
| *= | 乘法赋值运算符 | \|= | 逻辑或赋值运算符 |
| /= | 除法赋值运算符 | ^= | 逻辑异或赋值运算符 |
| %= | 求余赋值运算符 | ～= | 逻辑非赋值运算符 |
| >>= | 右移位赋值运算符 | | |

例如， b+ = 4 等价于 b = b + 4，a>>=4 等价于 a = a >> 4。

所有复合赋值运算符级别相同，且与赋值运算符同一优先级，都具有右结合性（所谓右结合性，是指表达式中如果操作数两边都有相同的运算符，操作数首先和右边运算符结合执行运算）。例如，a=b+=4 等价于 a=（b+=4）等价于 a=（b=b+4）。

### 4.2.5　自增和自减运算符与表达式

**1．自增和自减运算符组成的表达式**

自增运算符“++”，自减运算符“--”，组成的表达式如下。

表达式 1：

**i++ （或 i--)**

功能：程序中先使用 i 的值，然后变量 i 的值增加（减少）1，即 i = i +1（i=i-1）。

表达式 2：

**++i（或--i）**

功能：程序中变量 i 先增加（减少）1，即 i = i +1（i=i-1），然后再使用 i 的值。

**2．表达式应用**

自增和自减运算符组成的表达式可以单独构成 C 语句（即在表达式后面加“;”），也可以作为其他表达式或语句的组成部分。

例如：

```
int  a = 3, b ;          //声明位于内部 RAM 区的整型变量 a 和 b,同时赋值 a 的值为 3
a++;                     //a 的值为 4
b = a++ ;
```

执行后，则 b 的值为 4，a 的值为 5。

例如：

```
int   a = 3,  b ;
++a;                    //a 的值为 4
b = ++a ;
```

执行后，则 b 的值为 5，a 的值为 5。

在使用自增、自减运算符时应注意以下方面。

1）使用++i 或 i++单独构成的语句时，其作用是等价的，均为 i=i+1。

2）运算对象只能是整型变量和实型变量。

### 4.2.6　位运算符与表达式

位运算是指对变量或数据按位进行的运算，但并不改变参加运算的变量的值。在单片机控制系统中，位操作方式比算术方式使用更加频繁。例如，将某一电动机的启动和停止可以使用位控制、将一个存储单元中的各二进制位左移或右移、位逻辑等操作。C 语言提供专用的位运算符及表达式，与其他高级语言相比，在位运算方面具有很大的优越性。

**1．位运算符**

位运算符包括按位取反、左移位、右移位、按位与、按位异或、按位或 6 种，见表 4-6。

**表 4-6　位运算符**

| 运算符 | 名称 | 使用格式 |
| --- | --- | --- |
| ～ | 按位取反 | ～表达式 |
| << | 左移位 | 表达式 1 << 表达式 2 |
| >> | 右移位 | 表达式 1 >> 表达式 2 |
| & | 按位与 | 表达式 1 & 表达式 2 |
| ^ | 按位异或 | 表达式 1 ^ 表达式 2 |
| \| | 按位或 | 表达式 1 \| 表达式 2 |

**2．位逻辑运算符及表达式**

位逻辑运算符包括取反、按位与、按位异或、按位或，其按位操作的情况，见表 4-7，其中 a 和 b 分别表示一个二进制位。

**表 4-7　按位逻辑运算**

| a | b | ～a | a&b | a^b | a\|b |
| --- | --- | --- | --- | --- | --- |
| 0 | 0 | 1 | 0 | 0 | 0 |
| 0 | 1 | 1 | 0 | 1 | 1 |
| 1 | 0 | 0 | 0 | 1 | 1 |
| 1 | 1 | 0 | 1 | 0 | 1 |

例如：

```
unsigned   char   x= 0xf0;    //声明无符号字符变量 x, x 值为 0xf0(二进制数为 1111000)
                  x=～x ;      // x 取反后为 00001111,赋予 x
```

**【例 4-1】** 对 P0 口输出控制 8 支 LED 发光二极管（共阳极连接），左移循环每次点亮 2

支（共阳极接线）。

C51 程序如下。

```
#include <reg51.h>
#define uchar unsigned char
void delay(uchar n );
void main( )
{P0=0xfc;                                //初始化 P0=1111 1100;
 delay(30);
 while(1)
   {
     P0=P0<<2;                           //对 P0 按位左移 2 位,然后赋给 P0
     delay(30);                          //调用延时函数
    }
}
void delay(uchar n )                     //延时函数
{ uchar   a ,b,c;
 for(c=0;c<n;c++)
        for(a=0;a<100;a++)
            for(b=0;b<100;b++) ;
}
```

**3．移位运算符**

移位运算符是将一个数的二进制位向左或向右移若干位。

1）左移运算符的一般书写格式为

**表达式 1　<<　表达式 2**

其中，“表达式 1”是被左移对象，“表达式 2”给出左移的位数。

左移运算符是将其操作对象向左移动指定的位数，每左移 1 位相当于乘以 2，移 n 位相当于乘以 2 的 n 次方。

一个二进制位在左移时右边补 0，移几位右边补几个 0。

例如，将变量 a 的内容按位左移 2 位。

```
unsigned   char   a = 0x0f ;          //声明无符号字符变量 a, a 值为 15(二进制数为 00001111)
a = a << 2 ;                          //a 左移 2 位后 a 的值为 00111100
```

2）右移运算符的一般书写格式为

**表达式 1　>>　表达式 2**

其中，“表达式 1”是被移对象，“表达式 2”给出移动位数。

在进行右移时，右边移出的二进制位被舍弃。例如，表达式 a=(a>>4)的结果就是将变量 a 右移 4 位后赋值 a。

## 4.2.7　条件运算符与表达式

条件运算符格式为

**表达式 1 ? 表达式 2 :表达式 3**

其执行过程：首先判断表达式 1 的值是否为真，如果是真，就将表达式 2 的值作为整个条件表达式的值；如果为假，将表达式 3 作为整个条件表达式的值。例如：

```
max = (a > b) ? a :b        /*当 a > b 成立时,max=a;当 a > b 不成立时,max=b*/
```

该语句等价于如下条件语句。

```
if(a > b)
        max=a;
else
        max=b;
```

必须指出，以上所有表达式在程序中单独使用时，必须以语句的形式出现，即在表达式后面加一个分号“；”。

例如，赋值表达式“a=a+1”，在程序中作为一条赋值语句为

```
a=a+1;
```

表达式“max = (a>b)? a:b”在程序中作为一条语句为

```
max = (a > b) ? a : b;
```

## 4.3 C51 控制语句

在 C 语言中，常用的语句有赋值语句、输入输出语句及控制语句等，分号是一条 C 语句的结束符。表达式作为程序中的语句时，必须以分号作为结束符。由于赋值等语句比较简单并且在前面程序中已反复使用，本节仅介绍在控制系统中使用频繁的 C51 控制语句。

### 4.3.1 条件语句

条件语句又称为分支语句，由关键字 if 构成，有以下 3 种基本形式。

**1．单分支条件语句**

单分支条件语句格式如下。

**if(条件表达式)　语句**

执行过程：如果括号里条件表达式结果为真，则执行括号后的语句。例如：

```
int a=3,b;
if(a>5)
   a=a+1;
b=a;
```

因为表达式 a>5 的逻辑值为 0，所以不执行 a=a+1 语句，结果为 a=3，b=3。

**2．两分支条件语句**

两分支条件语句格式如下。

**if(条件表达式)　语句 1**
**else　语句 2**

执行过程：如果括号里条件表达式结果为真，则执行语句 1，否则（也就是括号里的表达式为假）执行语句 2。例如：

```
int a=3;
if(a>5) a=a+1;
else a=a-1;
```

最后结果为：a=2。

**3．多分支条件语句**

多分支条件语句如下。

```
if(条件表达式 1)语句 1
else if (条件表达式 2) 语句 2
       else if (条件表达式 3) 语句 3
              ⋮
              else if (条件表达式 n) 语句 m
              else 语句 n
```

该条件语句常用来实现多方向条件分支，其实它是由 if-else 语句嵌套而成的，在此种结构中，else 总是与最邻近的 if 相配对。例如：

```
int sum,count;
if(count<=100)
{
      sum=30;
}
else if(count<=200)
{
      sum=20;
}
else
{
      sum=10;
}
```

该程序段可以根据变量 count 的值对变量 sum 赋不同的值，当 count<100 时，sum=30；100<count<=200 时，sum=20；count>200 时，sum=10。

必须指出的是，在进行程序设计时，经常要用到条件分支嵌套。所谓条件分支嵌套就是在选择语句的任一个分支中可以嵌套一个选择结构子语句。例如，单条件选择 if 语句内还可以使用 if 语句，这样就构成了 if 语句的嵌套。内嵌的 if 语句既可以嵌套在 if 子句中，也可以嵌套在 else 子句中，完整的嵌套格式为

```
if(表达式 1)
  if(表达式 2)   语句序列 1 ;
  else           语句序列 2 ;
else
  if(表达式 3)   语句序列 3 ;
  else           语句序列 4 ;
```

需要注意：以上 if-else 嵌套了两个子语句，但整个语句仍然是一条 C 语句。

在编程时，可以根据实际情况使用上面格式中的一部分。

C 编译程序还支持 if 语句的多重嵌套。

### 4.3.2 switch/case 语句

switch/case 语句是一种多分支选择语句，其格式如下。

```
switch(表达式)
{
case 常量表达式 1:{语句 1;} break;
case 常量表达式 2:{语句 2;} break;
⋮
case 常量表达式 n:{语句 n;} break;
default:          {语句 m;} break;
```

```
}
```

执行过程：当 switch 后的表达式中的值与 case 后的常量表达式中的值相等时，就执行 case 后相应的语句。每一个 case 后的常量表达式的值必须不同，否则就会影响程序功能正常执行。当 switch 后的表达式的值不符合每个 case 后的值时，则执行 default 后的语句。注意，case 后的语句必须加 break，否则程序则顺移到下一个 case 继续执行。

【例 4-2】 下列程序根据变量 n 的值，分别执行不同的语句。

```
int    a=1, n=1;                        /*声明整型变量 a 和 n,假设 n=1*/
switch(n)
{
      case 0 : a=a+0;break;             /*n=0,执行 a=a+0*/
      case 1 : a=a+1;break;             /*n=1,执行 a=a+1*/
      case 2 : a=a+2;break;             /*n=2,执行 a=a+2*/
      default : break;                  /*n 为其他值时,直接退出*/
}
```

### 4.3.3 循环结构

**1．while 语句**

while 语句构成循环语句的一般形式如下。

```
while(条件表达式) {语句;}
```

执行过程：当条件表达式中的值为真，即非 0 时，执行后边的语句，然后继续对 while 后的条件表达式进行判断，如果还为真，则再次执行后边括号语句，执行语句后再判断条件表达式，直到括号中的条件表达式为假时为止，如图 4-2 所示。

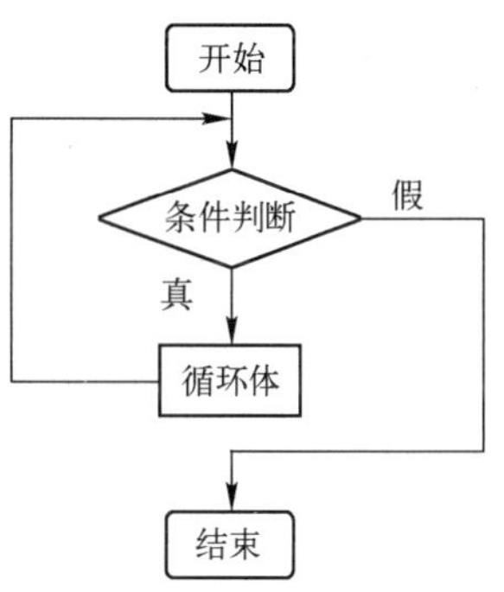


图 4-2 循环结构流程图

例如，下列程序当 a 的值小于 5 时，重复执行语句 a=a+1。

```
while(a<5)
      a=a+1;
```

**2．do-while 语句**

do-while 构成的循环结构一般形式如下。

```
do
 {语句;}
while(条件表达式);
```

执行过程：先执行给定的循环体语句，然后检查条件表达式的结果。当条件表达式的值为真时，则重复执行循环体语句，直到条件表达式的值变为假时为止。因此，用 do-while 语句构成的循环结构在任何条件下，循环体语句至少会被执行一次。

例如，下列程序当 a 的值小于 5 时，重复执行语句 a=a+1。

```
do
{
   a=a+1;
}
while(a<5);
```

**3．for 语句**

for 语句构成的循环结构一般形式如下。

**for ([表达式 1];[表达式 2];[表达式 3]) {循环体;}**

for 语句使用说明如下。

1）一般情况下，表达式 1 用来循环初值设置，表达式 2 用来判断循环条件是否满足，表达式 3 用来修正循环条件，循环体是实现循环的语句。

2）for 语句的执行过程如下。

① 先求解表达式 1，表达式 1 只执行一次，一般是赋值语句，用于初始化变量。

② 求解表达式 2，若为假（0），则结束循环；若为真（非 0）时，执行循环体。

③ 执行表达式 3。

④ 转回②重复执行。

3）表达式 1、表达式 2、表达式 3 和循环体均可以缺省。例如：

```
int   i=1 , sum=0 ;
for   (   ; i<=100 ; )                /*表达式 1 和表达式 3 均缺省*/
        sum+=i++ ;
```

程序中常通过 for 语句实现延时，例如：

```
int   i;
for (   ; i<=10000 ; i++ );           /*表达式 1 缺省,循环体为空语句";"*/
```

当表达式 2 缺省时，表示循环条件为真。

**【例 4-3】** 编程实现累加和 sum=1+2+3+…+100。

```
void main( )
{
   int   i,sum ;
   for (i=1,sum=0;i<=100;i++)
              sum+=i ;
  }
```

**【例 4-4】** 电路如图 4-3 所示，LED 共阳极接高电平，要求按下 K1 按键时 LED 全点亮，松开 K1 按键时 LED 全熄灭。

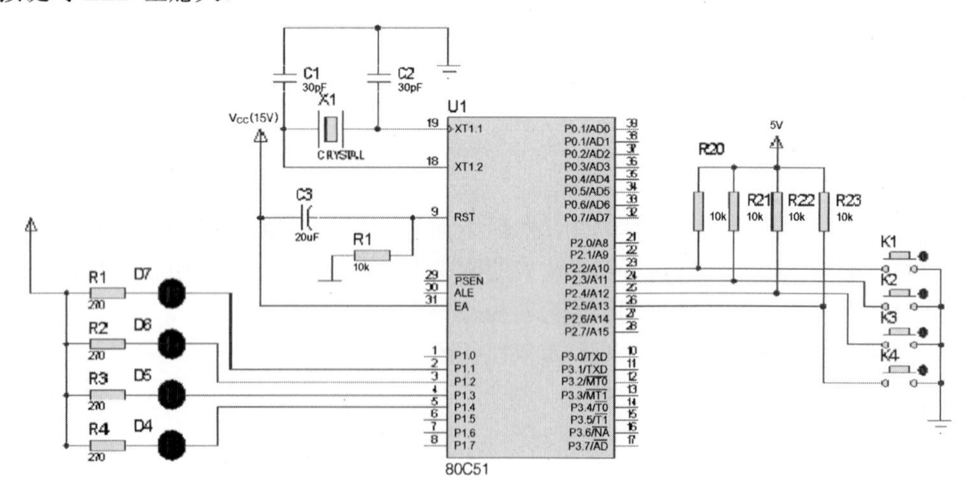


图 4-3　硬件电路

注意，在读取按键状态前，应该对要读数据的 I/O 口相应位写入 1，使其处于读取状态。

C51 程序如下。

```
#include<reg52.h>
sbit   key1=P2^2;
void main()
{
    for(  ;   ;   )
    {     P2|=0x3c;                 //P2.2～P2.5 写入 1
          if(!key1)
                P1&=0xe1;           //点亮 4 支 LED
          else
                P1|=0x1e;
     }
}
```

**4．循环结构嵌套**

一个循环体内包含另一个完整的循环结构，称为循环的嵌套。循环之中还可以嵌套循环，称为多层循环。3 种循环结构（while 循环、do-while 循环和 for 循环）可以互相嵌套。

例如，下列函数 delay 通过循环嵌套程序实现延时。

```
void   delay(unsigned   int   x)
{unsigned char   i;
while(x--)                          /*外循环*/
{foe(i=0;i<125;i++)                 /*嵌套内循环*/
        {;}
  }
}
```

本函数通过形式参数整型变量 x 的值可以实现较长时间的延时。根据底层汇编代码的分析表明，以变量 i 控制的内部 for 循环一次大约需要（延时）8μs，循环 125 次约延时 1ms。若传递给 x 的值为 1000，则该函数执行时间约为 1s，即产生约 1s 的延时。在程序设计时，要注意不同的编译器会产生不同的延时，可以改变内循环变量 i 细调延时时间、改变外部循环变量 x 粗调延时时间。

## 4.4　数组

数组是一种简单实用的数据结构。所谓数据结构，就是将多个变量（数据）人为地组成一定的结构，以便于处理大批量、相对有一定内在联系的数据。

在 C 语言中，为了确定各数据与数组中每一存储单元的对应关系，用一个统一的名字来表示数组，用下标来指出各变量的位置。因此，数组单元又称为带下标的变量。

数组分为一维数组和二维数组，本节仅介绍 C51 中常用的一维数组的基本知识及其应用。

### 4.4.1　一维数组的定义、引用及初始化

**1．一维数组的定义**

定义一维数组的格式为

**类型标识符　数组名[常量表达式]，…；**

例如，char　ch[10]；

1）它表示定义了一个字符型一维数组 ch。

2）数组名为 ch，它含有 10 个元素。即 10 个带下标的变量，下标从 0 开始，分别是 ch[0]，ch[1]，…，ch[9]。注意，不能使用 ch[10]。

3）类型标识符 char 规定数组中的每个元素都是字符型数据。

**2．一维数组的引用**

使用数组必须先定义，后引用。

引用时只能对数组元素引用，如 ch[0]，ch[i]，ch[i+1]等，而不能引用整个数组。

在引用时应注意以下几点。

1）由于数组元素本身等价于同一类型的一个变量，因此，对变量的任何操作都适用于数组元素。

2）在引用数组元素时，下标可以是整型常数或表达式，表达式内允许变量存在。在定义数组时下标不能使用变量。

3）引用数组元素时下标最大值不能出界。也就是说，若数组长度为 n，下标的最大值为 n-1；若出界，C 编译时并不给出错误提示信息，程序仍能运行，但破坏了数组以外其他变量的值，可能会造成严重的后果。因此，必须注意数组边界的检查。

**3．一维数组的初始化**

C 语言允许在定义数组时对数组元素指定初始值，称为数组初始化。

下面给出数组初始化的几种形式。

例如，将整型数据 0，1，2，3，4 分别赋给整型数组元素 a[0]，a[1]，a[2]，a[3]，a[4]，可以写为下面的形式。

```
int idata a[5]={0,1,2,3,4} ;          /*声明片内 RAM 区的整型数组 a[5],同时初始化数组元素*/
```

在定义数组时，若未对数组的全部元素赋初值，C51 则将数组的全部元素默认赋值为 0。

### 4.4.2　一维数组应用示例

用单片机实现将 8 位开关的输入状态通过 8 位 LED（发光二极管）显示。

（1）输入原理图

在 Proteus ISIS 下输入原理图，其中 RESPACK-8 为 8 个电阻（排阻）作为 P0 口上拉电阻，如图 4-4a 所示。

（2）程序设计

程序设计算法如下。

1）首先单片机读入由 P0 口输入的 8 个开关量信息。

2）P0 口的开关状态（闭合为低电平 0、断开为高电平 1）立即传送给 P2 口以控制 8 位 LED 显示器（二极管共阴极），当 P2 口某位为高电平时，则与其连接的发光二极管点亮。

3）P0 口开关状态同时送入数组 unsigned char a[8]中元素 a[i]存储，以便于系统根据需要进行数据处理。每次读入显示信息的时间间隔为 100ms，由函数 delay 完成延时功能。

C51 控制程序如下。

```
#include <reg51.h>
void delay(unsigned   int );          /*由于 delay 函数在 main 函数后,要先说明 delay 函数*/
void main( )
{ unsigned char a[8];                 /*声明片内 RAM 区的无符号字符型数组 a[8]*/
```

```
unsigned char i;                          /*声明片内 RAM 区的无符号字符型变量 i*/
      while(1)
      {     P0=0xff;
            for(i=0; i<=7; i++)
                  {
                   a[i]=P2=P0;            /*P0 口状态送入 P2 口,P2 口送入数组元素 a[i]存储*/
                   delay(100);            /*调用延时函数 delay*/
                  }
      }
  }
void delay(unsigned   int   x)           /*delay 函数实现延时功能,形式参数 x 控制延时时间*/
{unsigned   char j;
       while(x--)
            {                             /*利用循环程序的反复执行实现延时*/
             for(j=0; j<125;j++) ;  /*内循环*/
            }
 }
```

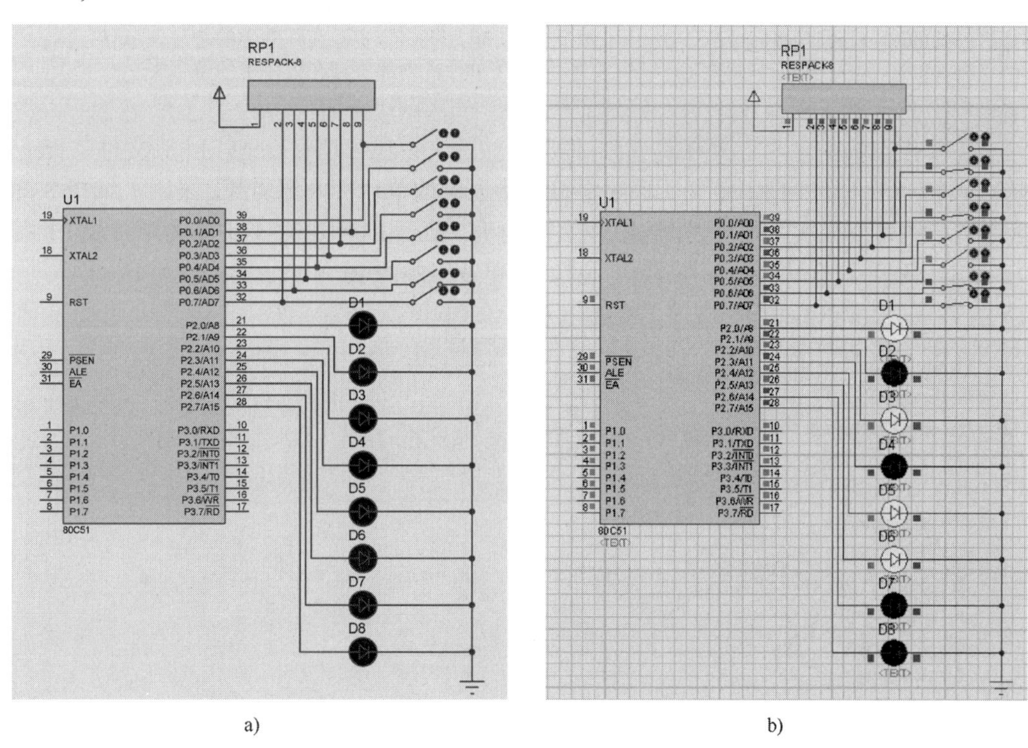


图 4-4　80C51 单片机开关控制指示灯电路

a) 原理图　b) 仿真调试结果

（3）Proteus 仿真调试

Proteus 仿真调试中，可以随时改变开关状态（这里为 00110101），与输出显示一致，如图 4-4b 所示。

## 4.5　函数

函数是 C 程序的基本单元，全部 C 程序都是由一个个函数组成的。

在结构化程序设计中，函数作为独立的模块存在，增加了程序的可读性，为解决复杂问题提供了方便。C51 中的函数包括主函数（main）、库函数、中断函数、自定义函数及再入函数。C 程序总是从主函数开始执行，然后调用其他函数，最终返回主函数结束。

## 4.5.1 库函数及文件包含

**1．库函数**

C 语言提供了丰富的标准函数，即库函数。这类函数是由系统提供并定义好的，不必用户再去编写。用户只需要了解函数的功能，并学会在程序中正确地调用库函数。

对每一类库函数，在调用该类库函数前，用户在源程序的 include 命令中应该包含该类库函数的头文件名（一般安排在程序的开始）。文件通常还包括程序中使用的一些定义和声明，常用的头文件包含如下。

```
# include   <string.h>          /*调用字符串处理函数需要包含的头文件*/
# include   <intrins.h>         /*调用本征函数(如移位函数)需要包含的头文件*/
# include   "stdio.h"           /*调用输入/输出函数需要包含的头文件*/
# include   <reg51.h>           /*定义 51 单片机内部资源在程序中的符号表示*/
# include   <reg52.h>           /*定义 52 单片机内部资源在程序中的符号表示*/
# include   "math.h"            /*调用数学库函数前需要包含的头文件*/
```

这里需要指出的是，几乎所有的 C51 程序开始的文件包含都有<reg51.h>头文件。<reg51.h>文件是 C51 特有的，该文件中定义了程序中符号所表示的单片机内部资源，采用汇编指令符号分别对应单片机内部资源实际地址。例如，文件中含有“sfr P1=0x90”（0x90 为单片机 P1 端口的地址），C 编译程序就会认为程序中的 P1 是指 51 单片机中的 P1 端口。

1）文件 reg51.h 内容如下。

```
#ifndef __REG51_H__
#define __REG51_H__
/*  BYTE Register  */
sfr  P0 = 0x80;
sfr  P1 = 0x90;
sfr  P2 = 0xA0;
sfr  P3 = 0xB0;
sfr  PSW = 0xD0;
sfr  ACC = 0xE0;
sfr  B = 0xF0;
sfr  SP = 0x81;
sfr  DPL = 0x82;
sfr  DPH = 0x83;
sfr  PCON = 0x87;
sfr  TCON = 0x88;
sfr  TMOD = 0x89;
sfr  TL0 = 0x8A;
sfr  TL1 = 0x8B;
sfr  TH0 = 0x8C;
sfr  TH1 = 0x8D;
sfr  IE = 0xA8;
sfr  IP = 0xB8;
sfr  SCON = 0x98;
sfr  SBUF = 0x99;
```

```
/*  BIT Register  */
/*  PSW   */
sbit  CY = 0xD7;
sbit  AC = 0xD6;
sbit  F0 = 0xD5;
sbit  RS1 = 0xD4;
sbit  RS0 = 0xD3;
sbit  OV = 0xD2;
sbit  P = 0xD0;
/*  TCON  */
Sbit  TF1 = 0x8F;
sbit  TR1 = 0x8E;
sbit  TF0 = 0x8D;
sbit  TR0 = 0x8C;
sbit  IE1 = 0x8B;
sbit  IT1 = 0x8A;
sbit  IE0 = 0x89;
sbit  IT0 = 0x88;
/*  IE   */
Sbit  EA = 0xAF;
sbit  ES = 0xAC;
sbit  ET1 = 0xAB;
sbit  EX1 = 0xAA;
sbit  ET0 = 0xA9;
sbit  EX0 = 0xA8;
/*  IP   */
sbit  PS = 0xBC;
sbit  PT1 = 0xBB;
sbit  PX1 = 0xBA;
sbit  PT0 = 0xB9;
sbit  PX0 = 0xB8;
/*  P3  */
sbit  RD = 0xB7;
sbit  WR = 0xB6;
sbit  T1 = 0xB5;
sbit  T0 = 0xB4;
sbit  INT1 = 0xB3;
sbit  INT0 = 0xB2;
sbit  TXD = 0xB1;
sbit  RXD = 0xB0;
/*  SCON  */
sbit  SM0 = 0x9F;
sbit  SM1 = 0x9E;
sbit  SM2 = 0x9D;
sbit  REN = 0x9C;
sbit  TB8 = 0x9B;
sbit  RB8 = 0x9A;
sbit  TI = 0x99;
sbit  RI = 0x98;
#endif
```

如果程序开始没有“#include  <reg51.h>”语句，使用单片机内部资源时必须在程序中作上述声明。

2）intrins.h 文件中定义的部分函数如下。

| 内部函数 | 描述 |
|---|---|
| _crol_ | 字符循环左移 |
| _cror_ | 字符循环右移 |
| _irol_ | 整数循环左移 |
| _iror_ | 整数循环右移 |
| _lrol_ | 长整数循环左移 |
| _lror_ | 长整数循环右移 |
| _nop_ | 空操作 8051 NOP 指令 |
| _testbit_ | 测试并清零位 8051 JBC |

**2．库函数调用**

函数一般调用格式为

```
函数名(实际参数表)
```

对于有返回值的函数，函数调用必须在需要返回值的地方使用；对于无返回值的函数，应该直接调用。

## 4.5.2 C51 自定义函数及调用

**1．C51 自定义函数**

1）C51 具有自定义函数的功能，其自定义函数的语法格式如下。

```
返回值类型  函数名(形式参数表)[编译模式] [reentrant] [using n]
{
    函数体
}
```

2）格式说明如下。

① 当函数有返回值时，函数体内必须包含返回语句“return x”。

② 当函数无返回值时，返回值类型应使用关键字 void 说明。

③ 形式参数要分别说明类型，对于无形式参数的函数，则可在括号内填入 void。

④ 其他参数保持默认值。

在 51 单片机内部的 data 空间中存在有 4 组寄存器，其中每组有 8 个寄存器构成，这些寄存器组存在于 data 空间中的 0x00～0x1F，使用哪个寄存器组由程序状态字寄存器 PSW 决定，在 C51 中可以用“using n”来指定所使用的寄存器组。

3）自定义函数调用格式同库函数。

```
函数名(实际参数表)
```

注意：调用时的实际参数必须与函数的形式参数在数据类型、个数及顺序完全一致。

**【例 4-5】** 定义一个求和函数 sum，由主函数调用，其函数返回值赋给变量 res。

要求：sum 函数使用 data 空间的寄存器 3 组。

```
char sum(char data a,char data b) using 3        /*定义 sum 函数,形式参数为变量 a、b,using n=3 */
    {
    return a+b;
    }
    void main(void)                              /*主函数*/
    {
```

```
    char data res;
    char data c_1;
    char data c_2;
    c_1=20;
    c_2=21;
    res=sum(c_1,c_2);        /*在表达式中调用 sum 函数,实参数 20、21 分别对应传递给形式参数变量
                               a、b,函数返回值赋给 res*/
    while(1);
    return 0;
}
```

**2．函数调用的方式**

按函数在程序中出现的位置来分，有 3 种函数调用方式。

（1）函数语句调用

函数语句的调用，是指把被调函数作为一个独立的语句直接出现在主调函数中。例如：

```
max(a ,b);                  /*调用有参函数 max   */
aver1( );                   /*调用无参函数 aver1   */
```

由函数语句直接调用的函数，一般不需要返回值。

（2）在函数表达式中调用

被调函数出现在主调函数中的表达式中，这种表达式称为函数表达式。在被调函数中，必须有一个函数返回值，返回主调函数以参加表达式的运算，例如：

```
c=5*max(a ,b);
```

其中，max( )函数的定义已经在前面出现过。

（3）作为函数参数的调用

被调函数作为另一个函数的参数时调用，而另一个函数则是被调函数的主调函数。

例如：

```
main( )
{
  max1(c ,max(a ,b)) ;
}
```

此语句出现在 main( )函数中，则函数调用关系为：由 main 函数调用 max1 函数，而 max 函数作为 max1 函数的一个参数，由 max1 函数调用 max 函数，这种情况又称为嵌套调用。

（4）调用函数时的注意事项

调用函数时，应注意以下几点。

1）被调函数必须是已存在的函数，可以是自定义函数，也可以是前面介绍的库函数。

2）在主调函数中，要对被调函数先做声明。如果被调函数在主调函数之前出现，则在主调函数中对被调函数可以不作声明。

3）如果被调函数的返回值为 int 类型，则不管被调函数位置如何均不需要在主调函数中说明。

关于函数声明的一般形式为

**函数类型　函数名(参数类型 1 ,参数类型 2, …);**

或

**函数类型　函数名(参数类型 1 ,参数名 1，参数类型 2，参数名 2, …);**

4）如果被调用函数的声明放在源文件的开头，则该声明对整个源文件都有效。

【例 4-6】 编制程序，求两数的乘积。

```
float  mul(float  x ,float  y )             /*函数及形参类型定义 */
{
  float  z ;                                /*定义浮点变量  */
  z=x*y ;                                   /*两数相乘  */
  return(z) ;                               /*返回结果  */
}
main( )
{
  float  mul( ) ;                           /*声明进行两数相乘的函数 */
  float  x ,y ,z ;                          /*定义主函数内部的局部变量 */
  scanf("%f ,%f" ,&x ,&y) ;                 /*输入要进行相乘的两个数 */
  z=mul(x ,y) ;                             /*调用函数,进行两数的相乘 */
  printf("The product is %f " , z) ;        /*输出结果 */
}
```

（5）函数的返回值及其类型

函数的返回值通过函数体内的 return 语句实现。return 语句的格式如下。

**return  表达式;**

或

**return  (表达式);**

如果没有返回值，格式中的左、右圆括号可以省略，即写为

```
return ;
```

函数返回值的类型依赖于函数本身的类型，即函数类型决定返回值的类型。

【例 4-7】 定义函数，其返回值的类型为 bit。

```
bit  fun1(unsigned char n)                  //声明函数的返回值为 bit 类型
{
   if(n&0x01)
       return 1;
   else
       return 0;
}
```

如果被调用函数中没有 return 语句，即不要求被调函数有返回值时，为了明确表示“无返回值”，可用 void 定义无返回值函数，只需在定义函数时，在函数名前加上 void 即可。例如：

```
void  aver2( ) ;                      /*定义 aver2 为无返回值函数 */
{
 …
}
```

**3. 中断函数**

在 C51 中，中断服务程序是以中断函数的形式出现的。单片机中断源以对应中断号（范围是 0～31）的形式出现在 C51 中断函数定义中，常用的中断号描述见表 4-8（关于单片机中断功能描述详见第 5 章）。

表 4-8　中断号描述表

| C51 中断号 | 中断源 | 矢量地址 |
| --- | --- | --- |
| 0 | 外部中断 0 | 0x0003 |
| 1 | 定时器/计数器 0 | 0x000b |
| 2 | 外部中断 1 | 0x0013 |
| 3 | 定时器/计数器 1 | 0x001b |
| 4 | 串口中断 | 0x0023 |

中断函数定义语法格式如下。

```
void   函数名(void) interrupt n [using m]
{
    函数体
}
```

其中，关键字 interrupt 定义该函数为中断服务函数，n 为中断号，m 为使用的寄存器组号。例如，定义中断函数名为 int0 的外部中断 0 的中断服务程序如下。

```
void   int0(void) interrupt n   0
{
    函数体
}
```

使用中断函数应注意以下问题。

1）在中断函数中不能使用参数。

2）在中断函数中不能存在返回值。

3）中断函数的执行是由中断源的中断请求后系统调用的。

4）中断函数的中断号在不同型号的 51 单片机中其数量可能有所不同，具体情况可查看处理器手册。

**4．再入函数**

C51 在调用函数时，函数的形式参数及函数内的局部变量将会动态地存储在固定的存储单元中，一旦函数在执行过程中被中断，若再次调用该函数时，函数的形式参数及函数内的局部变量将会被覆盖，导致程序不能正常运行。为此，可在定义函数时用 reentrant 属性引入再入函数。

再入函数可以被递归调用，也可以被多个程序调用。

例如，声明再入函数 fun，其函数功能实现两参数的乘积。

```
int fun(int a,int b) reentrant
{
int z;
z=a*b;
return z;
}
```

## 4.6　指针

指针可使 C 语言编程具有高度的灵活性和特别强的控制能力。

### 4.6.1 指针和指针变量

指针就是地址，是一种数据类型。

变量的指针就是变量的地址，存放地址的变量，就是指针变量。经 C51 编译后，变量的地址是不变的量。而指针变量可根据需要存放不同变量的地址，它的值是可以改变的。

**1．定义指针变量**

定义指针变量的一般格式如下。

**类型标识符 * 指针变量名**

例如，定义两个指向整型变量的指针变量 p1、p2：

```
int    * p1 , *p2 ;
```

在定义指针变量时应注意以下方面。

1）p1 和 p2 前面的*，表示该变量（p1、p2）被定义为指针变量，不能理解为*p1 和*p2 是指针变量。

2）类型标识符规定了 p1、p2 只能指向该标识符所定义的变量，上面例子中的 p1、p2 所指向的变量只能是整型变量（int）。

**2．指针变量的赋值**

一般可用运算符“&”求变量的地址，用赋值语句使一个指针变量指向一个变量。例如：

```
p1=&i ;
p2=&j ;
```

表示将变量 i 的地址赋给指针变量 p1，将变量 j 的地址赋给指针变量 p2。也就是说，p1、p2 分别指向了变量 i、j，如图 4-5 所示。

| p1 |  | i |
|---|---|---|
| &i | → | 3 |
| **p2** |  | **j** |
| &j | → | 4 |

图 4-5　指针变量 p1、p2 指向整型变量 i、j

也可以在定义指针变量的同时对其赋值，例如：

```
int   i=3 , j=4 , *p1=&i , *p2=&j ;
```

等价于：

```
int   i , j , *p1 , *p2 ;
i=3 ; j=4 ;
p1=&i ;   p2=&j ;
```

注意：指针变量只能存放变量的地址。

**3．指针变量的引用**

可以通过指针运算符“*”引用指针变量，指针运算符可以理解“指向”的含义。

**【例 4-8】** 指针变量的应用。

```
void main(void )
{
    int   a , b ;
    int   *p1 ,   *p2 ;                /*定义指针变量 p1、p2 */
    a=10 , b=20 ;
    p1=&a , p2=&b ;                    /*变量 a、b 的地址分别赋给 p1、p2 */
    (*p1)++, (*p2)++ ;                 /*通过 p1、p2 指向变量 a、b,实现变量 a、b 的数据自增 1*/
}
```

### 4.6.2 通用指针与存储区指针

在 C51 编译器中，指针可以分为两种类型：通用指针（以上所述均为通用指针）和指定存储器指针。

**1．通用指针**

通用指针是指在定义指针变量时未说明其所在的存储空间。通用指针可以访问 51 单片机存储空间中与位置无关的任何变量。通用指针的使用方法和 ANSI C 中的使用方法相同。

例如，下列程序定义指向外部 RAM 存储单元的通用指针 p1。

```
int main(void)
{
char *p1;                          /*定义指向字符变量的指针变量 p1*/
char data c1;
char xdata c2;
c1='a';
c2='b';
p1=&c2;                            /*p1 指向外部 RAM 的变量 c2*/
}
```

**2．指定存储器指针**

指定存储器指针是指在定义指针变量的同时说明其存储器类型。指定存储器指针在 C51 编译器编译时已获知其存储区域，在程序运行时系统直接获取指针；而通用指针是在程序运行时才能确定存储区域。因此，程序中使用指定存储器指针的执行速度要比通用指针快，尤其在实时控制系统中应尽量使用指定存储器指针进行程序设计。

例如，下列程序定义了字符型存储器指针，并使其指向相应存储区域的数组。

```
void   main (void)
{
char data *pd_c;                   /*定义指向字符变量(内部 RAM)的指针变量 pd_c*/
char xdata *px_c;                  /*定义指向字符变量(外部 RAM)的指针变量 px_c*/
char data a[10];
char xdata b[10];
pd_c=&a[0];
px_c=&b[0];
}
```

### 4.6.3 一维数组与指针

一维数组中，数组名可以表示第 1 个元素的地址，即该数组的起始地址。因此，可以用数组名方式，通过指向运算符“*”引用数组元素。

指针变量是存放地址的变量，也可以将指针变量指向一维数组，通过指针变量引用数组元素。例如：

```
int   a[10] , *p ;                 /*定义数组 a 和指针变量 p */
p=a ;                              /*数组 a 首地址→p */
```

以上语句定义了数组 a 和指针变量 p，p 为指向整型变量的指针变量，p=a 表示把数组的首地址&a[0]赋予指针变量 p，称为 p 指向一维数组的元素 a[0]。

**【例 4-9】** 用不同的方法将数组 a 中的元素赋给数组 b。

```
main( )
{ int   a[10]={0,1,2,3,4,5,6,7,8,9},b[10],*p,i ;
   p=a ;
   for (i=0 ; i<=9 ; i++)
                b[i]=a[i] ;              /*通过 a[i]直接引用数组元素*/
   for(i=0 ; i<=9 ; i++)
                b[i]=*(a+i)              /*通过*(a+i)数组指针引用数组元素,a 是地址常量*/
   for (i=0 ; i<=9 ; i++)
                b[i]= *(p+i);            /*通过*(p+i)数组指针引用数组元素,p 没有改变*/
   for (i=0 ; i<=9 ; i++)
                b[i]= p[i]);             /*通过 p[i] 数组指针引用数组元素,以上 4 条语句是等价的*/
   for(i=0;i<=9;      )
                 b[i]=* p++;             /*通过*p 引用数组元素,移动指针(p++)指向下一元素*/
}                                        /*  指针变量 p 递增*/
```

该程序分析如下。

1）首先定义 a 数组，该数组有 10 个元素：a[0]，a[1]，a[2]，…，a[9]，它们均为整型类型，并给数组初始化赋值。

2）定义 p 为指向整型类型的指针变量，p=a 即 p 指向数组 a 的第 1 个元素 a[0]。

必须强调，数组名 a 表示该数组起始地址即&a[0]，它是一个常量，是不能改变的，而指针变量指向一维数组，它的值也是&a[0]，但 p 是变量，它的值是可以改变的。

3）引进 p=a 后，可用 p[i]表示 p 所指向的第 i 个数组元素 a[i]，所以一维数组第 i 个元素有以下 4 种表示方法。

```
a[i]      *(a+i)      *(p+i)      p[i]
```

### 4.6.4 指向数组的指针作为函数参数

数组名作为函数参数，实现函数间地址的传递。指向数组的指针也可以作为函数参数，数组名和指针都是地址。

必须强调：在实参向形参传递中，应保证其地址类型的一致性。如果实参表示为字符型的数组名（地址），形参也必须定义字符型数组（地址），并以数组名作为形参。

**【例 4-10】** 由 P0 口采样 10 个数据存放在数组 a 中，调用函数（选择法排序）实现数组 a 数据排序。

程序如下。

```
#define   uchar   unsigned   char
sfr   P0 = 0x80;                       /*声明 P0 为特殊功能寄存器,地址为 80H*/
void   sort(uchar   x[ ] ,   char   n)    /*定义选择法排序 sort 函数 */
{uchar   i , j , k , t ;
   for   (i=0 ; i<n-1 ; i++)
      {   k=i ;
          for   (j=i+1 ; j<n ; j++)
             if   (x[j]>x[k])   k=j ;
             if   (k!=i)
                {t=x[i] ; x[i]=x[k] ; x[k]=t ;}
      }
}
void main( )
{   uchar   a[10] , *p=a , i,j ;
```

```
    for  (i=0;  i<10;  i++)
      { *p++=P0;                          /*采样 10 次 P0 口数据分别存入数组 a 中*/
        for(i=0;i<200;i++)                /*每次采样延时*/
          for(j=0;j<255;j++);
      }
      p=a;                                /*恢复指针指向 a[0] */
    sort(p,10);                           /*调用 sort 函数*/
  }
```

程序分析如下。

1）在 main( )函数中，通过 sort(p, 10)调用 sort 函数，实参为指向 unsigned char 型的指针变量 p 和整型数据 10。

2）被调函数 sort 中，x 为形参数组名，它与实参数组名类型必须一致。

3）由于数组名 a 又可以表示数组中第 1 个数组元素的地址（&a[0]），在调用 sort 函数时，通过指针变量 p 将实参数组的首地址传递给形参数组 x（不是值的单向传递），这样两个数组共用一段存储单元，即实参数组名和形参数组名共同指向数组的第一个元素，如图 4-6 所示。

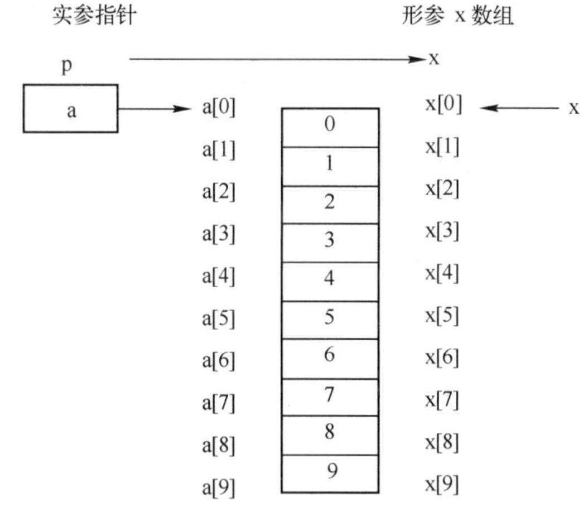


图 4-6 用指针变量作为函数参数进行地址传递

4）形参数组可以不指定大小，如形参数组的定义为 sort(char x[ ])。实参数组与形参数组的长度可以不一致，其大小由实参数组决定。

5）虽然 sort 定义为无返回值函数，但在调用 sort 函数后，形参数组中各元素值的任何变化，实际上就是实参数组 a 中各元素值的变化。在返回主函数后，数组 a 得到的是经 sort 函数处理过的结果。

6）主函数在调用 sort 时还可以以数组名作为实参，如 sort(a, 10)，其执行结果相同。

## 4.7 Keil 51 单片机集成开发环境

Keil 是美国 Keil Software 公司出品的 51 系列兼容单片机软件开发系统。Keil 提供了包括 C 编译器、宏汇编、连接器、库管理和一个功能强大的仿真调试器等在内的完整开发方案，通过一个集成开发环境μVision 将这些部分组合在一起，统称为 Keil μVision（以下或简称 Keil）。

由于 Keil μVision 集成开发环境同时支持 51 单片机汇编语言和 C51 两种语言的编程，特别是对 C51 的完美支持，当前已经成为 51 单片机程序开发的首选平台。

## 4.7.1 单片机应用程序开发过程

单片机应用程序开发过程如图 4-7 所示。

首先要在兼容 51 单片机的开发环境（如 Keil）下建立源代码文件（工程）。然后利用集成开发环境的编译器和连接器生成下载所需的目标文件，进行系统的仿真调试。仿真调试成功后将目标文件利用 ISP 或 IAP 下载到单片机（应用系统）ROM 中，然后反复调试运行直至成功。

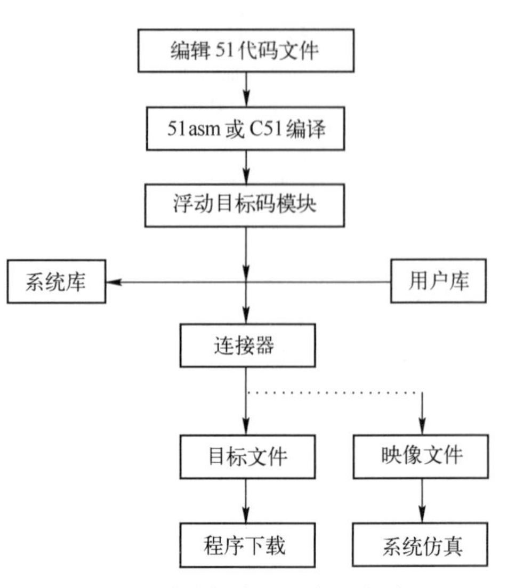


图 4-7　单片机应用程序开发过程

## 4.7.2 Keil 开发环境的安装

本节以 Keil μVision4 为例，说明 Keil 在 Windows 7 下的安装过程。

1）打开 Keil 安装文件所在的文件夹，双击安装文件，弹出如图 4-8 所示的安装向导欢迎对话框。单击“Next”按钮进入协议许可对话框。

2）协议许可对话框如图 4-9 所示，选择同意协议，单击“Next”按钮进入安装路径选择对话框。

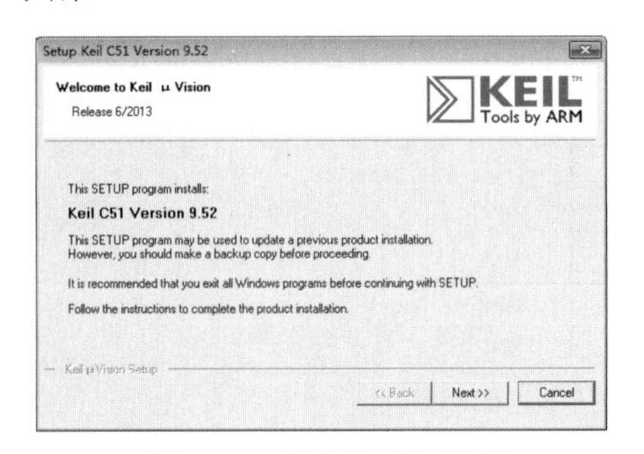


图 4-8　安装向导欢迎对话框

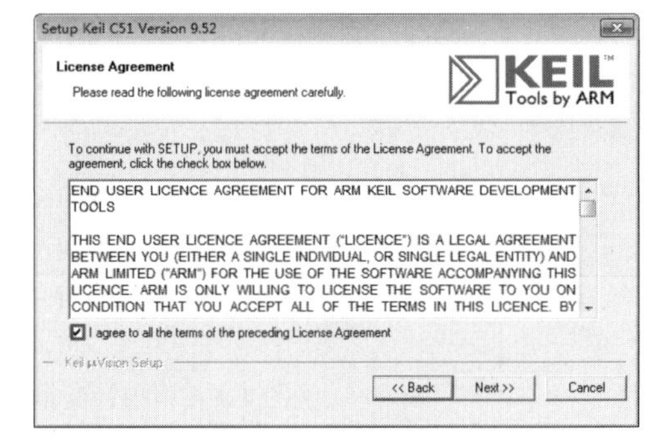


图 4-9　协议许可对话框

3）路径选择对话框如图 4-10 所示，可以直接输入路径，也可以通过单击“Browse”按钮，通过资源管理器来选择安装路径。注意路径要选在根目录下，并且不能更改安装文件夹的名称，如 D:\Keil；如果更改了安装文件夹的名称，在编译工程时，可能会出现由于无法找到编译器而导致无法编译工程。选择好路径之后，单击“Next”按钮进入用户信息填写对话框。

4）用户信息填写对话框如图 4-11 所示，输入正确的信息，电子邮箱一定要填写，否则“Next”按钮不被使能，即无法安装，填写正确之后，单击“Next”按钮进入软件安装状态对话框。

5）软件安装状态对话框如图 4-12 所示，安装程序开始释放文件到指定的目录下，并显示进度。当进度完成之后，单击“Next”按钮进入安装完成对话框。

6）安装完成对话框如图 4-13 所示，显示软件安装完成，同时提供了两个复选框，分别是“显示版本说明”和“添加实例工程到工程列表”，选中之后，单击“Finish”按钮完成软件安装，同时打开网页浏览器显示版本信息，并添加实例。

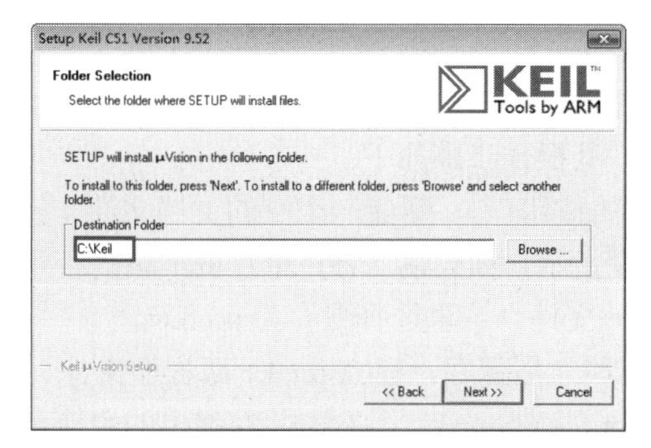


图 4-10　路径选择对话框

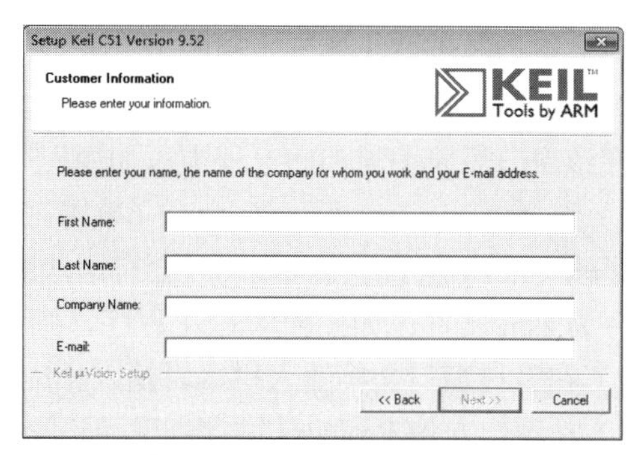


图 4-11　用户信息填写对话框

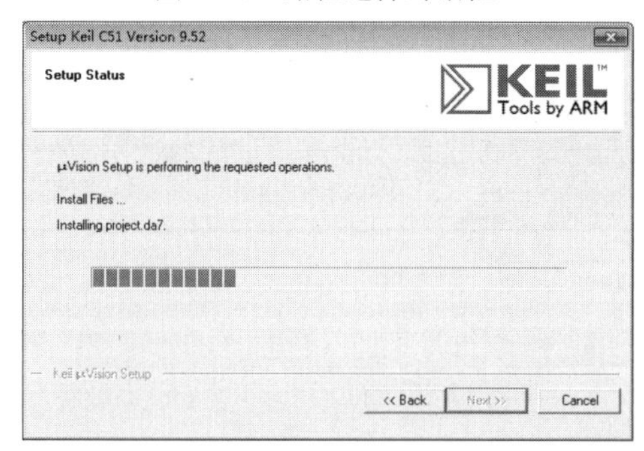


图 4-12　软件安装状态对话框

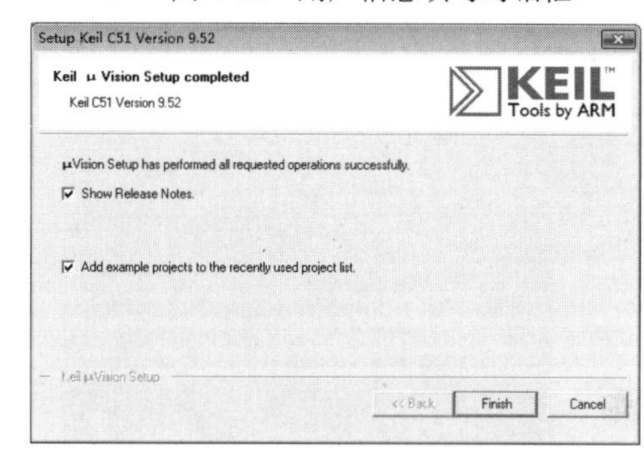


图 4-13　安装完成对话框

### 4.7.3　Keil 工程的建立

本节介绍在 Keil 下编辑 51 单片机源程序的方法。

在启动 μVision4 软件后，为单片机开发建立一个工程，其操作步骤如下。

（1）新建工程文件

在μVision4 启动后的工程窗口中，选择“Project”→“New　μ Vision Project”命令，如图 4-14 所示。在打开的新建工程对话框中输入工程文件名（如“pro3”），单击“保存”按钮。

（2）选择 CPU 类型

在如图 4-15 所示的 CPU 选择对话框中，在左侧列表中选择 Atmel→AT89C51（典型的 51 单片机），在“Description”栏内会显示该款单片机的简单描述，单击“OK”按钮，弹出对话框提示是否在工程中添加 STARTUP.A51，可以根据需要来确定是否添加。STARTUP.A51 文件是启动文件，主要用于清理 RAM、设置堆栈、掉电保护等单片机的启动初始化工作，即执行完 STARTUP.A51 后跳转到.c 文件的 main 函数。一般情况下不要对其进行修改。

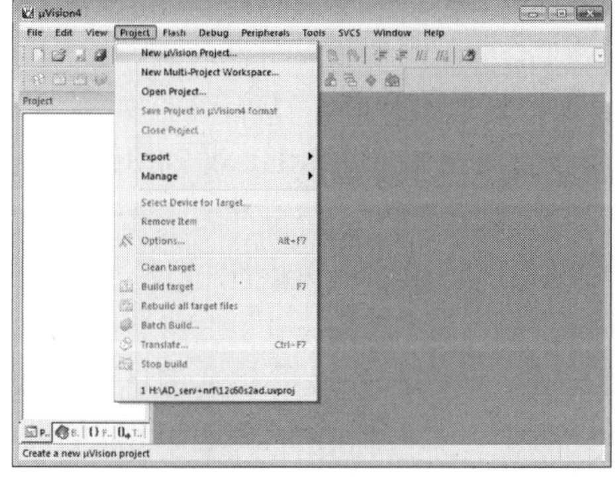


图 4-14　新建工程

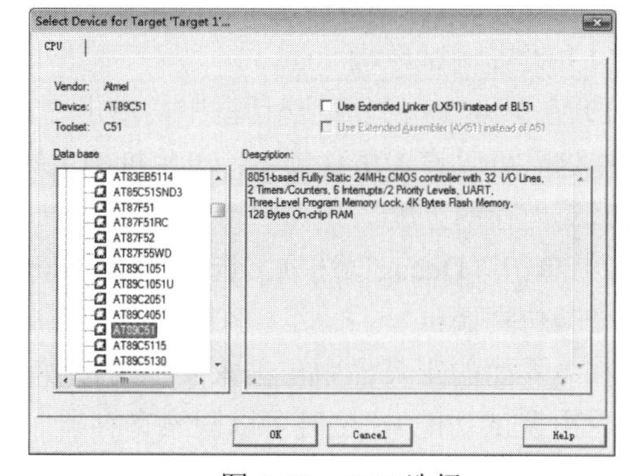


图 4-15　CPU 选择

（3）添加源程序文件到工程中

完成上述操作后，建立了一个空的工程文件，弹出工程窗口如图 4-16 所示。

在该窗口需要编辑和向工程中添加源程序文件，其操作步骤如下。

1）选择“File”→“new”命令（单击工具栏中的按钮），新建一个空的文档文件。建议首先保存该文件，这样在输入代码时会有语法的高亮度指示。如果输入 51 单片机汇编语言程序，则保存为.asm 文件；如果输入 C51 程序，则保存为.c 文件。这里选择保存为 pro3.c。

2）在工程窗口文档输入栏编辑输入相应的 C 程序之后保存，建立 pro3.c 源程序文件。

3）在窗口左侧 Project 栏中将工程展开，在“Source Group1”上右击并在弹出的快捷菜单中选择“Add Existing Files to ‘Source Group1’”命令，即可完成源程序文件的添加。

添加源程序后的工程窗口如图 4-17 所示。

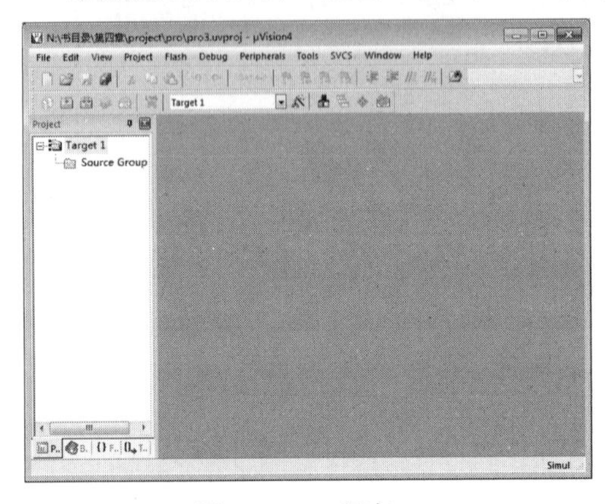


图 4-16　工程窗口

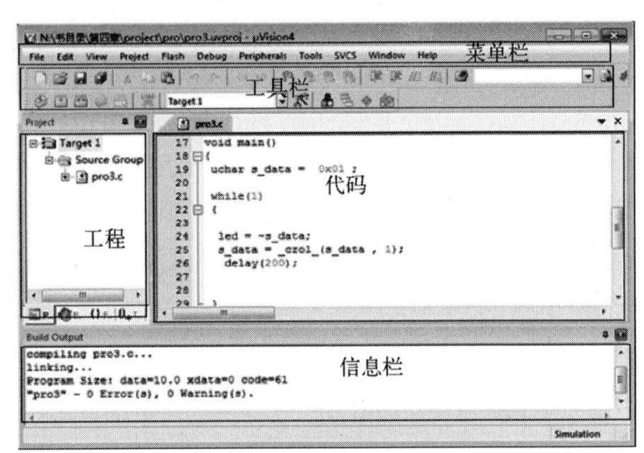


图 4-17　添加源程序后的工程窗口

（4）编译生成.HEX 文件

1）对工程（源程序）文件进行编译，可以单击工具栏上的“编译”按钮，在信息栏会有编译的提示信息，根据错误或者警告提示修改程序直至提示错误或者警告为 0。

2）在工程窗口的 Target1 上右击并在弹出的快捷菜单中选择“Options for Target ‘Target1’”命令，或者单击工具栏中的按钮，打开.HEX 文件生成设置对话框，如图 4-18 所示，单击“Output”选项，选择“Creat Hex File”选项，然后再进行编译，在信息窗口就会提示已生成.HEX 文件。

### 4.7.4　Keil 调试功能

在源程序编译成功之后可以对程序进行仿真功能验证及调试。Keil 内置的软件仿真模块，可实现对 51 单片机内部资源及 I/O 端口进行简单的仿真调试。

（1）设置调试环境

1）在图 4-18 所示的对话框中，单击“Target”选项，打开“Target”选项卡，如图 4-19 所示。在这里可以设置仿真频率、单片机的主频（Xtal 项设置为常用的 12MHz 或 24MHz）及编译程序时对内存的分配。

2）单击“Debug”选项，选择“Use Simulator”选项，即使用软件仿真器。

（2）仿真调试

在主界面的工具栏中单击按钮或者按〈Ctrl+F5〉键，可进入 Keil 的仿真调试（再次操作可以退出调试功能）。这时可以观察寄存器、内存、I/O 端口、定时器等资源的变化，如图 4-20 所示。

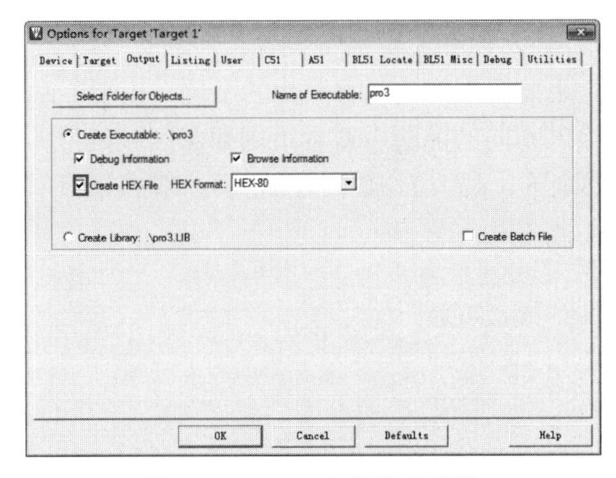


图 4-18 .HEX 文件生成设置

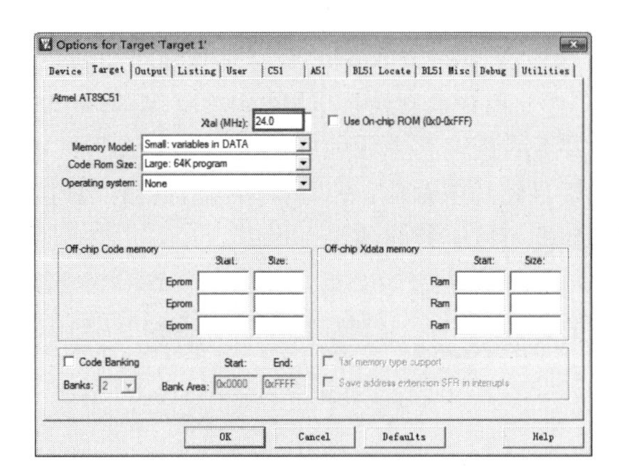


图 4-19 仿真频率修改

（3）仿真调试命令

仿真调试命令包含复位、全速运行（按〈F5〉键）、停止、单步跟踪（跟踪子程序）（按〈F11〉键）、单步跟踪（不跟踪子程序）（按〈F10〉键）、跳出子程序（按〈Ctrl+F11〉键）和运行到当前行（按〈Ctrl+F10〉键）。同时可以在源代码窗格或者反汇编窗格中设置断点，进行程序的调试。

（4）调试窗格的功能

在程序仿真调试时，能够通过窗口内工具栏按钮打开或关闭各功能调试窗格，如图 4-21 所示，功能如下。

图 4-20 仿真调试窗口

图 4-21 调试窗格按钮

1）寄存器窗格（Register）：主要用于观察单片机内部的各个寄存器的变化，并且能够反映程序运行所消耗的时间和机器状态。

2）反汇编窗格（Disassembly）：可以查看编译之后程序的反汇编，并能观察到程序运行状态。也可在该窗口设置断点或者删除断点，在需要设置断点的语句前双击或者右击并在弹出的快捷菜单中选择“Insert/Remove Breakpoint”命令，设置成功之后在相应的行之前出现一个红色的圆点。调试程序时，连续运行程序到断点语句时停止运行，以便观察各寄存器和变量的变化。

3）调用栈+本地变量查看窗格（Call Stack+Local）：主要用于查看运行到程序段（函数）其内部所对应变量的变化。该窗格自动将本程序段（函数）内用到的变量集中，以便观察其变化。

4）变量查看窗格（Watch）：如图 4-22 所示，主要用于查看变量变化，可以手动添加要观察的变量。添加变量的方法为：双击图 4-22 中的“<Enter expression>”，在相应的编辑框内输入变量名称，后面会显示该变量的值和类型，并且能够在线修改变量的值。Keil 在调试时可以同时打开两个变量查看窗口。

5）调试命令窗格：可以查看程序当前运行情况，还可以在该窗格中设置程序断点。

6）内存查看窗格（Memory）：如图 4–23 所示。主要用于观察内存单元的变化，需要手动输入要查看的内存单元地址。在“Address”文本框内输入不同的前缀可查看不同存储区域的值（d：直接寻址片内存储，c：程序存储区，i：片内间接寻址区，x：片外数据存储区）。双击相应单元的数据可以进行修改。

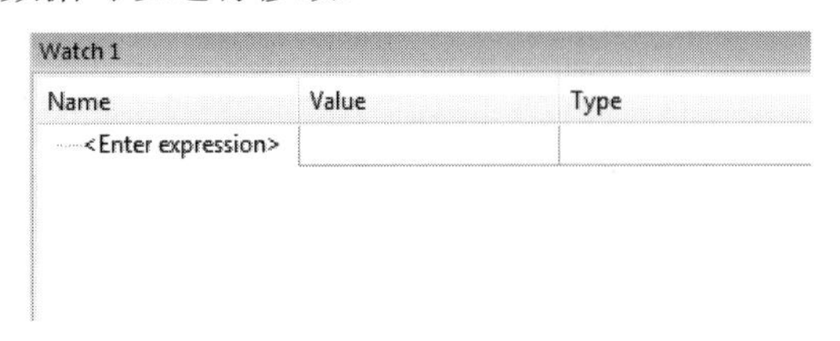


图 4–22　变量查看

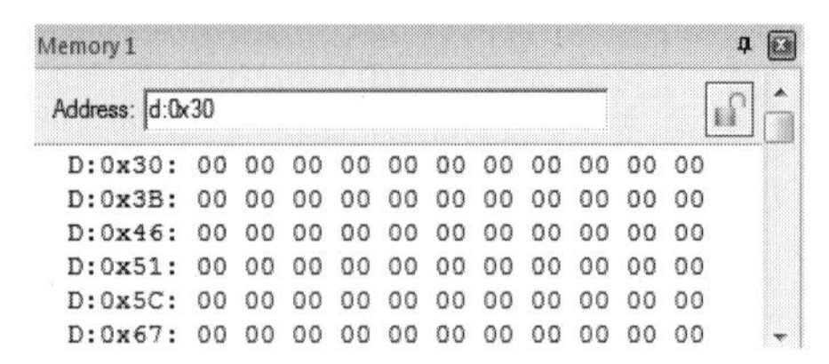


图 4–23　内存查看

（5）I/O 端口及单片机资源状态

调试过程中，选择“Peripherals”命令，可以根据需要分别打开 Keil 内置的单片机外设资源仿真，如图 4–24 所示。

1）定时器窗格（Timer/Counter，0/1）：查看定时器的工作模式、计时器值及状态。

2）中断系统窗格（Interrupt System）：查看中断打开的状态及标志位的变化。

3）I/O 端口窗格（Parallel Port 0/1/2/3）：查看 P0～P3 端口的内部寄存器及引脚的状态。

4）串行口窗格（Serial Channel）：查看串行口的工作模式，波特率及控制字的状态。

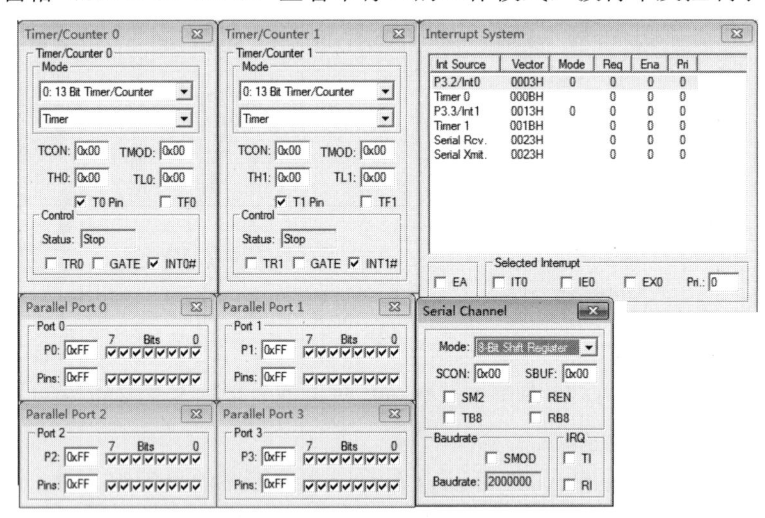


图 4–24　I/O 端口及单片机资源窗格

### 4.7.5　单片机 I/O 端口应用示例

本节在 Keil 及 Proteus 仿真环境下，通过单片机 I/O 端口的应用示例，介绍单片机软、硬件设计步骤及应用系统的仿真调试。

**1．设计要求**

本例通过键盘开关（开关按下时接通、弹起时处于断开状态）控制 8 个共阳极连接的发光二极管，要求如下。

1）按下开关 K1 后弹起，发光二极管开始右移（或左移）依次点亮。

2）按下开关 K2 后弹起，发光二极管暂停保持当前状态。

3）按下开关 K3 锁住（未弹起），发光二极管左移依次点亮（K3 弹起，发光二极管右移依次点亮）。

4）按下开关 K4 锁住，循环灯全部熄灭。

**2．电路设计**

（1）设计技术

单片机电路设计的要点是对键盘的检测，通过键盘开关控制连接输入端口的电平是高电平“1”还是低电平“0”来完成开关状态的检测，由于 P0 口的输出级为场效应管漏极开路型，在使用时必须外接上拉电阻。而 P1～P3 口则不需要上拉电阻。

（2）Proteus 电路设计

1）建立设计文件。打开 ISIS 7 Professional 窗口。选择“File”→“New Design”命令，再选择“Save Design”选项，输入文件名（xxx.DSN）后保存文件。

2）放置元器件。单击对象选择按钮 P，选择电路需要的元器件，见表 4-9。在 ISIS 原理图编辑窗口放置元器件、电源“POWER”和地“GROUND”。

**表 4-9　元器件清单**

| 器件名称 | 参数 | 数量 | 关键字 |
| --- | --- | --- | --- |
| 单片机 | 89C51 | 1 | 89C51 |
| 晶振 | 12MHz | 1 | Crystal |
| 瓷片电容 | 30pF | 2 | Cap |
| 电解电容 | 10μF | 1 | Cap-Pol |
| 电阻 | 10kΩ | 5 | Res |
| 电阻 | 300Ω | 8 | Res |
| LED-YELLOW |  | 8 | LED—Yellow |
| 按键 |  | 4 | Button |

3）拖动鼠标对元器件连接布线、双击元器件进行元器件参数设置等操作。

仿真电路设计如图 4-25 所示。

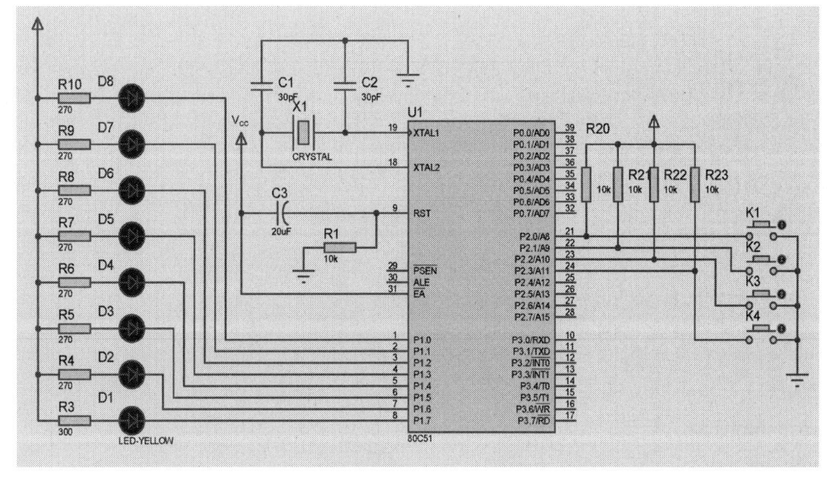


图 4-25　仿真电路

**3．程序设计**

程序设计的关键技术是键盘识别、循环和软件延时，下面分别给出.ASM 及 C51 的程序代码。

（1）ASM 程序

ASM 程序如下。

```
            ORG 0000H
START:
            MOV  A, #0FEH              ;FEH 为点亮第一个发光二极管的代码
            JNB   P2.0, LP             ;判断 K1 是否按下
            JNB   P2.2, LPL
            JB    P2.3, NEXT
            MOV   P1, #0FFH
            SJMP  START
NEXT:
            SJMP START
LP:         MOV  P1,  A                ;点亮 P1.0 位控制的发光二极管
            LCALL DELAY                ;调用延迟一段时间的子程序
            RR         A               ;"0"右移一位
            JNB   P2.1, START          ;判断 K2 是否按下
            JNB   P2.2, START          ;判断 K3 是否按下
            JNB   P2.3, START          ;判断 k4 是否按下
            SJMP       LP              ;不断循环

LPL:      MOV    P1,  A                ;点亮 P1.0 控制的发光二极管
            LCALL   DELAY              ;调用延迟一段时间的子程序
            RL         A               ;"0"左移一位
            JNB   P2.1, START
            JB    P2.2, LP             ;判断 K3 是否锁定为低电平
            JNB   P2.3, START
            SJMP       LPL             ;不断循环
DELAY:
            MOV     R0, #5FH           ;延时子程序入口
LP1:
            MOV     R1, #0FFH
LP2:
            NOP
            NOP
            NOP
            DJNZ   R1, LP2
            DJNZ   R0, LP1
            RET                        ;子程序返回
            END
```

在 Keil 环境中编辑汇编语言源程序如图 4-26 所示。

（2）C51 程序

C51 程序如下。

```
#include <intrins.h>
#include <reg51.h>
#define uchar unsigned char
void delay(uchar m);                          //声明延时函数 delay
```

```
sbit i1=P2^0;
sbit i2=P2^1;
sbit i3=P2^2;
sbit i4=P2^3;
void main()
{
 uchar   s_data = 0xFE ;                        // FEH 为点亮第一个发光二极管的代码
 while(1)
 {if(i1==0)
      while(1)
      { if(i3==0)
            {P1 =s_data;
            s_data = _crol_(s_data , 1);        //左移
            delay(2);                           //调用延时函数,实参可以调整时间
            }
        else
          {P1 =s_data;
            s_data = _cror_(s_data , 1);        //右移
            delay(2);
            }
        if(i2==0) break;
        if(i4==0) {P1=0XFF;break;}
        }
 }
}
void delay(uchar m)                             //延时函数
{
     uchar a,b,c;
     for(c=m;c>0;c--)
          for(b=255;b>0;b--)
               for(a=255;a>0;a--);              //三层循环
}
```

在 Keil 环境中编辑 C51 源程序如图 4-27 所示。

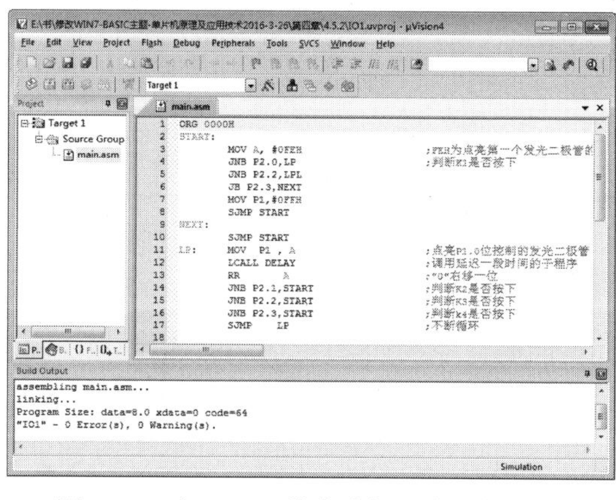

图 4-26　在 Keil 环境中编辑汇编语言源程序

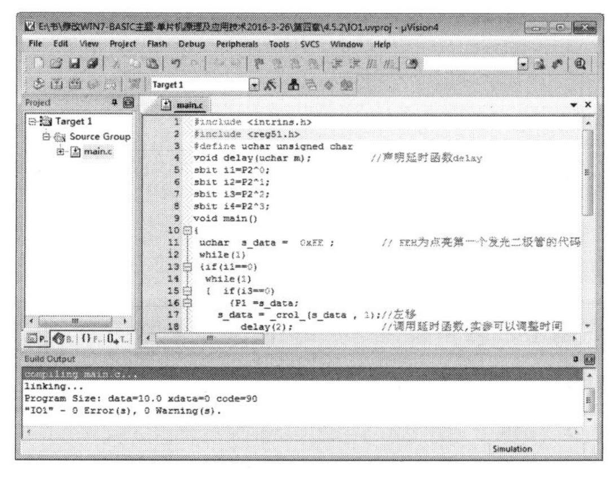

图 4-27　在 Keil 环境中编辑 C51 源程序

**4．Keil 工程建立及仿真**

1）启动 Keil 程序，在μVision4 窗口中，选择“Project” → “New μVision Project”命令，在打开的新建工程对话框中输入工程文件名“IO1”，保存工程。

2）选择 CPU 类型，选择 AT89C51。

3）执行“File” → “New”命令，在窗口代码编辑区输入编辑源程序，然后保存文件。如果输入汇编源程序，则保存为.asm 文件；如果输入 C51 程序，则保存为.c 文件。

4）添加源程序文件到工程中。在窗口 Project 列表中将工程展开，在“Source Group1”上右击并在弹出的快捷菜单中选择“Add Existing Files to ‘Source Group1’”命令后，选择保存过的源程序文件（.c 或.asm 文件）即可完成源程序文件的添加。

5）设置环境。在工程窗口的“Target1”上右击，并在弹出的快捷菜单中选择“Options for Target ‘Target1’”命令后，在弹出的对话框中切换到“Output”选项卡，选择“Creat Hex File”（建立目标文件）复选框；切换到“Debug”选项卡，选择“Use Simulator”（使用仿真调试）选项。

6）编译源程序。选择“Project” → “Build target”命令对源程序进行编译生成 HEX 目标文件。需要指出的是，在一个含有工程的文件夹中，可以同时存在汇编和 C51 甚至多个源程序文件。但在编译时，只对当前添加到工程中源程序文件进行编译，产生的目标文件名为工程文件名（而不是源程序文件名）。

7）程序仿真。

在工具栏中单击按钮或者按〈Ctrl+F5〉键，进入 Keil 调试环境。程序运行（按〈F5〉键）、停止、单步跟踪（跟踪子程序）（按〈F11〉键）、单步跟踪（按〈F10〉键）、跳出子程序（按〈Ctrl+F11〉键）和运行到当前行（按〈Ctrl+F10〉键）。Keil 环境下的汇编语言程序和 C51 程序仿真调试结果分别如图 4-28 和图 4-29 所示。

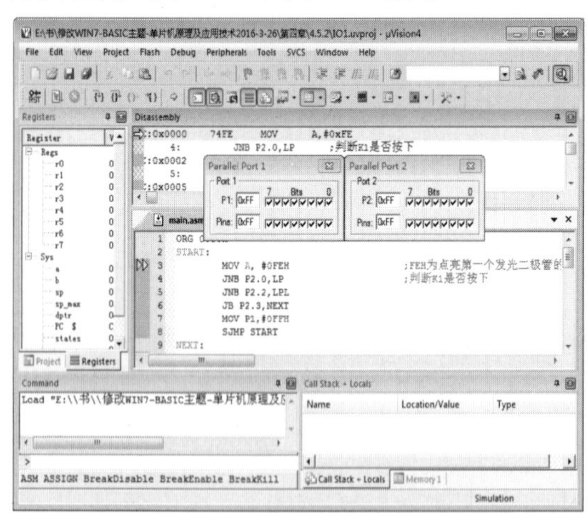

图 4-28　Keil 环境汇编语言程序仿真

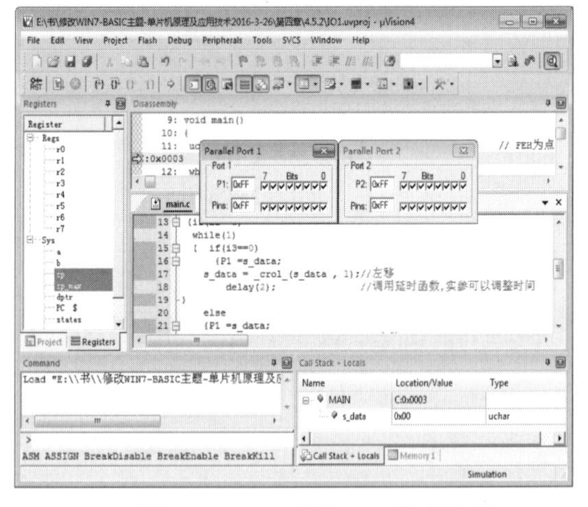

图 4-29　Keil 环境 C51 程序仿真

**5．Proteus 仿真调试**

1）加载目标程序。在 ISIS 中打开已经建立的原理图窗口，双击单片机 AT89C51 图标，在弹出的“Edit Component”对话框中的“Program File”列表中选择需要加载的目标文件（.HEX），单击“OK”按钮，完成目标程序的加载。

2）Proteus 仿真调试。单击窗口左下角的“Play”（仿真运行）按钮、“Step”（单步）按钮、“Pause”（暂停）按钮、“Stop”（停止）按钮，可以对电路进行相应模式仿真调试。仿真调试结果如图 4-30 所示。

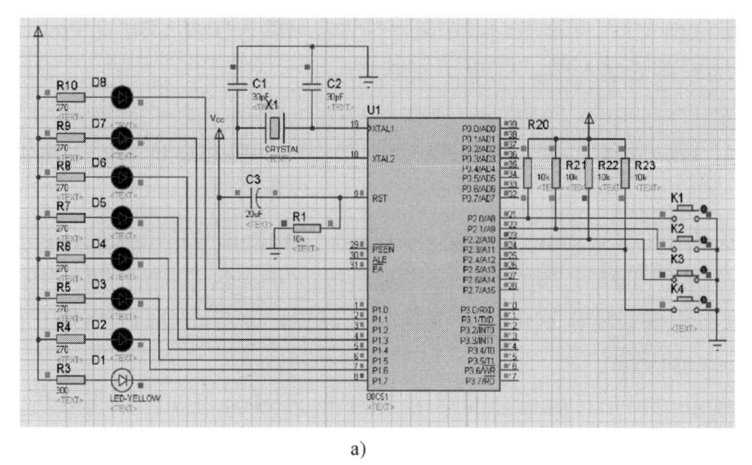


a)

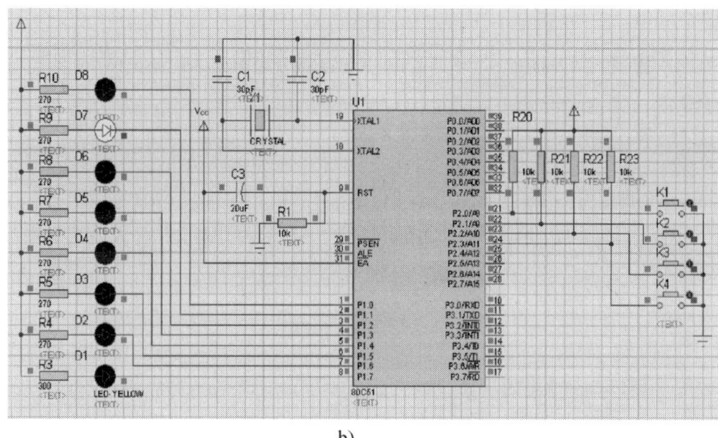


b)

图 4-30　Proteus 仿真调试

a) 左移位循环（K3 键按下） b) 右移位循环（K3 键弹起）

## 4.8　Keil C 与 Proteus 联机调试示例

单片机应用系统已经广泛使用 C51 编程和 Proteus 仿真调试，但单片机集成开发环境 Keil C 在默认情况下并不支持与 Proteus 进行联机调试。

为了方便系统软、硬件仿真调试（设计）同步，提高单片机系统设计效率，可以通过插件或者修改文件格式的方法建立 Keil C 与 Proteus 虚拟仿真联合调试环境。

本节主要介绍通过安装插件的方法来实现 Keil C 与 Proteus 之间的联机调试。

（1）插件安装

能够实现 Keil C 与 Proteus 之间的联机调试的插件软件名称为“vdmagdi.exe”。该软件与其他 Windows 应用程序安装过程基本相同，但在进行路径选择时必须选择 Keil 安装的文件夹，如 d:\keil。

“vdmagdi.exe”软件安装完成之后，可以通过以下两种方式检查安装是否成功。

1）直接运行 Keil，打开“Options for Target ‘Target1’”对话框，切换到 Debug 选项卡，如图 4-31 所示。选中“Use”单选按钮，如果安装成功，在其列表框中应该有“Proteus VSM Simulator”

选项。如果没有该选项则说明安装失败，需重新安装。

2）打开 Keil 安装的目录，查看 Tools.ini 文件是否在 BIN\VDM51.DLL ("Proteus VSM Simulator") 目录下，如果没有则说明安装失败，需重新安装。

（2）设置联机。

插件安装成功之后，实现 Keil 与 Proteus 两个平台的联机需要进行如下设置。

1）Keil 设置。

打开如图 4-31 所示的“Debug”选项卡，选择“Proteus VSM Simulator”选项，然后单击“Settings”按钮，打开“VDM51 Target Setup”对话框，可以设置主机的 IP（127.0.0.1）和相应的端口（8000），以及缓存的设置，这里可以选择默认设置。注意，端口（PORT）8000 不能进行修改，否则不能与 Proteus 互联。

联机调试还支持在不同的计算机之间实现 Keil 与 Proteus 联机，只需要将本机 Host 中的 IP 地址改为运行 Proteus 的计算机 IP 地址即可。

2）Proteus 设置。

Proteus 打开之后，选择“Debug”→“Use Remote Debug Monitor”选项，如图 4-32 所示，即可完成 Proteus 的设置。

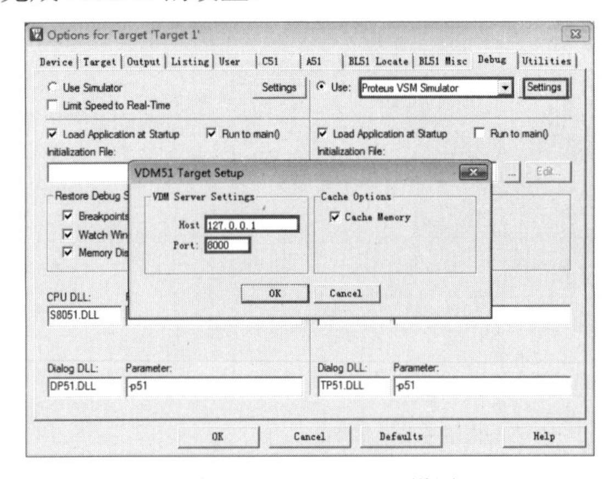


图 4-31　Keil Debug 设置

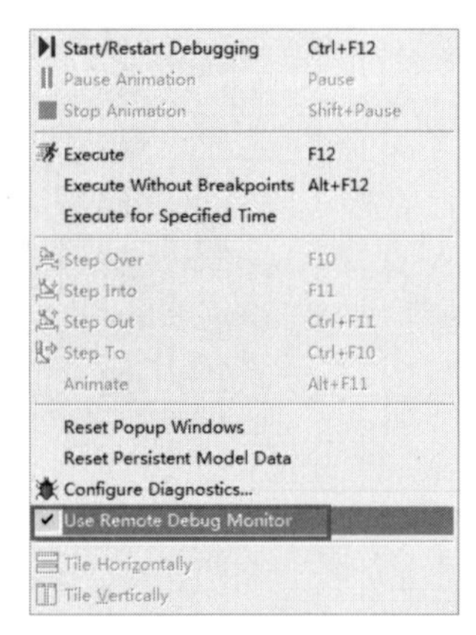


图 4-32　Proteus Debug 设置

（3）联机调试示例

要求实现不相邻的两支 LED 灯同时循环左移，进行 Keil C 与 Proteus 之间的联机调试，操作步骤如下。

1）Proteus 仿真电路如图 4-25 所示。

2）C51 源代码输入到 Keil 环境工程中，并进行编译。

C51 程序如下。

```
#include <reg51.h>
#include <intrins.h>
#define uchar unsigned char
#define uint   unsigned int
#define led P1
void delay(uchar m);
void main()
{
uchar s_data =   0x01 ;
```

```
while(1)
    {
    led =~s_data;                    //点亮一支 LED
    s_data = _crol_(s_data , 1);
    delay(200);
    }
}
void delay(uchar m)                  //M ms 延时程序
{
unsigned char a,b,c;
for(c=m;c>0;c--)
    for(b=142;b>0;b--)
        for(a=2;a>0;a--);
}
```

3）编译通过后，打开 Keil 菜单中的 Debug 调试窗口，选择调试命令，Keil 和 Proteus 会同时进入 Debug 调试模式。

4）进入调试模式之后，可以通过 Keil Debug 单步或者设置断点对程序进行调试，同步观察 Proteus 仿真电路运行及单片机资源状态。在修改和完善程序后，必须在 Keil 下重新编译，Proteus 仿真电路状态便可同步跟踪程序的变化。

在调试过程中，发现只有一支 LED 在循环移动，根据系统设计，需要在 Keil 的本地变量查看窗口，修改源程序中变量 s_data 的值（源程序中为 0x01）为 0x05，如图 4-33a 所示。修改后，当程序再次执行到 led =~s_data 时，Proteus 窗口同时点亮 P1.2 和 P1.0 对应的两支 LED（然后循环移动），如图 4-33b 所示。

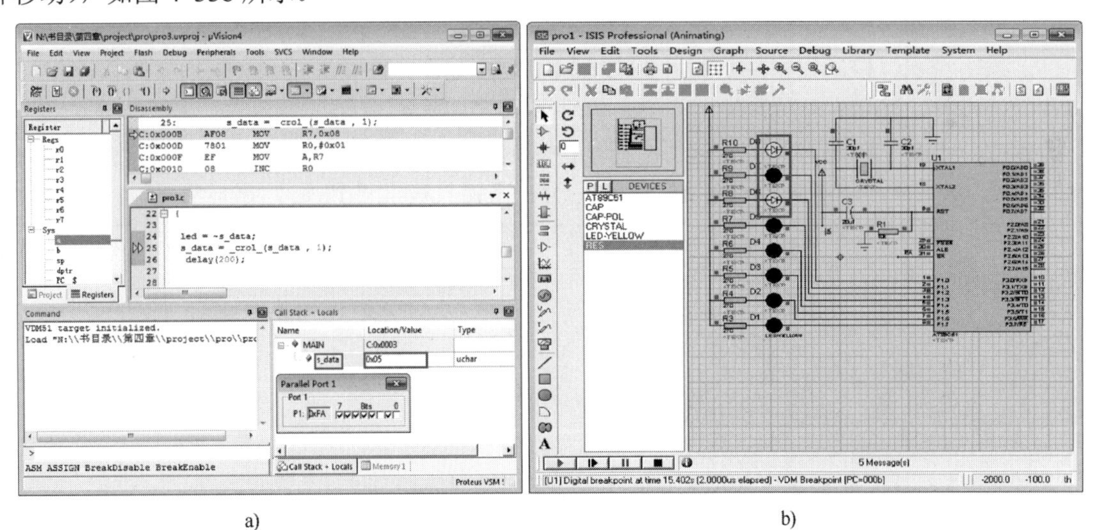


图 4-33　联机调试模式

a) Keil Debug　b) Proteus Debug

可以看出 Keil Debug 与 Proteus 调试窗口中的寄存器及变量内容变化是一致的。

## 4.9　思考与练习

1．C51 扩展了哪些数据类型？举例说明如何定义变量。

2．简述 C51 存储器类型关键字与 8051 存储空间的对应关系。

3．C51 程序常用的头文件有哪些？分别指出其主要内容或定义。

4．什么是全局变量？什么是局部变量？

5．在定义 int a=1，b=1 后，分别指出表达式 b=a、b=a++和 b=++a 执行后变量 a 和 b 的值。

6．分别举例说明数组、指针、指针变量和地址的含义。

7．文件包含#include<reg51.h>和#include<intrins.h>的作用是什么？

8．C51 中断函数如何定义，在使用时应注意哪些问题？

9．用 C51 编程实现以下功能。

（1）当 P1.0 输入为高电平时，P1.2 输出控制信号灯点亮。

（2）当 P1.0 输入为低电平时，P1.2 输出控制信号灯点亮。

（3）P1.0 外接一按钮开关实现多路电子开关，当按钮开关第 1 次、第 2 次、第 3 次、第 4 次按下时，分别控制 P1.0、P1.1、P1.2、P1.3 输出点亮信号灯。

（4）分别编写固定延时大约 0.1s、1s、10s 的无形式参数函数。

（5）编写带有形式参数的延时函数，由主函数调用并传递参数控制延时时间。

（6）设置 P0.0～P0.3 连接输入按键 4 个，当按下输入端口某一位按键时，分别对应调用函数 h0、h1、h2、h3。

（7）在主函数调用一个自定义函数，该函数实现在 1s 时间内连续 10 次读取 P0 口（8 位字节）数据，存放在数组 a 中，求取平均值后返回主函数赋给变量 ave。

（8）编一个函数 sum，求数组 a 中各元素的数据和。

要求在 main 函数中分时读取 P0 口的 10 个无符号二进制数据存入数组 a 中，通过调用 sum 函数并返回数据和。

（9）编写流水灯控制程序，要求由 8051 的 P1 口控制 8 个发光二极管（采用共阳极连接）左移依次轮流点亮，然后右移依次轮流点亮，循环不止。

（10）在 while（1）循环体中，使用选择结构编写程序，当 P0 口通过键盘输入的数字为 01H、02H、04H、08H 时，分别调用函数 A、B、C、D，当输入数字“0”时，循环等待。

（11）要求用 P1 口控制 8 支 LED 发光二极管，每一支 LED 实现左移循环点亮，紧接着右移循环点亮，循环不止。设计仿真电路，编写控制程序，进行仿真调试。

# 第 5 章　51 单片机中断系统及应用

在 CPU 与外部设备交换信息时，存在着快速的 CPU 与慢速外部设备的矛盾，系统内部也会发生一些需要紧急处理的随机事件。为了充分利用 CPU 资源，快速地处理突发事件，计算机系统通常采用中断技术进行 I/O 处理。

中断技术不仅解决了 CPU 和外部设备之间的速度匹配问题，极大地提高了计算机的工作效率，而且可以在执行正常程序过程中实时处理控制现场的随机突发事件。因此，中断技术在计算机控制系统及 I/O 信息处理中得到广泛的应用。

本章主要介绍中断基本概念、51 单片机中断结构、中断控制、中断扩展、中断应用技术、中断应用实例设计及仿真。

## 5.1　中断的概念

在计算机中主机和外设交换信息采用程序控制（查询）传送方式时，CPU 不能控制外设的工作速度，CPU 只能用等待的方式来解决速度的匹配问题，计算机的工作效率很难提高。为了解决快速的 CPU 与慢速的外设之间的矛盾，在计算机系统中引入了中断技术。

### 5.1.1　中断及中断源

当 CPU 正在执行某一段程序的过程中，如果外界或内部发生了紧急事件，要求 CPU 暂停正在运行的程序转而去处理这个紧急事件，待处理完后再回到原来被停止执行程序的间断点，继续执行原来的程序，这一过程称为中断。中断过程示意图如图 5-1 所示。

产生中断请求的中断源，可以是外部设备，也可以是某种突发事件或系统故障，以及在实时控制系统中各种参数及状态超过限度的随机变化。

实现中断功能的机构称为中断系统。

在计算机系统中，大多数 I/O 操作都采用了中断技术进行数据传送。中断源随机（或主动）向 CPU 提出信息交换请求，CPU 在收到请求之前，执行本身的主程序（或等待中断），只有在收到中断源的中断请求之后，才中断原来主程序的执行，转而去执行中断服务程序，因而大大提高了 CPU 工作效率。

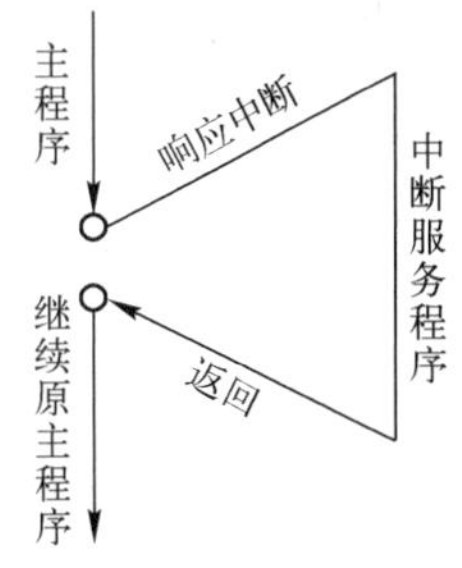

图 5-1　中断过程示意图

在实时控制系统中，从现场采集到的数据可以通过中断方式及时地传送给 CPU，经过处理后 CPU 可以立即做出响应，实现现场控制。

### 5.1.2　中断嵌套及优先级

51 单片机和一般计算机系统一样允许有多个中断源。当几个中断源同时向 CPU 请求中断，要求 CPU 响应的时候，就存在 CPU 优先响应哪一个中断源的问题。一般 CPU 应优先响应最需紧急处理的中断请求。为此需要规定各个中断源的优先级，使 CPU 在多个中断源同时发出中断请求时能找到优先级最高的中断源，响应它的请求。在优先级高的中断请求处理完了之后，再响应优先级低的中断请求。

当 CPU 正在处理一个优先级低的中断请求的时候，如果发生另一个优先级比它高的中断请求，CPU 暂停正在处理的中断源的处理程序，转而处理优先级高的中断请求，待处理完之后，再回到原来正在处理的低级中断程序，这种高级中断源能中断低级中断源的中断处理称为中断嵌套。具有中断嵌套的系统称为多级中断系统，没有中断嵌套的系统称为单级中断系统。

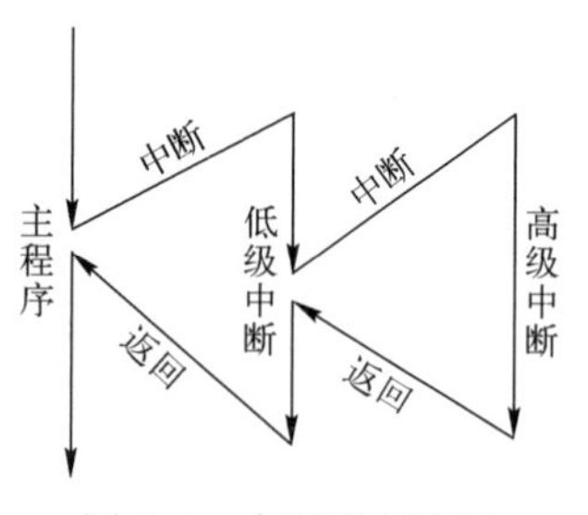

图 5-2 中断嵌套流程

51 单片机内部有 5 个中断源，提供两个中断优先级，能实现两级中断嵌套。每一个中断源的优先级的高低都可以通过编程来设定。两级中断嵌套的中断过程如图 5-2 所示。

## 5.2 51 单片机中断系统结构及中断控制

在单片机进行中断操作时，必须熟悉单片机的中断系统结构并根据所使用的中断源对相应寄存器的相应功能位实施编程或控制。

### 5.2.1 51 单片机的中断系统结构

51 单片机的中断系统包括中断源、定时和外部中断控制寄存器 TCON、中断允许寄存器 IE、串行口控制寄存器 SCON 及中断优先级寄存器 IP 等功能部件。

51 单片机中断系统如图 5-3 所示。

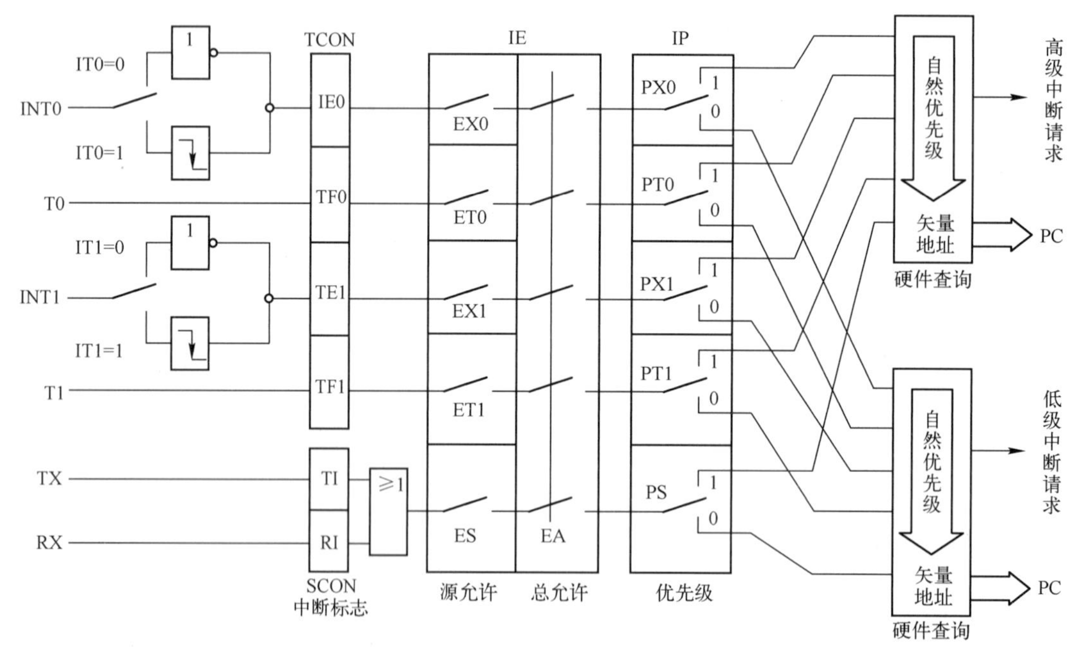

图 5-3 51 单片机中断系统

### 5.2.2 中断源和中断请求标志

51 单片机有 5 个中断源，每一个中断源都对应有一个中断请求标志位，它们设置在特殊功能寄存器 TCON 和 SCON 中，可以对其编程设置中断请求触发方式，以及在中断源请求中断时锁存相应的中断请求标志位。

**1．中断源及中断请求触发方式**

（1）中断源

51 单片机的 5 个中断源（2 个外部中断源和 3 个内部中断源）如下。

1）外部中断 0。来自 P3.2 引脚的中断请求输入信号 $\overline{\text{INT0}}$。

2）外部中断 1。来自 P3.3 引脚的中断请求输入信号 $\overline{\text{INT1}}$。

3）T0 溢出中断。定时器/计数器 0 溢出置位 TF0 中断请求。

4）T1 溢出中断。定时器/计数器 1 溢出置位 TF1 中断请求。

5）串行口中断。串行口完成一帧数据的发送或接收中断请求 TI 或 RI。这里，TI 和 RI 是经逻辑“或”以后作为内部的一个中断源使用的。

（2）中断请求触发方式

外部中断请求 $\overline{\text{INT0}}$ 和 $\overline{\text{INT1}}$ 有两种触发方式，即电平触发方式和边沿触发方式。在每个机器周期的 S5P2 检测 $\overline{\text{INT0}}$ 或 $\overline{\text{INT1}}$ 的信号。

1）电平触发方式。检测到中断请求信号为低电平有效。

2）边沿触发方式。两次检测中断请求，如果前一次为高电平，后一次为低电平，则表示检测到下降沿为有效请求信号。为了保证检测可靠，低电平或高电平的宽度至少要保持一个机器周期，即 12 个时钟周期。

51 系列单片机对每一个中断源，都对应有一个中断请求标志位，它们设置在特殊功能寄存器 TCON 和 SCON 中。当这些中断源请求中断时，分别由 TCON 和 SCON 中的相应位来锁存中断请求标志。

**2．TCON 寄存器**

TCON 是定时器/计数器 0 和 1（T0、T1）的控制寄存器，同时也用来锁存 T0、T1 的溢出中断请求标志和外部中断请求标志。TCON 寄存器中与中断有关的位如图 5-4 所示。

| TCON | D7 | D6 | D5 | D4 | D3 | D2 | D1 | D0 |
|---|---|---|---|---|---|---|---|---|
| （88H） | TF1 |  | TF0 |  | IE1 | IT1 | IE0 | IT0 |

图 5-4　TCON 寄存器中与中断有关的位

（1）对外部中断 1 的控制

1）IE1（TCON.3）：外部中断 $\overline{\text{INT1}}$（P3.3）请求标志位。当 CPU 检测到在 $\overline{\text{INT1}}$ 引脚上出现的外部中断信号（低电平或下降沿）时，由硬件置位 IE1=1，申请中断。CPU 响应中断后，如果采用边沿触发方式，则 IE1 被硬件自动清 0；如果采用电平触发方式，IE1 是不能自动清 0 的。

2）IT1（TCON.2）：外部中断 $\overline{\text{INT1}}$ 触发方式控制位。由软件来置 1 或清 0，以确定外部中断 1 的触发类型。

IT1=0 时，外部中断 1 为电平触发方式，当 $\overline{\text{INT1}}$（P3.3）输入低电平时置位 IE1=1，申请中断。采用电平触发方式时，外部中断源（输入到 $\overline{\text{INT1}}$）必须保持低电平有效，直到该中断被 CPU 响应。同时，在该中断服务程序执行完之前，外部中断源低电平状态必须撤销，否则将产生另一次中断。

IT1=1 时，外部中断 1 为边沿触发方式，CPU 在每个周期都采样 $\overline{\text{INT1}}$（P3.3）的输入电平。如果相继的两次采样，前一个周期 $\overline{\text{INT1}}$ 为高电平，后一个周期 $\overline{\text{INT1}}$ 为低电平，则置 IE1=1，表示外部中断 1 向 CPU 提出中断请求，一直到该中断被 CPU 响应时，IE1 由硬件自动清 0。

3）TF1（TCON.7）：定时器/计数器 1（T1）的溢出中断请求标志。当 T1 计数产生溢出时，由硬件将 TF1 置 1。当 CPU 响应中断后，由硬件将 TF1 清 0。

（2）对外部中断 0 的控制

1）IE0（TCON.1）：外部中断 0（$\overline{\text{INT0}}$）请求标志位。当引脚$\overline{\text{INT0}}$上出现中断请求信号时，由硬件置位 IE0，向 CPU 申请中断。当 CPU 响应中断后，如果采用沿触发方式，则 IE0 被硬件自动清 0；如果采用电平触发方式，IE0 是不能自动清 0 的。

2）IT0（TCON.0）：外部中断 0（$\overline{\text{INT0}}$）触发方式控制位，由软件置位或复位。IT0=1，外部中断 0 为边沿触发方式；IT0=0，外部中断 0 为电平触发方式。

3）TF0（TCON.5）：定时器/计数器 0（T0）的溢出中断请求标志。当 T0 计数产生溢出时，由硬件将 TF0 置 1。当 CPU 响应中断后，由硬件将 TF0 清 0。

**3．SCON 寄存器**

SCON 为串行口控制寄存器，其中低两位用作串行口中断请求标志。SCON 格式如图 5-5 所示。

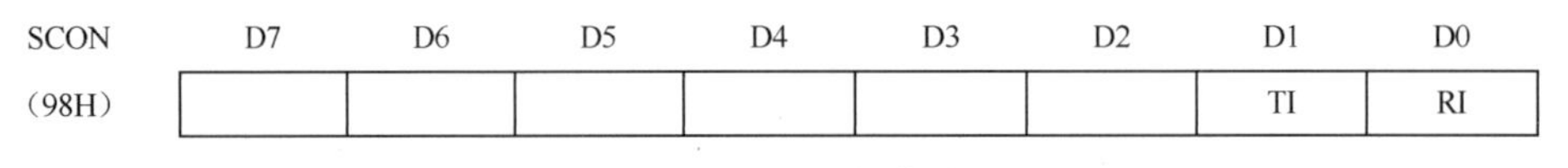


图 5-5　SCON 的格式

RI（SCON.0）：串行口接收中断请求标志。在串行口方式 0 中，每当接收到第 8 位数据时，由硬件置位 RI；在其他方式中，当接收到停止位的中间位置时置位 RI。注意当 CPU 执行串行口中断服务程序时 RI 不复位，必须由软件将 RI 清 0。

TI（SCON.1）：串行口发送中断请求标志。在方式 0 中，每当发送完 8 位数据时，由硬件置位 TI；在其他方式中，在停止位开始时置位，TI 也必须由软件复位。

## 5.2.3　中断允许控制

在 51 单片机中断系统中，中断的允许或禁止是由片内的中断允许寄存器 IE 控制的，其格式如图 5-6 所示。

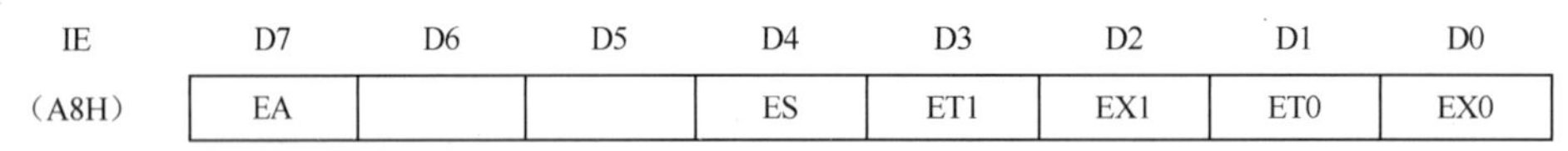


图 5-6　中断允许寄存器 IE 的格式

1）EA（IE.7）：CPU 中断允许标志。EA=0，表示 CPU 屏蔽所有中断；EA=1，表示 CPU 开放中断，但每个中断源的中断请求是允许还是被禁止，还需由各自的允许位来确定。

2）ES（IE.4）：串行口中断允许位。ES=0，禁止串行口中断；ES=1，允许串行口中断。

3）ET1（IE.3）：定时器/计数器 T1 溢出中断允许位。ET1=1，允许 T1 中断；ET1=0，禁止 T1 中断。

4）EX1（IE.2）：外部中断 1 中断允许位。EX1=1，允许外部中断 1 中断；EX1=0，禁止外部中断 1 中断。

5）ET0（IE.1）：定时器/计数器 T0 溢出中断允许位，其功能同 ET1。

6）EX0（IE.0）：外部中断 0 中断允许位，功能同 EX1。

中断允许寄存器 IE 中各位的状态，可根据要求通过软件置位或清零，从而实现对相应中断源中断允许或禁止的控制。当 CPU 复位时，IE 被清 0，所有中断被屏蔽。

### 5.2.4 中断优先级控制

**1．IP 的格式**

51 单片机的中断优先级是由中断优先级寄存器 IP 控制的，IP 的格式如图 5-7 所示。

| IP | D7 | D6 | D5 | D4 | D3 | D2 | D1 | D0 |
|---|---|---|---|---|---|---|---|---|
| （B8H） | | | | PS | PT1 | PX1 | PT0 | PX0 |

图 5-7 IP 的格式

1）PS（IP.4）：串行口中断优先级控制位。PS=1，串行口为高优先级中断；PS=0，串行口为低优先级中断。

2）PT1（IP.3）：T1 中断优先级控制位。PT1=1，T1 为高优先级中断；PT1=0，T1 为低优先级中断。

3）PX1（IP.2）：外部中断 1 中断优先级控制位。PX1=1，外部中断 1 为高优先级中断；PX1=0，外部中断 1 为低优先级中断。

4）PT0（IP.1）：T0 中断优先级控制位。PT0=1，T0 为高优先级中断；PT0=0，T0 为低优先级中断。

5）PX0（IP.0）：外部中断 0 中断优先级控制位。PX0=1，外部中断 0 为高优先级中断；PX0=0，外部中断 0 为低优先级中断。

中断优先级控制寄存器 IP 中的各个控制位，均可编程为 0 或 1。单片机复位后，IP 中各位都被清 0。

**2．中断系统优先级控制的基本准则**

51 单片机中断系统优先级控制，遵循以下基本准则。

1）低优先级中断可被高优先级中断请求所中断，高优先级中断不能被低优先级中断请求所中断。

2）同级的中断请求不能打断已经执行的同级中断。

当多个同级中断源同时提出中断申请时，响应哪一个中断请求取决于内部规定的顺序。这个顺序又称为自然优先级，中断源自然优先级顺序见表 5-1。

**表 5-1 中断源自然优先级顺序**

| 中 断 源 | 自然优先级 |
|---|---|
| 外部中断 0 | 最高 |
| 定时器/计数器 0 | ↓ |
| 外部中断 1 | ↓ |
| 定时器/计数器 1 | ↓ |
| 串行口 | 最低 |

## 5.3 51 单片机中断响应过程

51 单片机的中断响应过程可分为中断响应、中断处理和中断返回 3 个阶段。

### 5.3.1 中断响应

CPU 获得中断源发出的中断请求后，在满足响应中断的条件下，CPU 进行断点保护，并将中断处理程序入口地址送入程序计数器 PC，为执行中断处理程序做好准备。

**1．CPU 响应中断的条件**

CPU 响应中断的条件要满足以下几点。

1）有中断源发出中断请求。

2）中断总允许为 EA=1，即 CPU 开中断。

3）请求中断的中断源的中断允许位为 1。

在每个机器周期的 S5P2 时刻采样各中断源的中断请求信号，并将它锁存在 TCON 或 SCON 中的相应位。在下一个机器周期对采样到的中断请求标志进行查询。如果查询到中断请求标志，则按优先级高低进行中断处理，中断系统将通过硬件自动将相应的中断矢量地址（中断服务程序的入口）装入程序计数器 PC，以便进入相应的中断服务程序。

从产生外部中断到开始执行中断程序至少需要 3 个完整的机器周期。

在下列任何一种情况存在时，中断请求将被封锁。

1）CPU 正在处理同级的或高一级的中断。

2）当前周期（即查询周期）不是执行当前指令的最后一个周期，即要保证把当前的一条指令执行完才会响应。

3）当前正在执行的指令是返回（RETI）指令或对 IE、IP 寄存器进行访问的指令，执行指令后至少再执行一条指令才会响应中断。

中断查询在每个机器周期中重复执行，所查询到的状态为前一个机器周期的 S5P2 时刻采样到的中断请求标志。

注意：如果中断请求标志被置位，但因有上述情况之一而未被响应，或上述情况已不存在，但中断标志位也已清 0，则原中断请求 CPU 不再响应。

**2．中断服务程序矢量地址**

CPU 执行中断服务程序之前，自动将程序计数器 PC 中的内容（断点地址）压入堆栈保护，然后将对应的中断矢量地址装入 PC 中，使程序转向该中断矢量地址单元中，开始执行中断服务程序。5 个中断源的中断服务程序矢量地址见表 5-2。

**表 5-2　5 个中断源的中断服务程序矢量地址**

| 中　断　源 | 矢 量 地 址 |
| --- | --- |
| 外部中断 0 | 0003H |
| 定时器/计数器 0 | 000BH |
| 外部中断 1 | 0013H |
| 定时器/计数器 1 | 001BH |
| 串行口 | 0023H |

可以看出，每个中断源的中断矢量地址（入口）后的存储空间仅有 8 个字节存储单元。例如，外部中断 0 的矢量地址为 0003H，其地址空间为 0003H～000AH，紧接着定时器/计数器 0 的矢量地址为 000BH。在实际使用时，通常在中断矢量地址单元安排一条跳转指令，以转到实际的中断服务程序的起始地址。

中断服务程序的最后一条指令必须是中断返回指令 RETI，CPU 在执行这条指令后，就可以再次响应同级的中断请求。

**3．中断响应时间**

在不同的情况下，CPU 响应中断的时间是不同的。以外部中断为例，$\overline{\text{INT0}}$ 和 $\overline{\text{INT1}}$ 引脚的电平在每个机器周期的 S5P2 时刻经反相器锁存到 TCON 的 IE0 和 IE1 标志位，CPU 在下一个机器周期才会查询到新置入的 IE0 和 IE1。

在一个单一中断的应用系统里，外部中断响应总是在 3～8 个机器周期之间，其响应中断需要的时间根据情况的不同，周期也不相同，分别如下所述。

1）如果满足响应条件，CPU 响应中断时要用两个机器周期执行一条硬件长调用指令“LCALL”，由硬件完成将中断矢量地址装入程序指针 PC 中，使程序转入中断矢量入口。因此，从产生外部中断到开始执行中断程序至少需要 3 个完整的机器周期。

2）如果正在处理的指令没有执行到最后的机器周期，所需的额外等待时间不会多于 3 个机器周期，因为最长的指令（乘法指令 MUL 和除法指令 DIV）也只有 4 个机器周期。

3）如果正在处理的指令为 RETI 或访问 IE、IP 的指令，则额外的等待时间不会多于 5 个机器周期（执行这些指令最多需 1 个机器周期）。

4）如果在申请中断时遇到前面所述中断请求被封锁的 3 种情况之一，则响应时间会更长。如果已经在处理同级或更高级中断，额外的等待时间取决于正在执行的中断服务程序的处理时间。

## 5.3.2 中断处理和中断返回

**1．中断处理**

CPU 从执行中断处理程序第一条指令开始到返回指令 RETI 为止，这个过程称为中断处理或中断服务（程序）。中断处理一般包括如下部分。

（1）保护现场

如果主程序和中断处理程序都用到累加器、PSW 寄存器和其他专用寄存器，则在 CPU 进入中断处理程序后，就会破坏原来存在上述寄存器中的内容，因而中断处理程序首先应将它们的内容通过软件编程（入栈）保护起来，这个过程称为保护现场。

（2）处理中断源的请求

中断源提出中断申请，在 CPU 响应此中断请求后，该中断源的中断请求在中断返回之前应当撤除，以免引起重复中断，被再次响应。

1）硬件直接撤除。

对于边沿触发的外部中断，CPU 在响应中断后由硬件自动清除相应的中断请求标志 IE0 和 IE1。

对于电平触发的外部中断，CPU 在响应中断后其中断请求标志 IE0 和 IE1 是随外部引脚 $\overline{\text{INT0}}$ 和 $\overline{\text{INT1}}$ 的电平而变化的，CPU 无法直接控制，因此需在引脚处加硬件（如触发器）使其及时撤消外部中断请求。

对于定时器溢出中断，CPU 在响应中断后就由硬件清除了相应的中断请求标志 TF0、TF1。

2）软件编程撤除。对于串行口中断，CPU 在响应中断后并不自动清除中断请求标志 RI 或 TI，因此必须在中断处理程序中用软件编程来清除。

（3）执行中断处理功能程序

中断处理的主要部分是根据中断源的需要，执行相应的中断处理功能程序。

（4）恢复现场

在中断处理功能程序结束、执行中断返回 RETI 指令之前应通过软件编程（出栈）恢复现场原来的内容。

**2．中断返回**

中断返回是指执行完中断处理程序的最后指令 RETI 之后，由硬件将保存在堆栈中的程序断点地址弹出到程序计数器 PC 中，程序返回到断点，继续执行原来的程序，并等待中断源发出的中断请求。

## 5.4 外部中断源扩展

前已述及，51 单片机仅有两个外部中断源 $\overline{\text{INT0}}$ 和 $\overline{\text{INT1}}$，但在实际的应用系统中，外部中断源往往比较多，下面讨论两种外部多中断源系统的设计方法。

### 5.4.1 中断加查询方式扩展外部中断源

使用中断加查询方式扩展外部中断源的一般硬件电路结构如图 5-8 所示。

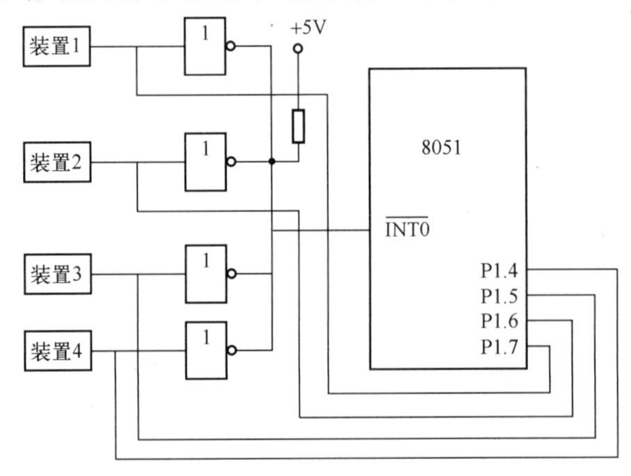


图 5-8 中断加查询方式扩展外部中断源

每个中断源分别通过一个非门（集电极开路门）输出后实现线与，构成或非逻辑电路，其输出作为外部中断 $\overline{\text{INT0}}$（或 $\overline{\text{INT1}}$）的请求信号。无论哪个外部装置提出中断请求（高电平或上升沿有效），都会使 $\overline{\text{INT0}}$（或 $\overline{\text{INT1}}$）端产生低电平或下降沿变化。CPU 响应中断后，在中断处理程序中首先查询相应 I/O 口引脚（这里为 P1.4～P1.7）的逻辑电平，然后判断是哪个外部装置的中断请求，进而转入相应的中断处理程序。

这 4 个中断源的优先级由软件排定，中断优先级按装置 1～4 由高到低顺序排列。

汇编语言程序如下。

```
            ORG     0000H
            AJMP    MAIN
            ORG     0003H
            AJMP    INT0
MAIN:       CLR     IT0
            SETB    EX0
            SETB    EA
            AJMP    $
INT0:       PUSH        PSW                     ;外部中断 0 中断服务程序
            PUSH        ACC
```

```
        JB      P1.7, DV1
        JB      P1.6, DV2
        JB      P1.5, DV3
        JB      P1.4, DV4
GB:     POP     ACC
        POP     PSW
        RETI
DV1:                            ;装置 1 中断服务程序
        …
        AJMP    GB
DV2:                            ;装置 2 中断服务程序
        …
        AJMP    GB
DV3:                            ;装置 3 中断服务程序
        …
        AJMP    GB
DV4:                            ;装置 4 中断服务程序
        …
        AJMP    GB

        END
```

C51 程序如下。

```
#include <reg51.h>
unsigned  char  acc_t, psw_t
sbit  w1=P1^4;
sbit  w2=P1^5;
sbit  w3=P1^6;
sbit  w4=P1^7;
void dv1( )                     //装置 1 中断服务程序
     {…;}
void dv2( )                     //装置 2 中断服务程序
     {…;}
void dv3( )                     //装置 3 中断服务程序
     {…;}
void dv4( )                     //装置 4 中断服务程序
     {…;}
void main( )
     {IT0=0;
      EX0=1;
      EA=1;
      while(1);
     }
void int0( ) interrupt 0        //外部中断 0 中断服务程序
     {acc_t=ACC;                //保护现场
      psw_t=PSW;
      if(w4= =1)  dv1( );
      if(w3= =1)  dv2( );
      if(w2= =1)  dv3( );
      if(w1= =1)  dv4( );
      ACC= acc_t;               //恢复现场
      PSW= psw_t;
     }
```

多中断源查询方式具有较强的抗干扰能力。如果有干扰信号引起中断请求，多中断源查询方式则进入中断程序依次查询，因找不到相应的中断源（请求）后又返回主程序。

使用此方法扩展外部中断源时应注意以下两点。

1）装置1～4的4个中断输入均为高电平有效，外部中断0采用电平触发方式。

2）当要扩展的外部中断源数目较多时，需要一定的查询时间。如果在时间上不能满足系统要求，可采用硬件优先权编码器实现硬件排队电路。

### 5.4.2 利用定时器扩展外部中断源

使用8051的两个定时器/计数器（T0和T1）并选择为计数器方式，每当P3.4（T0）或P3.5（T1）引脚上发生负跳变时，T0和T1的计数器加1。利用这个特性，可以把P3.4和P3.5引脚作为外部中断请求源，计数器初始值设置为0FFH（加1即溢出），而定时器的溢出中断作为外部中断请求标志。

例如，设T0为模式2外部计数方式，计数初始值为0FFH，允许中断。

其初始化程序如下。

```
MOV     TMOD, #06H          ;设T0为模式2,计数器方式工作
MOV     TL0, #0FFH          ;时间常数0FFH分别送入TL0和TH0
MOV     TH0, #0FFH
MOV     IE, #82H            ;允许T0中断
SETB    TR0                 ;启动T0计数
        …
```

当接到P3.4引脚上的外部中断请求输入线发生负跳变时，TL0加1溢出，TF0被置位，向CPU提出中断申请。同时TH0的内容自动送入TL0，使TL0恢复初值0FFH。这样，每当P3.4上有一次负跳变时，向CPU提出中断申请，则P3.4引脚就相当于边沿触发的外部中断源。

## 5.5 中断系统应用设计示例及仿真

本节在介绍中断系统应用设计步骤的基础上，通过示例详细描述了51单片机外部中断软硬件的设计过程。

### 5.5.1 中断系统应用设计

51单片机中断系统应用的设计步骤一般包括以下方面。

1）根据系统实现的功能，在确定使用中断处理的基础上，确定中断源、中断触发方式、中断优先级、中断嵌套及外部硬件电路。

2）中断系统初始化编程。

3）中断处理程序设计编程。

4）系统仿真及调试。

5）系统运行。

**1．硬件设计**

根据51单片机系统实现的功能，确定需要使用的中断源、优先级及中断嵌套（在多级中断时）。在使用外部中断的情况下，需要对作为中断源的外设进行信号变换以及触发方式，进行中断系统的外部硬件电路设计。

**2．中断系统初始化**

51 单片机中断系统的实现可以通过与中断相关的特殊功能寄存器 TCON、SCON、IE 及 IP 的设置或状态进行统一管理。中断系统的初始化就是指用户对这些寄存器的相关功能位进行编程。中断系统初始化步骤如下。

1）设置 CPU 开中断（等待中断）、关中断（禁止中断响应）。

2）中断源中断请求允许及屏蔽（禁止）。

3）设置中断源相应的中断优先级。

4）在外部中断时，设置中断请求的触发方式（低电平触发还是下降边沿触发）。

**3．中断处理程序设计**

1）汇编源程序中，ORG 定位相应中断源的中断程序的固定入口地址，并在其安排一条跳转指令，转向中断处理程序。C51 程序中，确定中断函数的 interrupt 关键字的中断号。

2）保护现场数据。

3）进行中断处理（实现系统要求的功能）。

4）恢复现场数据。

5）中断返回。汇编源程序中，安排一条 RETI 返回指令。在 C51 中，中断函数的类型为 void，因此，中断函数不能存在返回命令 return。

**4．系统仿真及调试**

程序编译成功后，进行仿真调试。

**5．系统运行**

仿真调试成功后，系统软硬件调试运行。

### 5.5.2 中断实现程序（指令）单步操作

在系统运行时，经常需要程序（指令）单步操作，以观察实际电路的输出状态是否符合设计要求。

中断系统的一个重要特性是中断请求只有在当前指令执行完之后才会再次得到响应，并且正在响应中断时，同级中断将被屏蔽，利用这个特点即可实现当前指令的单步操作。其设计方法如下。

把外部中断 0 设置为电平触发方式，在中断服务程序的末尾加上以下程序段即可完成对主程序指令的单步操作。

```
JNB     P3.2, $          ;在INT0变高前原地等待
JB      P3.2, $          ;在INT0变低前原地等待
RETI                     ;返回并执行一条指令
```

执行过程分析如下。

1）如果 $\overline{\text{INT0}}$ 保持低电平，且允许 $\overline{\text{INT0}}$ 中断，则 CPU 就进入外部中断 0 程序。由于 P3.2 为低电平，就会停在 JNB 处，原地等待。

2）当 $\overline{\text{INT0}}$ 引脚出现一个正脉冲（由低到高，再由高到低）时，程序就会往下执行，执行 RETI 后，将返回主程序。

3）在主程序执行完一条指令后又立即响应中断，以等待 $\overline{\text{INT0}}$ 引脚出现的下一个正脉冲。这样在 $\overline{\text{INT0}}$ 引脚每出现一个正脉冲，主程序就执行一条指令，可以使用按钮控制脉冲实现单步操作的目的。

需要注意，正脉冲的高电平持续时间不要小于 3 个机器周期，以保证 CPU 能采样到高电平值。

实现同样功能的 C51 程序如下。

```
sbit   a=P3^2;
while(! A);
while(a);
```

### 5.5.3 外部中断应用示例及仿真

本节通过示例分别说明外部中断硬件电路、中断程序设计及仿真。

**【例 5-1】** 设计一个程序，能够实时显示$\overline{\text{INT0}}$引脚上出现的负跳变脉冲信号的累计数（设此数小于等于 255）。

（1）设计要求

分析：可以利用中断系统解此题，设计主程序实现初始化及实时显示某一寄存器（R7）中的内容。利用$\overline{\text{INT0}}$引脚上出现的负跳变作为中断请求信号，每中断一次，R7 的内容加 1。

（2）硬件电路

如果外部负跳变脉冲信号满足单片机的逻辑电平要求（0～5V），可以将其直接接在 P3.2 引脚，P1 口输出控制两支数码管显示脉冲累计数。为简化显示电路，Proteus 仿真图中使用的 LED 数码管为 4 位二进制码 0000～1111 输入（内含硬件译码电路），则对应显示 16 进制 0～F。在实际 7 段 LED 显示电路中需要添加 16 进制硬件译码电路。外部中断仿真电路如图 5-9 所示。

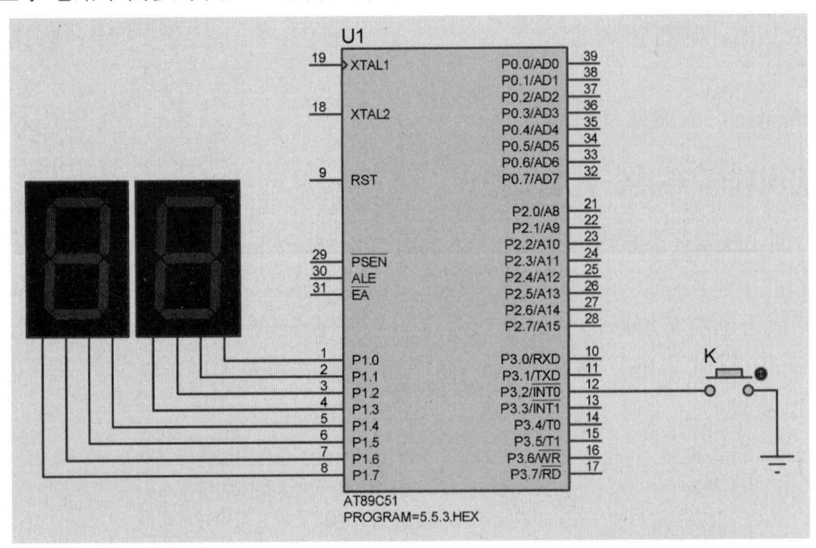


图 5-9 外部中断仿真电路

（3）程序设计

汇编语言程序如下。

```
        ORG     0000H
        AJMP    MAIN            ;转主程序
        ORG     0003H
        AJMP    IP0             ;转中断服务程序
        ORG     0030H
MAIN:   MOV     SP, #60H        ;设堆栈指针
        SETB    IT0             ;设INT0为边沿触发方式
        SETB    EA              ;CPU 开中断
```

```
        SETB    EX0                 ;允许INT0中断
        MOV     R7, #00H            ;计数器赋初值
LP:     ACALL   DISP                ;调显示子程序
        AJMP    LP
IP0:    INC     R7                  ;中断处理程序,计数器加1
        RETI                        ;中断返回
DISP:   MOV P1,R7
        RET
        END
```

C51 程序如下。

```
#include<reg51.h>
unsigned int COUNT=0;                    /*定义全局变量COUNT(0～65535)*/
void main( )
{
    IE=0x81;                             /*启用CPU和外部0中断*/
    TCON=0x01;                           /* INT0设置为负边沿触发*/
    while(1)
    {
        P1=COUNT;                        /*输出计数结果*/
    }
}
void ex_int0(void)interrupt 0            /*定义外部中断0的中断函数*/
{
    COUNT++;                             /*完成计数功能*/
}
```

（4）Proteus 仿真调试

每按下一次开关 K，$\overline{\text{INT0}}$ 引脚上出现一次负跳变信号，中断执行一次 COUNT 加 1。Proteus 仿真调试结果如图 5-10 所示。

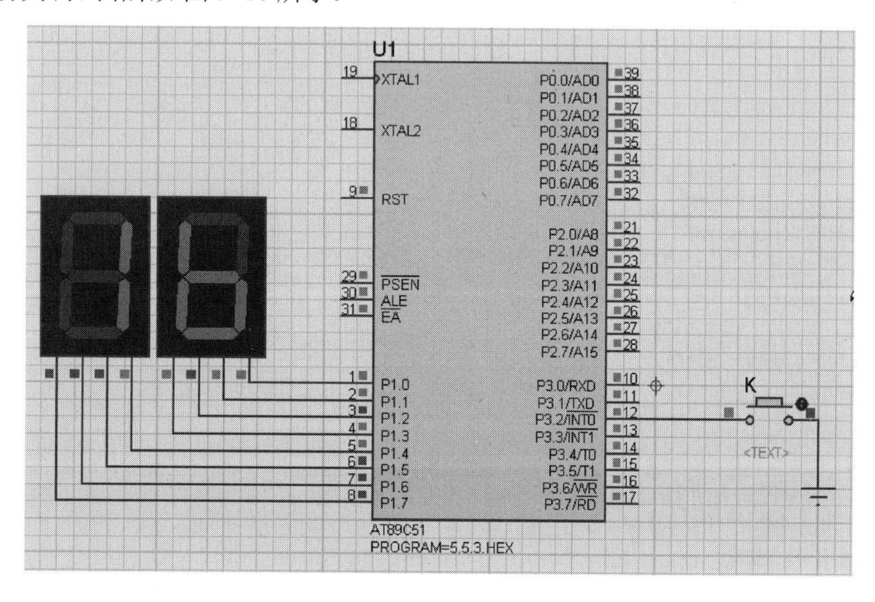


图 5-10　Proteus 仿真调试

**【例 5-2】** 利用中断设计控制 8 支流水灯闪烁。

要求：主程序实现依次左移循环形式；开关 K 按下实现外部中断请求，中断处理程序功能是 8 支灯同时闪烁 2 次，中断返回后，主程序恢复现场，仍然左移循环。

（1）中断设计

开关 K 控制 P3.2 为低电平或下降沿触发作为外部中断 0 请求信号。

当 IT0=1 时，为下降沿触发，K 按下后不管是否弹起，仅中断一次，中断处理程序执行完后返回主程序；当 IT0=0 时，为低电平触发，K 按下后如果锁住（保持低电平），将连续执行中断操作，只有在开关弹起后并且最后一次的中断处理程序执行完后返回主程序。

（2）硬件电路

外部中断 0 电路如图 5-11 所示。

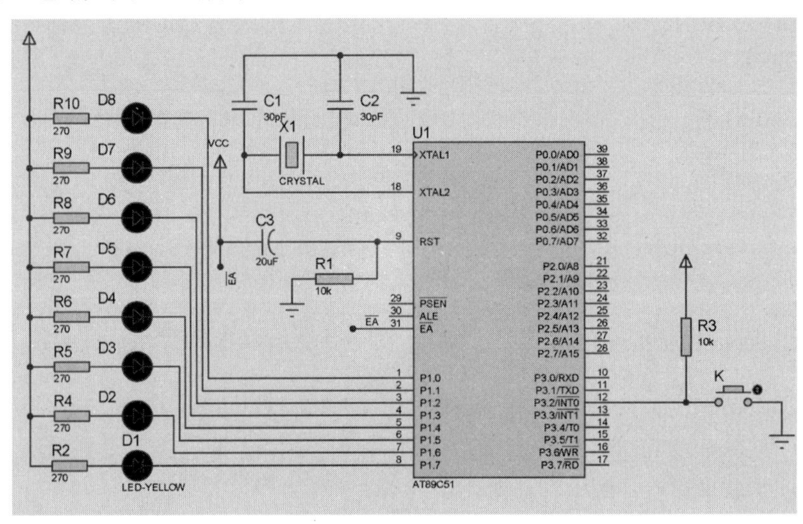


图 5-11　外部中断 0 电路

（3）程序设计

C51 程序如下。

```
#include <reg51.h>
#include <intrins.h>
#define uint8 unsigned char
#define LED P1
void delay(uint8 m);
void init();
void main()
{
 uint8 s_data = 0x01 ;
 init();
 while(1)
 {
      LED =~s_data;
    if(s_data == 0x100)
      P1 = 0x01;
      s_data = _crol_(s_data , 1);
      delay(250);
 }
}
```

```
/*******************************
函数名:init()
功   能:初始化中断控制器
输   入: 无
返回值:无
/*******************************/
void init()
{
        EX0 = 1;                        //打开外部中断 0
        IT0 = 1;                        //外部中断采用下降沿触发,
        EA = 1;                         //打开总中断
}
void delay(uint8 m)
{
       uint8 a,b,c;
       for(c=m;c>0;c--)
              for(b=142;b>0;b--)
                     for(a=2;a>0;a--);
}
void ex0()interrupt 0 using 1           //外部中断 0 服务程序
{
        LED = 0x00;                     //8 支 LED 同时闪烁 2 次
        delay(200);
        LED = 0xff;
        delay(200);
        LED = 0x00;
        delay(200);
        LED = 0xff;
        delay(200);
}
```

（4）Proteus 仿真调试

程序中设置 IT0 = 1（外部中断下降沿触发），仿真调试结果如图 5-12 所示。其中图 5-12a 为按下 K 后弹起，图 5-12b 为按下 K 后锁住，中断处理程序执行一次均返回主程序执行流水灯左移循环。

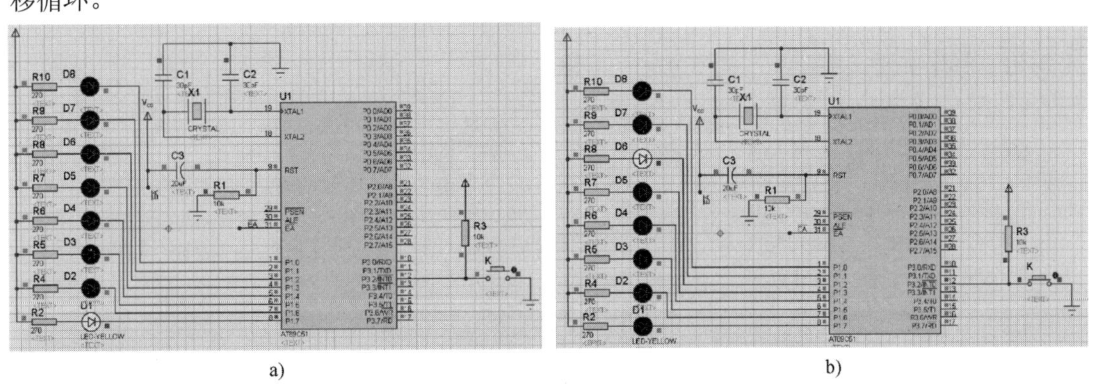


a)　　　　　　　　　　b)

图 5-12　外部中断 0（下降沿触发）仿真调试结果

a) 按下 K 后弹起　b) 按下 K 后锁住

在调试过程中将程序中的 IT0=1 修改为 IT0=0，则外部中断 0 为低电平触发，程序重新编译，仿真调试结果如图 5-13 所示。可以看出，在开关 K 按下锁住后，将连续执行中断 0 操作，8 支流水灯同时闪烁。

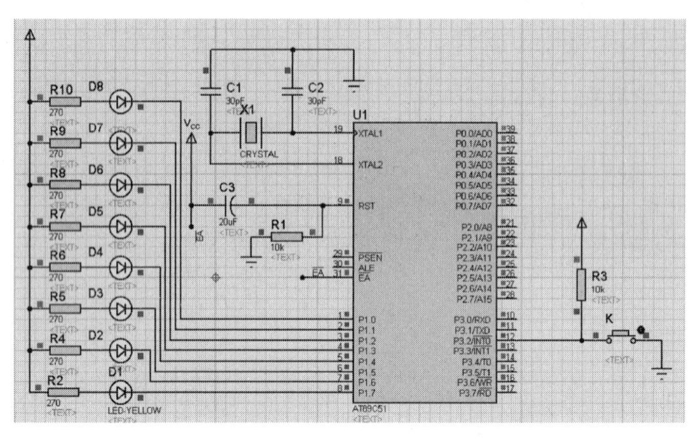


图 5-13　外部中断 0（低电平触发）仿真调试结果

注意：8 支流水灯同时闪烁，其点亮时的总电流可能会超过 P1 口允许总电流（参阅第 2 章），在实际电路中应该添加 8 位驱动芯片（下同）。

**【例 5-3】** 电路如图 5-14 所示。单片机检测 P1.0 的状态，该状态控制 P1.7 的指示灯。当 P1.0 为高电平，指示灯亮；当 P1.0 为低电平时，指示灯不亮。要求用中断控制这一输入/输出过程，开关 K 经 RS 触发器去抖动后请求中断一次，完成一个读写过程。

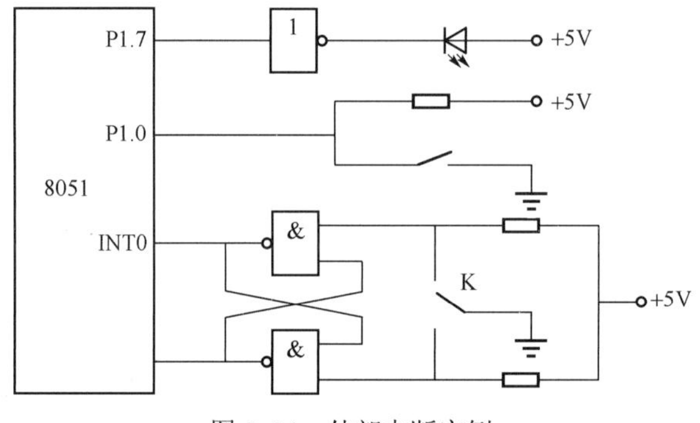


图 5-14　外部中断实例

汇编语言程序如下。

```
        ORG     0000H
        AJMP    MAIN            ;转到主程序
        ORG     0003H           ;外部中断 0 矢量地址
        AJMP    INT_0           ;转往中断服务子程序
        ORG     0050H           ;主程序
MAIN:   SETB    IT0             ;选择边沿触发方式
        SETB    EX0             ;允许 INT0 中断
        SETB    EA              ;CPU 开中断
HERE:   SJMP    HERE            ;主程序“踏步”
        ORG     0200H           ;中断程序入口
INT_0:  MOV     A, #0FFH
        MOV     P1, A           ;设输入状态
        MOV     A, P1           ;读 P1 状态
```

```
        RR      A           ;送 P1.0 到 P1.7
        MOV     P1, A       ;驱动发光二极管
        RETI                ;中断返回
        END
```

本例上电后，由 0000H 单元自动跳到主程序执行，主程序完成初始化程序之后，立即进入到指令：

```
HERE:   SJMP    HERE
```

这是一条跳转指令，执行结果跳回原处继续执行该指令，等待中断的到来。

C51 程序如下。

```
#include<reg51.h>
sbit P1_0=P1^0;
sbit P1_7=P1^7;
void main( )
{
     IE=0x81;                       /* CPU 开中断和外部中断 0 允许*/
     TCON=0x01;                     /* INT0 设置为负边沿触发*/
     while (1);
}

void ex_int0(void)interrupt 0
{
          if (P1_0= =1)             /*P1.0 为高电平,指示灯亮;当 P1.0 为低电平时,指示灯不亮*/
          P1_7=1;
     else
          P1_7=0;
}
```

**【例 5-4】** 两个中断（$\overline{\text{INT0}}$、$\overline{\text{INT1}}$）同时存在的应用示例。

两个中断同时存在时，设置中断优先级寄存器 IP 有以下两种方法。

1）$\overline{\text{INT0}}$、$\overline{\text{INT1}}$ 属于同一级中断：IP=00000000B，不分高低优先级。

2）高低优先级中断：若设 $\overline{\text{INT1}}$ 为高优先级，$\overline{\text{INT0}}$ 为低优先级，则 IP=00000100B。当两个中断同时申请时（或即使 $\overline{\text{INT0}}$ 已产生中断），$\overline{\text{INT1}}$ 先中断（$\overline{\text{INT0}}$ 停止中断），执行中断子程序后，再响应 $\overline{\text{INT0}}$ 中断。

本例要求 8051 的 P1 口接 8 个 LED，使 8 个 LED 闪烁。$\overline{\text{INT0}}$ 中断的功能为：使 P1 的 8 个 LED 实现一个灯左移和右移 3 次。$\overline{\text{INT1}}$ 中断的功能为：使 P1 的 8 个 LED 实现两个灯左移和右移 3 次，两个外部中断硬件电路如图 5-15 所示。

汇编语言源程序如下。

```
        ORG     0000H
        AJMP    START               ;跳到主程序起始地址
        ORG     0003H               ; INT0 中断矢量地址
        AJMP    EXT0                ;转到 INT0 子程序起始地址
        ORG     0013H               ; INT1 中断矢量地址
        AJMP    EXT1                ;转到 INT1 子程序起始地址
START:  MOV     IE, #10000101B      ;允许 INT0 、INT1 中断,CPU 开中断
        MOV     IP, #00000100B      ; INT1 为高优先级
        MOV     TCON, #00H          ; INT0 、INT1 为电平触发方式
```

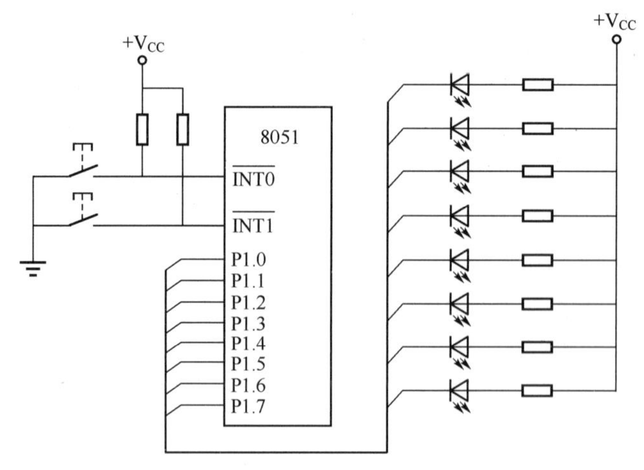


图 5-15　两个外部中断硬件电路

```
        MOV     SP, #70H        ;设定堆栈指针
        MOV     A, #00H         ;清 P1 口
LOOP:   MOV     P1, A           ;使 P1 闪烁
        ACALL   DELAY           ;延时 0.2s
        CPL     A               ;将 A 反相(全亮)
        AJMP    LOOP            ;重复循环
EXT0:   PUSH    ACC             ;保护现场
        PUSH    PSW
        SETB    RS0             ;设定工作寄存器组 1,RS1=0、RS0=1
        CLR     RS1
        MOV     R3, #03H        ;左右移 3 次
LOOP1:  MOV     A, #0FFH        ;左移初值
        CLR     C
        MOV     R2, #08H        ;设定左移 8 次
LOOP2:  RLC     A               ;包括 C 左移一位
        MOV     P1,A            ;输出到 P1
        ACALL   DELAY           ;延时 0.2s
        DJNZ    R2, LOOP2       ;左移 8 次
        MOV     R2, #07H        ;设定右移 7 次
LOOP3:  RRC     A               ;包括 C 右移一位
        MOV     P1, A           ;输出到 P1
        ACALL   DELAY           ;延时 0.2s
        DJNZ    R2, LOOP3       ;右移 7 次
        DJNZ    R3, LOOP1       ;左右移 3 次
        POP     PSW             ;恢复现场
        POP     ACC
        RETI                    ;中断返回
EXT1:   PUSH    ACC             ;保护现场
        PUSH    PSW
        SETB    RS1             ;设定工作寄存器组 2,RS1=1、RS0=0
        CLR     RS0
        MOV     R3, #03         ;左右移 3 次
LOOP4:  MOV     A, #0FCH        ;左移初值
        MOV     R2, #06H        ;设定左移 6 次
LOOP5:  RL      A               ;左移一位
        MOV     P1, A           ;输出到 P1
```

```
        ACALL   DELAY           ;延时 0.2s
        DJNZ    R2, LOOP5       ;左移 6 次
        MOV     R2, #06H        ;设定右移 6 次
LOOP6:  RR      A               ;右移一位
        MOV     P1, A           ;输出到 P1
        ACALL   DELAY           ;延时 0.2s
        DJNZ    R2, LOOP6       ;右移 6 次
        DJNZ    R3, LOOP4       ;左右移 3 次
        POP     PSW             ;恢复现场
        POP     ACC
        RETI                    ;中断返回
DELAY:  MOV     R5, #20         ;0.2s
D1:     MOV     R6, #20         ;10ms
D2:     MOV     R7, #248        ;0.5ms
        DJNZ    R7, $
        DJNZ    R6, D2
        DJNZ    R5, D1
        RET
        END
```

本例 C51 控制程序见本书电子资源。

## 5.6 思考与练习

1．51 单片机能提供几个中断源、几个中断优先级？各个中断源的优先级怎样确定？在同一优先级中，各个中断源的优先顺序怎样确定？

2．简述 51 单片机的中断响应过程。

3．51 单片机的外部中断有哪两种触发方式？如何设置？对外部中断源的中断请求信号有何要求？

4．简述外部中断的控制位有哪些？作用是什么？

5．51 单片机中断响应时间是否固定？为什么？

6．51 单片机如果扩展 6 个中断源，可采用哪些方法？如何确定它们的优先级？

7．试用中断技术设计一个发光二极管 LED 的闪烁电路。

8．当正在执行某一中断源的中断服务程序时，如果有新的中断请求出现，在什么情况下可响应新的中断请求？在什么情况下不能响应新的中断请求？

9．使用 8051 外部中断 0 请求，在中断服务程序中读取 P1 口数据；然后使用外部中断 1 请求，在中断服务程序中将读入的 P1 口数据由 P0 口输出。

10．在单片机流水灯硬件电路运行情况下，利用外部中断 1（P3.3）实现控制主程序（流水灯循环右移）的单步执行，观察运行结果。

11．用 C51 编写外部中断 0 的中断函数，该中断函数的功能实现从 P1 口读入 8 位数据存放在一数组中，如果数据全为 0，置 P2.1 输出 1，否则 P2.1 输出 0。设计仿真电路，编写控制程序，进行仿真调试。

# 第 6 章　51 单片机定时器/计数器及应用

51 单片机内部有两个 16 位的定时器/计数器，它们既可工作在定时器方式，也可工作在计数器方式，还可作为串行接口的波特率发生器，为单片机系统提供计数、定时及实现相应功能，这些功能需要通过编程来设定、修改与控制。

本章主要介绍 51 单片机内部定时器/计数器的结构、工作原理、应用技术及典型应用实例的设计。

## 6.1　定时器/计数器概述

51 单片机内部有两个 16 位定时器/计数器，简称定时器 0（T0）和定时器 1（T1），可以独立使用。

（1）定时器/计数器的基本结构

T0 和 T1 实际上是可以连续加 1 的计数器，当它对外部事件进行计数时，称之为计数器；当它对内部固定频率的机器周期进行计数时，通过设定计数值，时间可以精确计算，故称之为定时器。定时器/计数器的基本结构如图 6-1 所示。

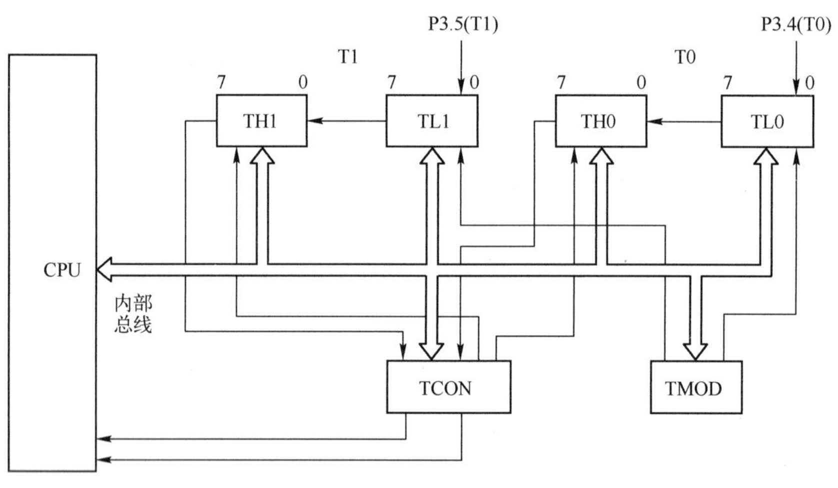


图 6-1　定时器/计数器内部结构框图

其中，TH1（高八位）、TL1（低八位）是 T1 的计数器，TH0（高八位）、TL0（低八位）是 T0 的计数器。TH1 和 TL1、TH0 和 TL0 分别构成两个 16 位加法计数器，它们的工作状态及工作方式由两个特殊功能寄存器 TMOD 和 TCON 各位的状态或设置来决定。

（2）可编程定时器/计数器

T0 和 T1 工作状态有定时和计数两种，由 TMOD 的第 2 位（T0）或第 6 位（T1）决定。T0 和 T1 有工作模式 0～工作模式 3，也是由 TMOD 其中的两位（1 个定时器）来决定。TMOD 和 TCON 的内容由用户编程写入。

当 T0 或 T1 加 1 计满溢出时，溢出信号将 TCON 中的 TF0 或 TF1 置 1，作为定时器/计数器的溢出中断标志。

当加法计数器的初值被设置后，用指令改变 TMOD 和 TCON 的相关控制位，定时器/计数器就会在下一条指令的第一个机器周期的 S1P1 时刻按设定的方式自动进行工作。

（3）作定时器使用

T0（或 T1）作定时器使用时，输入的时钟脉冲是由单片机时钟振荡器的输出经 12 分频后得到的，所以定时器可看作是对单片机机器周期的计数器。因此，它的计数频率为时钟频率的 1/12。若时钟频率为 12MHz，则定时器每接收一个计数脉冲的时间间隔为 1μs。

（4）作计数器使用

T0（或 T1）作对外部事件计数时，则相应的外部计数信号输入端为 P3.4（或 P3.5）。在这种情况下，当 CPU 检测到输入端的电平由高跳变到低时，计数器就加 1。加 1 操作发生在检测到这种跳变后的一个机器周期的 S3P1，因此需要两个机器周期来识别一个从“1”到“0”的跳变，故最高计数频率为晶振频率的 1/24。这就要求输入信号的电平在跳变后至少应在一个机器周期内保持不变，以保证在给定的电平再次变化前至少被采样一次。

（5）定时器/计数器初值

不管是作为定时器使用还是计数器使用，其实质都是一个加 1 计数器。并且计数器只能在发生溢出时才申请中断。所以在确定定时时间或计数值后，需要给定时器/计数器赋初值。

设定时器/计数器的最大计数值为 M，系统需要的计数值为 N 或需要的定时时间为 t，开始计数的初值 X 计算方法如下。

1）计数工作方式时初值：X=M−N

2）定时工作方式时初值：X=M−t/T（T=12/晶振频率）。

## 6.2 定时器/计数器的控制

定时器/计数器有 4 种工作模式，由用户编程对 TMOD 设置，选择需要的工作模式。TCON 则提供定时器/计数器的控制信号。

### 6.2.1 定时器/计数器工作模式寄存器 TMOD

特殊功能寄存器 TMOD 的字节地址为 89H，它不能位寻址，只能字节寻址，在设置时由用户一次编程写入。TMOD 各位的定义如图 6-2 所示，其高 4 位用于定时器 T1，低 4 位用于定时器 T0。

| MSB | 6 | 5 | 4 | 3 | 2 | 1 | LSB |
|---|---|---|---|---|---|---|---|
| GATE | C/$\overline{T}$ | M1 | M0 | GATE | C/$\overline{T}$ | M1 | M0 |
| T1 模式控制位 | | | | T0 模式控制位 | | | |

图 6-2　TMOD 的各位定义

**1．M1M0——工作模式控制位**

M1M0 对应 4 种不同的二进制组合，对应 4 种工作模式，分别为模式 0（13 位）、模式 1（16 位）、模式 2（自动重装初值 8 位）及模式（两个独立 8 位），见表 6-1。

**表 6-1　工作模式一览表**

| M1M0 | 模　式 | 说　明 |
|---|---|---|
| 00 | 0 | 13 位定时（计数）器，TH 高 8 位和 TL 的低 5 位 |
| 01 | 1 | 16 位定时器/计数器 |

（续）

| M1M0 | 模　式 | 说　明 |
|---|---|---|
| 10 | 2 | 自动重装入初值的 8 位定时器/计数器 |
| 11 | 3 | T0 分成两个独立的 8 位计数器，T1 没有模式 3 |

**2．$C/\overline{T}$ ——定时器方式和计数器方式选择控制位**

若 $C/\overline{T}$ =1 时，为计数器方式。

若 $C/\overline{T}$ =0 时，为定时器方式。

**3．GATE——定时器/计数器运行控制位**

当 GATE=1 时，只有 $\overline{INT0}$（或 $\overline{INT1}$）引脚为高电平且 TR0（或 TR1）置 1 时，相应的 T0 或 T1 才能选通工作，此时可用于测量在 $\overline{INT0}$（或 $\overline{INT1}$）端出现的正脉冲宽度。当 GATE=0 时，只要 TR0（或 TR1）置 1，T0（或 T1）就被选通，而不受 $\overline{INT0}$（或 $\overline{INT1}$）是高电平还是低电平的影响。

### 6.2.2　定时器/计数器控制寄存器 TCON

定时器控制寄存器 TCON 字节地址为 88H，可以字节寻址，各位还可以位寻址。TCON 各位位地址为 88H～8FH，其各位的定义及格式如图 6-3 所示。

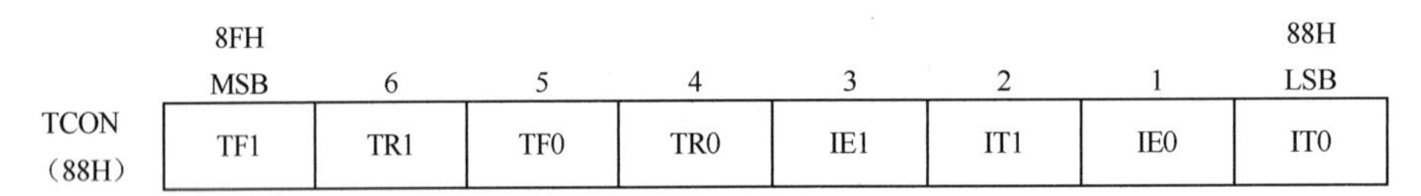


图 6-3　TCON 的各位定义

TF0、TF1（第 5、7 位）分别为 T0、T1 的溢出标志位，溢出时该位置 1，并申请中断，在中断响应后自动清 0。

TR0、TR1（第 4、6 位）分别为 T0、T1 的运行控制位，通过编程置 1 后，定时器/计数器即开始工作，在系统复位时清 0。

TCON 的低 4 位与中断有关，在第 5 章已介绍。

## 6.3　定时器/计数器的工作模式

51 单片机的 T0 和 T1 可由软件对特殊功能寄存器 TMOD 中控制位 $C/\overline{T}$ 进行设置，以选择定时功能或计数功能。对 M1 和 M0 位的设置对应于 4 种不同的工作模式，即模式 0、模式 1、模式 2、模式 3。

在模式 0、模式 1 和模式 2 时，T0 和 T1 的工作情况相同；在模式 3 时，则情况不同。

### 6.3.1　工作模式 0

TMOD 的 M1M0 设置为 00 时，定时器/计数器工作在模式 0。

模式 0 是选择定时器/计数器（T0 或 T1）的高 8 位和低 5 位组成的一个 13 位定时器/计数器。定时器/计数器 T0 工作模式 0 的逻辑结构框图如图 6-4 所示（T1 类同）。

在模式 0 下，16 位寄存器（TH0 和 TL0）只用了 13 位。其中，TL0 的高 3 位未用，其余 5 位作为整个 13 位的低 5 位，TH0 作为高 8 位。当 TL0 的低 5 位溢出时，直接向 TH0 进位；TH0

溢出时，向中断标志位 TF0 进位（硬件置位 TF0），并申请 T0 中断。T0 是否溢出可通过软件查询 TF0 是否被置位来实现。

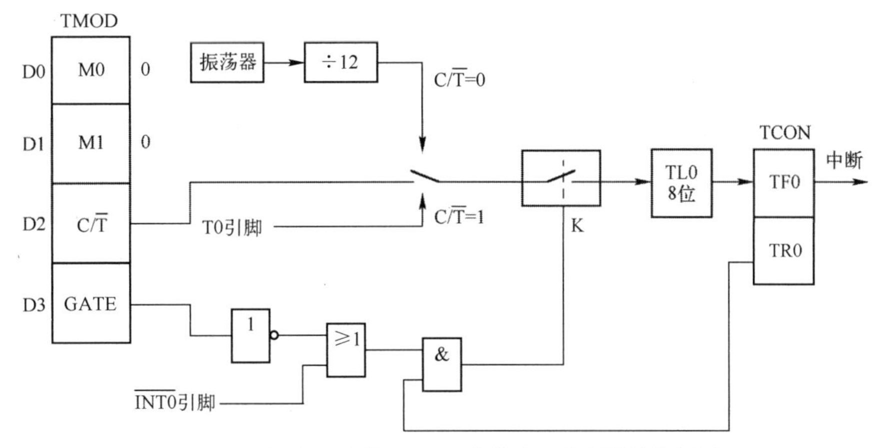


图 6-4　定时器/计数器 T0 工作模式 0 的逻辑结构框图

（1）定时器方式

在图 6-4 中，$C/\overline{T}=0$ 0 时，控制开关接通振荡器 12 分频输出端，T0 对机器周期计数，即定时工作方式。其定时时间为

$$t=(2^{13}-\text{T0 初值})\times\text{振荡周期}\times 12$$

式中，“T0 初值”是需要编程写入 TH0 和 TL0 的。

（2）计数器方式

在图 6-4 中，$C/\overline{T}=1$ 时，内部控制开关使引脚 T0（P3.4）与 13 位计数器相连，外部计数脉冲由引脚 T0（P3.4）输入，当外部信号电平发生由 1 到 0 跳变时，计数器加 1。这时，T0 成为外部事件计数器，即计数工作方式。

其计数初值为

$$X=2^{13}-N$$

式中，N 是需要的计数值；X 是需要编程写入 TH0 和 TL0 的计数初值。

**【例 6-1】** 定时器初值计算示例。

设置定时 t=1ms，晶振为 6MHz，则 T0 计数器初值为

$$X=2^{13}-10^{-3}/(12/(6\cdot 10^{6}))$$
$$=7692\ (\text{1E0CH})=0001\ 11100000\ 1100\text{B}$$

将第 0～4 位 01100 送入 TL0，将第 5～12 位 11110000 送入 TH0。

初值在程序中也可直接计算给出。

T0 初始化汇编语言程序：

```
MOV   TMOD, #00H
MOV   TH0,(8192 – 500)/ 32           ;计算初值高 8 位赋给 TH0,/:除法运算符
MOV   TL0,(8192 – 500)MOD 32         ;计算初值低位赋给 TL0,MOD:除法求余运算符
```

T0 初始化 C51 程序：

```
TMOD = 0x00;
TH0 =(8192 – 500)/ 32;
TL0 =(8192 – 500)% 32;
```

### 6.3.2 工作模式 1

TMOD 的 M1M0 位设置为 01 时，定时器/计数器工作在模式 1。

模式 1 对应的是一个 16 位的定时器/计数器，其结构与操作几乎与模式 0 完全相同。定时器/计数器 T0 工作模式 1 的逻辑结构框图如图 6-5 所示。

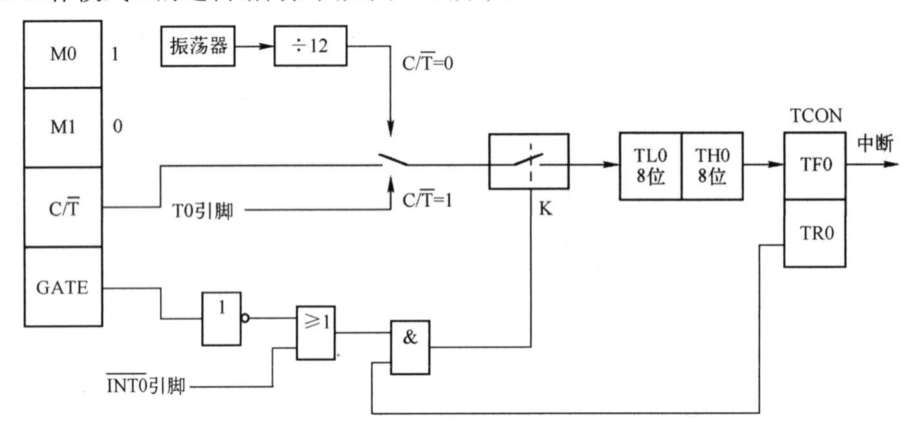


图 6-5　定时器/计数器 T0 工作模式 1 的逻辑结构框图

（1）定时器方式

用于定时工作方式时，定时时间为

$$t=(2^{16}-\text{T0 初值})\times\text{振荡周期}\times 12$$

式中，“T0 初值”是需要编程写入 TH0 和 TL0 的，可以得到其定时最长时间为 65536μs。

（2）计数器方式

用于计数工作方式时，计数最大长度为 $2^{16}=65536$ 个外部脉冲。

其计数初值为

$$X=2^{16}-N$$

式中，N 是需要的计数值；X 是需要编程写入 TH0 和 TL0 的计数初值。

**【例 6-2】** 定时器初值计算举例。

如要定时 1ms，晶振为 12MHz。则计算初值方法为：$2^{16}-1000=64536$（FC18H）。

T0 初始化程序如下。

汇编语言程序：

```
MOV   TMOD, #01H
MOV   TH0, (65536 – 1000) / 256
MOV   TL0, (65536 – 1000) MOD 256
```

C51 程序：

```
TMOD = 0x01;
TH0 =(65536 – 1000)/ 256;
TL0 =(65536 – 1000)% 256;
```

### 6.3.3 工作模式 2

TMOD 的 M1M0 设置为 10 时，定时器/计数器工作在模式 2。

模式 2 把 TL0（或 TL1）设置成一个可以自动重装载的 8 位定时器/计数器。定时器/计数器 T0 工作模式 2 的逻辑结构如图 6-6 所示。

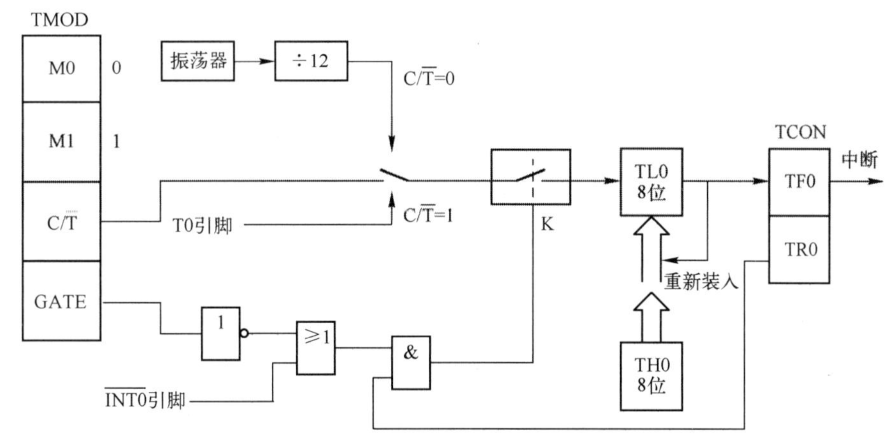

图 6-6　定时器/计数器 T0 工作模式 2 的逻辑结构框图

TL0 计数溢出时，不仅使溢出中断标志位 TF0 置 1，而且还自动把 TH0 中的内容重新装载到 TL0 中。这时，16 位计数器被拆成两个，TL0 用作 8 位计数器，TH0 用以保存初值。

在程序初始化时，TL0 和 TH0 由软件赋予相同的初值。一旦 TL0 计数溢出，便置位 TF0，并将 TH0 中的初值再自动装入 TL0，继续计数，循环重复。

（1）定时器方式

用于定时工作方式时，其定时时间（TF0 溢出周期）为

$$t=(2^8-\text{初值})\times\text{振荡周期}\times 12$$

式中，“初值”需要编程分别写入 TH0 和 TL0。

模式 2 定时器方式可省去用户软件中重新装入常数的指令，并可产生相当精确的定时时间，特别适用于作为脉冲信号发生器或串行口波特率发生器。

例如，如要定时 100us，晶振为 6MHz，则计算初值方法为 $2^8-50=206$（CEH）。

（2）计数器方式

用于计数工作方式时，最大计数长度为 $2^8=256$ 个外部脉冲。

其计数初值为

$$X=2^8-N$$

其中，N 为计数值，计数初值 X 需要分别写入 TH0 和 TL0。

模式 2 计数器方式可省去用户软件中重新装入常数的指令，适用于需要连续循环计数的应用系统。

### 6.3.4　工作模式 3

TMOD 的 M1M0 设置为 11 时，定时器/计数器工作在模式 3。

T0 和 T1 在工作模式 3 时结构大不相同，如果 T1 设置为模式 3，则停止计数，保持原计数值。

（1）T0 工作在模式 3

若将 T0 设置为模式 3，TL0 和 TH0 被分成为两个相互独立的 8 位计数器。定时器/计数器 T0 工作模式 3 的逻辑结构如图 6-7 所示。

图 6-7 中，TL0 用原 T0 的各控制位、引脚和中断源，即 $C/\overline{T}$、GATE、TR0，TF0 和 T0（P3.4）引脚，$\overline{\text{INT0}}$（P3.2）引脚。TL0 除仅用 8 位寄存器外，其功能和操作与模式 0（13 位）、模式 1（16 位）完全相同，或者说 TL0 操作方式和模式 2 基本一样，但不能自动重载初值，必须由软件赋初值。TL0 也可工作在定时器方式或计数器方式。

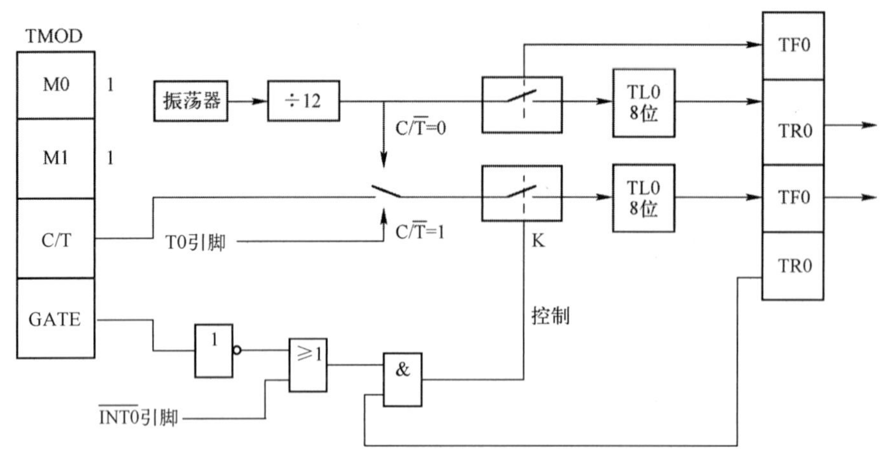

图 6-7　定时器/计数器 T0 工作模式 3 逻辑结构框图

TH0 只可用作简单的内部定时功能（见图 6-7 上半部分），它占用了定时器 T1 的控制位 TR1 和 T1 的中断标志位 TF1，其启动和关闭仅受 TR1 的控制，原控制 T1 的控制位 TR1 和中断标志位 TF1 的用来控制 TH0。

（2）T1 无模式 3 状态

定时器 T1 无工作模式 3 状态，若将 T1 设置为模式 3，就会使 T1 立即停止计数，即保持住原有的计数值，作用相当于使 TR1＝0，封锁与门，断开计数开关。

（3）波特率发生器

在定时器 T0 工作在模式 3 时，T1 仍可设置为模式 0～2，如图 6-8a 所示。由于 TR1 和 TF1 被 T0 占用，计数器开关已被接通，此时，仅用 T1 控制位 C/ $\overline{T}$ 切换其定时器或计数器工作方式就可使 T1 运行。寄存器（8 位、13 位、16 位）溢出时，只能将输出送入串行口或用于不需要中断的场合。一般情况下，当定时器 T1 用作串行口波特率发生器时，定时器 T0 才设置为工作模式 3。此时，通常把定时器 T1 设置为模式 2，用作波特率发生器，如图 6-8b 所示。

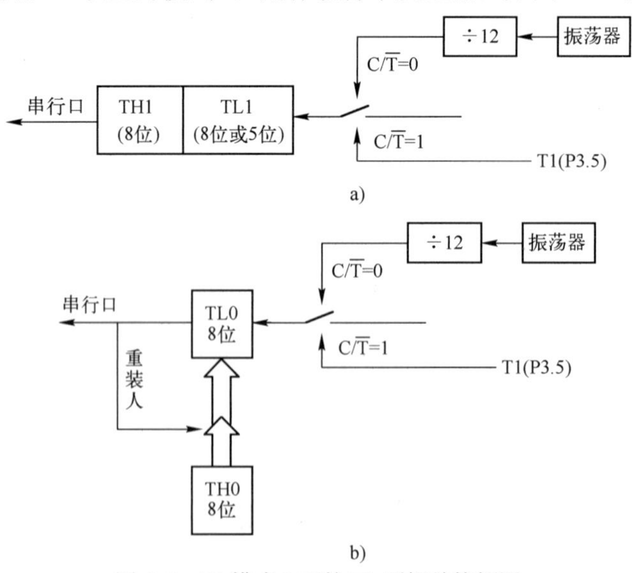

图 6-8　T0 模式 3 下的 T1 逻辑结构框图

a) T1 模式 1（或模式 0）　b) T1 模式 2

## 6.4 定时器/计数器应用技术

本节以系统应用为例，分别介绍定时器/计数器工作在不同模式下的应用技术。

### 6.4.1 模式 0 的应用

利用定时器/计数器每隔 1ms 控制产生宽度为两个机器周期的负脉冲，由 P1.0 送出，设时钟频率为 12MHz。

为了提高 CPU 的效率，采用中断方式工作。

首先求定时器的初值，设定时器初值为 X，定时 1ms，则应有

$$(2^{13}-X)\times 10^{-6}=1\times 10^{-3}$$

式中，机器周期为 1μs，可求得 X=7192=11100000 11000B，其中高 8 位（5～12 位）0E0H 赋给 TH0，低 5 位（0～4 位）18H 送 TL0。由于系统复位后，TMOD 清 0，定时器默认处于模式 0 状态，且 GATE=0，也可不设置 TMOD。

汇编语言程序如下。

```
        ORG     0000H
        AJMP    MAIN
        ORG     000BH
        AJMP    T0INT
        ORG     0100H
MAIN:   MOV     TH0, #0E0H
        MOV     TL0, #18H           ;送定时初值
        MOV     IE, #82H            ;允许 T0 中断 EA=1,ET0=1
        SETB    TR0                 ;启动定时器 0
LOOP:   SJMP    LOOP
        ORG     0200H
T0INT:  CLR     P1.0                ;输出 0,该指令执行时间 1 个机器周期(1μs)
        NOP                         ;该指令执行时间 1 个机器周期(1μs)
        SETB    P1.0                ;输出 1,结束 2μs 负脉冲
        MOV     TH0, #0DDH          ;用软件重新赋初值
        MOV     TL0, #18H
        RETI
        END
```

C51 程序如下。

```
#include <reg51.h>
sbit OUT = P1^0;                    //定义端口
void init( )
{
    TMOD = 0x00;                    //T0 工作在模式 0
    TH0 = (8192 - 1000)/32;
    TL0 = (8192 - 1000)%32;         //载入初值
    ET0 = 1;
    EA = 1;                         //初始化中断
    TR0 = 1;                        //启动定时器 T0
}
void main( )
{
```

```
        init( );
        while(1);                           //等待中断
    }
    void t0( ) interrupt 1
    {
        TH0 = (8192 - 1000)/32;             //重新载入初值
        TL0 = (8192 - 1000)%32;
        OUT = 0;                            //输出 0,执行时间 1 个机器周期(1μs)
        OUT = 0;                            //执行时间 1 个机器周期(1μs)
        OUT = 1;                            //输出 1
    }
```

### 6.4.2 模式 1 的应用

利用定时器 0 产生 25Hz 的方波，由 P1.0 输出。假设 CPU 不做其他工作，则可采用查询方式进行控制。设晶振频率为 12MHz。

频率为 25Hz（周期为 1/25＝40ms）的方波波形如图 6-9 所示。

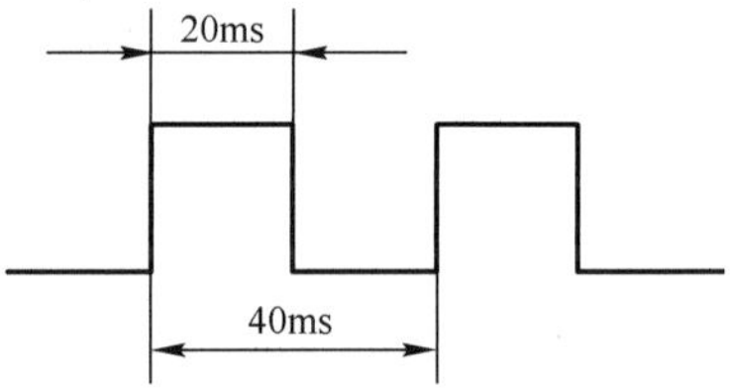

图 6-9 频率为 25Hz 方波

可以采用定时器定时 20ms，每隔 20ms 改变一下 P1.0 的电平，即可得到 25Hz 的方波信号。

若采用定时器工作模式 0，则最长定时时间为 $t=2^{13}\times 1\times 10^{-6}$s=8.192ms，显然定时一次不能满足要求。

选择定时器工作在模式 1，设初值为 X，则有 $t=(2^{16}-X)\times 1\times 10^{-6}=20\times 10^{-3}$，求得 X=45536=B1E0H，其中高 8 位 0B1H 赋给 TH0，低 8 位 0E0H 送 TL0。

汇编语言程序（查询方式）如下。

```
        ORG     0100H
        MOV     TMOD, #01H
        MOV     TH0, #0B1H
        MOV     TL0, #0E0H
        SETB    TR0
LOOP:   JNB     TF0, $              ;$为当前指令指针(地址)
        CLR     TF0
        MOV     TH0, #0B1H
        MOV     TL0, #0E0H
        CPL     P1.0
        SJMP    LOOP
        END
```

C51 程序（中断方式）如下。

```
#include <reg51.h>
sbit OUT = P1^0;                        //定义端口
void init()
{
    TMOD = 0x01;                        //T0 工作在模式 0
    TH0 = (65536 - 20000)/256;
    TL0 = (65536 - 20000)%256;          //载入初值
    ET0 = 1;
    EA = 1;                             //初始化中断
```

```
        TR0 = 1;                                    //启动定时器 T0
}
void main()
{
        init();
        while(1)
        {
            while(!TF0);
            TF0 = 0;
            OUT = ～OUT;
            TH0 = (65536 - 20000)/256;
            TL0 = (65536 - 20000)%256;    //重新载入初值
        }
}
void t0() interrupt 1
{
        TH0 = (65536 - 20000)/32;         //重新载入初值
        TL0 = (65536 - 20000)%32;
        OUT = ～OUT;
}
```

应注意，对 TMOD 中各位不能位寻址。

### 6.4.3 模式 2 的应用

利用定时器 T1 的模式 2 对外部信号计数，要求每计满 100 次，将 P1.0 端取反。

外部信号由 T1（P3.5）引脚输入，每发生一次负跳变计数器加 1，每输入 100 个脉冲，计数器发生溢出中断，中断服务程序将 P1.0 状态取反。

T1 计数工作方式模式 2 的控制字为 TMOD=60H。T0 不用时，TMOD 的低 4 位可任取，但不能使 T0 进入模式 3，一般取 0。

计算 T1 的计数初值为

$$X=2^8-100=156=9CH$$

因此，初值 9CH 分别赋给 TL1 和 TH1。

汇编语言程序如下。

```
          ORG 0000H
          AJMP MAIN
          ORG 001BH
          AJMP   INT1
MAIN:     MOV       TMOD, #60H
          MOV       TL1, #9CH              ;赋初值
          MOV       TH1, #9CH
          MOV       IE, #88H               ;定时器 T1 开中断
          SETB      TR1
HERE:     SJMP      HERE
INT1:     CPL       P1.0                   ;中断服务程序入口
          RETI
          END
```

C51 程序如下。

```
#include <reg51.h>
```

```
sbit OUT = P1^0;                        //定义端口
void init()
{
    TMOD = 0x60;                        //T1 工作在模式 2
    TH1 = 256 - 100;
    TL1 = 256 - 100;                    //载入初值
    ET1 = 1;
    EA = 1;                             //初始化中断
    TR1 = 1;                            //启动定时器 T0
}
void main()
{
    init();
    while(1);
}
void t1() interrupt 3
{
    OUT = ～OUT;
}
```

### 6.4.4 模式 3 的应用

设一个 51 单片机系统中已使用了两个外部中断源，并置定时器 T1 于模式 2，作为串行口波特率发生器。现要求再增加一个外部中断源，并由 P1.0 口输出一个 5kHz 的方波，设 $f_{osc}$=6MHz。

在不增加其他硬件成本时，可把定时器 T0 置于工作模式 3，利用外部引脚 T0 端作附加的外部中断输入端，把 TL0 预置为 FFH，这样在 T0 端出现由 1 到 0 的负跳变时，TL0 立即溢出，申请中断，相当于边沿触发的外部中断源。在模式 3 下，TH0 总是作 8 位定时器用，可以用它来控制 P1.0 输出的 5kHz 方波。

P1.0 输出 5kHz 的方波，即要求每隔 100μs 使 P1.0 的电平发生一次变化，则 TH0 中初值 X=256-100/2=206。

汇编语言程序如下。

```
MOV     TL0, #0FFH
MOV     TH0, #206
MOV     TL1, #BAUD          ;BAUD 根据波特率要求得到
MOV     TH1, #BAUD
MOV     TMOD, #27H          ;置 T0 为工作模式 3,TL0 工作于计数器方式
MOV     TCON, #55H          ;启动 T0、T1,置外部中断 0 和 1 为边沿触发方式
MOV     IE, #9FH            ;开放全部中断
```

TL0 溢出中断服务程序（由 000BH 单元转来）如下。

```
TL0INT:  MOV     TL0, #0FFH
            …                   ;中断服务程序
         RETI
```

TH0 溢出中断服务程序（由 001BH 单元转来）如下。

```
TH0INT:  MOV     TH0, #206
         CPL     P1.0
         RETI
```

此处串行口和外部中断 0、1 的中断服务程序没有列出。

## 6.5 定时器/计数器应用设计实例

下面通过几个应用实例来具体介绍定时器/计数器的应用。

### 6.5.1 定时器延时控制

（1）设计要求

设单片机晶振频率为 12MHz，利用定时器使 P1.0 连续输出周期为 2s 的方波，控制一个发光二极管（闪烁），每 1s 其状态改变一次。

本示例程序设计分别采用查询方法和中断方法，分别使用汇编语言程序和 C51 程序。

（2）硬件电路

在 Proteus ISIS 下输入原理图（含虚拟示波器），如图 6-10 所示。

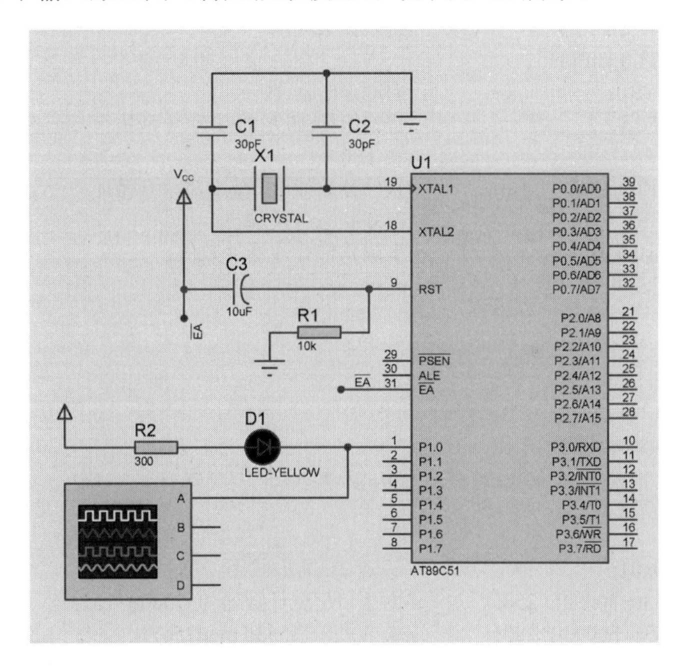


图 6-10　硬件仿真原理图

（3）分析

利用 T0 产生 1s 的定时程序，循环控制。

由于定时器最长定时时间是有限的，且定时时间较长，采用哪一种工作模式较合适，可以比较一下。

模式 0 最长可定时 8.192 16ms。

模式 1 最长可定时 65.5036ms。

模式 2 最长可定时 256μs。

根据设计要求，可选模式 1，为实现 1s 的延时，可以设置定时器 T0 定时时间为 50ms，通过程序设置一个软件计数器，对定时器溢出（溢出标志位 TF0）次数计数（20 次），或者每隔 50ms 中断一次，中断 20 次为 1s。

设初值为 X，则

$$(2^{16}-X)\times\frac{12}{12\times10^{6}}=50\times10^{-3}$$

可求得 $X=65536-10^3\times 50=15536=$（3CB0H）。

因此，（TL0）=0B0H，（TH0）=3CH。

（4）程序设计

1）采用查询 T0 的 TF0 方法。

汇编语言程序如下。

```
        ORG     0000H
        LJMP MAIN               ;跳转到主程序
        ORG 0100H               ;主程序
    MAIN:
        MOV TMOD,#01H           ;置 T0 工作于模式 1
        MOV R0,#20              ;设置软件计数器初值为 20
    LOOP:
        MOV TH0,#3CH            ;装入计数初值
        MOV TL0,#0B0H
        SETB TR0                ;启动定时器 T0
        JNB TF0,$               ;查询等待,如果 TF0 为 1 则执行下一条指令
        CLR TF0                 ;清 TF0
        DJNZ R0,LOOP            ;软件计数器 R0 减 1, R0≠0 循环
        CPL P1.0                ;P1.0 状态取反输出
        MOV R0,#10              ;重载软件计数器计数值
        SJMP LOOP
        END
```

C51 程序如下。

```
#include <reg51.h>
#define uchar unsigned char
sbit led = P1^0;                    //定义连接 LED 的管教
void Init (void)
{
    TMOD = 0x01;                    //设置 T0 为方式 1
    TH0 =(65536-50000) / 256;       //对于 16 位计数器 0-50000=15536，可免于计算直接装入初值
    TL0 =(65536-50000 )% 256;       //装入初值(15536 mod256)
    TR0 = 1;
    led = 1;
}

void main(void)
{
    uchar i = 0;
    Init ();
    while(1)
    {
        TH0 =(65536-50000) / 256;   //重新装入初值
        TL0 =(65536-50000) % 256;
        while(!TF0) ;               //等待 T0 溢出
        TF0 = 0;                    //清除溢出标志位
        i ++;                       //软件计数加 1
        if(i == 20)
        {
```

```
                led = ～led;                  // P1.0 状态取反输出
                i = 0;                        //软件计数器清 0
            }
        }
    }
```

2）采用中断的方法。

汇编语言程序如下。

```
        ORG 0000H
        LJMP MAIN
        ORG 000BH                             ;T0 中断入口地址
        LJMP INT_T0
        ORG 0030H
MAIN:
        MOV TMOD,#01H                         ;置 T0 为工作模式 1
        MOV TH0,#3CH                          ;装入计数初值
        MOV TL0,#0B0H
        MOV R0,#20                            ;软件计数器置初值
        SETB ET0                              ;T0 开中断
        SETB EA                               ;CPU 开中断
        SETB TR0                              ;启动 T0
        SJMP $                                ;等待中断

INT_T0:
        PUSH ACC                              ;保护现场
        PUSH PSW
        MOV TH0,#3CH                          ;装入计数初值
        MOV TL0,#0B0H                         ;装入计数值
        DJNZ R0,INTEND                        ;软件计数器减 1
        CPL P1.0                              ; P1.0 状态取反输出
        MOV R0,#20
INTEND:
        POP PSW                               ;恢复现场
        POP ACC
        RETI
        END
```

C51 程序如下。

```
#include <reg51.h>
#define uchar unsigned char
sbit led = P1^0;
uchar i = 0;
void Init Timer0(void)
{
    TMOD = 0x01;                              //置 T0 为工作模式 1
    TH0 = (65536-50000) / 256;                //装入计数初值
    TL0 =(65536-50000) % 256;
    ET0 = 1;                                  //开 T0 中断
    EA = 1;                                   //开 CPU 总中断
    TR0 = 1;                                  //启动 T0,开始计数
}
```

```
void main(void)
{
      Init Timer0();
      while(1);
}
void Timer0Int(void) interrupt 1 using 1          //T0 中断服务程序 using 1 代表使用通用寄存器组 1
{
       TH0 =0-50000 / 256;                           //重载计数初值
       TL0 = 0-50000 % 256;
        i++;
        if(i = = 20)
        {
           led =  ~led;                              // P1.0 状态取反输出
           i = 0;
        }
}
```

（5）仿真调试

在 Proteus 下仿真运行调试，发光二极管闪烁，打开虚拟示波器，方波周期为 2s，如图 6-11 所示。

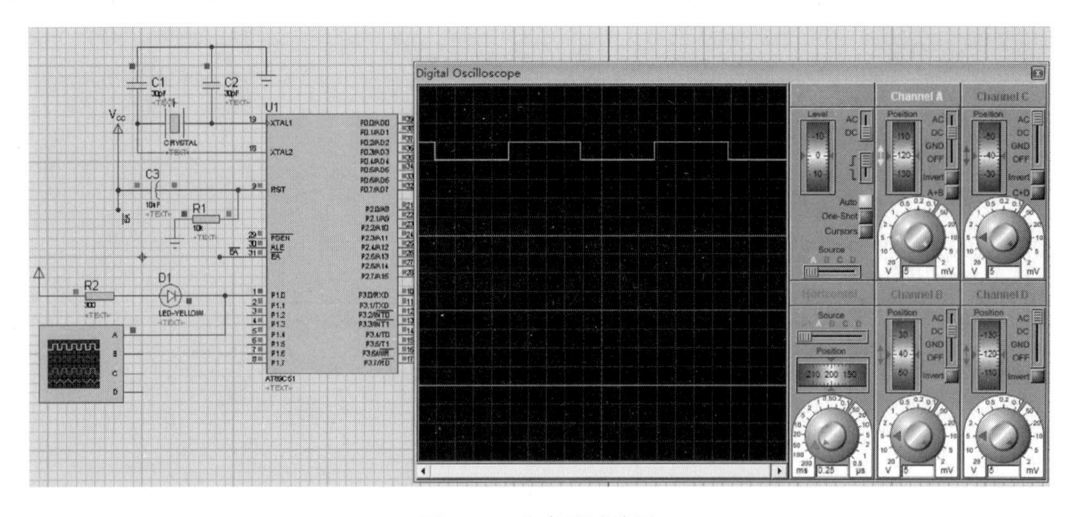


图 6-11　仿真调试结果

## 6.5.2　定时器实现测量脉冲宽度

（1）设计要求

利用 T0 门控制位测试 $\overline{INT0}$（P3.2）引脚上出现的正脉冲宽度，并以机器周期数的形式显示在显示器上。

（2）硬件电路

将需要测量的正脉冲信号转换为 51 单片机电平（高电平 5V，低电平 0V），直接接在 P3.2 引脚即可。为简化，图中使用的 LED 数码管为 4 位二进制码 0000～1111 输入，则对应显示 16 进制 0～F，只能用于 Proteus 仿真（在实际电路中应选择带有硬件译码的数码管）。数码管分别由 P1 和 P2 口输出控制显示，如图 6-12 所示。设单片机时钟频率为 12MHz（定时器计数 1 次计时 1μs）。

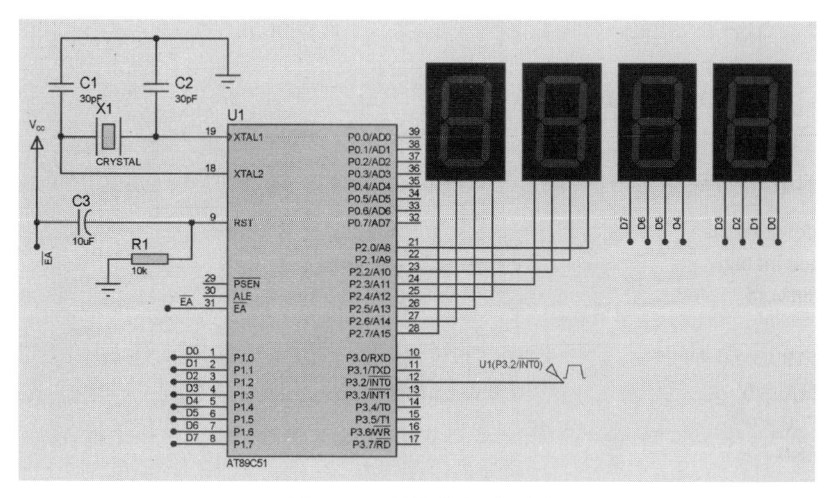


图 6-12 硬件仿真原理图

（3）分析

根据要求可这样设计程序：将 T0 设定为定时器模式 1，GATE 程控为 1，置 TR0 为 1。一旦 $\overline{\text{INT0}}$ 引脚出现高电平即开始计数，直到出现低电平时读取 T0 计数值，将 TL0 送 P1、TH0 送 P2 显示，测试过程如图 6-13 所示。

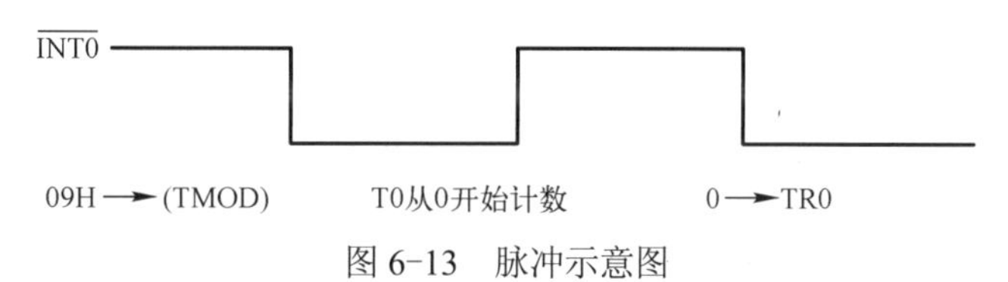


图 6-13 脉冲示意图

（4）程序设计

汇编语言程序如下。

```
        ORG     0000H
START:  MOV     TMOD, #09H          ;T0 工作于工作模式 1,GATE 置位
        MOV     TL0, #00H
        MOV     TH0, #00H
WAIT1:  JB      P3.2, WAIT1         ;等待 INT0 由高变低
        SETB    TR0                 ;启动定时
WAIT2:  JNB     P3.2, WAIT2         ;等待 INT0 由低变高
WAIT3:  JB      P3.2, WAIT3         ;等待 INT0 由高变低
        CLR     TR0                 ;停止记数
        MOV     R0, #30H            ;显示缓冲区首址送给 R0
        MOV     A, TL0
        MOV     P1,TL0              ;机器周期的存放为低位显示占低地址
        XCHD    A, @R0              ;高位占高地址
        INC     R0
        SWAP    A
        XCHD    A, @R0
        INC     R0
        MOV     A, TH0
        MOV     P2,TH0
        XCHD    A, @R0
```

```
        INC     R0
        SWAP    A
        XCHD    A, @R0
        END
```

C51 定时器 0 中断程序如下。

```
#include<reg51.h>
unsigned int high;                    //定义整型变量存储正脉宽
void Init(void)
{
    TMOD = 0x09;                      //T0 工作模式设置为模式 0,门控位 GATE 置 1
    TH0 = 0;                          //计数器初值清 0
    TL0 = 0;
    EX0 = 1;
    IT0 = 1;
    TR0 = 1;
    EA = 1;
}
void main()
{
    Init();
    while(1);
}
void ext0(void) interrupt 0 using 1
{
    high = TH0*256 + TL0;             //获取正脉宽初值,可以根据单片机晶振频率计算宽度
    P1=TL0;
    P2=TH0;
    TH0 = 0;
    TL0 = 0;
}
```

注意：定时器模式 1 的 16 位计数长度有限，被测脉冲高电平宽度必须小于 65536 个机器周期。

（5）仿真调试

在 Proteus 下仿真运行调试，设置方波信号 U1=100Hz（周期为 0.01s），数码管显示 1388H，即脉宽十进制数为 5000μs=5ms，仿真运行如图 6-14a 所示。在仿真调试（Debug）时打开寄存器及存储器窗口，T0 和存储单元 30H～33H 均显示 1388，显示结果如图 6-14b 所示。

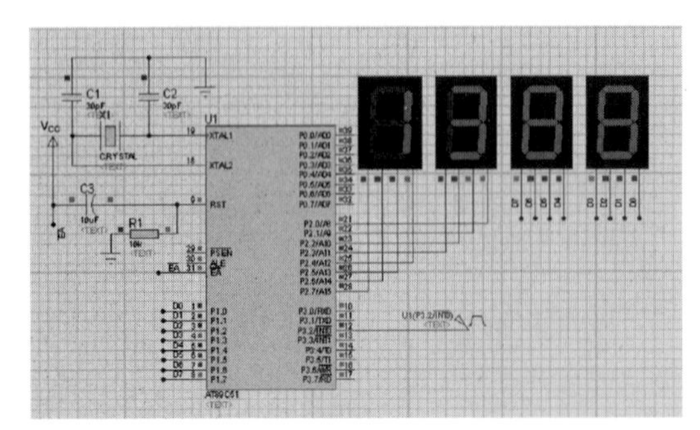

a)

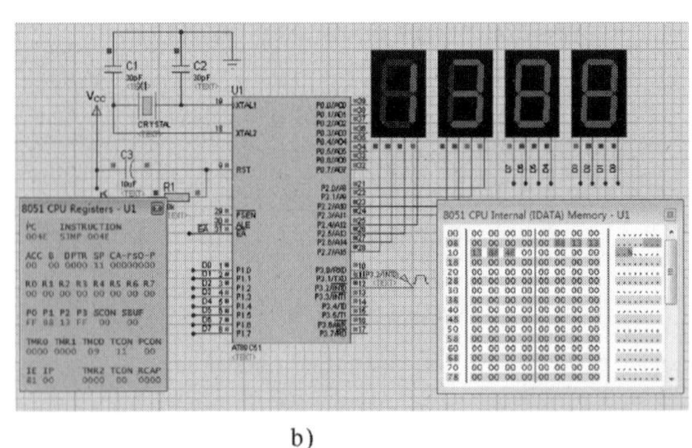

b)

图6-14　仿真调试结果

a) 仿真运行　b) Debug 调试

### 6.5.3　10kHz 方波发生器

（1）设计要求

设时钟频率为 12MHz，利用单片机定时器 T1 在 P1.0 引脚产生 10kHz 方波信号，如图 6-15 所示。

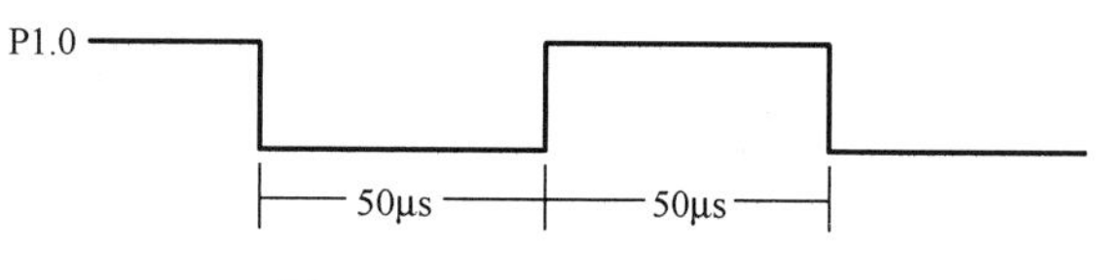


图 6-15　10kHz 方波示意图

（2）硬件电路

在 Proteus　ISIS 下输入原理图，在 P1.0 引脚直接输出 10kHz 方波信号，添加测试虚拟示波器及定时计数器（频率计），如图 6-16 所示。

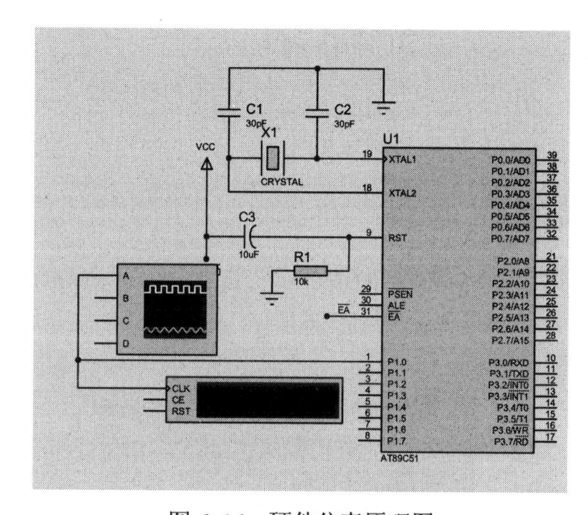


图 6-16　硬件仿真原理图

（3）分析

要产生 10kHz 方波信号，其周期为 1/10000s=100μs，定时器定时时间应取 50μs，定时器选择工作模式 2，定时工作方式时初值为

$$X=M-定时时间/T$$
$$=256-50/1$$
$$=206$$

也可简化为

$$X=256-(1000000/(10000*2))$$
$$=206$$

（4）程序设计

C51 程序如下

```
/**********************************
P1.0 口产生 10kHz 方波
***********************************/
#include <reg51.h>
#define Fre 10000
typedef unsigned char uint8;
sbit Out = P1^0;
uint8 ct = 20;
/*******************************
函数名：timer_init()
功　能：初始化定时器和中断控制器
输　入：无
返回值：无
*******************************/
void timer_init()
{
	TMOD = 0x20;                          //定时器 T1 工作在模式 2
	TH1 = 256 - (1000000/(Fre*2));        //时钟频率 12MHz,输出 10kHz
```

```
        TL1 = TH1;                          //载入定时初值

        ET1 = 1;                            //定时器 T1 开中断
        EA = 1;                             //CPU 开中断
        TR1 = 1;                            //启动定时器 T1
    }

    void main()
    {
        timer_init();
        while(1);
    }

    void t1() interrupt 3 using 1           //定时器 T1 中断服务程序
    {
        Out = ~Out;
    }
```

同样功能的汇编语言程序请读者编写。

（5）仿真调试

在 Proteus 下仿真运行调试，示波器和频率计分别以不同形式显示 P1.0 引脚输出 10kHz 的方波信号，如图 6-17 所示。

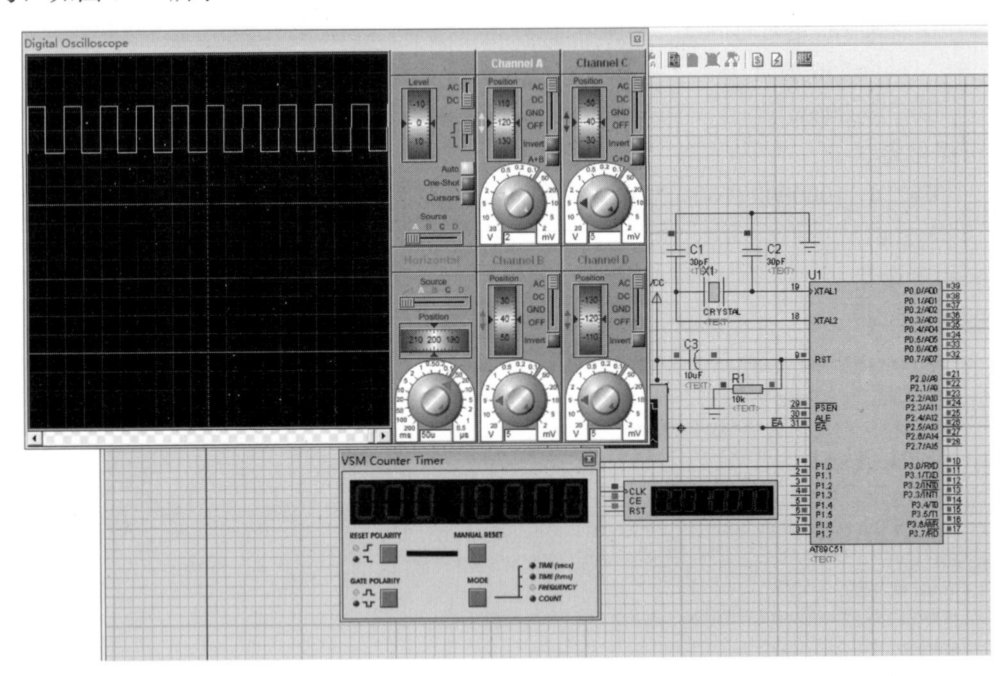


图 6-17 仿真调试结果

### 6.5.4 循环加 1 计数器

（1）设计要求

设单片机时钟频率为 12MHz，要求单片机定时器 T0 实现在 P1 口每隔 1s 进行二进制循环加 1 计数，驱动两位 LED 数码管以十六进制数显示。

（2）硬件电路

在 Proteus ISIS 下输入仿真原理图，如图 6-18 所示。

图中使用的 LED 数码管为 4 位二进制码 0000～1111 输入，对应显示 0～F，只能用于 Proteus 仿真（在实际电路中需要添加硬件译码）。P0.0～P0.3 和 P0.4～P0.7 分别作为两支 LED 数码管的输入信号。

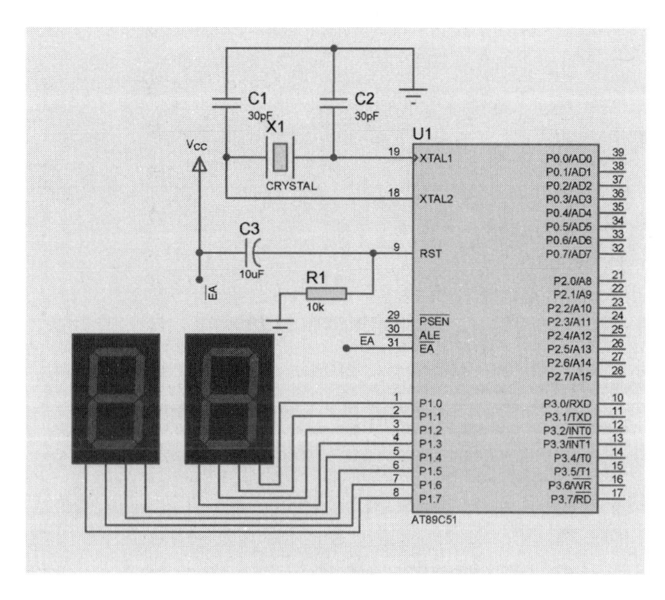


图 6-18　硬件仿真原理图

（3）分析

选择定时器、工作方式 1，定时器定时时间取 50ms，定时器 0 中断程序设计一软件计数器计数定时 20 次为 1s。定时器初值为

$$
\begin{aligned}
X &= M-\text{定时时间}/T \\
&= 65536-50000/1 \\
&= 15536 = 3CB0H
\end{aligned}
$$

（4）程序设计

```
#include <reg51.h>
typedef unsigned char uint8;
uint8 ct = 20;
/*********************************
函数名：timer_init()
功　能：初始化定时器和中断控制器
输　入：无
返回值：无
*********************************/
void timer_init()
{
        TMOD = 0x01;                    //定时器 T0 工作在模式 1
        TH0 = (65536 - 50000)/256;
        TL0 = (65536 - 50000)%256;      //载入定时初值 3cb0H(50ms)
        ET0 = 1;                        //定时器 T0 开中断
```

```
        EA = 1;                              //CPU 开中断
        TR0 = 1;                             //启动定时器
}

void main()
{
        P1=0;
        timer_init();
        while(1);
}
void t0() interrupt 1 using 1               //定时器 T0 中断服务程序
{

        TH0 = (65536-50000)/256;
        TL0 = (65536-50000)%256;
        ct--;
        if(ct == 0)                          //定时器中断 20 次
        {
                ct = 20;
                P1++;                        //加 1
        }
}
```

（5）仿真调试

在 Proteus 下仿真运行调试，结果如图 6-19 所示。在图 6-19a 这一时刻显示 21（ P0 口的低 4 位为 0001、高 4 位为 0010）；在图 6-19b 这一时刻显示 b6（P0 口的低 4 位为 0110、高 4 位为 1011）。

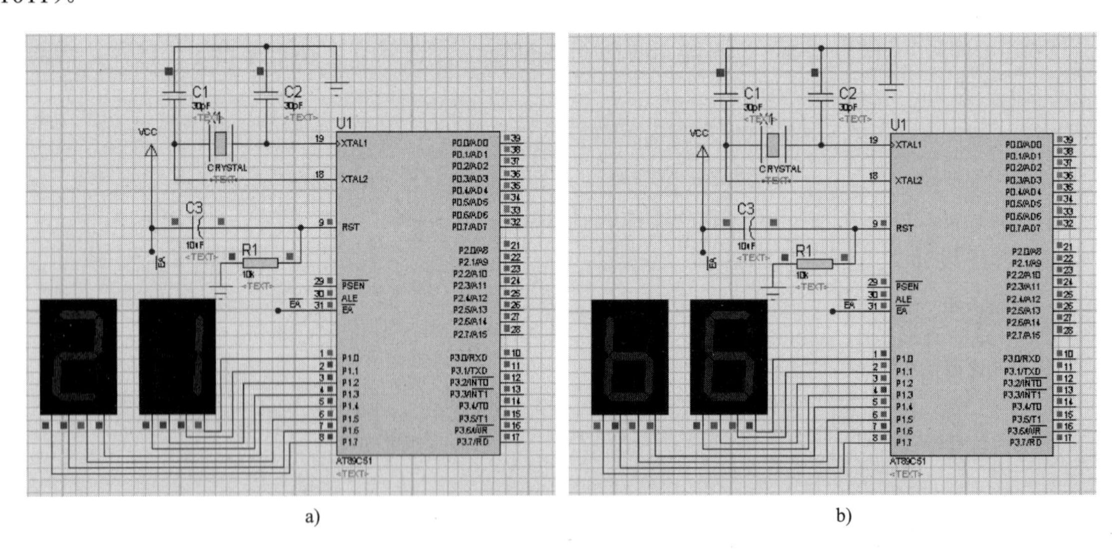


图 6-19 硬件仿真原理图

a) 计数到21H b) 计数到b6H

## 6.6 思考与练习

1．51 单片机定时器/计数器有哪几种工作模式？各有什么特点？

2．51 单片机定时器作定时和计数时，其计数脉冲分别由什么信号提供？

3. 分别举例说明定时器工作模式 1、模式 2 的计数初值计算方法。

4．定时器/计数器 0 已预置为 156，且选定用于模式 2 的计数方式，现在 T0 引脚上输入周期为 1ms 的脉冲，此时定时器/计数器 0 的实际用途是什么？在什么情况下，定时器/计数器 0 溢出？

5．设 $f_{osc}$=12MHz，定时器 0 的初始化程序和中断服务程序如下。

```
MAIN:    MOV     TH0, #9DH
         MOV     TL0, #0D0H
         MOV     TMOD, #01H
         SETB    TR0
              …
```

中断服务程序：

```
         MOV     TH0, #9DH
         MOV     TL0, #0D0H
              …
         RETI
```

1）该定时器工作于什么方式？

2）相应的定时时间或计数值是多少？

3）写出同样功能的 C51 程序。

6．51 单片机的 $f_{osc}$=12MHz，如果要求定时时间分别为 0.1ms 和 5ms，当 T0 工作在模式 0、模式 1 和模式 2 时，分别求出定时器的初值。

7．以定时器 1 进行外部事件计数，每计数 1000 个脉冲后，定时器 1 转为定时工作方式。定时 10ms 后，又转为计数方式，如此循环不止。设 $f_{osc}$=6MHz，试用模式 1 编程。

8．已知 8051 单片机的 $f_{osc}$=6MHz，试利用 T0 和 P1.0 输出矩形波。矩形波高电平宽 100μs，低电平宽 300μs。

9．设 $f_{osc}$=12MHz，试编写一段程序，功能为：对定时器 T0 初始化，使之工作在模式 2，产生 200μs 定时，并用查询 T0 溢出标志的方法，控制 P1.1 输出周期为 2ms 的方波。

10．已知 8051 单片机系统时钟频率为 12MHz，利用其定时器测量某正脉冲宽度时，采用哪种工作模式可以获得最大的量程？能够测量的最大脉宽是多少？

11．设计一个以时间秒为单位的倒计时计数器，要求如下。

1）P2.0（按钮输入次数）分别控制设置计时时间、启动计时及复位。

2）P0 口显示 2 位数字（秒）计时时间。

3）P1 口输入需要设置的计时时间。

4）计时时间到，P2.7 输出低电平驱动 LED 显示。

12．设计由 P1.0 端口控制某工业指示灯（指示灯工作电压 DC 24V，额定电流 DC 0.5A）按 1s 周期闪亮，要求如下。

1）画出硬件仿真电路（注意输出接口加驱动器）。

2）采用定时器查询方法编写控制程序并仿真调试。

3）采用定时器中断方法编写控制程序并仿真调试。

# 第7章　单片机串行口及应用

在单片机应用系统中，经常需要单片机与其他单片机、PC或外部设备进行数据通信。

CPU与外部设备的基本通信方式有并行通信和串行通信两种方式。

在并行通信中，数据的各位同时进行传送。其特点是传送速度快、效率高，数据有多少位，就需要有多少根传输线。在串行通信中，数据一位一位地按顺序进行传送，其特点是只需一对传输线就可实现通信，但传送速度比较慢。当传输的数据较多、距离较远时，串行通信可以显著减少传输线，降低通信成本。

由于CPU工作速度的不断提高和串行通信的经济实用性，以及单片机芯片引脚的限制，串行通信在计算机应用中得到广泛应用。

本章主要介绍串行通信的基本概念，51单片机可编程全双工串行通信接口的结构、控制方法、工作方式及应用，常用的串行通信总线标准接口及芯片。

## 7.1　串行通信的基本概念

在计算机系统中，串行通信是指计算机主机与外设之间以及主机系统与主机系统之间数据的串行传送。本节主要介绍串行通信有关术语和基本概念。

### 7.1.1　异步通信和同步通信

串行通信有两种基本通信方式：异步通信和同步通信。

**1．异步通信**

在异步通信中，数据通常以字符（或字节）为单位组成数据帧传送，如图7-1所示。

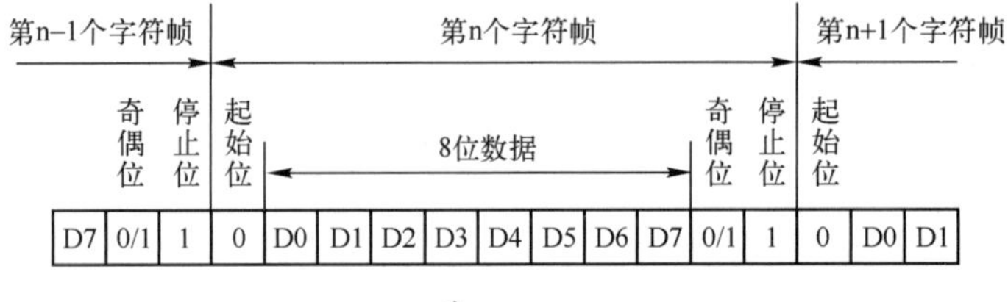


a)

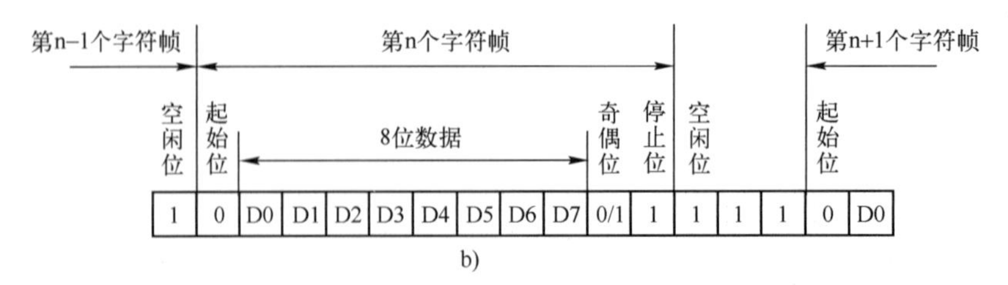


b)

图7-1　异步通信的字符帧格式

a) 无空闲位字符帧　b) 有空闲位字符帧

每一帧数据包括以下几个部分。

1）起始位：位于数据帧开头，占一位，始终为低电平（0），标志传送数据的开始，用于向接收设备表示发送端开始发送一帧数据。

2）数据位：要传送的字符（或字节），紧跟在起始位之后，用户根据情况可取 5 位、6 位、7 位或 8 位，若所传数据为 ASCII 字符，则常取 7 位，由低位到高位依次前后传送。

3）奇偶校验位：位于数据位之后，仅占一位，用于校验串行发送数据的正确性，可根据需要采用奇校验或者偶校验。

4）停止位：位于数据帧末尾，占一位、一位半（这里一位对应于一定的发送时间，故有半位）或两位，为高电平 1，用于向接收端表示一帧数据已发送完毕。

在串行通信中，有时为了使收发双方有一定的操作间隙，可以根据需要在相邻数据帧之间插入若干空闲位，空闲位和停止位一样也是高电平，表示线路处于等待状态。存在空闲位是异步通信的特征之一。

有了以上数据帧的格式规定，发送端和接收端就可以连续协调地传送数据，也就是说，接收端通过数据帧获取发送端何时开始发送数据和何时结束发送数据。平时，传输线为高电平 1，每当接收端检测到传输线上发送位为低电平 0 时，表示发送端开始发送数据；每当接收端接收到数据帧中的停止位时就表示一帧数据已发送完毕。发送端和接收端可以有各自的时钟来控制数据的发送和接收，这两个时钟源彼此独立，可以互不同步。

异步通信传送数据的速率受到限制，一般在 50～9600bit/s。但异步通信不需要传送同步脉冲，字符帧的长度不受限制，对硬件要求较低，因而在数据传送量不很大，要求传送速率不高的远距离通信场合得到了广泛应用。

**2. 同步通信**

在同步通信中，每个数据块传送开始时，采用一个或两个同步字符作为起始标志，数据在同步字符之后，个数不受限制，由所需传送的数据块长度确定，其格式如图 7-2 所示。

同步通信中的同步字符可以使用统一标准格式，此时单个同步字符常采用 ASCII 码中规定的 SYN（即 16H）代码，双同步字符一般采用国际通用标准代码 EB90H。

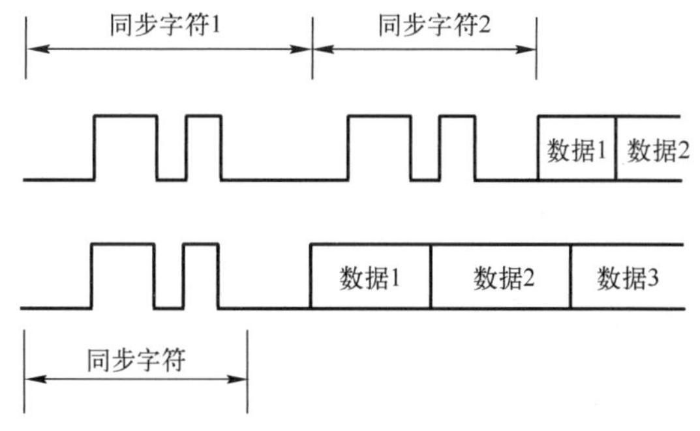


图 7-2　同步传送的数据格式

同步通信一次可以连续传送几个数据，每个数据不需起始位和停止位，数据之间不留间隙，因而数据传输速率高于异步通信，通常可达 56000bit/s。但同步通信要求用准确的时钟来实现发送端与接收端之间的严格同步，为了保证数据传输正确无误，发送方除了发送数据外，还要同时把时钟传送到接收端。同步通信常用于传送数据量大、传送速率要求较高的场合。

## 7.1.2　串行通信的制式、波特率、时钟和奇偶校验

**1. 串行通信的制式**

在串行通信中，数据是在由通信线连接的两个工作站之间传送的。按照数据传送方向，串行通信可分为单工、半双工和全双工 3 种方式，如图 7-3 所示。

（1）单工制式

如图 7-3a 所示，只允许数据向一个方向传送，即一方只能发送，另一方只能接收。

（2）半双工制式

如图 7-3b 所示，允许数据双向传送，但由于只有一根传输线，在同一时刻只能一方发送，

另一方接收。

（3）全双工制式

如图 7-3c 所示，允许数据同时双向传送，由于有两根传输线，在 A 站将数据发送到 B 站的同时，也允许 B 站将数据发送到 A 站。

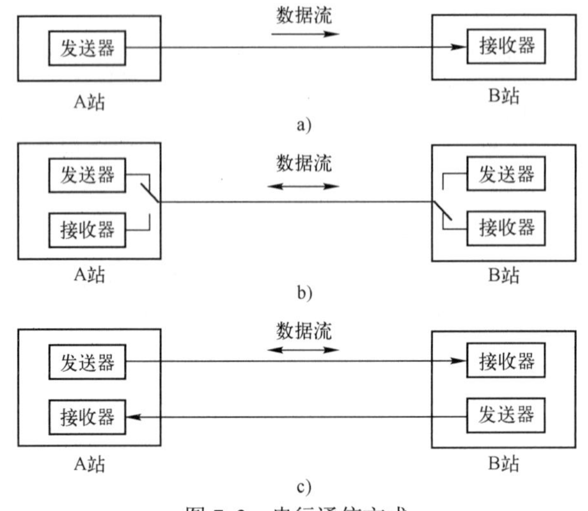


图 7-3　串行通信方式

a) 单工方式　b) 半双工方式　c) 全双工方式

**2. 波特率和发送/接收时钟**

（1）波特率

串行通信的数据是按位进行传送的，每秒钟传送的二进制数码的位数称为波特率（也称比特数），单位是 bit/s，即 bps（bit per second，位每秒）。波特率是串行通信的重要指标，用于衡量数据传输的速率。国际上规定了标准波特率系列作为常用的波特率。标准波特率的系列为 110bit/s、300bit/s、600bit/s、1200bit/s、1800bit/s、2400bit/s、4800bit/s、9600bit/s 和 19200bit/s。

每位的传送时间为波特率的倒数，即 Td=1/波特率。例如，波特率为 9600bit/s 的通信系统，其每位的传送时间应为

$$Td=1/9600s \approx 0.0001041s=0.104ms$$

接收端和发送端的波特率分别设置时，必须保持相同。

（2）发送/接收时钟

二进制数据序列在串行传送过程中以数字信号波形的形式出现。无论发送还是接收，都必须有时钟信号对传送的数据进行定位。

在发送数据时，发送器在发送时钟的下降沿将移位寄存器中的数据串行移位输出；在接收数据时，接收器在接收时钟的上升沿对数据位采样，如图 7-4 所示。

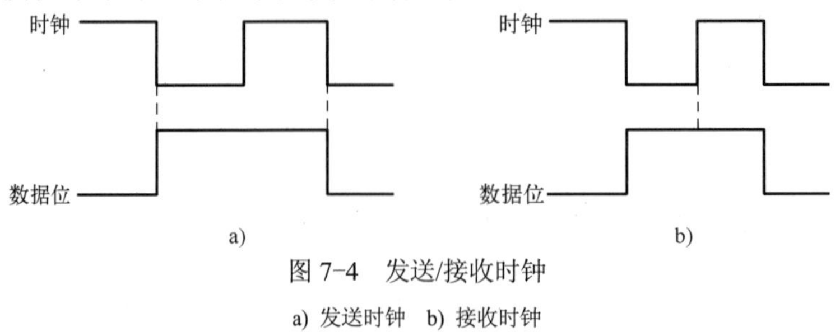


图 7-4　发送/接收时钟

a) 发送时钟　b) 接收时钟

为保证传送数据准确无误，发送/接收时钟频率应大于或等于波特率，两者的关系为

$$发送/接收时钟频率=n\times 波特率$$

式中，n 称为波特率因子，n 可以取 1 或 16。对于同步传送方式，必须取 n=1；对于异步传送方式，通常取 n=16。

数据传输时，每一位的传送时间 Td 与发送/接收时钟周期 Tc 之间的关系为

$$Td=n\times Tc$$

**3. 奇偶校验**

当串行通信用于远距离传送时，容易受到外界噪声干扰。为保证通信质量，需要对传送的数据进行校验。对于异步通信，常用的校验方法是奇偶校验法。

采用奇偶校验法，发送数据时在每个字符（或字节）之后附加一位校验位，这个校验位可以是“0”或“1”，以便使校验位和所发送的字符（或字节）中“1”的个数为奇数——称为奇校验，或为偶数——称为偶校验。接收时，检查所接收的字符（或字节）连同奇偶校验位中“1”的个数是否符合规定。若不符合，就证明传送数据受到干扰发生了变化，CPU 可进行相应处理。51 单片机中的 PSW 寄存器中的第 7 位可以对累加器 ACC 中的数据进行 1 的个数统计，因此十分方便进行奇偶校验。

奇偶校验是对一个字符（或字节）校验一次，仅能校验数据中含有 1 的奇/偶个数，因此只能提供最低级的错误检测，通常只用于异步通信中。

## 7.2 常用串行通信总线标准及接口电路

单片机及 PC 构成的通信系统必须进行可靠的远距离通信。

51 单片机本身虽然具有全双工的串行接口，但串行口输出的是 TTL 电平，抗干扰能力较弱，传输距离较近。因此，异步通信大部分把 TTL 电平转换为标准接口（如 PC 的 RS-232）电平进行传输，可增强抗干扰性，并增加传输距离。TTL 电平与 RS-232 电平如图 7-5 所示。

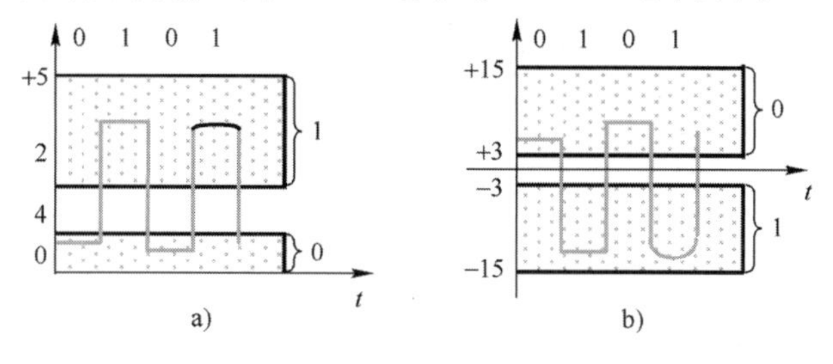


图 7-5 TTL 电平与 RS-232 电平

a) TTL 电平 b) RS-232 电平

下面介绍单片机标准通信接口电路及 PC 常用的标准异步串行通信总线 RS-232C、RS-422/485 等。

### 7.2.1 RS-232C 总线标准及接口电路

RS-232C 是使用最早、在异步串行通信中应用最广的总线标准。它由美国电子工业协会（EIA）1962 年公布，1969 年最后修订而成。其中，RS 是 Recommended Standard（推荐标准）的缩写，232 是标识号，C 表示修改次数。

**1. RS-232C 总线标准**

RS-232C 适用于短距离或带调制解调器的通信场合，设备之间的通信距离不大于 15m 时，可

以用 RS-232C 电缆直接连接；对于距离大于 15m 以上的长距离通信，需要采用调制解调器才能实现。RS-232C 传输速率最大为 20Kbit/s。

RS-232C 标准总线为 25 条信号线，采用一个 25 脚的连接器，一般使用标准的 D 型 25 芯插头座（DB-25）。连接器的 25 条信号线包括一个主通道和一个辅助通道。在大多数情况下 RS-232C 对于一般的双工通信，仅需使用 RXD、TXD 和 GND 三条信号线。RS-232C 经常采用 D 型 9 芯插头座（DB-9），DB-25 和 DB-9 型 RS-232C 接口连接器如图 7-6 所示，引脚信号定义见表 7-1。

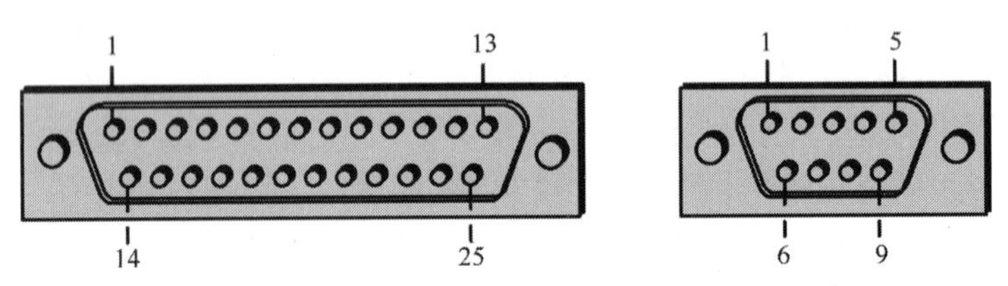


图 7-6　RS232 DB-25 和 DB-9 接口（公头）

a) RS232 DB-25 接口　b) RS232 DB-9 接口

**表 7-1　RS-232C 引脚信号定义**

| 引　脚 | | 定　义 | 引　脚 | | 定　义 |
|---|---|---|---|---|---|
| DB-25 | DB-9 | | DB-25 | DB-9 | |
| 1 | | 保护接地（PE） | 14 | | 辅助通道发送数据 |
| 2 | 3 | 发送数据（TXD） | 15 | | 发送时钟（TXC） |
| 3 | 2 | 接收数据（RXD） | 16 | | 辅助通道接收数据 |
| 4 | 7 | 请求发送（RTS） | 17 | | 接收时钟（RXC） |
| 5 | 8 | 清除发送（CTS） | 18 | | 未定义 |
| 6 | 6 | 数据准备好（DSR） | 19 | | 辅助通道请求发送 |
| 7 | 5 | 信号地（SG） | 20 | 4 | 数据终端准备就绪（DTR） |
| 8 | 1 | 载波检测（DCD） | 21 | | 信号质量检测 |
| 9 | | 供测试用 | 22 | 9 | 回铃音指示（RI） |
| 10 | | 供测试用 | 23 | | 数据信号速率选择 |
| 11 | | 未定义 | 24 | | 发送时钟（TXC） |
| 12 | | 辅助载波检测 | 25 | | 未定义 |
| 13 | | 辅助通道清除发送 | | | |

RS-232C 采用负逻辑，即逻辑 1 用-5V～-15V 表示，逻辑 0 用+5V～+15V 表示。因此，RS-232C 不能和 TTL 电平直接相连。51 单片机的串行口采用 TTL 正逻辑，它与 RS-232C 接口必须进行电平转换。

**2．RS-232C 接口电路——MAX232**

MAX232 是 MAXIM 公司生产的包含两路接收器和驱动器的专用集成电路，用于完成 RS-232C 电平与 TTL 电平转换。MAX232 内部有一个电源电压变换器，可以把输入的+5V 电压变换成 RS-232C 输出电平所需的±10V 电压。所以，采用此芯片接口的串行通信系统只需单一的

+5V 电源就可以。对于没有±12V 电源的场合，其适应性更强，因而被广泛使用。

MAX232 的引脚结构如图 7-7 所示。

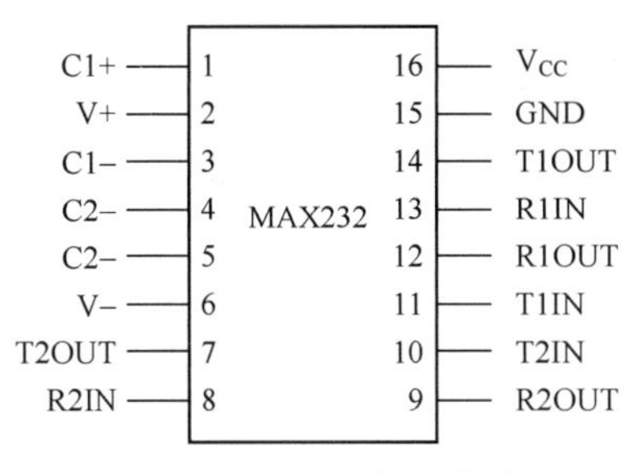


图 7-7　MAX232 的引脚结构

MAX232 芯片内部有两路发送器和两路接收器。两路发送器的输入端 T1IN、T2IN 引脚为 TTL/CMOS 电平输入端，可连接 51 单片机的引脚 TXD；两路发送器的输出端 T1OUT、T2OUT 为 RS-232C 电平输出端，可连接 PC 的 RS-232C 接口的 RXD。两路接收器的输出端 R1OUT、R2OUT 为 TTL/CMOS 电平输出端，可连接 51 单片机的引脚 RXD；两路接收器的输入端 R1IN、R2IN 为 RS-232C 电平输入端，可连接 PC 的 RS-232C 接口的 TXD。实际使用时，可以从两路发送/接收器中任选一路作为接口，但要注意发送、接收端子必须对应。51 单片机通过 MAX232 与 PC 通信的接口原理图如图 7-8 所示。

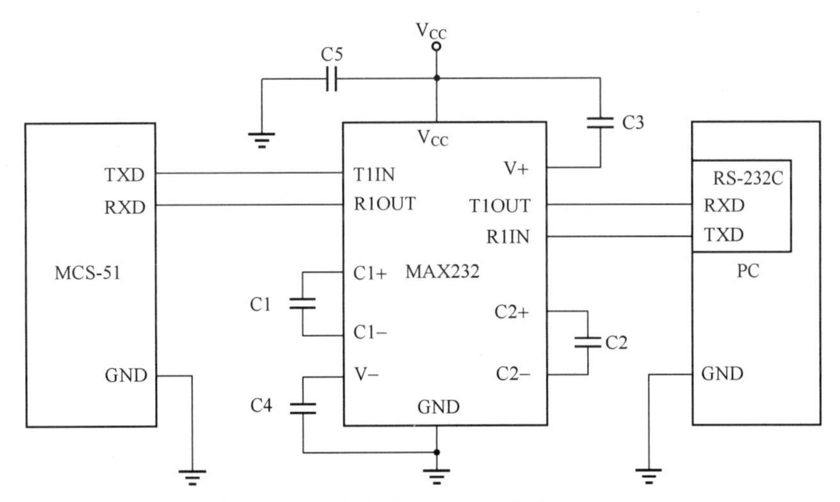


图 7-8　51 单片机与 MAX232 的接口原理图

### 7.2.2　RS-422/485 总线标准及接口电路

RS-232C 虽然应用广泛，但由于推出较早，数据传输速率慢，通信距离短。为了满足现代通信传输数据速率越来越快和距离越来越远的要求，EIA 随后推出了 RS-422 和 RS-485 总线标准。

**1．RS-422/485 总线标准**

RS-422 采用差分接收、差分发送工作方式，不需要数字地线。它使用双绞线传输信号，根据两条传输线之间的电位差值来决定逻辑状态。RS-422 接口电路采用高输入阻抗接收器和比 RS-232C 驱动能力更强的发送驱动器，可以在相同的传输线上连接多个接收节点，所以 RS-422 支持点对多的双向通信。RS-422 可以全双工工作，通过两对双绞线可以同时发送和接收数据。

RS-485 满足所有 RS-422 的规范。它是多发送器的电路标准，允许双绞线上一个发送器驱动 32 个负载设备，负载设备可以是被动发送器、接收器或收发器。当用于多站点网络连接时，可以节省信号线，便于高速远距离传输数据。RS-485 为半双工工作模式，在某一时刻，一个发送数据，另一个接收数据。

RS-422/485 最大传输距离为 1200m，最大传输速率为 10Mbit/s。在实际应用中，为减少误码率，当通信距离增加时，应适当降低通信速率。例如，当通信距离为 120m 时，最大通信速率为 1Mbit/s；若通信距离为 1200m，则最大通信速率为 100kbit/s。

**2．RS-485 接口电路——MAX485**

MAX485 是用于 RS-422/485 通信的差分平衡收发器，由 MAXIM 公司生产。芯片内部包含一个驱动器和一个接收器，适用于半双工通信。其主要特性如下。

1）传输线上可连接 32 个收发器。

2）具有驱动过载保护。

3）最大传输速率为 2.5Mbit/s。

4）共模输入电压范围为-7V～+12V。

5）工作电流范围为 120μA～500μA。

6）供电电源为+5V。

MAX485 为 8 引脚封装，其引脚配置如图 7-9 所示。

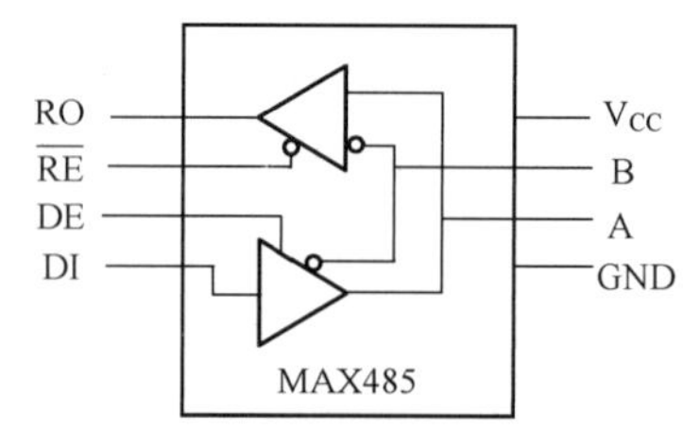


图 7-9　MAX485 引脚图

MAX485 的功能表见表 7-2。

**表 7-2　MAX485 功能表**

| 驱动器 | | | | 接收器 | | |
|---|---|---|---|---|---|---|
| 输入端 DI | 使能端 DE | 输出 | | 差分输入 VID=A−B | 使能端 $\overline{RE}$ | 输出端 RO |
| | | A | B | | | |
| H | H | H | L | VID>0.2V | L | H |
| L | H | L | H | VID<−0.2V | L | L |
| X | L | 高阻 | 高阻 | X | H | 高阻 |

注：H 为高电平；L 为低电平；X 为任意。

51 单片机与 MAX485 的典型接口电路如图 7-10 所示。

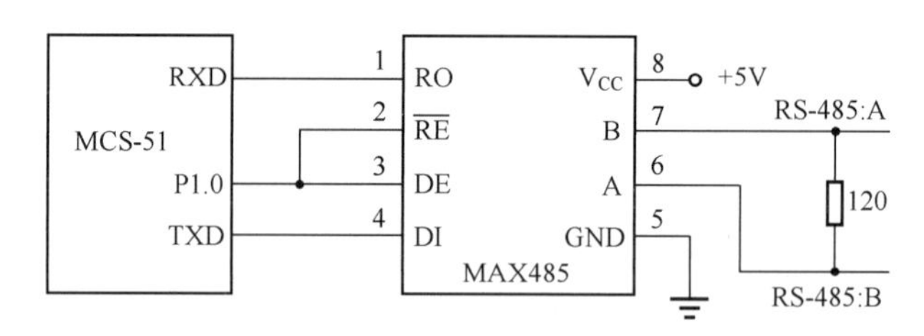


图 7-10　51 单片机与 MAX485 的典型接口电路

# 7.3　51 单片机串行口

51 系列单片机内部有一个全双工串行异步通信接口，通过软件编程，它可以作通用异步接收和发送器（UART）与外部通信，构成双机或多机通信系统，也可以外接移位寄存器后扩展为并行 I/O 口。

## 7.3.1　串行口结构

51 系列单片机通过引脚 RXD（P3.0）和引脚 TXD（P3.1）与外界进行通信，串行口内部结构简化示意图如图 7-11 所示。

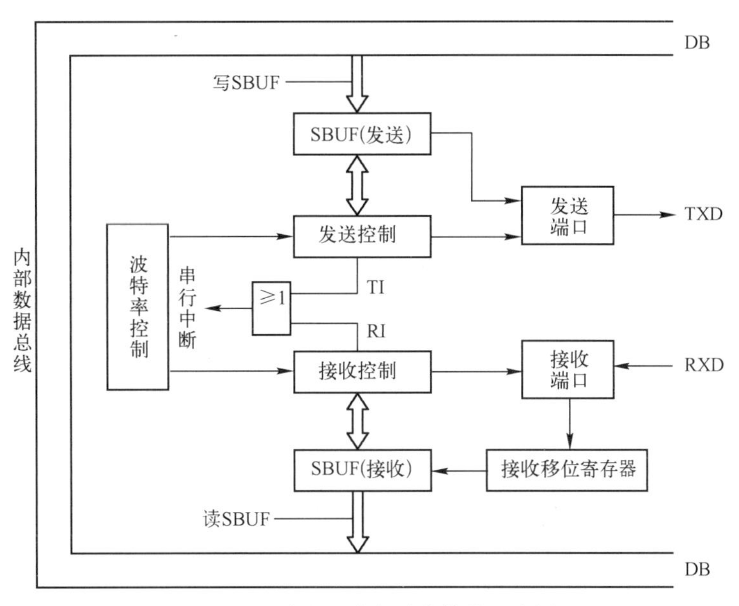


图 7-11　串行口内部结构简化示意图

由图 7-11 可见，串行口内部有两个物理上相互独立的数据缓冲器 SBUF，一个用于发送数据，另一个用于接收数据。但发送缓冲器（SBUF）只能写入数据，不能读出数据；而接收缓冲器（SBUF）只能读出数据，不能写入数据。因此，两个缓冲器可以共用一个地址（99H），由读、写指令识别其是发送缓冲器还是接收缓冲器。

发送数据时，CPU 执行一条将数据写入 SBUF 的传送指令（例如 MOV SBUF，A），即可将要发送的数据按事先设置的方式和波特率从引脚 TXD 串行输出。发送完一帧数据后，串行口产生中断标志位 TI（置 1），向 CPU 申请中断，请求发送下一个数据。

接收数据时，当检测到 RXD 引脚上出现一帧数据的起始位后，便一位一位地将接下来的数据接收保存到 SBUF 中，每接收完一帧数据后，串行口产生中断标志位 RI（置 1），向 CPU 申请中断，请求 CPU 接收这一数据。CPU 响应中断后，执行一条读 SBUF 数据的指令（例如 MOV A，SBUF）就可将接收到的数据送入某个寄存器或存储单元。为避免前后两帧数据重叠，接收器是双缓冲的。

## 7.3.2　串行口控制

51 单片机的串行口是可编程接口，通过对两个特殊功能寄存器 SCON 和 PCON 进行编程，可控制串行口的工作方式和波特率。

### 1．串行口控制寄存器 SCON

SCON 是 51 单片机的一个特殊功能寄存器（SFR），串行数据通信的方式选择、接收和发送控制以及串行口的状态标志都由专用寄存器 SCON 控制和指示。SCON 用于控制串行口的工作方式，同时还包含要发送或接收到的第 9 位数据位以及串行口中断标志位。该寄存器的字节地址为 98H，可进行位寻址，其各位的定义如图 7-12 所示。

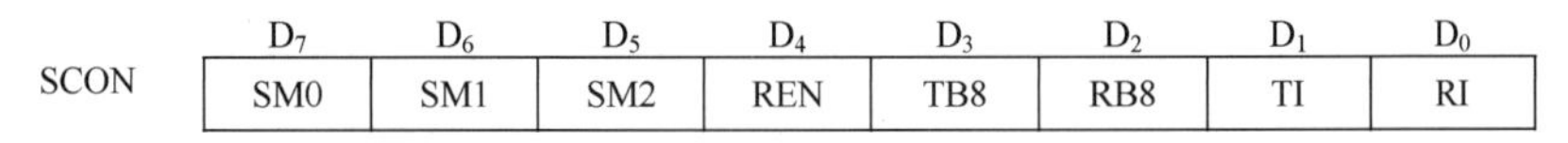


图 7-12　串行口控制寄存器 SCON 各位的定义

SM0、SM1：串行口工作方式选择位。用于设定串行口的工作方式，两个选择位对应 4 种工作方式，见表 7-3，其中 $f_{osc}$ 是振荡器频率。

表 7-3　串行口的工作方式

| SM0　SM1 | 工作方式 | 功　能 | 波特率 |
| --- | --- | --- | --- |
| 0　0 | 方式 0 | 同步移位寄存器 | $f_{osc}/12$ |
| 0　1 | 方式 1 | 10 位异步收发 | 波特率可变 |
| 1　0 | 方式 2 | 11 位异步收发 | $f_{osc}/32$ 或 $f_{osc}/64$ |
| 1　1 | 方式 3 | 11 位异步收发 | 波特率可变 |

SM2：多机通信控制位。方式 2 和方式 3 可用于多机通信，在这两种方式中，若置 SM2=1，则允许多机通信，只有当接收到的第 9 位数据 RB8=1 时，才置位 RI；当收到的 RB8=0 时，不置位 RI（不申请中断）。若置 SM2=0，则不论收到的第 9 位数据 RB8 是 0 还是 1，都置位 RI，接收到的数据装入 SBUF 中。在方式 1 中，若置 SM2=1，只有当接收到的停止位为 1 时才能置位 RI。在方式 0 中，必须使 SM2=0。

REN：允许接收控制位。若使 REN=1，则允许串行口接收数据；若使 REN=0，则禁止串行口接收数据。

TB8：方式 2 和方式 3 中发送数据的第 9 位。在许多通信协议中该位可用作奇偶校验位；在多机通信中，该位用作发送地址帧或数据帧的标志位。方式 0 或方式 1 中，该位不用。

RB8：方式 2 和方式 3 中接收数据的第 9 位。在方式 2 和方式 3 中，将接收到的数据的第 9 位放入该位。在方式 1 中，若 SM2=0，则 RB8 是接收到的停止位。方式 0 中，该位不用。

TI：发送中断标志位。在方式 0 串行发送第 8 位结束或其他方式开始串行发送停止位时由硬件置位，在开始发送前必须由软件清零（因串行口中断被响应后，TI 不会被自动清零）。

RI：接收中断标志位。在方式 0 接收到第 8 位结束时或在其他方式下接收到停止位的中间时，RI 由硬件置位。RI 也必须由软件清零。

**2．电源控制寄存器 PCON**

PCON 中只有最高位 SMOD 与串行口工作有关，该位用于控制串行口工作于方式 1、2、3 时的波特率。当 SMOD=1 时，波特率加倍。PCON 的字节地址为 87H，没有位寻址功能。单片机复位时，SMOD=0。

### 7.3.3　串行口的工作方式

51 单片机串行口有方式 0、方式 1、方式 2 和方式 3 四种工作方式。方式 0 主要用于扩展并行输入/输出口，方式 1、方式 2 和方式 3 主要用于串行通信。

**1．方式 0**

方式 0 为同步移位寄存器输入/输出方式，常用于扩展并行 I/O 口。串行数据通过 RXD 输入或输出，同时通过 TXD 输出同步移位脉冲，作为外部设备的同步信号。在该方式中，收/发的数据帧格式如图 7-13a 所示，一帧数据为 8 位，低位在前，高位在后，无起始位、奇偶校验位及停止位，波特率固定为 $f_{osc}/12$。

（1）发送过程

当 CPU 执行一条将数据写入发送缓冲器 SBUF 的指令后，串行口将 SBUF 中的 8 位数据从 RXD 端一位一位地输出。数据发送完毕后由硬件将 TI 置位，发送下一个数据之前应先用软件将 TI 清零。

（2）接收过程

用软件使 REN=1（同时 RI=0）就会启动一次接收过程。外部数据一位一位地从 RXD 引脚输入接收 SBUF 中，接收完 8 位数据后由硬件置位 RI。用户可以通过中断或查询方式将数据读入累加器。接收下一个数据之前应先用软件将 RI 清零。

**2．方式 1**

方式 1 为波特率可变的 10 位异步通信方式，由 TXD 端发送数据，RXD 端接收数据。收发一帧数据的格式为 1 位起始位、8 位数据位、1 位停止位，共 10 位，如图 7-13b 所示。在接收时，停止位进入 RB8。

（1）发送过程

当 CPU 执行一条将数据写入 SBUF 的指令时，就启动发送过程。当发送完一帧数据时，由硬件将发送中断标志位 TI 置位。

（2）接收过程

当用软件使 REN=1 时，接收器开始对 RXD 引脚进行采样，采样脉冲频率是所选波特率的 16 倍。当检测到 RXD 引脚上出现从“1”到“0”的跳变时，就启动接收器接收数据。当一帧数据接收完毕后，必须同时满足以下两个条件：①RI=0；②SM2=0 或接收到的停止位为 1，这次接收才真正有效，将 8 位数据送入 SBUF，停止位送 RB8，置位 RI（向 CPU 发出中断请求）。否则，这次接收到的数据将因不能装入 SBUF 而丢失。

**3．方式 2 和方式 3**

方式 2 和方式 3 都是 11 位异步通信，操作方式完全一样，只有波特率不同，适用于多机通信。在方式 2 或方式 3 下，数据由 TXD 端发送，RXD 端接收。收发一帧数据为 11 位：1 位起始位（低电平）、8 位数据位、1 位可编程的第 9 位（D8：用于奇偶校验或地址/数据选择，发送时为 TB8，接收时送入 RB8）、1 位停止位（高电平），如图 7-13c 所示。

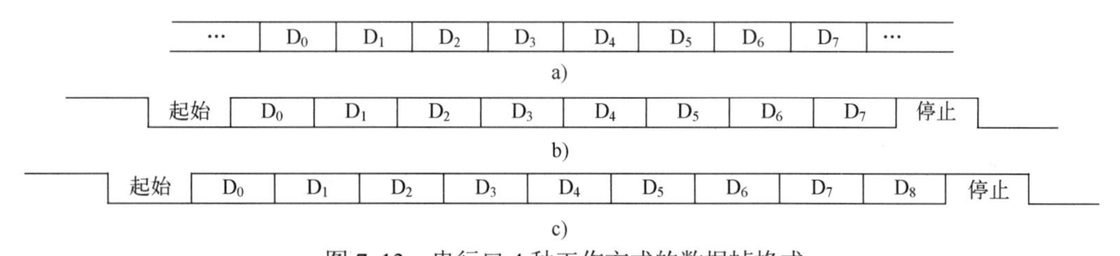


图 7-13　串行口 4 种工作方式的数据帧格式

a) 方式 0 数据帧格式　b) 方式 1 数据帧格式　c) 方式 2 和方式 3 数据帧格式

（1）发送过程

发送前，先根据通信协议由软件设置 TB8，然后执行一条将发送数据写入 SBUF 的指令，即可启动发送过程。串行口能自动把 TB8 取出并装入到第 9 位数据位（D8）的位置。发送完一帧数据时，由硬件置位 TI。

（2）接收过程

当用软件使 REN=1 时，允许接收。接收器开始采样 RXD 引脚上的信号，检测和接收数据的方法与方式 1 相似。当接收到第 9 位数据送入接收移位寄存器后，若同时满足以下两个条件：①RI=0；②SM2=0 或接收到的第 9 位数据为 1（SM2=1），则这次接收有效，8 位数据装入 SBUF，第 9 位数据装入 RB8，并由硬件置位 RI（向 CPU 发出中断请求）。否则，接收到的这一帧数据将丢失。

### 7.3.4　波特率设置

串行口的波特率因串行口的工作方式不同而不同，在实际应用中，应根据所选通信设备、传输距离、传输线状况和 Modem 型号等因素正确地选用、设置波特率。

**1．方式 0 的波特率**

在方式 0 下，串行口的波特率是固定的，即

$$波特率=f_{osc}/12$$

**2．方式 2 的波特率**

在方式 2 下，串行口的波特率可由 PCON 中的 SMOD 位控制：若使 SMOD=0，则所选波特率为 $f_{osc}/64$；若使 SMOD=1，则波特率为 $f_{osc}/32$。即

$$波特率=\frac{2^{SMOD}}{64}\times f_{osc}$$

**3．方式 1 和方式 3 的波特率**

在这两种方式下，串行口波特率由定时器 T1 的溢出率和 SMOD 值同时决定。计算公式为

$$波特率=2^{SMOD}\times T1\ 溢出率/32$$

为确定波特率，关键是要计算出定时器 T1 的溢出率。

51 单片机定时器的定时时间 Tc 的计算公式为

$$Tc=(2^n-N)\times 12/f_{osc}$$

式中，Tc 为定时器溢出周期；n 为定时器位数；N 为时间常数；$f_{osc}$ 为振荡频率。

定时器 T1 的溢出率计算公式为

$$T1\ 溢出率=1/Tc=f_{osc}/[12(2^n-N)]$$

因此，方式 1 和方式 3 的波特率计算公式为

$$波特率=2^{SMOD}\times T1\ 溢出率/32=2^{SMOD}\times f_{osc}/[32\times 12(2^n-N)]$$

定时器 T1 作为波特率发生器可工作于模式 0、模式 1 和模式 2。其中模式 2 在 T1 溢出后可自动装入时间常数，避免了重装参数，因而在实际应用中除非波特率很低，一般都采用模式 2。

**【例 7-1】** 8051 单片机的时钟振荡频率为 12MHz，串行通信波特率为 4800bit/s，串行口为工作方式 1，选定时器工作模式 2，求时间常数并编制串行口初始化程序。

设 SMOD=1，则 T1 的时间常数为

$$N=2^8-2^1\times 12\times 10^6/(32\times 12\times 4800)=242.98\approx 243=F3H$$

定时器 T1 和串行口的初始化程序如下。

汇编语言程序如下。

```
MOV     TMOD, #20H      ;设 T1 为模式 2 定时
MOV     TH1, #0F3H      ;置时间常数
MOV     TL1, #0F3H
SETB    TR1             ;启动 T1
MOV     PCON, #80H      ;SMOD=1
MOV     SCON, #40H      ;置串行口为方式 1
```

C51 程序如下。

```
TMOD=0x20;          /*设 T1 为模式 2 定时*/
TH1=0xF3;           /*置时间常数*/
TL1=0xF3;
TR1=1;              /*启动 T1*/
PCON=0x80;          /* SMOD=1*/
SCON=0x40;          /*置串行口为方式 1*/
```

**4. 波特率设置产生的误差**

在波特率设置中，SMOD 位数值的选择影响着波特率的准确度。下面以例 7-1 中所用数据来

说明。

1）若选择 SMOD=1，由上面计算已得 T1 时间常数 N=243，按此值可算得 T1 实际产生的波特率及其误差为

$$波特率=2^{SMOD}\times f_{osc} / [32\times 12(2^8-N)]$$
$$=\{2^1\times 12\times 10^6 / [32\times 12\ (256-243\ )]\}\text{bit/s}$$
$$=4807.69\text{bit/s}$$
$$波特率误差=(4807.69-4800)/4800=0.16\%$$

2）若选择 SMOD=0，则 T1 的时间常数为

$$N=2^8-2^0\times 12\times 10^6/(32\times 12\times 4800)$$
$$=249.49\approx 249$$

由此值可算出 T1 实际产生的波特率及其误差为

$$波特率=\{2^0\times 12\times 10^6/[32\times 12(256-249)]\}\text{bps}=4464.29\text{bit/s}$$
$$波特率误差=(4464.29-4800)/4800=-6.99\%$$

由此可见，虽然 SMOD 可任意选择，但在某些情况它会影响波特率的误差，所以，应该选择使波特率误差小的 SMOD 值。

通过以上计算可以看出，在使用 12MHz 晶振时波特率与标准的波特率之间存在误差，波特率越高误差越大。因此单片机与外设通信时，要保证波特率的精度，一般采用 11.0592MHz 来替代 12MHz 晶振。例如，要产生波特率为 4800 bit/s 的信号，计算如下。

$$N=2^8-2^1\times 11.0592\times 10^6 / (32\times 12\times 4800)= 244$$
$$波特率=2^{SMOD}\times f_{osc} / [32\times 12\ (2^8-N\ )]$$
$$=4800\ \text{bit/s}$$

这里使用 11.0592MHz 晶振波特率就不会产生误差。

为保证波特率的准确性，同时避免繁杂的计算，表 7-4 列出了单片机串行口常用的波特率及其设置参数。

**表 7-4　常用波特率及其设置**

| 串行口工作方式 | 波特率/（bit/s） | $f_{osc}$/MHz | 定时器 T1 | | | |
|---|---|---|---|---|---|---|
| | | | SMOD | $C/\overline{T}$ | 模式 | 定时器初值 |
| 方式 0 | 1M | 12 | × | × | × | × |
| 方式 2 | 375k | 12 | 1 | × | × | × |
| | 187.5k | 12 | 0 | × | × | × |
| 方式 1 和方式 3 | 62.5k | 12 | 1 | 0 | 2 | FFH |
| | 19.2k | 11.059 | 1 | 0 | 2 | FDH |
| | 9.6k | 11.059 | 0 | 0 | 2 | FDH |
| | 4.8k | 11.059 | 0 | 0 | 2 | FAH |
| | 2.4k | 11.059 | 0 | 0 | 2 | F4H |
| | 1.2k | 11.059 | 0 | 0 | 2 | E8H |
| | 137.5 | 11.059 | 0 | 0 | 2 | 1DH |
| | 110 | 12 | 0 | 0 | 1 | FEEBH |
| 方式 1 和方式 3 | 19.2k | 6 | 1 | 0 | 2 | FEH |
| | 9.6k | 6 | 1 | 0 | 2 | FDH |
| | 4.8k | 6 | 0 | 0 | 2 | FDH |
| | 2.4k | 6 | 0 | 0 | 2 | FAH |
| | 1.2k | 6 | 0 | 0 | 2 | F3H |
| | 0.6k | 6 | 0 | 0 | 2 | E6H |
| | 110 | 6 | 0 | 0 | 2 | 72H |
| | 55 | 6 | 0 | 0 | 1 | FEEBH |

## 7.4　串行口应用

本节以 51 单片机串行口工作方式为主线，分别举例介绍串行口方式 0 实现 I/O 扩展，方式 1、2、3 实现异步通信及多机通信方面的应用。

### 7.4.1　串行口方式 0 的应用及仿真

串行口方式 0 为同步串行传输操作，外接串入—并出或并入—串出器件，可实现 I/O 的扩展。I/O 口扩展有两种不同用途：一种是利用串行口扩展并行输出口，此时需外接串行输入/并行输出的同步移位寄存器，如 74LS164/74HC164 或 CD4094；另一种是利用串行口扩展并行输入口，此时需外接并行输入/串行输出的同步移位寄存器，如 74LS165/74HC165 或 CD4014。

**1. 串行口方式 0 的典型应用**

**【例 7-2】** 用 8051 串行口外接一片 CD4094 扩展 8 位并行输出口，并行口的每一位都接一个发光二极管，要求发光二极管从右到左以一定速度轮流点亮，并不断循环。

设发光二极管为共阴极接法，其硬件接线如图 7-14 所示。

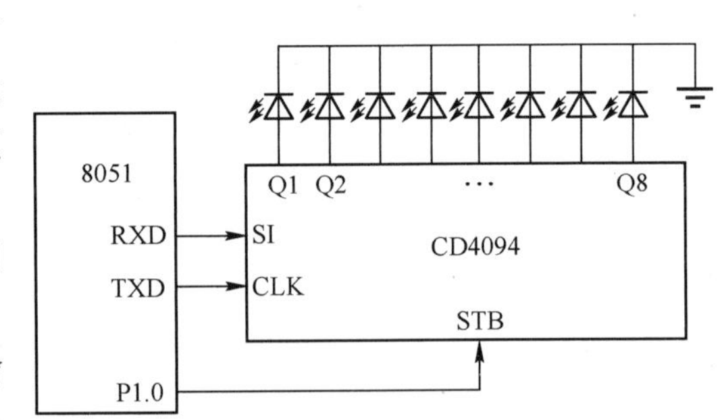


图 7-14　8051 串行口扩展为 8 位并行输出口

CD4094 是一种 8 位串行输入（SI 端）/并行输出的同步移位寄存器，CLK 为同步脉冲输入端（串行时钟频率可达 2.5MHz），STB 为控制端。若 STB=0，则 8 位并行数据输出端（Q1～Q8）关闭，但允许串行数据从 SI 端输入；若 STB=1，则 SI 输入端关闭，但允许 8 位数据并行输出。

设串行口采用中断方式发送，发光二极管的点亮时间（1s）通过延时子程序 DELY 实现。程序代码如下。

```
        ORG 0000H
        AJMP    MAIN
        ORG     0023H
        AJMP    SBS                 ;转向串行口中断服务程序
        ORG     2000H
MAIN:   MOV     SCON, #00H          ;串行口设置为方式 0
        MOV     A, #01H             ;最右边一位发光二极管先点亮
        CLR     P1.0                ;关闭并行输出,熄灭显示
        MOV     SBUF, A             ;开始串行输出
LOOP:   SJMP    LOOP                ;等待中断
SBS:    SETB    P1.0                ;启动并行输出
        ACALL   DELY                ;显示延迟 1s
        CLR     TI                  ;发送中断标志清 0
        RL      A                   ;准备点亮下一位
        CLR     P1.0                ;关闭并行输出,熄灭显示
        MOV     SBUF, A             ;串行输出
        RETI
DELY:   MOV     R2, #05H            ;延时 1s 子程序(fosc=6MHz)
DELY0:  MOV     R3, #0C8H
DELY1:  MOV     R4, #0F8H
```

```
            NOP
DELY2:      DJNZ    R4, DELY2
            DJNZ    R3, DELY1
            DJNZ    R2, DELY0
            RET
            END
```

**【例 7-3】** 用 8051 串行口外接一片 CD4014，扩展为 8 位并行输入口，输入数据由 8 个开关提供；另有一个开关 S 提供联络信号，当 S=0 时，表示要求输入数据，如图 7-15 所示。请编写程序将输入的 8 位开关量存入片内 RAM 的 30H 单元。

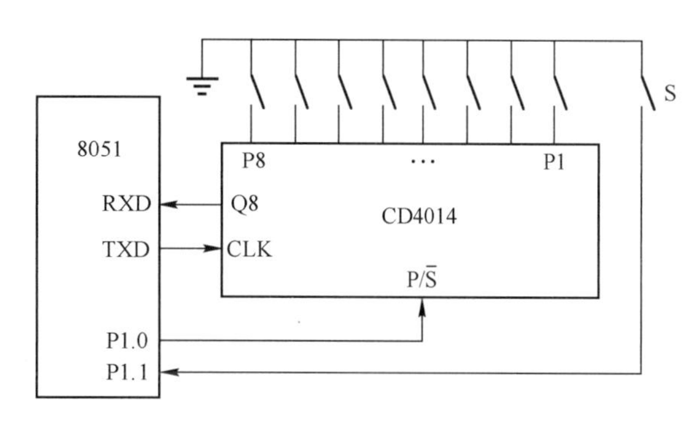


图 7-15　8051 串行口扩展为 8 位并行输入口

CD4014 是并行输入/串行输出的同步移位寄存器。其中，Q8 为串行数据输出端，P1～P8 为并行数据输入端，CLK 为同步移位脉冲输入端，P/$\overline{S}$ 为控制端。若 P/$\overline{S}$=0，则 CD4014 并行输入端关闭，可以串行输出；若 P/$\overline{S}$=1，则 CD4014 串行输出端关闭，可以并行输入数据。

对接收中断标志位 RI 采用查询方式来编程，首先要查询 P1.1 是否为 0（开关 S 闭合）。

程序代码如下。

```
            ORG     2000H
STAR:       MOV     SCON, #10H
WT1:        JB      P1.1, WT1              ;等待开关 S 闭合
            SETB    P1.0                   ;令 P/S=1,CD4014 并行输入数据
            CLR     P1.0                   ;令 P/S=0,CD4014 开始串行输出
WT2:        JNB     RI, WT2                ;等待接收
            CLR     RI                     ;接收完毕,清 RI
            MOV     A, SBUF                ;读取输入数据到累加器
            MOV     30H, A                 ;存入内存 30H 单元
            SJMP    $
```

**【例 7-4】** 利用 8 位移位寄存器芯片 74HC165 扩展 2 个 8 位并行输入口。编程从 16 位扩展口读入 20 个字节的数据，并将它们转存到内部 RAM 的 50H～59H 中。

74HC165 是 8 位并行输入/串行输出的移位寄存器，扩展电路如图 7-16 所示。图中 CLK 为时钟脉冲输入端，D0～D7 为并行输入端，QH 为串行数据输出端，DS 为串行数据输入端，当 S/$\overline{L}$=0 时允许并行置入数据，S/$\overline{L}$=1 时允许串行移位。

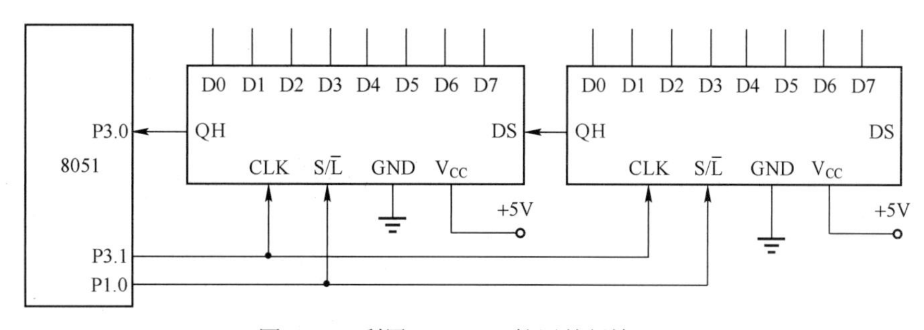


图 7-16　利用 74HC165 扩展并行输入口

汇编语言程序代码如下。

```
        ORG     2000H
STAR:   MOV     R2, #0AH        ;设置读入数据组数
        MOV     R0, #50H        ;设置片内 RAM 地址指针
RECV:   CLR     P1.0            ;允许并行置入数据
        SETB    P1.0            ;允许串行移位
        MOV     R1, #02H        ;设置每组字节数
        MOV     SCON, #10H      ;设置串行口工作方式
WAIT:   JNB     RI, WAIT        ;等待接收
        CLR     RI              ;接收完毕,清 RI
        MOV     A, SBUF         ;读取输入数据到累加器
        MOV     @R0, A          ;存入内存 RAM 单元
        INC     R0
        DJNZ    R1, WAIT        ;是否接收完一组数据
        DJNZ    R2, RECV        ;是否接收完全部字节数
        RET
```

**2. 扩展并行输出口设计实例及仿真**

串行口方式 0 扩展并行输出口要求如下。

用 80C51 串行口外接一片串行输入/并行输出 74LS164 扩展 8 位并行输出口。80C51 串行口输出作为 74LS164 的串行输入信号，74LS164 并行口输出连接 8 个发光二极管，实现发光二极管以一定速度轮流循环点亮。

（1）硬件电路

利用 Proteus 绘制 51 单片机串行口扩展为 8 位并行输出口的原理图，如图 7-17 所示。

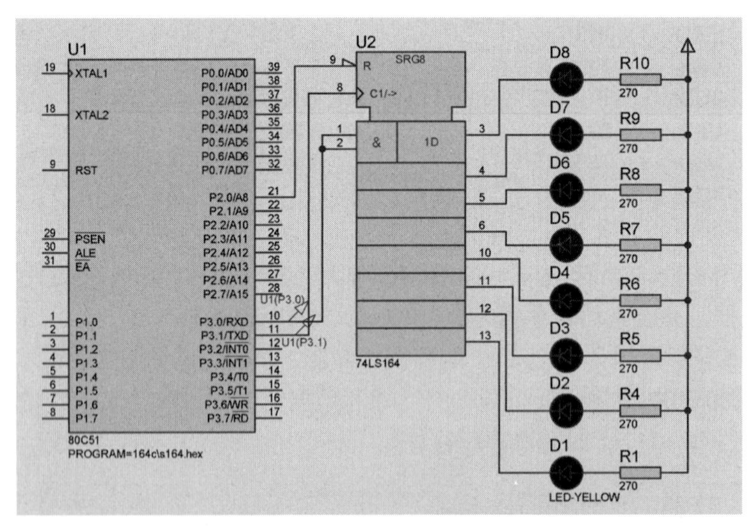


图 7-17　51 单片机串行口扩展为 8 位并行输出口

74LS164 是 8 位串行输入/并行输出边沿触发式移位寄存器。数据通过两个输入端（DSA 为引脚 1、DSB 为引脚 2）之一串行输入，任一输入端可以用作高电平使能端，控制另一输入端的数据输入。两个输入端也可以连接在一起，或者把不用的输入端接高电平。并行数据输出端为引脚 3～6 和 10～13（Q0～Q7）。引脚 8 为同步脉冲输入端，时钟（CP）每次由低变高时，两个数据输入端（DSA 和 DSB）的逻辑与输入到 Q0（引脚 3），寄存器数据右移一位。引脚 9（R）为控制端。若 R = 0，则 8 位输出全部清 0；若 R = 1，则允许 8 位数据并行输出。

74LS164 引脚功能见表 7-5。

表 7-5　74LS164 引脚功能

| 符号 | 引脚 | 说明 |
| --- | --- | --- |
| DSA | 1 | 数据输入 |
| DSB | 2 | 数据输入 |
| Q0～Q3 | 3～6 | 输出 |
| GND | 7 | 地（0 V） |
| CP | 8 | 时钟输入（上升沿触发） |
| /M/R | 9 | 复位输入（低电平有效） |
| Q4～Q7 | 10～13 | 输出 |
| $V_{CC}$ | 14 | 正电源 |

（2）程序设计

1）汇编语言程序如下。

```
            ORG 0000H
            CLD BIT P2.0            ;定义控制口
    INIT:
            MOV SCON,#00H           ;串行口初始化为方式 0
            MOV A,#7FH
            CLR CLD                 ;清除 164 输出端口数据
    START:
            ACALL SEND
            SETB CLD                ;关闭清除
            MOV R2,#200
            ACALL DELAY1MS          ;延时一段时间
            RR A
            SJMP START
        ;发送子程序
        ;入口：    累加器 A
        ;返回值：无
    SEND:
            MOV SBUF,A
    WAIT:                           ;等待发送成功标志
            JBC TI,SD
            SJMP WAIT
      SD:
            RET
        ;1MS 延时程序
        ;入口：R2
DELAY1MS:
            MOV R6,#03H
      DL0:
            MOV R5,#0A4H
            DJNZ R5,$
            DJNZ R6,DL0
            DJNZ R2,DELAY1MS
            RET
            END
```

2）C51 程序如下。

```
#include <reg51.h>
typedef unsigned char uint8;            //定义数据类型
sbit   clr = P2^0;                      //定义端口
/****************************
函数名：send
功    能：串口发送数据
输    入：  uint8    dat
返回值：无
****************************/
void send(uint8    dat)
{
   SBUF = dat;
```

```
    while(!TI);
    TI = 0;
}
void delay(uint8   m)                    //m ms 延时程序
{
    uint8   a,b,c;
    for(c = m;c > 0;c--)
        for(b = 142;b > 0;b--)
            for(a = 2;a > 0;a--);
}
void main()
{
    uint8   sd = 0x80;
    SCON = 0;
    clr = 0;                             //清除 164 端口数据
    clr = 1;                             //关闭清除
    while(1)
    {
        send(~sd);
        delay(200);
        sd = sd >> 1;
        if(sd == 0)
            sd = 0x80;
    }
}
```

对于比较复杂的程序，建议使用清晰易读的 C51 编程。

（3）Proteus 电路仿真

为了更加清晰地观察串口模式 0 的输出波形，采用 Proteus 提供的图表功能可清楚显示 P3.0 口和 P3.1 口的波形。使用方法如下。

1）在原理图中添加图表窗口。

通过工具箱，选择“图标模式”（Graph Mode）→“数字”（Digital）选项，在原理图中按住鼠标左键并拖动，可画出显示区域，如图 7-18 所示。

2）在图表中添加探针。

第一步，在工具箱中选择电压终端模式（Voltage Probe Mode）；第二步，放置在原理图中要跟踪的引脚 P3.0、P3.1 所在的连线上。如图 7-19 所示，放置之后探针上会自动显示该引脚的名称。第三步，将探针放入图表中，有两种方式：第一种，在图表窗口右击，在弹出菜单中选择“添加跟踪”（Add Trace），在弹出的窗口 Probe P1 中选择 U1（P3.0/RXD），单击“OK”按钮，完成一个探针的添加；利用相同的方法添加第二个探针；第二种方法是直接选择 U1（P3.0/RXD），然后按住鼠标左键拖动至图表窗口中，即可完成添加，利用相同的方法添加第二个探针。

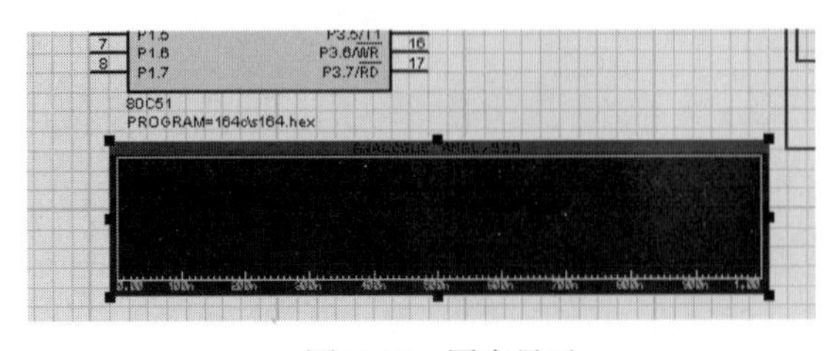


图 7-18　图表显示

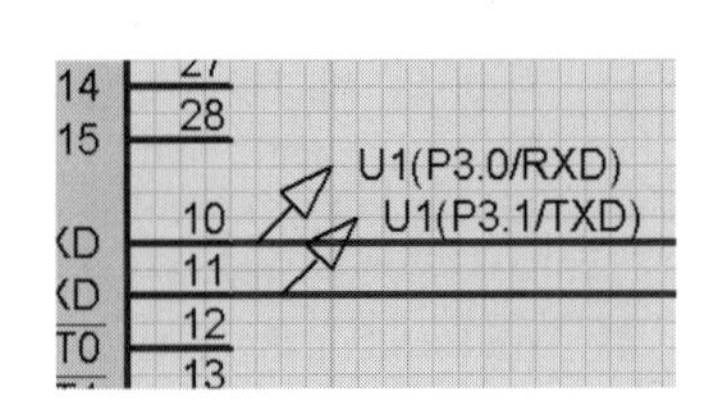


图 7-19　添加电压探针

3）设置图表。

双击图标窗口，弹出对话框如图 7-20 所示。在对话框中可以更改开始时间和结束时间来观察不同时间段内波形的变化。

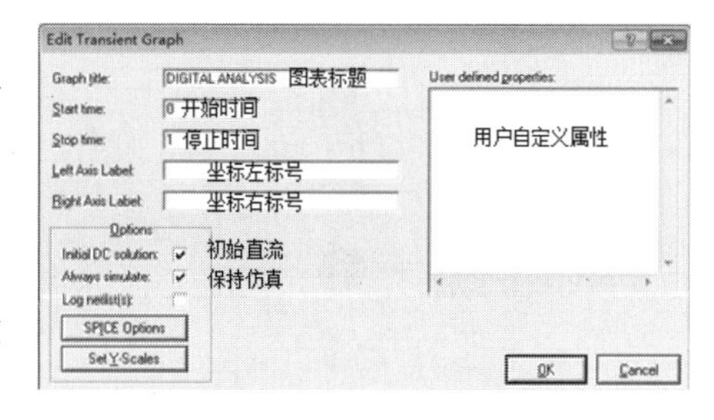

图 7-20　图标模式设置

4）仿真图表。

图表波形显示需要启动相应的仿真，与系统仿真不同，图表仿真需要在图表上右击并在弹出的快捷菜单中选择“图表仿真”选项或者选择“Graph”→“图表仿真”（Simulate Graph）命令即可开始仿真，显示设定时间段内电路仿真结果，如图 7-21 所示。

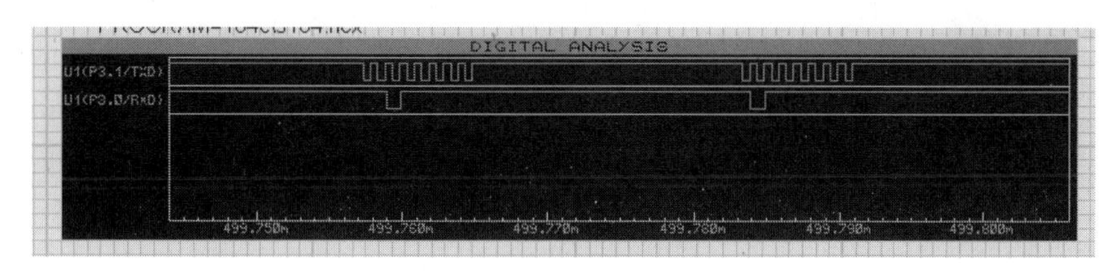

图 7-21　图表仿真结果

为了使数据传输波形清晰，可以删去延时程序 delay（200）。

电路仿真时可以添加虚拟示波器，A 通道为 80C51 串口输出数据 7FH，B 通道为时钟信号，仿真结果如图 7-22 所示。

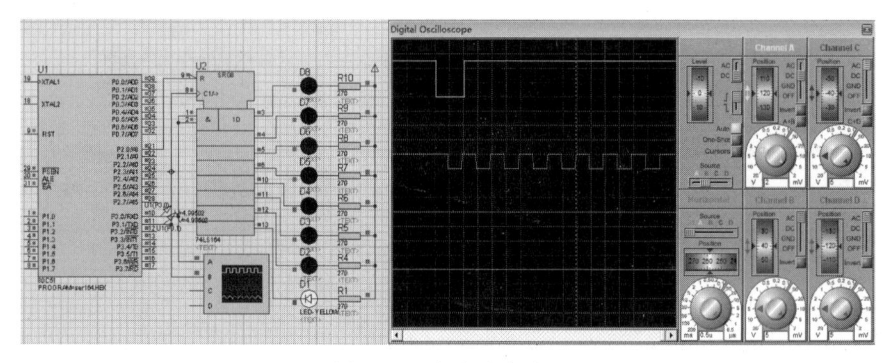

图 7-22　电路仿真结果

**3. 扩展并行输入口设计实例及仿真**

串行口方式 0 扩展并行输入口要求如下。

用 80C51 串行口外接一片串行输出/并行输入 74LS165 扩展 8 位并行输入口。使用 8 位开关 SW1 的状态作为 74LS165 的并行输入，74LS165 的串行输出作为 80C51 串行口输入信号，并通过 P1 口显示并行输入（串行输出）的数据。

（1）硬件设计

并行输入/串行输出仿真电路如图 7-23 所示。

74LS165 是 8 位并行输入、串行输出的移位寄存器。引脚 2、15 为时钟脉冲输入端，但只有当其中一个引脚为低电平的时候，另一个引脚才能作为时钟脉冲输入端（在使用时，可以将其中的一个直接接地，另一个作时钟输入端口使用）；引脚 11～14、3～6 为 8 位并行数据输入端 D0～D7；引脚 9 为串行数据输出端；引脚 10 为串行数据输入端；引脚 1（LOAD）在下降沿时允许并行置入数据、高电平时允许串行移位。

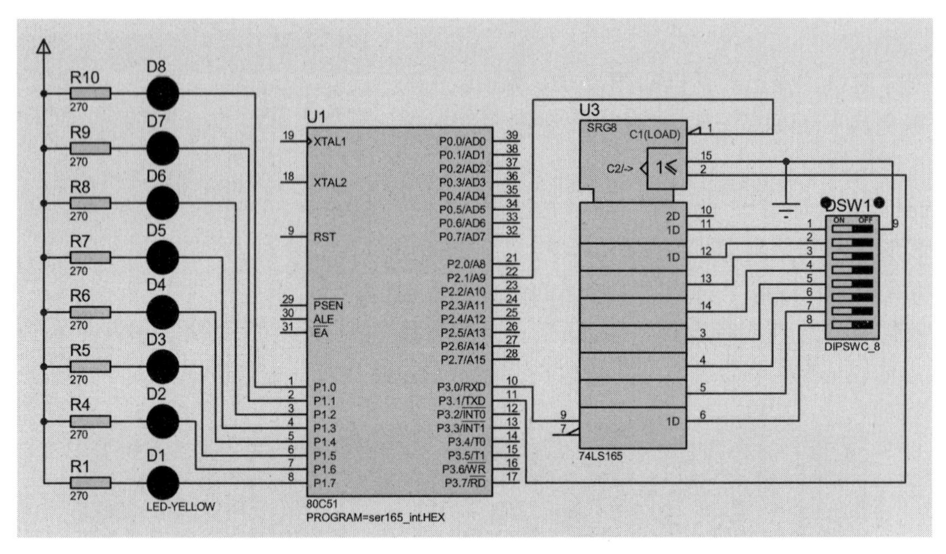


图 7-23　利用 74LS165 扩展并行输入口

74LS165 引脚功能见表 7-6。

**表 7-6　74LS165 引脚功能**

| 符号 | 引脚 | 说明 |
| --- | --- | --- |
| SHIFT/ $\overline{LOAD}$ | 1 | 数据移位/载入引脚 |
| CLOCK | 2 | 时钟输入（上升沿有效） |
| D4～D7 | 3～6 | 并行数据输入（高 4 位） |
| OUTPUT/QH` | 7 | 移位输出 $\overline{OH}$ |
| GND | 8 | 地 |
| OUTPUT QH | 9 | 移位输出 OH |
| SERIAL INPUT | 10 | 串行输入 |
| D0～D3 | 11～14 | 并行数据输入（低 4 位） |
| CLOCK INH | 15 | 时钟输入（与引脚 2 关系为逻辑或） |
| $V_{CC}$ | 16 | 正电源 |

（2）程序设计（使用中断方式）

汇编语言程序如下。

```
        LD   BIT P2.1          ;定义端口
        ORG   0000H
        SJMP   INIT            ;跳到初始化程序
        ORG   0023H            ;串行口中断入口地址
        SJMP   SERINT          ;跳至中断服务程序
  INIT:
        MOV   SCON,#10H        ;初始化为方式 0,允许接收
        SETB   ES              ;打开串口中断
        SETB   EA              ;CPU 开中断
        CLR    LD
        SETB   LD              ;给 165 一个下降沿
        SJMP $                 ;等待中断
SERINT:
```

```
            JB   RI,R_PROCESS            ;判断是否为接收中断
    S_PROCESS:                           ;不是接收中断,即为发送中断处理发送数据
            CLR TI                       ;清除发送标志位
            NOP
            SJMP   ENDINT
RECE_PROCESS:                            ;处理接收数据
            CLR   RI                     ;清除接收标志位
            MOV   R2,#2
            ACALL   DELAY1MS             ;延时一段时间
            MOV   A,SBUF
            CLR    LD
            SETB   LD                    ;给 165 一个下降沿
            MOV   P1,A
      ENDINT:
            RETI
          ;1MS 延时程序
          ;入口：R2
    DELAY1MS:
            MOV   R6,#03H
        DL0:
            MOV   R5,#0A4H
            DJNZ   R5,$
            DJNZ   R6,DL0
            DJNZ   R2,DELAY1MS
            RET
            END
```

C51 程序如下。

```
#include<reg51.h>
typedef unsigned char uint8;         //数据类型定义
sbit SHLD=P2^1;                      //端口定义
void init()
{
    SCON = 0X10;                     //串口工作于方式 0,允许接收
    ES = 1;                          //打开串口中断
    EA = 1;                          //CPU 开中断
    SHLD = 0;
    SHLD = 1;                        //给 165 一个下降沿
}
void delay(void)
{
   uint8 m,n;
   for(m=0;m<20;m++)
       for(n=0;n<5;n++);
 }
void main()
{
    init();
    while(1) ;                       //等待中断
}
Void   recv() interrupt 4            //串口中断服务程序
{
```

```
    if(RI)                  //判断是否为接收
    {
        RI = 0;             //清除接收标志位
        P1 = SBUF;
        delay();            //延时一段时间
        SHLD = 0;
        SHLD = 1;           //给 165 一个下降沿
    }
}
```

（3）Proteus 电路仿真

74LS165 扩展并行输入口 Proteus 电路仿真结果如图 7-24 所示。可以看到 8 位开关 SW1（ON 为 1、OFF 为 0）并行输入状态为 11010011（74LS165 引脚 11～14 对应 D0～D3、引脚 3～6 对应 D4～D7），经过 74LS165 转换后以串行信号输入给 P3.2。

P1 口输出显示与输入信号状态一致。

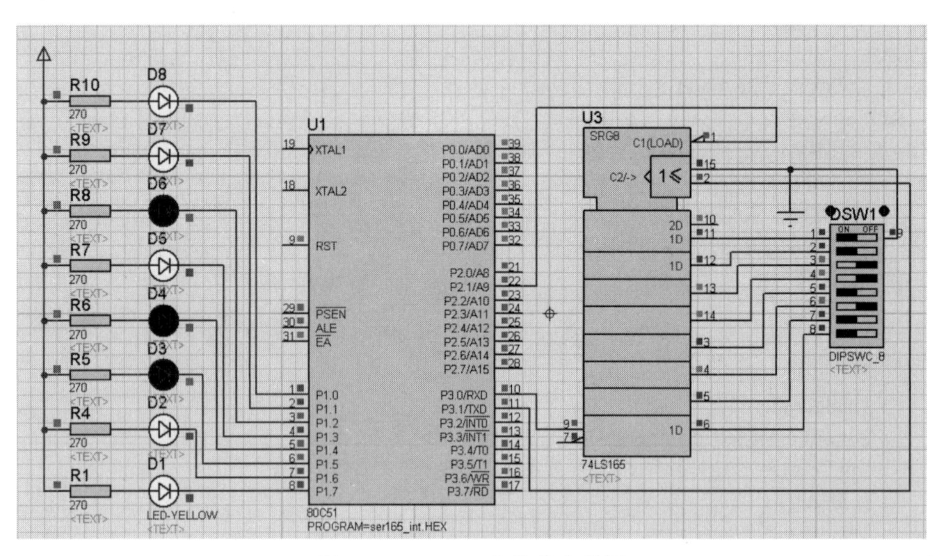


图 7-24　Proteus 电路仿真结果

### 7.4.2　串行口在其他方式下的应用

51 单片机串行口工作在方式 1、2、3 时，都用于异步通信，它们之间的主要差别是字符帧格式和波特率不同。此时，单片机发送或接收数据可以采用查询方式或中断方式。

**1. 发送程序示例**

**【例 7-5】** 编写一个发送程序，将片内 RAM 中 20H～2FH 的数据串行发送。设单片机的主频为 12MHz，串行口为工作方式 2，TB8 作奇偶校验位。

定义波特率为 375kbit/s，所以 SMOD=1。在数据写入发送 SBUF 之前，先将数据的奇偶标志 P 写入 TB8，此时，第 9 位数据便可作奇偶校验用。

采用查询方式发送数据的汇编语言程序代码如下。

```
        ORG     2000H
SEND:   MOV     SCON, #80H          ;设串行口为方式 2
        MOV     PCON, #80H          ;SMOD=1
        MOV     R0, #20H            ;首地址 20H→R0
```

```
        MOV     R2, #10H            ;数据个数→R2
LOOP:   MOV     A, @R0              ;取数据
        MOV     C, PSW.0            ;P→Cy
        MOV     TB8, C              ;奇偶标志→TB8
        MOV     SBUF, A             ;发送数据
WAIT:   JBC     TI, CNTN            ;若一帧数据发完,则跳转并清零发送中断标志
        AJMP    WAIT                ; 等待 TI=1
CNTN:   INC     R0
        DJNZ    R2, LOOP            ; 数据未发送完,继续
        RET
```

**2. 接收程序示例**

**【例 7-6】** 编写一个接收程序，将接收到的 16 个字节数据存入片内 RAM 中 20H～2FH 单元。设单片机的主频为 11.059MHz，串行口为工作方式 3，接收时进行奇偶校验。

定义波特率为 2.4kbit/s，根据单片机的主频和波特率，查表 7-4 可知 SMOD=0，定时器采用工作模式 2，初值为 F4H。接收过程判断奇偶校验位 RB8，若出错，F0 标志位置 1；若正确，F0 标志位为 0。

采用中断方式接收数据的汇编语言程序代码如下。

```
        ORG     0023H
        AJMP    SREV                ;转至中断服务程序
        ORG     2000H
RECV:   MOV     TMOD, #20H          ;定时器 1 设为模式 2
        MOV     TL1, #0F4H
        MOV     TH1, #0F4H          ;设定时器初值
        SETB    TR1                 ;启动 T1
        MOV     SCON, #0D0H         ;将串行口设置为方式 3,REN=1
        MOV     PCON, #00H          ;SMOD=0
        MOV     R1, #20H            ;接收数据区首地址→R1
        MOV     R2, #16             ;设发送数据个数→R2
        SETB    ES                  ;允许接收
        SETB    EA                  ;开中断
LOOP:   SJMP    LOOP                ;等待中断
        RET
```

中断服务子程序：

```
        ORG     0200H
SREV:   CLR     RI                  ;清接收中断标志
        MOV     A, SBUF             ;读取接收数据
        JNB     PSW.0, PZEO         ;P=0 则跳转
        JNB     RB8, ERR            ;P=1,RB8=0 转至 ERR
        SJMP    RIGHT               ;P=1,RB8=1 转至 RIGHT
PZEO:   JB      RB8, ERR            ;P=0,RB8=1 转至 ERR
RIGHT:  MOV     @R1, A              ;存放数据
        INC     R1                  ;指向下一个存储单元
        DJNZ    R2, FANH            ;未接收完则继续接收
        CLR     F0                  ;F0=0
        CLR     ES
FANH:   RETI
ERR:    CLR     REN
        CLR     ES
```

```
        CLR      EA
        SETB     F0                    ;置 F0=1
        RETI
```

采用中断方式接收数据的 C51 程序代码如下。

```
#include<reg52.h>
#include<string.h>
#define uchar unsigned char
#define uint   unsigned int
uint i=0,q;
char data *p;                   /*定义一个指向片内 RAM 地址的指针*/
void init()
{
    TMOD = 0x20;
    TH1 = 0xF4;                 /* 波特率为 9600bit/s */
    TL1 = 0xF4;
    EA = 1;
    ES = 1;
    SCON=0xD0;                  /*串口方式 3*/
    TR1=1;
    q=0;
}
void main()
{
    init();
    p=0x20;                     /*片内 RAM 地址为 0x20*/
    while(1);
}
void   recv() interrupt 4
{
     RI=0;
     p[i]=SBUF;
     ACC = SBUF;
     if(PSW^0 == RB8)           /*进行校验*/
        q+=p[i];                /*为接收校验和,之后根据实际要求进行校验和的位判断处理*/
     i ++;
     if(i > 16)
        i = 0;
}
```

### 7.4.3 双机通信应用实例

双机通信也称为点对点的异步串行通信。当两个 51 单片机应用系统相距很近时，可将它们的串行口直接相连来实现双机通信，如图 7-25 所示。双机通信中通信双方处于平等地位，不需要相互之间识别地址，因此串行口工作方式 1、2、3 都可以实现双机之间的全双工异步串行通信。如果要保证通信的可靠性，还需要在收发数据前规定通信协议，包括对通信双方发送和接收信息的格式、差错校验与处理、波特率设置等事项的明确约定。

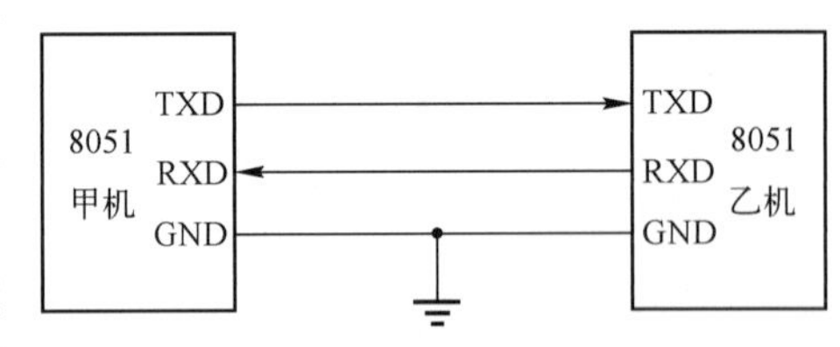


图 7-25　双机通信示意图

【例 7-7】8051 串行口按全双工方式收发数据。要求将内部 RAM 30H 单元开始的 20 个数据发送出去，同时将接收到的数据保存到内部 RAM 50H 单元开始的数据缓冲区。要求传送的波特率为 2400bit/s，$f_{osc}$=6MHz，请编写通信程序。

全双工通信要求能同时收、发数据。数据可用中断方式进行，响应中断后，通过检测是 RI 置位还是 TI 置位来决定是发送数据还是接收数据。发送和接收操作都通过子程序完成。根据要求的波特率和晶振频率，查表 7-4 可知 SMOD=0，定时器 T1 采用工作模式 2，初值为 FAH。

程序代码如下。

```
        ORG     2000H
MAIN:   MOV     TMOD, #20H          ;定时器 1 设为模式 2
        MOV     TL1, #0FAH
        MOV     TH1, #0FAH          ;设定时器初值
        SETB    TR1                 ;启动 T1
        MOV     SCON, #50H          ;将串行口设置为方式 1,REN=1
        MOV     PCON, #00H          ;SMOD=0
        MOV     R0, #30H            ;发送数据区首地址→R0
        MOV     R1, #50H            ;接收数据区首地址→R1
        MOV     R2, #20             ;设发送数据个数→R2
        SETB    ES
        SETB    EA                  ;开中断
LOOP:   SJMP    LOOP                ;等待中断
```

中断服务子程序：

```
        ORG     0023H
        AJMP    SBS1                ;转至中断服务程序
        ORG     0200H
SBS1:   JNB     RI, SEND            ;TI=1,为发送中断
        ACALL   SIN                 ;RI=1,为接收中断
        SJMP    NEXT
SEND:   ACALL   SOUT                ;调用发送子程序
NEXT:   RETI
```

发送子程序：

```
SOUT:   CLR     TI                  ;清发送中断标志
        DJNZ    R2, LOOP1           ;数据未发送完,继续发送
        SJMP    RR1                 ;发送完返回
LOOP1:  MOV     A, @R0              ;取发送数据到 A
        MOV     SBUF, A             ;发送数据
        INC     R0                  ;指向下一个数据
RR1:    RET
```

接收子程序：

```
SIN:    CLR     RI                  ;清接收中断标志
        MOV     A, SBUF             ;接收数据
        MOV     @R1, A              ;存入数据缓冲区
        INC     R1                  ;指向下一个存储单元
        RET
```

（该程序对应的 C51 源程序见本书电子资源）

（1）双机通信设计实例

【例 7-8】 编制单片机 U1 发送、单片机 U2 接收的双机通信程序。设数据块长度为 16 个字

节，U1 发送数据缓冲区起始地址为 50H，U2 接收数据存放到以 60H 为首址的数据存储器中。双机的主频为 11.059MHz。

双方约定的通信协议如下。

U1 先发送请求 U2 接收信号“0AAH”，U2 收到该信号后，若为准备好状态，则发送数据“0BBH”作为应答信号，表示同意接收。当 U1 发送完 16 个字节后，再向 U2 发送一个累加校验和。校验和是针对数据块进行的，即在数据发送时，发送方对块中的数据简单求和，产生一个单字节校验字符（校验和），附加到数据块结尾。在数据接收时，接收方每接收一个数据也计算一次校验和；接收完数据块后，再接收 U1 发送的校验和，并将接收到的校验和与 U2 求出的校验和进行比较，向 U1 发送一个状态字，表示正确（00H）或出错（0FFH），出错则要求 U1 重发。U1 收到 U2 发送的接收正确应答信号（00H）后，即结束发送；否则，就重发一次数据。

U1 采用查询方式进行数据发送，U2 采用中断方式进行数据接收。双方约定传输波特率为 9600bit/s，双机串行口都工作于方式 1，查表 7-4 可知 SMOD=0，定时器 T1 采用工作模式 2，初值为 FDH。

1）电路设计。双机通信仿真电路如图 7-26 所示，为了方便调试，在每个单片机的发送数据线上挂接一个虚拟终端。

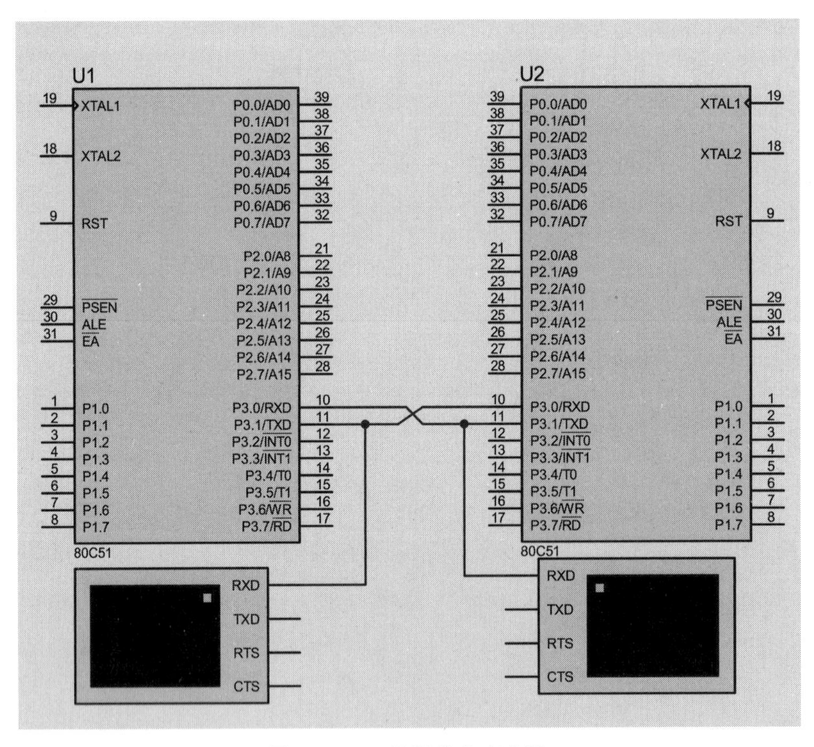


图 7-26　双机通信仿真电路

2）程序设计

单片机 U1 发送程序和单片机 U2 接收程序见本书电子资源。

## 7.5　思考与练习

1．解释下列概念。

1）并行通信、串行通信、异步通信。

2）波特率。

3）单工、半双工、全双工。

4）奇偶校验。

2．51 单片机串行口控制寄存器 SCON 中 SM2、TB8、RB8 有何作用？主要在哪几种方式下使用？

3．试分析比较 51 单片机串行口在 4 种工作方式下发送和接收数据的基本条件和波特率的产生方法。

4．为何 T1 用作串行口波特率发生器时常用模式 2？若 $f_{osc}$=6MHz，试求出 T1 在模式 2 下可能产生的波特率的变化范围。

5．试用 8051 串行口方式 0 扩展并行输出口，控制 16 个发光二极管自右向左以一定速度轮流发光，设计仿真电路，编写控制程序，进行仿真调试。

6. 试用 8051 串行口扩展 8 位并行输入口（数据），并将输入的数据通过 P0 端口控制 7 段码 LED 显示，设计仿真电路，编写控制程序，进行仿真调试。

7. 试用 8051 串行口扩展 8 位并行输入口（数据），并通过串行口扩展并行输出口，控制 7 段码 LED 显示输入的数据，设计仿真电路，编写控制程序，进行仿真调试。

8．试设计一个 8051 单片机的双机通信系统，串行口工作在方式 1，波特率为 2400bit/s，编程将 U1 片内 RAM 中 40H～4FH 的数据块通过串行口传送到 U2 片内 RAM 的 40H～4FH 单元中。

9．8051 以方式 2 进行串行通信，假定波特率为 1200bit/s，第 9 位作奇偶校验位，以中断方式发送，请编写程序。

10．8051 以方式 3 进行串行通信，假定波特率为 1200bit/s，第 9 位作奇偶校验位，以查询方式接收，请编写程序。

11．RS-232C 总线标准是如何定义其逻辑电平的？实际应用中可以将 51 单片机串行口和 PC 的串行口直接相连吗？为什么？

12．为什么 RS-485 总线比 RS-232C 总线具有更高的通信速度和更远的通信距离？

# 第 8 章　单片机常用 I/O 接口

在单片机应用系统中，常用于人机交互的输入/输出设备为键盘和显示器，以及开关量传感器和驱动器等控制设备，都可以直接或间接（驱动）通过 I/O 接口与单片机连接。

## 8.1　键盘接口及应用

本节以键盘、显示器及驱动电路等为实例，翔实描述单片机（未扩展）I/O 接口及应用技术。

### 8.1.1　键盘及其工作特征

**1. 键盘的分类**

键盘是由若干个独立的按键按一定规则组合而成的，根据按键的识别方法分类，可分为编码键盘和非编码键盘。

（1）编码键盘

编码键盘是指键盘中的按键闭合的识别由专用的硬件电路实现，并可产生键编号或键值。如 BCD 码键盘、ASCII 键盘。

（2）非编码键盘

非编码键盘是指没有采用专用的硬件译码器电路，其按键的识别和键值的产生都是由软件完成。非编码键盘成本较低且使用灵活，因而在单片机系统中得到广泛使用。

**2. 键盘的工作特征**

键盘中的每个按键都是一个常开的开关电路，是利用机械触点来实现按键的闭合和释放的。在按键的使用过程中，有两种现象需要特别注意：一种是按键抖动现象；另一种是按键连击现象。

（1）抖动现象

由于按键触点的弹性作用的影响，按键的机械触点在闭合及断开的瞬间都会有抖动现象，所控制的输入电压信号同样也出现了抖动现象。按键抖动一般持续的时间为 5～10ms。

为了确保单片机对按键的一次闭合仅处理一次，必须去除键抖动的影响。

目前一般采用软件延时的办法来避开抖动阶段，即第一次检测到按键闭合后先不做相应动作，而是执行一段延时程序（产生 5～10ms 的延时），让前沿抖动消失后再次检测按键的状态，若按键仍保持闭合状态，则确认为真正有键按下，否则就作为按键的抖动处理。关于按键的释放检测，一般采用闭合循环，一旦检测到按键释放，也同样可以延时 5～10ms，等待后沿抖动消失后才能转入该键的处理程序。

（2）连击现象

当按键在一次被按下的过程中，其相应的程序被多次执行的现象（等价于按键被多次按下），此现象就被称为连击。

在通常情况下，连击是不允许出现的。消除连击的方法如下。

1）方法 1：当判断出某按键被按下时，就立刻转向去执行该按键相应的功能程序，然后判断按键被释放后才能返回。

2）方法 2：当判断出某一键被按下时，不立即转向去执行该按键的功能程序，而是等待判断出该按键被释放后，再转向去执行相应程序，然后返回。

## 8.1.2 独立式非编码键盘接口及应用

### 1. 独立式非编码键盘接口电路

在实际的应用系统中，一般采用几个按键组成的非编码键盘，称其为独立式键盘或线性键盘。独立式键盘 Proteus 仿真接口电路如图 8-1 所示。每一个键对应 P1 口的一个端口，每个按键是相互独立的。当某一个按键被按下时，该按键所连接的端口的电位也就由高电平变为低电平，单片机通过查询所有连接按键的端口电平，识别所按下的按键。独立式键盘结构简单，适合于按键较少的一般应用系统。

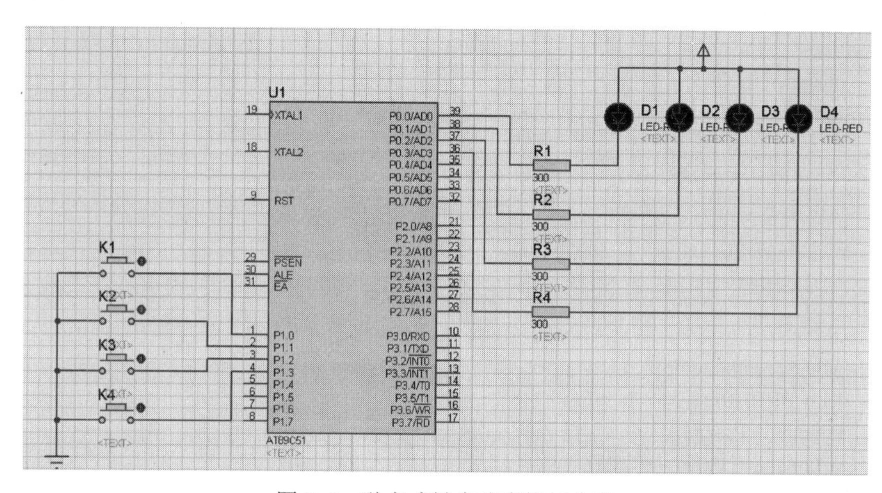


图 8-1 独立式键盘仿真接口电路

### 2. 程序设计

1）汇编语言处理子程序（START）如下（各按键按下时有互锁功能）。

```
START:   ORL    P1,#0FH          ;输入口先置 1
         MOV    A, P1            ;读入键盘状态
         JNB    ACC.0, KEY_1     ;K1 键按下转 KEY_1 标号
         JNB    ACC.1, KEY_2     ;K2 键按下转 KEY_2 标号
         JNB    ACC.2, KEY_3     ;K3 键按下转 KEY_3 标号
         JNB    ACC.3, KEY_4     ;K4 键按下转 KEY_4 标号
         SJMP   START
KEY_1:   LJMP   PROG1
KEY_2:   LJMP   PROG2
KEY_3:   LJMP   PROG3
KEY_4:   LJMP   PROG4
PROG1:   MOV    A, #0FEH
         MOV    P0, A            ;K1 键功能程序,D1 亮,互锁
         LJMP   START            ;执行完返回
PROG2:   MOV    A, #0FDH
         MOV    P0, A            ;K2 键功能程序,D2 亮,互锁
         LJMP   START            ;执行完返回
PROG3:   MOV    A, #0FBH
```

```
            MOV     P0, A                 ;K3 键功能程序,D3 亮,互锁
            LJMP    START                 ;执行完返回
PROG4:      MOV     A, #0F7H
            MOV     P0, A                 ;K4 键功能程序,D4 亮,互锁
            LJMP    START                 ;执行完返回
```

2）具有去抖动及按键检测功能的 C51 程序如下。

```
#include<reg51.h>
#include<intrins.h>
#define uchar unsigned char
sbit   D1=P0^0;
sbit   D2=P0^1;
sbit   D3=P0^2;
sbit   D4=P0^3;
void delay(unsigned int m)              //延时函数
{
      unsigned int i,j;
      for(i=0;i<m;i++)
      {
            for(j=0;j<123;j++)
            {;}
      }
}
uchar key()                             //按键检测函数
{
      uchar keynum,temp;
      P1 = P1 | 0x0f;
      keynum = P1;
      if((keynum | 0xf0) = = 0xff)
            return(0);
      delay(10);
      keynum = P1;
      if((keynum | 0xf0) = = 0xff)
            return(0);
      while(1)
      {
            temp = P1;
            if((temp | 0xf0) = = 0xff)
                  break;
      }
      return(keynum);
}
void kpro(uchar   k)          //函数功能：判断哪一个按键按下,可以同时按下多个按键
{
      if((k & 0x01) = = 0x00)
            {D1=0;delay(1000);D1=1;}          //K1 按下时 D1 点亮约 1s,然后熄灭
      if((k & 0x02) = = 0x00)
            {D2=0;delay(1000);D2=1;}          //K2 按下时 D2 点亮约 1s,然后熄灭
      if((k & 0x04) = = 0x00)
            {D3=0;delay(1000);D3=1;}          //K3 按下时 D3 点亮约 1s,然后熄灭
      if((k & 0x08) = = 0x00)
            {D4=0;delay(1000);D4=1;}          //K4 按下时 D4 点亮约 1s,然后熄灭
```

```
}
void main()         //主函数
{
        uchar k;
        while(1)
        {
                k = key();
                if(k != 0)
                        kpro(k);
        }
}
```

以上 C51 程序不具备按键互锁功能，如果要求实现 4 个按键任一时刻只有当前按下的按键有效，可以修改 void kpro（uchar　k）函数如下。

```
void kpro(uchar   k)
{
        if((k & 0x01) = = 0x00)
                P0 = 0xfe;
        if((k & 0x02) = = 0x00)
                P0 = 0xfd;
        if((k & 0x04) = = 0x00)
                P0 = 0xfb;
        if((k & 0x08) = = 0x00)
                P0 = 0xf7;
}
```

### 8.1.3 矩阵式键盘接口及应用

**1. 矩阵式键盘接口电路**

当按键数量较多时，为了节省 I/O 端口及减少连接线，通常按矩阵方式连接键盘电路。在每条行线与每条列线的交叉处通过一个按键来连通，则只需 N 条行线和 M 条列线，即可组成拥有 N×M 个按键的键盘。

例如，组成有 16 个按键的键盘，按 4×4 的方式连接，即 4 条行线和 4 条列线，Proteus 仿真电路原理图如图 8-2 所示。

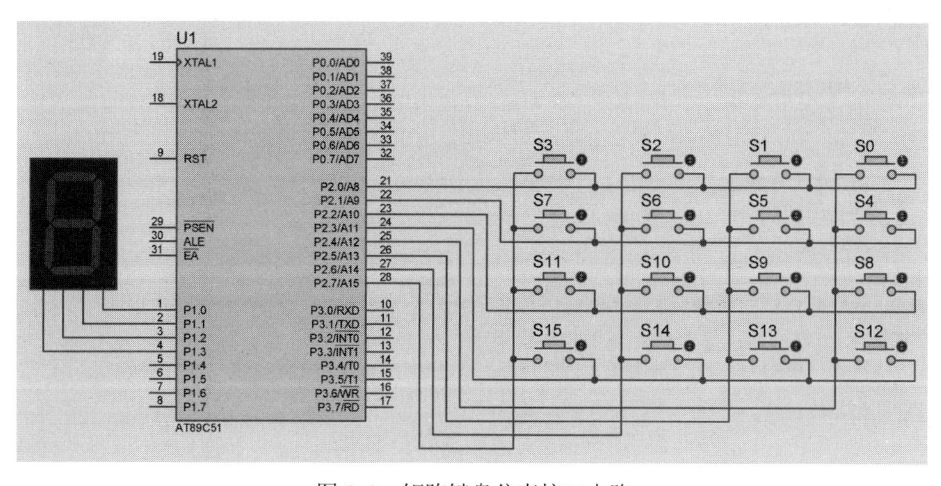


图 8-2　矩阵键盘仿真接口电路

为便于观察键值，使用 Proteus 的一位 7 段 BCD 数码管显示对应按键按下时的序号。

**2. 程序设计**

对非编码键盘的矩阵结构键盘检测，常用的按键识别方法是扫描法。一般情况下，按键扫描程序都是以函数（子程序）的形式出现的。

下面说明扫描法按键识别的过程。

1）快速扫描判别是否有键按下。通过行线送出扫描字 0000B，然后读入列线状态，假如读入的列线端口值全为 1，则说明没有按键被按下，反之则说明有键按下。

2）调用延时（或者是执行其他任务来用作延时）去除抖动。当检测到有键按下后，软件延时一段时间，然后再次检测按键的状态，这时检测到仍有按键被按下，就可以认为按键确实被按下了，否则只能按照按键抖动来处理。

3）按键的键值处理。当有键按下时，就可采用逐行扫描的方法来确定到底是哪一个按键被按下。先扫描第一行，即将第一行输出为低电平（0），然后再去读入列线的端口值，如果哪一列出现低电平（0），就说明该列与第一行跨接的按键被按下了。如果读入的列线端口值全为 1，则说明与第一行跨接的所有按键都没有被按下。接着就扫描第二行，以此类推，逐行扫描，直至找到被按下的按键，并根据事先的定义将按键的键值送入键值变量中保存。需要注意的是，在返回键盘的键值前还需要检测按键是否释放，这样可以避免连击现象的出现，保证每次按键只做一次处理。

4）返回按键的键值的处理。根据按键的编码值，就可以进行相应按键的功能处理（本例仅显示对应按键按下时的序号，实际应用中需要设计该键执行的功能程序）。

C51 程序代码如下。

```
#include<reg51.h>                                    //头文件包含
#include<intrins.h>                                  //头文件包含
#define uchar unsigned char                          //宏定义
 void delay(uchar m)
 {uchar i,j;
  for(i=0;i<m;i++)
    for(j=0;j<124;j++);
    }
 /************************************************************************/
 //按键函数扫描是否有键按下(返回值不等于 0xff,说明有键按下)
 /************************************************************************/
uchar keysearch()
{
        uchar k;
        P2=0xf0;
        k=P2;
        k=~k;
        k=k&0xf0;
        return k;
}
/************************************************************************/
//按键函数(返回值：等于 0xff,说明没有键按下)
/************************************************************************/
uchar key()
{
        uchar a,c,kr,keynumb;
        a=keysearch();
```

```
	if(a==0)
		return 0xff;
	else
		delay(10);                        //延时去抖动
	a=keysearch();
	if(a==0)
		return 0xff;
	else
	{
		a=0xfe;
		for(kr=0;kr<4;kr++)
		{
			P2 = a;
			c = P2;
			if((c & 0x10) ==0)keynumb=kr+0x00;
			if((c & 0x20) ==0)keynumb=kr+0x04;
			if((c & 0x40) ==0)keynumb=kr+0x08;
			if((c & 0x80) ==0)keynumb=kr+0x0c;
			a=_crol_(a,1);            //循环左移函数,需要 intrins.h 头文件支持
		}
	}
	do{                                       //按键释放检测
		a=keysearch();
	  }while(a!=0);
	return keynumb;                   //返回按键的编码键值
}
/************************************************************************/
//按键的键值处理函数
/************************************************************************/
void keybranch(uchar k)
{
	switch(k)
	{
		case 0x00 :  P1=0;            //以下仅显示各键序号,例如 P1=0
		break;                             //实用程序应为该键需要执行的功能
		case 0x04 :  P1=1;
		break;
		case 0x08 :  P1=2;
		break;
		case 0x0c :  P1=3;
		break;
		case 0x01 :  P1=4;
		break;
		case 0x05 :  P1=5;
		break;
		case 0x09 :  P1=6;
		break;
		case 0x0d :  P1=7;
		break;
		case 0x02 :  P1=8;
		break;
		case 0x06 :  P1=9;
```

```
                break;
                case 0x0a  :   P1=10;
                break;
                case 0x0e  :   P1=11;
                break;
                case 0x03  :   P1=12;
                break;
                case 0x07  :   P1=13;
                break;
                case 0x0b  :   P1=14;
                break;
                case 0x0f  :   P1=15;
                break;
                default:   break;
           }
      }
      void main()
      {   uchar jzh;
          while(1)
          {
            jzh=key();
            keybranch(jzh );
          }
      }
```

**3．仿真调试**

在 Proteus 下加载编译通过的.HEX 文件，在仿真运行中分别按下 S0～S15，数码管显示相应序号。图 8-3 所示是按下 S9 后的仿真调试结果。

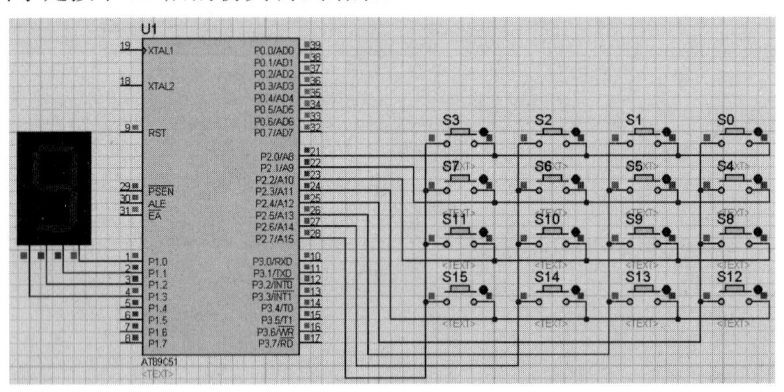


图 8-3　矩阵键盘 Ptoteus 仿真调试

## 8.2　单片机常用显示器接口及应用

单片机应用系统中，常用于观察的显示器主要有 LED（发光二极管显示器）和 LCD（液晶显示器）。

LED 显示分状态显示和数据显示两种方式。状态显示即由单只 LED 的亮和灭来反映状态信息；而数据显示则应能显示 0～9 的数字和字母 A～F，通常使用的是七段 LED（8 字形）或十六段 LED（米 8 形）。

### 8.2.1 LED 显示器接口及应用

**1．LED 状态显示**

LED 状态显示的接口主要分为高电平驱动和低电平驱动。当所用 LED 功耗低、数量较少时可直接利用单片机的 I/O 口进行控制。当系统需要较多的 LED 显示时，需要加驱动电路，经 PNP 三极管驱动控制 LED 状态显示电路如图 8-4 所示。

在该电路中，改变限流电阻（300Ω）的阻值可调整发光二极管的亮度。当 P1 口的位线输出低电平时，对应的三极管（PNP）导通，则相应的 LED 被点亮。

**2．LED 数码显示**

LED（七段）数码管是由 7 个发光二极管和 1 个发光（二极管）小数点组成的显示器件。

LED 数码管有共阴极和共阳极两种，如图 8-5 所示。

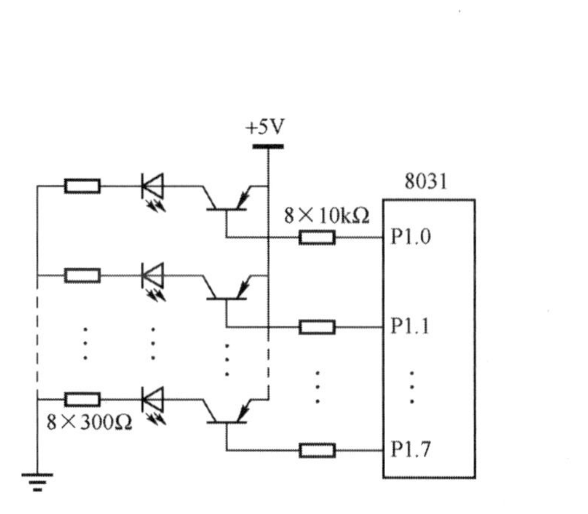


图 8-4　LED 状态显示电路

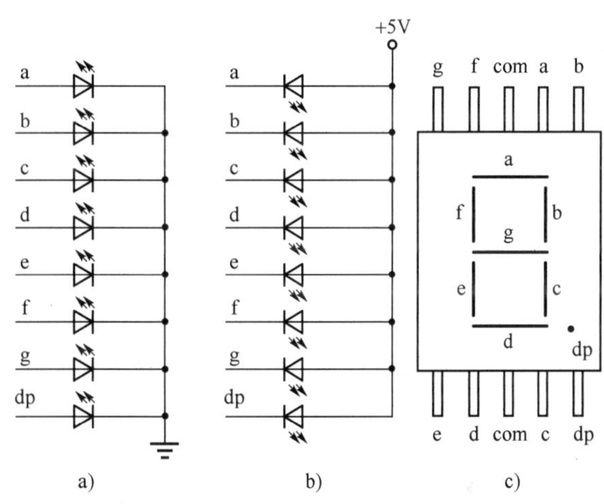


图 8-5　七段 LED 数码管
a) 共阴极　b) 共阳极　c) 引脚分布

发光二极管的阳极连在一起的称为共阳极数码管，阴极连在一起的称为共阴极数码管。一位数码管由 8 个 LED 发光二极管组成，其中 7 个发光二极管 a～g 段构成字形“8”，另一个发光二极管为小数点（dp）。当某段发光二极管加上一定的正向电压时，数码管的这段就被点亮；没有加电压依然处在熄灭的状态。为了保护数码管的各段不被烧坏，还应该使它工作在安全电流下，因此还必须串接电阻来限制流过各段的电流，使之处在良好的工作状态。

以共阳极数码管为例，如图 8-5b 所示，如数码管公共阳极接电源正极，如果向各控制端 a，b，c，…，g，dp 依次送入 00000011 信号，则该数码管中相应的段就被点亮，可以看出数码管显示“0”。

控制数码管上显示各数字值的数据，也就是控制数码管各段亮灭的二进制数据称为段码，显示各数码的共阴极和共阳极的七段 LED 数码管所对应的段码见表 8-1。

需要说明的是，在表 8-1 中所列出的数码管的段码是相对的，它是由各段在字节中所处位置决定。例如，七段 LED 数码管段码是按格式：dp，g，…，c，b，a 而形成的，故对于“0”的段码为 11000000=C0H（共阳极数码管）。但是如果将格式改为：dp，a，b，c，…，g，则“0”的段码变为 81H（共阳极数码管）。因此，数码管的段码可由开发者根据具体硬件的连接自行确定，不必拘泥于表 8-1 中的形式。

**表 8-1　七段 LED 数码管的段码**

| 显 示 数 码 | 共阴极段码 | 共阳极段码 | 显 示 数 码 | 共阴极段码 | 共阳极段码 |
|---|---|---|---|---|---|
| 0 | 3FH | C0H | A | 77H | 88H |
| 1 | 06H | F9H | B | 7CH | 83H |
| 2 | 5BH | A4H | C | 39H | C6H |
| 3 | 4FH | B0H | D | 5EH | A1H |
| 4 | 66H | 99H | E | 79H | 86H |
| 5 | 60H | 92H | F | 71H | 8EH |
| 6 | 70H | 82H | | | |
| 7 | 07H | F8H | | | |
| 8 | 7FH | 80H | | | |
| 9 | 6FH | 90H | | | |

**3. LED 显示器显示方式**

在实际应用中，数码管有静态显示和动态显示两种。

（1）静态显示方式

静态显示方式为七段 LED 数码管在显示某一个字符时，相应的段（发光二极管）恒定的导通或截止，直至需要更新显示其他字符为止。LED 数码管显示器工作于静态显示时，需要注意以下方面。

1）数码管各段若为共阴极连接，则公共端接地；若为共阳极连接，则公共端接+5V 电源。

2）要通过限流电阻控制数码管段电流在额定范围内，以保护数码管正常工作。静态显示器的亮度是由限流电阻的阻值大小决定的。

3）数码管的每一段（发光二极管）可与一个 8 位锁存器的输出口相连，显示字符一经确定，相应锁存的输出将维持不变。

N 位共阴极、共阳极静态显示电路的连接如图 8-6 所示。

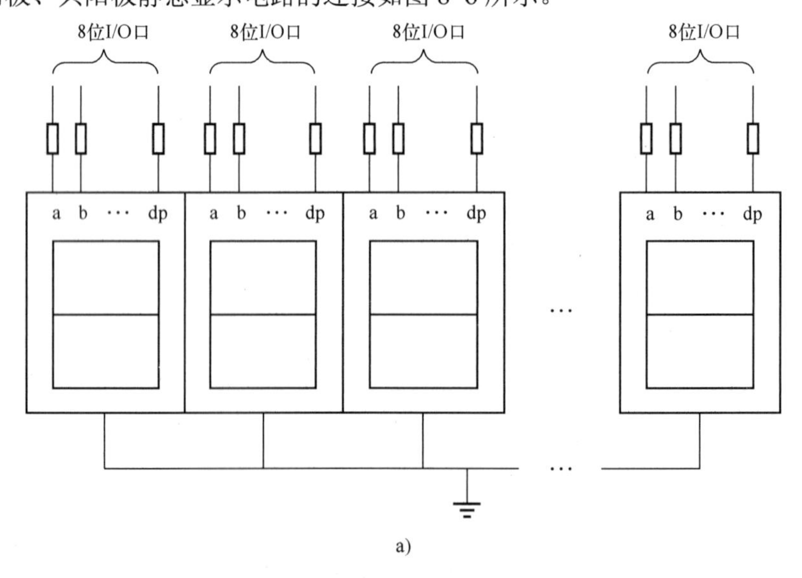


a)

图8-6　N位共阴、共阳极静态显示连接图

a) 共阴极静态显示

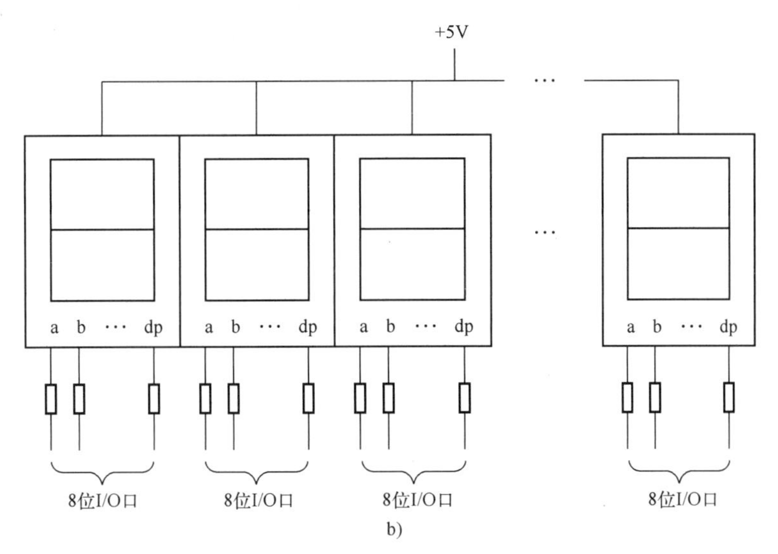


图8-6　N位共阴、共阳极静态显示连接图（续）
b) 共阳极静态显示

在图 8-6 中，静态显示方式显示一位字符需要 8 根输出线。当 N 位显示时则需 N×8 根输出控制线，极大地占用较多 I/O 资源。因此，在显示位数比较多的情况下，一般都采用动态显示方式。

（2）动态显示方式

动态显示方式连接形式如图 8-7 所示。

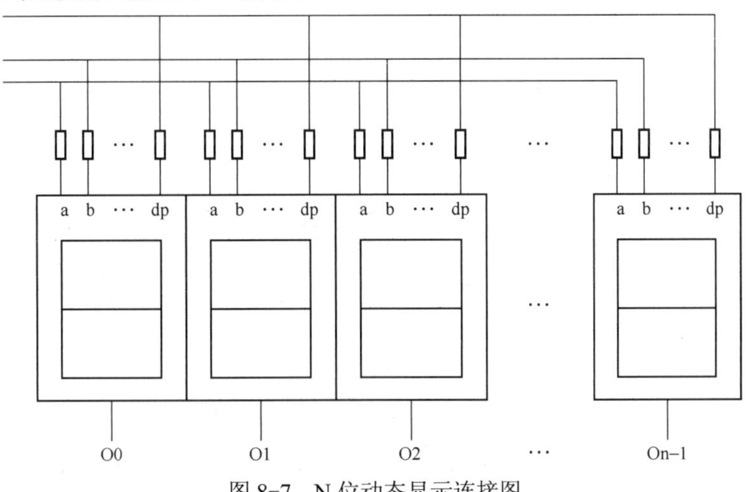


图 8-7　N 位动态显示连接图

动态显示是将所有位数码管的对应段并联连接在一起，由一个 8 位的输出口控制；各位数码管的公共端作为位选择端由 I/O 端口分别进行控制，以实现每个位的循环分时选通。

在图 8-7 中，I/O 端口分时按序送出各位欲显示字符的段码作用于所有数码管，然后通过位扫描的方法分别同步选通相关位的数码管（位码），以保证该位能够显示出相应字符，依次循环，使每位数码管分时显示不同字符。只要每位数码管显示的时间间隔不超过 20ms，并保持点亮一段（约 2ms）时间，视觉就会感觉到每位数码管同时显示。

**4. 七段 LED 数码管显示接口**

（1）七段 LED 数码管静态显示接口电路

七段 LED 数码管静态显示接口电路如图 8-8 所示。单片机输出口 P0 分别通过每一片 8D 锁存器

（74LS377）控制每一位七段数码管，单片机只需要编程向各锁存器写入各位显示数字的段码即可。

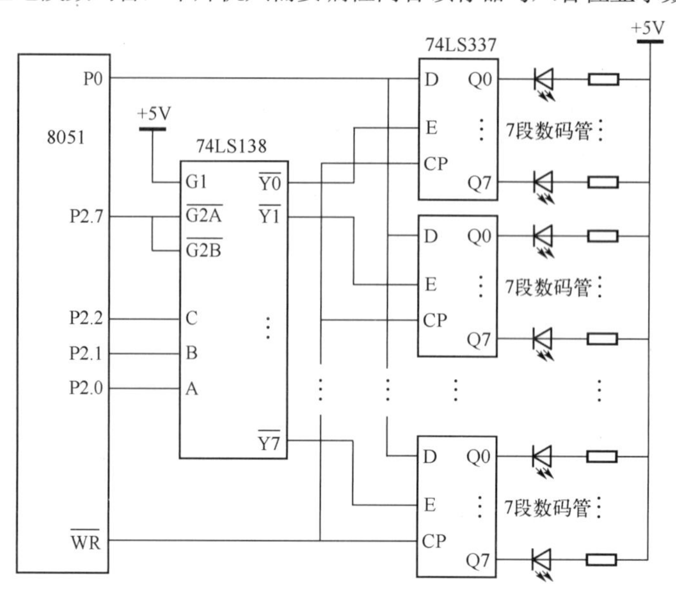


图 8-8 七段 LED 数码管静态显示接口电路

（2）七段 LED 数码管动态显示接口

1）动态显示接口仿真电路。

动态显示方式的接口电路，可以通过并行接口芯片如 8155、8255 等进行扩展控制，也可以使用 I/O 口直接控制。使用时需要一个 8 位的 I/O 输出端口用于输出数码管的段码，同时确定用于循环输出控制位的位码。

8051 控制 6 位七段 LED 数码管动态显示接口仿真电路如图 8-9 所示。

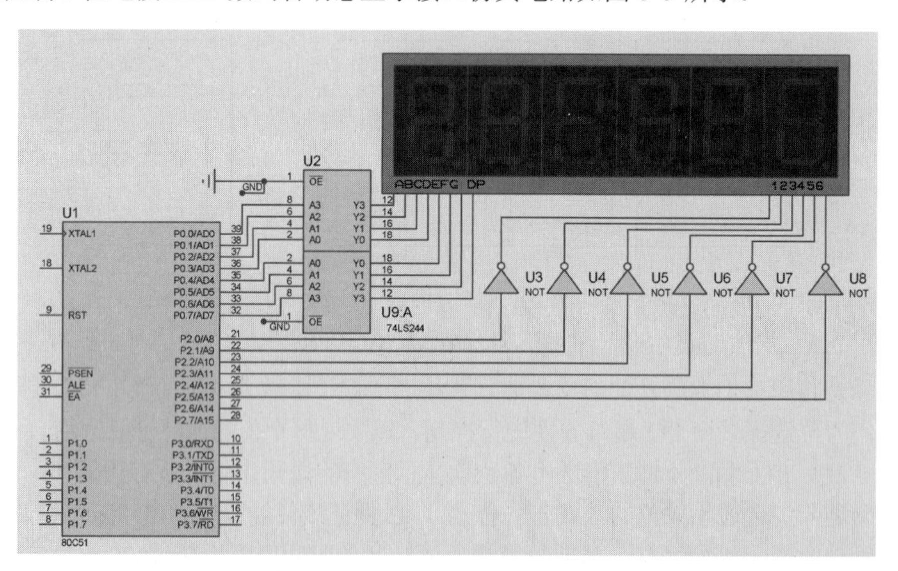


图 8-9 8051 控制 6 位七段 LED 数码管动态显示接口仿真电路

在图 8-9 中，LED 数码管为共阴极连接，P0 口仅用于输出 LED 数码管的段码，并没有连接其他外部设备。由于 P0 口总负载能力（电流）不能同时满足 6 位 LED 数码管的电流需求，所以，P0 口可通过 74LS244 驱动电路连接数码管。74LS244 是三态输出的 8 位总线缓冲驱动器，无锁存功能，其引脚图和逻辑图如第 9 章中图 9-3 所示。

2）程序设计（也称软件接口）。

在程序设计时，需要在单片机的内 RAM 中设置 6 个显示缓冲单元 50H～55H，分别存放 6 位显示的数据，由 P0 口输出段码，P2.0～P2.5 输出位码。在处理显示时，由程序控制使 P2.0～P2.5 按顺序依次轮流输出高电平，对共阴极数码管每次只点亮一位。在点亮某一位的同时，由 P0 口同步输出这位数码管欲显示的段码。每显示一位并保持停留一定的时间，依次循环，即可显示稳定的信息。

汇编语言扫描显示子程序（DISP）如下。

```
DISP：     MOV      R0, #50H           ;显示缓冲区首地址
           MOV      DPTR, #DISPTAB     ;段码表首地址
           MOV      R2, #01H           ;从最低位开始显示
DISP0：    MOV      P2, R2             ;送位码
           MOV      A, @R0             ;取显示数据
           MOVC     A, @A+DPTR         ;查段码
           MOV      P0, A              ;输出段码
           LCALL    DL1MS              ;延时 1ms
           INC      R0
           MOV      A, R2
           JB       ACC.5, DISP1       ;六位显示完毕?
           RL       A
           MOV      R2, A
           SJMP     DISP0
DISP1：    RET
DISPTAB：  DB    3FH, 06H, 5BH, 4FH, 66H, 6DH
           DB    7DH, 07H, 7FH, 67H, 77H, 7CH
           DB    39H, 5EH, 79H, 71H
DL1MS：    MOV      R7, #02H
DL：       MOV      R6, #0FFH
DL1：      DJNZ     R6, DL1
           DJNZ     R7, DL
           RET
```

C51 程序如下。

```
/**************************************************************/
//扫描显示 6 位数码管,显示信息为缓冲区的 012345
/**************************************************************/
#include<reg52.h>                                  //头文件定义
#include<intrins.h>
#define uchar unsigned char                        // 宏定义
uchar code Tab[]={0x3f,0x06,0x5b,0x4f,0x66,0x6d,0x7d,0x07,0x7f,0x6f,
0x77,0x7c,0x39,0x5e,0x79,0x71};
uchar disp_buffer[]={0,1,2,3,4,5};                 //显示缓冲区
/**************************************************************/
//延时子程序,带有输入参数 m
/**************************************************************/
void delay(unsigned int m)
{
      unsigned int i,j;
      for(i=0;i<m;i++)
      {
            for(j=0;j<123;j++)
```

```
            {;}
        }
}
/*************************************************************/
//显示子程序
/*************************************************************/
void display()
{
        uchar   i,temp;
        temp = 0x01;
        for(i=0;i<6;i++)
        {
                P2 = temp;                              //位选
                P0 =Tab[disp_buffer[i]];                //送显示段码
                delay(2);
                P0 = 0x00;                              //消隐
                temp = _crol_(temp,1);
        }
}
/*************************************************************/
//主函数
/*************************************************************/
void main()
{
        while(1)
        {
                display();
        }
}
```

3）仿真调试。

6 位动态显示电路的仿真结果如图 8-10 所示。

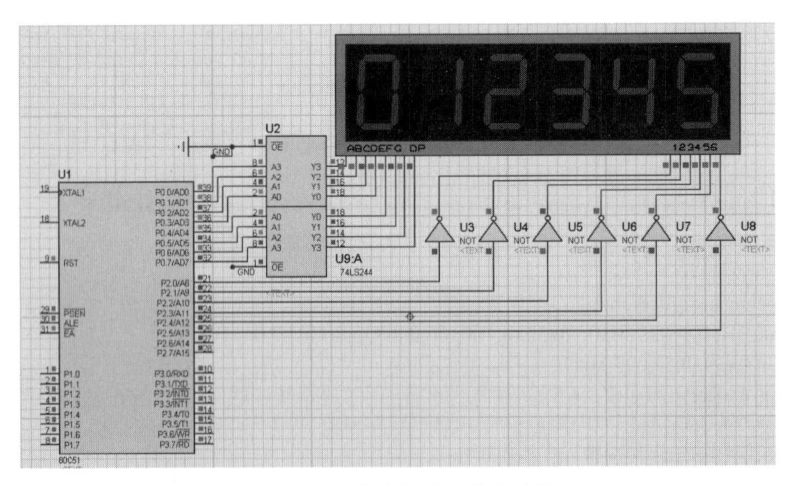


图 8-10　6 位动态显示仿真结果

## 8.2.2　LCD 液晶显示器接口及应用

LCD 液晶显示器是一种被动显示器，以其微功耗、体积小、抗干扰能力强、显示内容丰富等优点，在仪器仪表上和低功耗应用系统中得到越来越广泛的应用。

液晶显示器从显示的形式上可分为段式、点阵字符式和点阵图形式。其中点阵字符型液晶显示器是指显示的基本单元由一定数量的点阵组成，可以显示数字、字母、符号等。由于 LCD 驱动控制和面板接线的特殊方式，一般这类显示器需要将 LCD 面板、驱动器与控制电路组合在一起制作成一个 LCD 液晶显示模块（LCM）。常用的 1602 液晶模块内部的控制器共有 11 条控制指令，对 1602 液晶模块的读写、屏幕和光标的操作都是通过指令编程来实现的。

LCD 本身不发光，只是调节光的亮度。由于直流信号驱动将会使 LCD 的寿命减少，一般液晶的驱动应采用 125～150Hz 的方波，即动态驱动方式。为了方便显示，LCD 可采用硬件译码。

LCD 的种类很多，通常由控制器 HD44780、驱动器 HD44100 及必要的电阻电容组成。对于编程人员来讲，只要掌握控制器的指令，就可以为应用 LCD 模块进行编程。

下面以常用的 LCD 1602 模块为例进行介绍。

**1. LCD 1602 简介**

LCD 1602 液晶模块是两行 16 个字符，用 5×7 点阵图形来显示字符的液晶显示器，属于 16 字×2 行类型。内部具有字符发生器 ROM（Character-Generator ROM，CG ROM），可显示 192 种字符（160 个 5×7 点阵字符和 5×10 点阵字符）。具有 64B 的自定义字符 RAM（Character-Generator RAM，CG RAM），可以定义 8 个 5×8 点阵字符或 4 个 5×11 点阵字符。具有 64B 的数据显示 RAM（Data-Display RAM，DD RAM），可供显示编程时使用。图 8-11 为一般字符型 LCD 模块的外形尺寸。

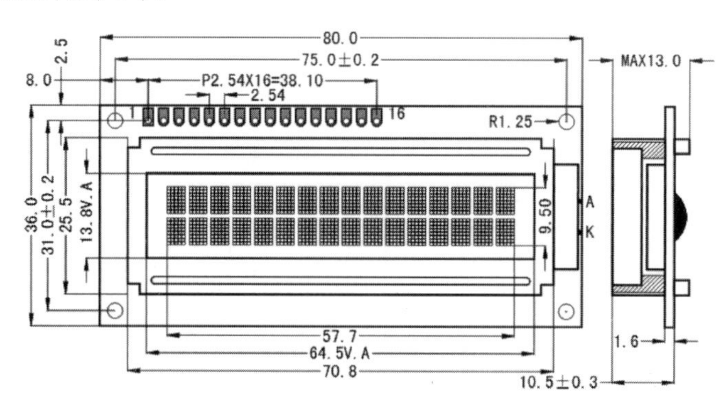


图 8-11　一般液晶显示模块的外形尺寸

LCD 1602 模块的引脚按功能可划分为三类：数据类、电源类和编程控制类。引脚 7～14 为数据线，选择直接控制方式时需用 8 根数据线，间接控制时只用 D4～D7 高四位数据线。LCD 1602 模块的引脚功能见表 8-2。

**表 8-2　LCD 1602 模块的引脚功能**

| 引脚 | 符号 | 引脚说明 | 引脚 | 符号 | 引脚说明 |
|---|---|---|---|---|---|
| 1 | $V_{SS}$ | 电源地 | 9 | D2 | Data I/O |
| 2 | $V_{DD}$ | 电源正极 | 10 | D3 | Data I/O |
| 3 | V0 | LCD 偏压输入 | 11 | D4 | Data I/O |
| 4 | RS | 数据/命令选择端（H/L） | 12 | D5 | Data I/O |
| 5 | R/W | 读写控制信号（H/L） | 13 | D6 | Data I/O |
| 6 | E | 使能信号 | 14 | D7 | Data I/O |
| 7 | D0 | Data I/O | 15 | BLK | 背光源负极 |
| 8 | D1 | Data I/O | 16 | BLA | 背光源正极 |

### 2. LCD 1602 与 8051 单片机接口

LCD 1602 与单片机的接口连接有两种方式，一种是直接（8 位）控制方式，另一种是间接（4 位）控制方式。它们的区别在于数据线的数量不同。间接控制方式比直接控制方式少用了 4 根数据线，这样可以节省单片机的 I/O 端口，但数据传输稍有复杂。单片机直接控制 LCD 1602 的仿真接口电路如图 8-12 所示。

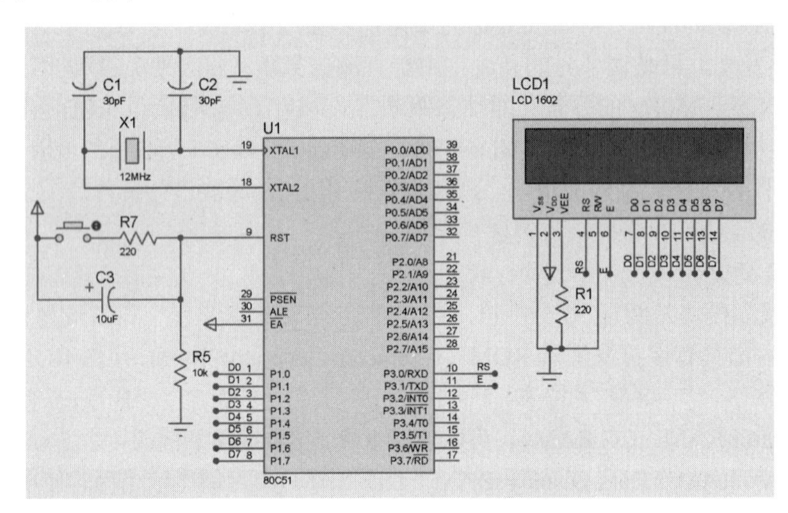


图 8-12　80C51 单片机与 LCD 1602 仿真接口电路

### 3. LCD 1602 的指令集

LCD 1602 液晶模块内部的控制器共有 11 条控制指令，见表 8-3。

表 8-3　LCD 1602 的指令集

| 序号 | 指　令 | RS | R/W | D7 | D6 | D5 | D4 | D3 | D2 | D1 | D0 |
|---|---|---|---|---|---|---|---|---|---|---|---|
| 1 | 清显示 | 0 | 0 | 0 | 0 | 0 | 0 | 0 | 0 | 0 | 1 |
| 2 | 光标返回 | 0 | 0 | 0 | 0 | 0 | 0 | 0 | 0 | 1 | * |
| 3 | 设置输入模式 | 0 | 0 | 0 | 0 | 0 | 0 | 0 | 1 | I/D | S |
| 4 | 显示开/关控制 | 0 | 0 | 0 | 0 | 0 | 0 | 1 | D | C | B |
| 5 | 光标或字符移位 | 0 | 0 | 0 | 0 | 0 | 1 | S/C | R/L | * | * |
| 6 | 设置功能 | 0 | 0 | 0 | 0 | 1 | DL | N | F | * | * |
| 7 | 设置字符发生存储器 CGRAM 地址 | 0 | 0 | 0 | 1 | 字符发生存储器地址 | | | | | |
| 8 | 设置数据存储器 DDRAM 地址 | 0 | 0 | 1 | 显示数据存储器地址 | | | | | | |
| 9 | 读忙标志或地址 | 0 | 1 | BF | 计数器地址 | | | | | | |
| 10 | 写数到 CGRAM 或 DDRAM | 1 | 0 | 要写的数据内容 | | | | | | | |
| 11 | 从 CGRAM 或 DDRAM 读数 | 1 | 1 | 读出的数据内容 | | | | | | | |

注：*表示可以取任意值。

LCD 1602 液晶模块的读写操作、屏幕和光标的操作都是通过指令编程来实现的（说明：1 为高电平、0 为低电平）。

各指令的功能按表 8-3 中序号说明如下。

指令 1：清显示，指令码 01H，光标复位到地址 00H 位置。

指令 2：光标复位，光标返回到地址 00H。

指令 3：光标和显示模式设置。I/D：光标移动方向，高电平右移，低电平左移；S：屏幕上所有文字是否左移或者右移。高电平表示有效，低电平则无效。

指令 4：显示开关控制。D：控制整体显示的开与关，高电平表示开显示，低电平表示关显示；C：控制光标的开与关，高电平表示有光标，低电平表示无光标；B：控制光标是否闪烁，高电平闪烁，低电平不闪烁。

指令 5：光标或显示移位。S/C：高电平时移动显示的文字，低电平时移动光标。

指令 6：功能设置命令。DL：高电平时为 4 位总线，低电平时为 8 位总线；N：低电平时为单行显示，高电平时双行显示；F：低电平时显示 5×7 的点阵字符，高电平时显示 5×10 的点阵字符。

指令 7：字符发生器 RAM 地址设置。

指令 8：DDRAM 地址设置。

指令 9：读忙信号和光标地址。BF：为忙标志位，高电平表示忙，此时模块不能接收命令或者数据；如果为低电平表示不忙。

指令 10：写数据。

指令 11：读数据。

**4. LCD 1602 的应用编程**

从 LCD 1602 指令集中可以看出，在编程时主要是向它发送指令、写入或读出数据。读写操作基本时序见表 8-4。

**表 8-4　读写操作基本时序表**

| 读状态 | 输入 | RS=L，R/W=H，E=H | 输出 | D0～D7=状态字 |
|---|---|---|---|---|
| 写指令 | 输入 | D0—D7=指令码，E=高脉冲 | 输出 | 无 |
| 读数据 | 输入 | RS=H，R/W=H，E=H | 输出 | D0～D7=数据 |
| 写数据 | 输入 | RS=H，R/W=L，D0—D7=数据，E=高脉冲 | 输出 | 无 |

LCD 1602 的应用编程步骤如下。

1）首先要对 LCD 1602 初始化，初始化的内容可根据显示的需要选用上述的指令。

2）输入需要显示字符的地址（位置），第 1 行第 1 列的地址是 00H+80H。这是因为写入的显示地址要求最高位 D7 恒为 1，所以，实际写入的数据为内部显示地址加上 80H。

3）将显示的数据写入。

注意：液晶显示模块是一个慢显示器件，所以在执行每条指令之前一定要先读忙标志。当模块的忙标志为低电平时，表示不忙，这时输入的指令有效，否则此指令无效。也可以采用写入指令后延时一段时间的方法，能起到同样的效果。

LCD 1602 的内部显示地址如图 8-13 所示。

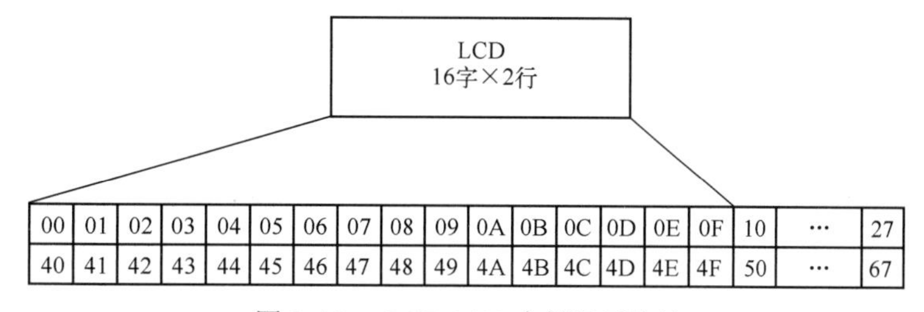


图 8-13　LCD 1602 内部显示地址

在图 8-12 所示电路中，若实现在液晶显示器的第一行显示“LCD 1602”，第二行显示“2019-8-15”，则 C51 程序如下。

```
/*********************************************************************
//LCD1602 时钟测试程序
*********************************************************************/
#include <reg52.h>                  //头文件
#define uchar unsigned char          //宏定义
#define uint unsigned int
sbit lcden=P3^1;                    //端口定义
sbit lcdrs=P3^0;
/*********************************************************************
延时函数
*********************************************************************/
void delay(uint x)
{
    uint i,j;
    for(i=0;i<x;i++)
        for(j=0;j<120;j++);
}
/*********************************************************************
写指令
*********************************************************************/
void write_com(uchar com)
{
    lcdrs=0;                        //lcdrs 为低电平时,写命令
    delay(1);
    P1=com;
    lcden=1;
    delay(1);
    lcden=0;
}
/*********************************************************************
    写数据
*********************************************************************/
void write_data(uchar dat)
{
    lcdrs=1;                        //lcdrs 为高电平时,写数据
    delay(1);
    P1=dat;
    lcden=1;
    delay(1);
    lcden=0;
}
/*********************************************************************
初始化
*********************************************************************/
void init()
{
    lcden=0;
    write_com(0x38);                //显示模式设定
    write_com(0x0c);                //开关显示、光标有无设置、光标闪烁设置
    write_com(0x06);                //写一个字符后指针加一
    write_com(0x01);                //清屏指令
}
```

```
/************************************************************************
                    写连续字符函数
************************************************************************/
void write_word(uchar *s)
{
        while(*s>0)
        {
                write_data(*s);
                s++;
        }
}
/************************************************************************
主函数
************************************************************************/
void main()
{
        init();
        while(1)
        {
                write_com(0x80+0x01);              //设置指针地址为第一行第二个位置
                write_word("   LCD   1602");
                write_com(0x80+0x43);              //设置指针地址为第二行第一个位置
                write_word("2019-8-15");
        }
}
```

仿真调试结果如图 8-14 所示。

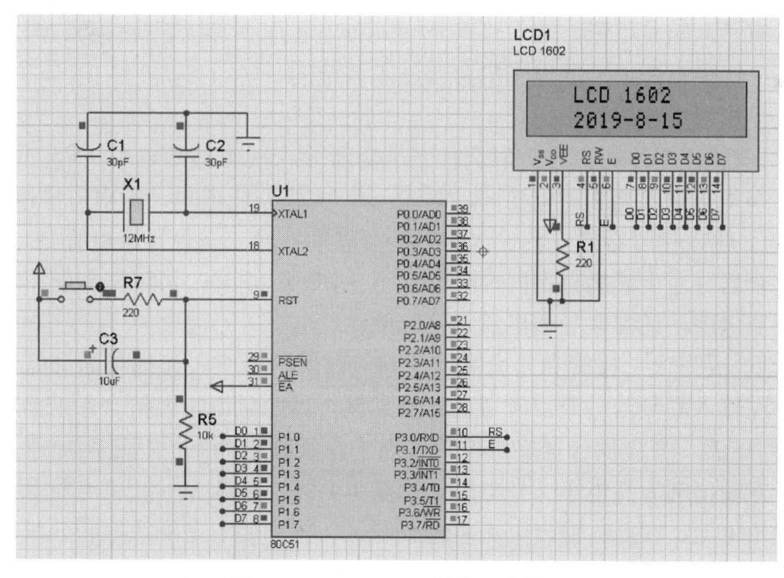


图 8-14　LCD 1602 仿真调试结果

## 8.3　开关量控制 I/O 接口

前面所介绍的简单开关量控制系统中，单片机可以通过 I/O 接口的位操作直接对负载或驱动电路进行控制。一个按键开关就是一位输入信号，一个发光二极管就是一位输出控制的负载。如果输入/输出对象所涉及部件较多或较大负荷设备时，在接口电路中还要增加通道隔离模块或驱动模块。

**1. 光耦合器实现电隔离**

光耦合器采用光作为传输信号的媒介，实现电气隔离。光耦合器由于价格低廉、可靠性好，被广泛地用于现场设备与计算机之间的隔离保护。

常见的光耦合器是把一个发光二极管和一个光电晶体管封装在一起，光耦合器及应用电路如图 8-15 所示。

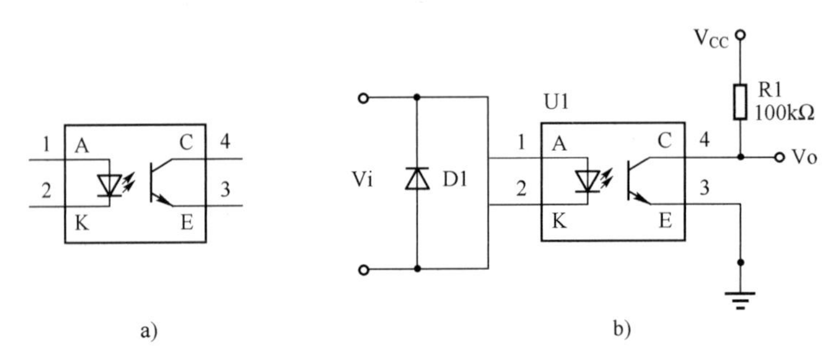


图 8-15　光耦合器及应用电路

a) 二极管—三极管光耦合器　b) 光耦合器应用电路

在图 8-15 中，光耦合器引脚 1、2 为信号输入端，引脚 4、3 为输出端。若输入信号使发光二极管发光，其光线又使光电晶体管导通产生电信号输出，从而既完成了信号的传递，又保证了两侧电路没有电气联系，实现了电气上的隔离。

光耦合器具有输入阻抗很低、输入输出之间分布电容很小等抗干扰优势，因此对于输入阻抗很高的干扰源及干扰噪声是很难通过光耦合器进入系统的。

光耦合器在使用时应注意以下方面。

1）输入信号与输出信号相位。一般选择光耦合器输入端 1 接高电平（$V_{CC}$），输入端 2 接输入信号，则输出端 4 与输入端 2 相位相同，即输入信号为高/低电平，输出信号也为高/低电平。

2）导通电流。输入信号必须在其输入端提供可靠的发光二极管导通电流 IF，才能使其发光。不同型号的光耦合器导通电流略有不同，一般在 5～15mA 选择，可以根据应用情况适当调整输入回路串入的限流电阻，通常取导通电流 $I_F$=10mA。

3）频率特性。受发光二极管和光电晶体管响应时间的影响，光耦合器只能通过规定频率以下的脉冲信号。在输入高频信号时，应考虑选择光耦合器的频率特性符合系统需求。

4）输出工作电流。在光耦合器输出端为低电平，其灌电流不能超过额定值，否则会使元件损坏；在光耦合器输出端为高电平（光电晶体管截止）时，电源 $V_{CC}$ 经集电极上拉电阻与负载电阻串联后提供输出电流，因此，输出电流值越小越好。特别要考虑到经串联分压后的输出电压的降低可能引起的误触发。

5）电源隔离。光耦合器输入、输出两侧的供电电源必须是完全独立的，即独立电源、独立地线，以保证被隔离部分之间电气上的完全隔离。

6）光耦合器输出端的额定电流一般在 mA 量级，在进行系统的输出隔离时，不能直接驱动较大功率的外部设备，通常在光耦合器与外设（负载）之间还需设置驱动电路（如电平转换和功率放大、继电器输出等）。

**2．单片机光耦合器输入的 Proteus 仿真电路**

单片机光耦合器输入的 Proteus 仿真电路如图 8-16 所示。

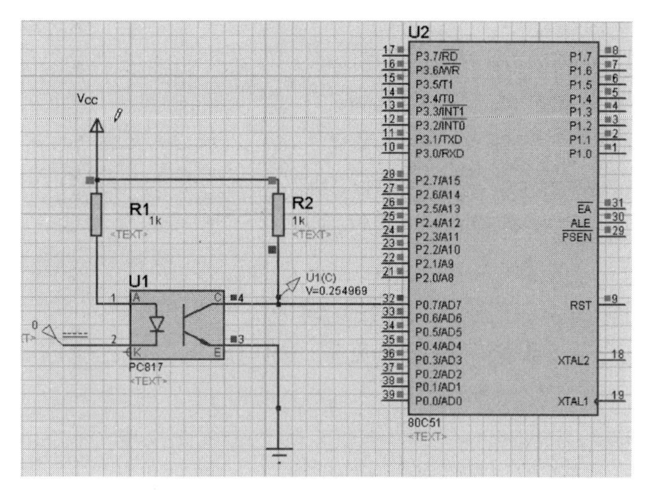


图 8-16　单片机光耦合器输入的 Proteus 仿真电路

在图 8-16 中，光耦合器 PC817 引脚 2 为外部位输入信号，当其为低电平时有效，光耦合器内部发光二极管发光，晶体管导通，PC817 引脚 4 输出的低电平直接作为 P0.7 的输入信号，从而实现电气隔离。

**3．单片机光耦合器输出的 Proteus 仿真电路**

单片机光耦合器输出的 Proteus 仿真电路如图 8-17 所示。

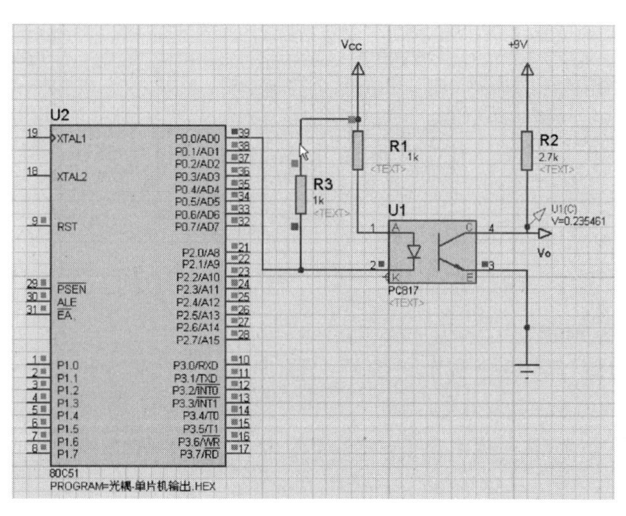


图 8-17　单片机光耦合器输出的 Proteus 仿真电路

在图 8-17 中，光耦合器 PC817 引脚 2 由单片机 P0.0 输出控制电平，当其为低电平时有效，光耦合器内部发光二极管发光，晶体管导通，PC817 引脚 4 输出的低电平直接控制负载的接地端为 0，负载通电工作，从而实现电气隔离。

**4．输出驱动接口电路**

（1）继电器输出驱动接口电路

单片机输出的开关量在控制较大负荷设备时，是不能直接驱动的，必须将单片机的开关量输出进行大功率开关量的转换，可以使用继电器或固态继电器作为单片机系统的输出执行机构，继电器输出接口电路如图 8-18 所示。

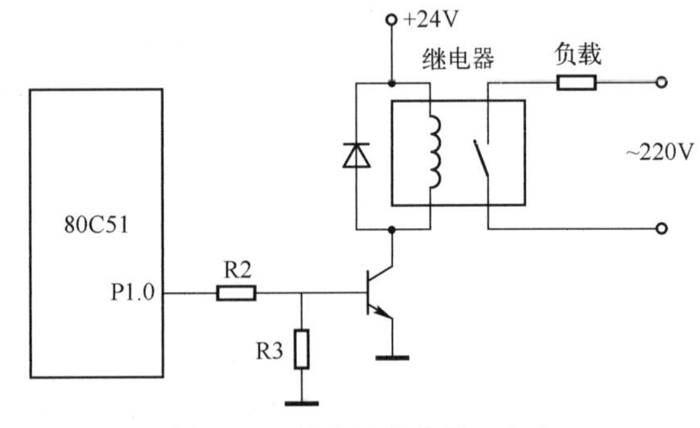

图 8-18　继电器输出接口电路

在图 8-18 中，单片机 P1.0 端口输出为高电平时，通过选择 R2、R3 电阻值使晶体管（晶体管工作电压和电流参数必须满足负载要求）饱和导通，控制继电器动作，继电器常开触点导通，电源向负载供电，从而完成从直流低压信号到交流（或直流）高压（大功率）的转换。

继电器输出同时可以实现电气隔离，在使用时应注意以下方面。

1）继电器输出适用于工作频率很低的负载，如电动机驱动、加热设备及大型率显示器等设备。

2）继电器在导通和断开的瞬间，会产生较大的电感线圈反电势，为此在继电器的线圈上并联一个反向连接的续流二极管，以消除该电势对系统的影响和干扰。

3）继电器输出触点在通断瞬间容易产生火花而引起干扰，一般可采用 RC 阻容吸收电路与触点并联。

4）继电器输出触点容量（电压、电流额定值）应满足电源及负载电流的需求。

（2）固态继电器（SSR）输出驱动接口电路

固态继电器是将发光二极管与双向三极闸流晶体管封装在一起的一种新型电子开关，其内部结构框图如图 8-19 所示。

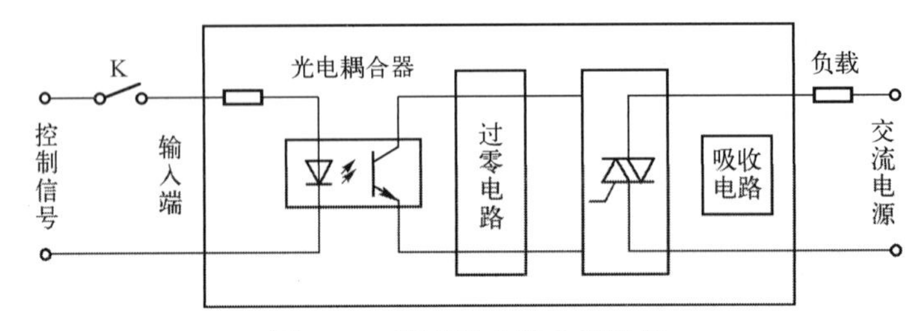

图 8-19　固态继电器内部结构

在图 8-19 中，当控制信号使发光二极管导通时，光电晶体管导通，并通过过零电路触发可控硅而接通负载电路。

固态继电器可分为交流固态继电器和直流固态继电器两大类，其基本单元接口电路如图 8-20 所示。

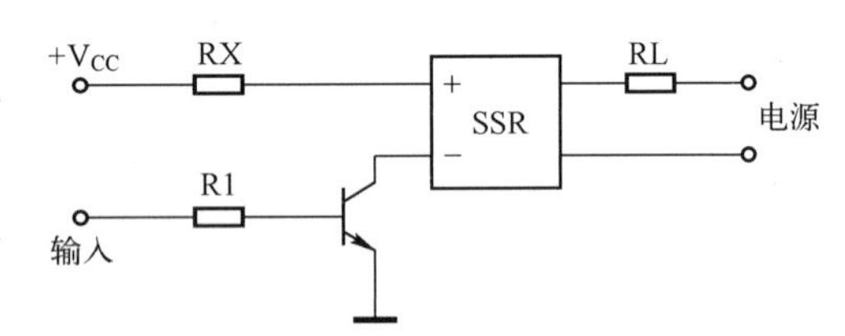

图 8-20　固态继电器基本单元接口电路

## 8.4　思考与练习

1. 简述键盘扫描与识别的主要思路。
2. 简述软件消除键盘抖动的原理。
3. LED 的动态显示和静态显示有什么不同？
4. 要求利用 8051 的 P1 口连接一个 2×2 行列式键盘电路，画出电路图，并根据所绘电路编写键扫描子程序。

5．请在图 8-1 的基础上，设计一个以中断方式工作的开关式查询键盘，并编写其中断键处理程序。

6．状态或数码显示时，对 LED 的驱动可采用低电平驱动，也可以采用高电平驱动，两者各有什么特点？

7．设计 6 位 LED 动态显示时钟电路，要求显示“小时：分钟：秒”，可以设置起始时间。

8．设计 LCD 显示电路，要求显示“welcome to use　LCD1602”。

9．设计 LCD 显示时钟电路，要求显示“日期：小时：分钟：秒”，可以设置起始时间。

10．单片机输出控制一直流信号灯周期性闪亮。信号灯工作电压为 DC 24V，电流 0.5A。设计仿真接口电路，编写控制程序，进行仿真调试。

# 第 9 章　单片机系统扩展及 I/O 接口技术

51 系列单片机是一个最小微机系统，其存储器容量及 I/O 端口等资源，能够满足一般控制系统的需要。但在实际应用中，还会存在以下问题需要解决。

1）对于一些功能比较强大的应用系统，往往需要对单片机系统资源（包括存储器及 I/O 口）进行外部扩展。

2）外部扩展设备（部件）与单片机之间的信号连接需要通过 I/O 接口（芯片）电路和程序来控制。

3）单片机在对模拟量进行控制时，要对模拟量进行模—数（A-D）及数—模（D-A）转换。

为此，本章从应用的角度，首先介绍 51 单片机存储器和输入/输出接口扩展技术。然后，以典型外部设备（部件）应用为例，介绍 51 单片机系统扩展 I/O 接口技术及 A-D、D-A 转换技术。

## 9.1　单片机系统扩展概述

51 单片机控制外部设备可以以最小系统配置方式，即直接通过 P0～P3 端口来实现输入/输出操作，本章以前的所有单片机应用系统都是基于这种方式的。

当单片机片内资源不能满足系统要求时，需要在单片机外部扩展连接相应的外围部件以满足系统的要求。而任何部件及外围设备，不管是单片机直接控制还是通过系统扩展进行控制，都必须通过 I/O 接口与单片机建立软硬件连接。

### 9.1.1　单片机系统扩展配置及接口芯片

**1. 单片机系统扩展配置**

51 单片机系统扩展能力及配置要求如下。

1）系统扩展时使用的外部总线，包括地址总线、数据总线和控制总线。

2）可以扩展片外独立编址的 64KB 数据存储器或输入/输出口。

3）可以扩展与片内、外统一编址的 64KB 程序存储器。

4）扩展存储器芯片地址空间分配及接口控制芯片等。

5）扩展接口软硬件（电路及编程）设计。

**2. 常用输出接口芯片**

扩展 8 位输出口常用的锁存器有 74LS273、74LS377 以及带三态门的 8 位 D 锁存器 74LS373 等。

74LS273 是带清除端的 8 位 D 触发器，上升沿触发，具有锁存功能。图 9-1 为 74LS273 的引脚图和功能表。

74LS377 是带有输出允许控制的 8 位 D 触发器，上升沿触发，其引脚图和功能表如图 9-2 所示。

**3. 常用输入接口芯片**

输入口常用的三态门电路有 74LS244、74LS245 和 74LS373 等。

74LS244 是一种三态输出的 8 位总线缓冲驱动器，无锁存功能，其引脚图和逻辑图如图 9-3 所示。

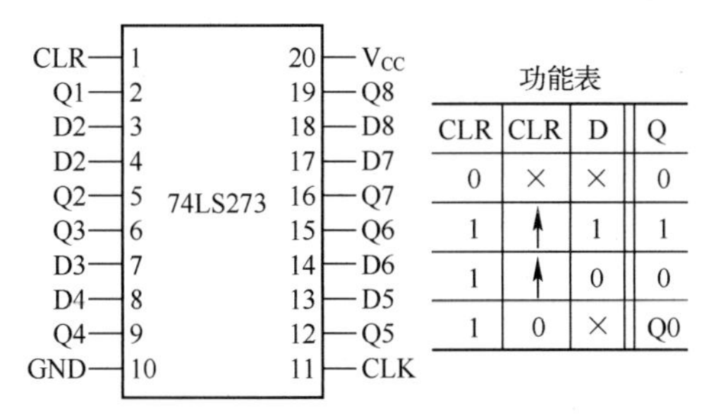


功能表

| CLR | CLR | D | Q |
|---|---|---|---|
| 0 | × | × | 0 |
| 1 | ↑ | 1 | 1 |
| 1 | ↑ | 0 | 0 |
| 1 | 0 | × | Q0 |

图 9-1　74LS273 的引脚图和功能表

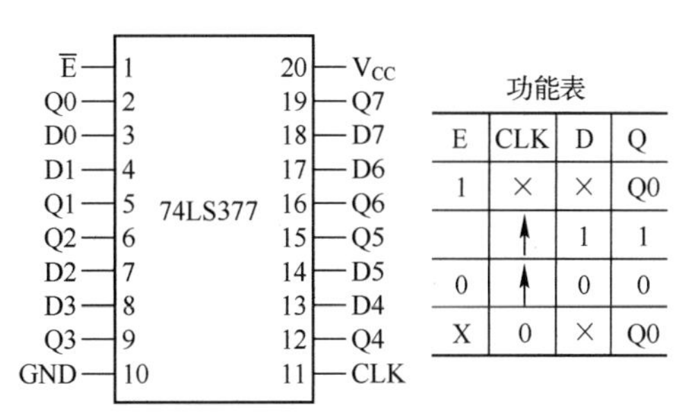


功能表

| E | CLK | D | Q |
|---|---|---|---|
| 1 | × | × | Q0 |
|  | ↑ | 1 | 1 |
| 0 | ↑ | 0 | 0 |
| X | 0 | × | Q0 |

图 9-2　74LS377 的引脚图和功能表

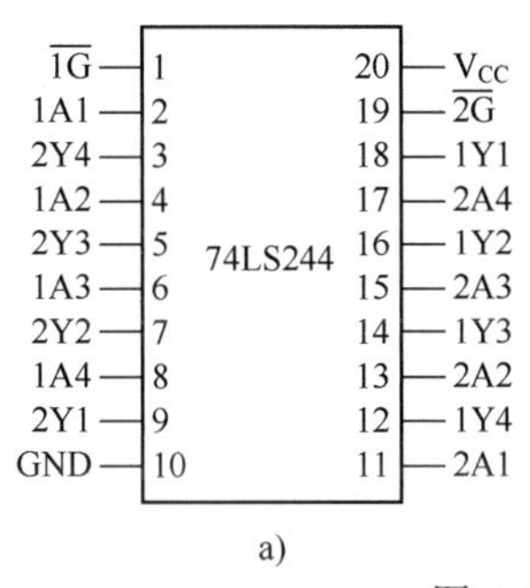


a)

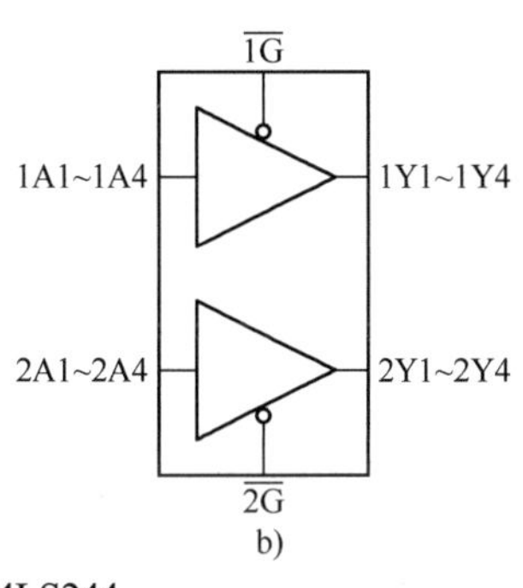


b)

图 9-3　74LS244

a) 引脚图　b) 逻辑图

74LS245 是三态输出的 8 位总线收发器/驱动器，无锁存功能。该电路可将 8 位数据从 A 端送到 B 端或从 B 送到 A（由方向控制信号 DIR 电平决定），也可禁止传输（由使能信号 $\overline{G}$ 控制），其引脚图和功能表如图 9-4 所示。

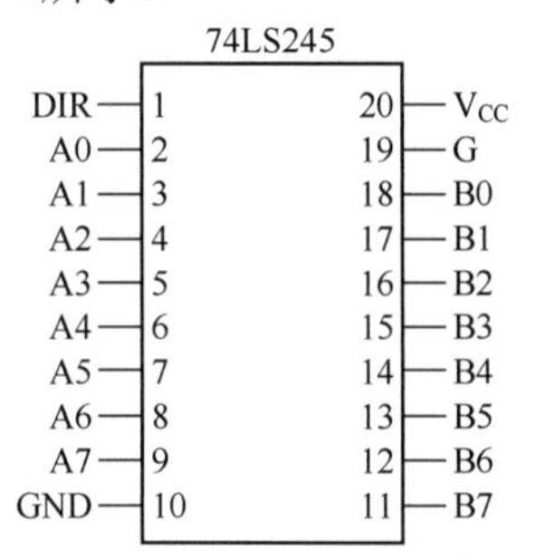


功能表

| 输入 | | 功能 |
|---|---|---|
| $\overline{G}$ | DIR | |
| 0 | 0 | B到A |
| 0 | 1 | A到B |
| 1 | × | 高阻 |

图 9-4　74LS245 功能特性

### 9.1.2　单片机扩展后的总线结构

51 单片机在系统扩展时，和一般 CPU 一样，应设有与外部扩展部件连接的地址总线、数据总线和控制总线。其地址总线（16 位）、数据总线（8 位）和控制总线是由系统约定的输入/输出端口（P0、P2、P3）来实现的。由于受管脚数量的限制，数据总线和地址总线（低 8 位）复用 P0 口。使用时为了和外部电路正确连接，需要在单片机外部增设一片地址锁存器（如 74LS373），构成与一般 CPU 类似的片外三总线，其结构如图 9-5 所示。

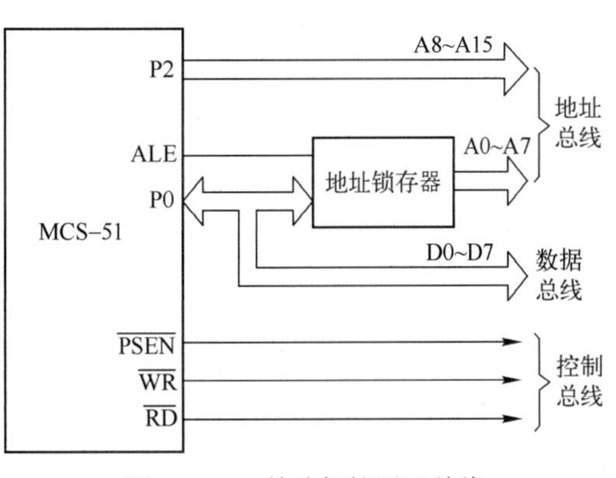


图 9-5　51 单片机扩展三总线

所有扩展的外部部件都通过这 3 组总线与单片机进行接口连接。

（1）地址总线（AB）

51 单片机扩展时的地址总线宽度为 16 位，寻址范围为 $2^{16}$=64KB。16 位地址总线由 P0 口和 P2 口共同提供，P0 口提供 A0～A7 低 8 位地址，P2 口提供 A8～A15 高 8 位地址。由于 P0 口还要作数据总线，只能分时使用低 8 位地址线，所以 P0 输出的低 8 位地址必须用锁存器锁存。P2 口具有输出锁存功能，所以不需外加锁存器。锁存器的锁存信号由单片机的 ALE 输出信号控制。

地址总线是单向总线，只能由单片机向外发送，用于选择单片机要访问的存储单元或 I/O 口。P0、P2 口在系统扩展中用作地址线后，不能再作一般 I/O 口使用。

（2）数据总线（DB）

51 单片机扩展时的数据总线宽度为 8 位，由 P0 口提供，用于单片机与外部存储器或 I/O 设备之间传送数据。P0 口为三态双向口，可以进行两个方向的数据传送。

（3）控制总线（CB）

控制总线是单片机发出的控制对片外存储器和 I/O 设备进行读/写操作的一组控制线。

51 单片机主要包括以下几个控制信号线。

1）ALE：作为地址锁存器的选通信号，用于锁存 P0 口输出的低 8 位地址。

2）$\overline{\text{PSEN}}$：作为扩展程序存储器的读选通信号。在执行 MOVC 读指令时自动有效（低电平）。

3）$\overline{\text{EA}}$：作为片内或片外程序存储器的选择信号。当 $\overline{\text{EA}}$=1 时，CPU 访问内部程序存储器和与内部存储器连续编址的外部扩展程序存储器；当 $\overline{\text{EA}}$=0 时，CPU 只访问外部程序存储器，因此在扩展并且只使用外部程序存储器时，必须使 $\overline{\text{EA}}$ 接地。

4）$\overline{\text{RD}}$（P3.7）作为片外数据存储器和扩展 I/O 口的读选通信号，执行 MOVX 读指令时，$\overline{\text{RD}}$ 控制信号自动有效（低电平）。

5）$\overline{\text{WR}}$（P3.8）：作为片外数据存储器和扩展 I/O 口的写选通信号，执行 MOVX 写指令时，$\overline{\text{WR}}$ 控制信号自动有效（低电平）。

必须注意到，单片机扩展后的 I/O 操作是通过外部总线结构实现的，而直接通过 P0～P3 口的 I/O 操作是单片机内部实现的。

## 9.2 程序存储器的扩展

单片机 8051 或 89C51 片内分别有 4KB 的 ROM（EPROM），89s51 片内有 4KB 的 Flash-ROM，89s52 片内含有 8KB 的 Flash-ROM，在一般中小单片机应用系统中完全能够满足需要。当程序代码占用存储空间太多以至于片内 ROM 容量容纳不下时，需要扩展外部程序存储器。

### 9.2.1 常用的程序存储器芯片

半导体存储器 EPROM、EEPROM 常作为单片机的外部程序存储器。由于 EPROM 价格低廉，性能可靠，所以使用广泛。

**1. EPROM**

EPROM 是紫外线擦除的可编程只读存储器，掉电后信息不会丢失。EPROM 中的程序需要由专门的编程器写入，许多单片机开发装置具有 EPROM 写入功能。

（1）EPROM 的型号和特性

常用的 EPROM 有 2716、2732、2764、27128、27256、27512 等，图 9-6 给出了它们的引脚图。

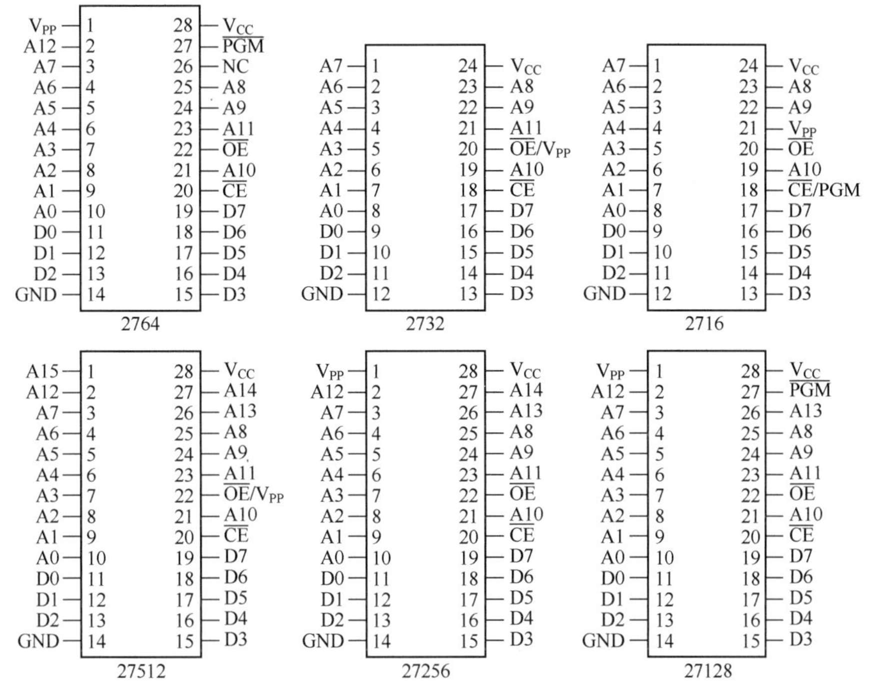


图 9-6　常用 EPROM 的引脚

各引脚功能如下。

A0～Ai：地址输入线，i=10～15。

D0～D7：数据总线，三态双向，读或编程校验时为数据输出线，编程时为数据输入线，维持或编程禁止时呈高阻态。

$\overline{CE}$：片选信号输入线，低电平有效。

$\overline{PGM}$：编程脉冲输入线，2716 的编程信号 PGM 是正脉冲，而 2764、27128 的编程信号 $\overline{PGM}$ 是负脉冲，脉冲宽度都是 50ms 左右。

$\overline{OE}$：读选通信号输入线，低电平有效。

$V_{PP}$：编程电源输入线，$V_{PP}$ 的值因芯片型号和制造厂商而异，有 25V、21V、12.5V 等不同值。

$V_{CC}$：主电源输入线，一般为+5V。

GND：接地线。

表 9-1 列出了常用 EPROM 的主要技术特性。

**表 9-1　常用 EPROM 的主要技术特性**

| 型　号 | 2716 | 2732 | 2764 | 27128 | 27256 | 27512 |
|---|---|---|---|---|---|---|
| 容量/KB | 2 | 4 | 8 | 16 | 32 | 64 |
| 读出时间/ns | 350～450 | 100～300 | 100～300 | 100～300 | 100～300 | 100～300 |
| 最大工作电流/mA | | 100 | 75 | 100 | 100 | 125 |
| 最大维持电流/mA | | 35 | 35 | 40 | 40 | 40 |

（2）EPROM 的工作方式

EPROM 的主要工作方式有编程方式、编程校验方式、读出方式、维持方式、编程禁止方式等。现以 2764 为例加以说明，2764 的工作方式见表 9-2。

**表 9-2　2764 的工作方式**

| 引脚<br>工作方式 | $\overline{CE}$ | $\overline{OE}$ | $\overline{PGM}$ | $V_{PP}$ | $V_{CC}$ | D7～D0 |
|---|---|---|---|---|---|---|
| 读出 | $V_{IL}$ | $V_{IL}$ | $V_{IH}$ | $V_{CC}$ | $V_{CC}$ | $D_{OUT}$ |
| 维持 | $V_{IH}$ | × | × | $V_{CC}$ | $V_{CC}$ | 高阻 |
| 编程 | $V_{IL}$ | $V_{IH}$ | 编程脉冲 | $V_{IPP}$ | $V_{CC}$ | $D_{IN}$ |
| 程序检验 | $V_{IL}$ | $V_{IL}$ | $V_{IH}$ | $V_{IPP}$ | $V_{CC}$ | $D_{OUT}$ |
| 禁止编程 | $V_{IH}$ | × | × | $V_{IPP}$ | $V_{CC}$ | 高阻 |

1）读出：当片选信号 $\overline{CE}$ 和输出允许信号 $\overline{OE}$ 都有效（为低电平）而编程信号 $\overline{PGM}$ 无效（为高电平）时，芯片工作于该方式，CPU 从 EPROM 中读出指令或常数。

2）维持：$\overline{CE}$ 无效时，芯片就进入维持方式。此时，数据总线处于高阻态，芯片功耗降为 200mW。

3）编程：当 $\overline{CE}$ 有效，$\overline{OE}$ 无效，$V_{PP}$ 外接 21V±0.5V（或 12.5V±0.5V）编程电压，$\overline{PGM}$ 输入宽为 50ms（45～55ms）的 TTL 低电平编程脉冲时，工作于该方式，此时可把程序代码固化到 EPROM 中。必须注意 $V_{PP}$ 不能超过允许值，否则会损坏芯片。

4）程序校验：此方式工作在编程完成之后，以校验编程结果是否正确。除了 $V_{PP}$ 加编程电压外，其他控制信号状态与读出方式相同。

5）禁止编程：$V_{PP}$ 已接编程电压，但因 $\overline{CE}$ 无效，故不能进行编程操作。该方式适用于多片 EPROM 并行编程不同的数据。

EPROM 的缺点是无论擦除或写入都需要专用设备，即使写错一个字节，也必须全片擦掉后重写，从而给使用带来不便。

**2．EEPROM**

EEPROM 是电擦除可编程存储器，其优点为掉电后信息不会丢失，+5V 供电下就可进行编程，对编程脉冲一般无特殊要求，不需要专用的编程器和擦除器。特别是 EEPROM 不仅能进行整片擦除，还能实现以字节为单位的擦除和写入，擦除和写入均可在线进行。

EEPROM 品种很多，有并行 EEPROM 和串行 EEPROM，已广泛用于智能仪器仪表、家电、IC 卡设备、检测控制系统以及通信等领域。下面仅介绍并行 EEPROM。

（1）EEPROM 的型号与特性

常用的并行 EEPROM 有 2816（2KB×8）、2817（2KB×8）、2864（8KB×8）、28256（32KB×8）、28010（128KB×8）、28040（512KB×8）等。图 9-7 所示为 2816/2816A、2817/2817A 和 2864A 的引脚分布。

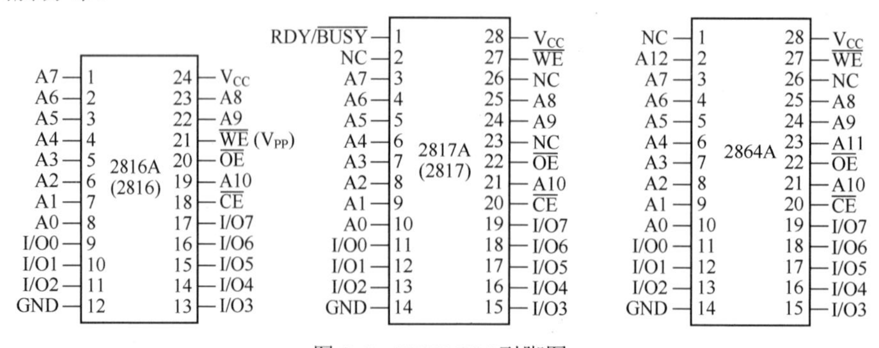

图 9-7　EEPROM 引脚图

型号不带“A”的是早期产品，其擦写电压高于 5V；型号带“A”的为改进型芯片，其擦写操作电压为 5V。图 9-7 中有关引脚的含义如下。

1）A0～Ai：地址输入线。

2）I/O0～I/O7：双向三态数据线。

3）$\overline{CE}$：片选信号输入线，低电平有效。

4）$\overline{OE}$：读选通信号输入线，低电平有效。

5）$\overline{WE}$：写选通信号输入线，低电平有效。

6）RDY/$\overline{BUSY}$：2817 的空/忙状态输出线，当芯片进行擦写操作时该信号线为低电平，擦写完毕后该信号线为高阻状态，该信号线为漏极开路输出。

7）$V_{CC}$：工作电源+5V。

8）GND：地线。

表 9-3 列出了 Intel 公司生产的几种 EEPROM 产品的主要性能。

**表 9-3　EEPROM 主要性能**

| 型号<br>性能 | 2816 | 2816A | 2817 | 2817A | 2864A |
|---|---|---|---|---|---|
| 存储容量 / bit | 2K×8 | 2K×8 | 2K×8 | 2K×8 | 2K×8 |
| 读出时间 / ns | 250 | 200/250 | 250 | 200/250 | 250 |
| 读操作电压 /V | 5 | 5 | 5 | 5 | 5 |
| 擦/写操作电压 / V | 21 | 5 | 21 | 5 | 5 |
| 字节擦除时间 / ms | 10 | 9～15 | 10 | 10 | 10 |
| 写入时间 / ms | 10 | 9～15 | 10 | 10 | 10 |

2817A 与 2816A 容量相同，主要性能也相近，但两者引脚不同，工作方式也有区别。

（2）EEPROM 的工作方式

EEPROM 的工作方式主要有读出、写入、维持 3 种（2816A 还有字节擦除和整片擦除方式），表 9-4 列出了 2816A、2817A 和 2864A 的工作方式。

**表 9-4　2816A、2817A 和 2864A 的工作方式**

| 型　号 | 工 作 方 式 | 引　脚 | | | | |
|---|---|---|---|---|---|---|
| | | $\overline{CE}$ | $\overline{OE}$ | $\overline{WE}$ | RDY/$\overline{BUSY}$ | I/O0～I/O7 |
| 2816A | 读出 | $V_{IL}$ | $V_{IL}$ | $V_{IH}$ | | $D_{OUT}$ |
| | 维持 | $V_{IH}$ | × | × | | 高阻 |
| | 字节擦除 | $V_{IL}$ | $V_{IH}$ | $V_{IL}$ | | $D_{IN}=D_{IH}$ |
| | 字节写入 | $V_{IL}$ | $V_{IH}$ | $V_{IL}$ | | $D_{IN}$ |
| | 整片擦除 | $V_{IL}$ | +10～+15V | $V_{IL}$ | | $D_{IN}=D_{IH}$ |
| | 不操作 | $V_{IL}$ | $V_{IH}$ | $V_{IH}$ | | 高阻 |
| 2817A | 读出 | $V_{IL}$ | $V_{IL}$ | $V_{IH}$ | 高阻 | $D_{OUT}$ |
| | 写入 | $V_{IL}$ | $V_{IH}$ | $V_{IL}$ | $V_{IL}$ | $D_{IN}$ |
| | 维持 | $V_{IH}$ | × | × | 高阻 | 高阻 |
| 2864A | 读出 | $V_{IL}$ | $V_{IL}$ | $V_{IH}$ | | $D_{OUT}$ |
| | 写入 | $V_{IL}$ | $V_{IH}$ | $V_{IL}$ | | $D_{IN}$ |
| | 维持 | $V_{IH}$ | × | × | | 高阻 |

2817A 的工作方式基本上与 2816A 相同，其区别是：① 2817A 在字节写入方式开始时自动进行擦除操作，因此无单独的擦除工作方式；② 2817A 增加了 RDY/$\overline{\text{BUSY}}$ 信号线用于判别字节写入操作是否已完成。

2864A 的写入方式有字节写入和页面写入两种。字节写入每次只写入一个字节，与 2817A 相同，只是 2864A 无 RDY/$\overline{\text{BUSY}}$ 信号线，需用查询方式判断写入是否已结束。字节写入实际上是页面写入的一个特例。页面写入方式是为了提高写入速度而设置的。

2864A 内部有 16B 的“页缓冲器”，这样可以把整个 2864A 的存储单元划分成 512 页，每页 16 个字节，页地址由 A4～A12 确定，每页中的某一单元由 A0～A3 选择。页面写入分两步进行。第一步是页加载，由 CPU 向页缓冲器写入一页数据；第二步是页存储，在芯片内部电路控制下，擦除所选中页的内容，并将页缓冲器中的数据写入到指定单元。

在页存储期间，允许 CPU 读取写入当前页的最后一个数据。若读出数据的最高位是原写入数据最高位的反码，则说明“页存储”未完成；若读出的数据和原写入的数据相同，表明“页存储”已经完成，CPU 可加载下一页数据。

### 9.2.2 程序存储器扩展

本节主要介绍 51 单片机访问外部程序存储器的操作时序、外部程序存储器扩展方法及应用实例。

**1．访问外部程序存储器的操作时序**

51 单片机对外部程序存储器的访问（读）指令有以下两条。

```
MOVC     A,@A+PC        ; A←(A+PC)
MOVC     A, @ A+DPTR    ; A←(A+DPTR)
```

51 单片机的外部程序存储器读操作时序如图 9-8 所示。P0 口作为地址/数据复用的双向三态总线，用于输出程序存储器的低 8 位地址或输入数据，P2 口具有输出锁存功能，用于输出程序存储器的高 8 位地址。当 ALE 有效（高电平）时，高 8 位地址由 P2 口输出，低 8 位地址由 P0 口输出，在 ALE 的下降沿将 P0 口输出的低 8 位地址锁存起来，然后在 $\overline{\text{PSEN}}$ 有效（低电平）期间，选通外部程序存储器，将相应单元的数据（指令代码）送到 P0 口，CPU 在 $\overline{\text{PSEN}}$ 上升沿完成对 P0 口数据的采样。

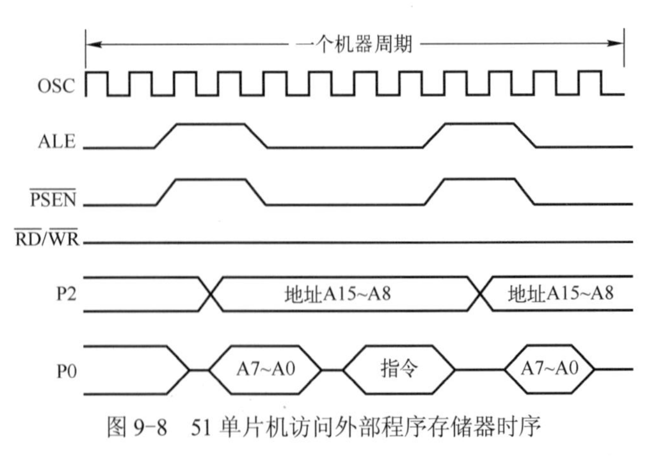


图 9-8　51 单片机访问外部程序存储器时序

**2．外部程序存储器扩展的一般方法**

51 单片机扩展外部程序存储器（EPROM）的接口如图 9-9 所示。

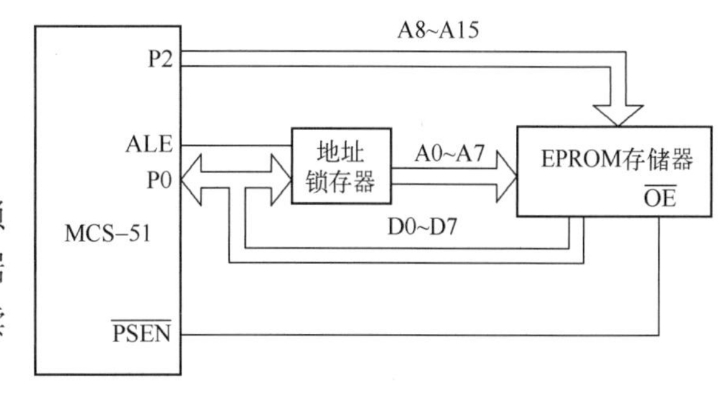

图 9-9　51 单片机扩展程序存储器的接口

由于 P0 兼作低 8 位地址线和数据线，为了锁存低 8 位地址，P0 口必须连接锁存器，P2 口根据需要提供高 8 位地址线。根据外部程序存储器的读操作时序，用 ALE 作为地址锁存器的锁存信号，用 $\overline{\text{PSEN}}$ 作为外部程序存储器的读选通信号。

外部程序存储器的片选信号可由 P2 口未用地址线的剩余位线，以线选方式或译码方式提供。

**3．扩展系统结构及地址空间实例**

（1）扩展 4KB EPROM 程序存储器

以 8051 为例，设计其扩展 4KB EPROM 程序存储器的系统结构及地址空间（范围）。

1）系统结构。

图 9-10 是采用线选方式对 8051 扩展一片 2732 EPROM（4KB）的系统接口。图中锁存器采用 74LS373，8051 的 P0.0～P0.7 和 P2.0～P2.3（共 12 位，$2^{12}$=4096=4KB）用作 2732 的片内地址线。在独立编址时，其余 P2.4～P2.7 中的任一根都可作为 2732 的片选信号线；在与片内 4KB（0000H～0FFFH）ROM 连续编址时，P2.4=1，其余 P2.5～P2.7 中的任一根都可作为 2732 的片选信号线。这里选择 P2.7 作为 2732 的片选信号，它决定了 2732 的 4KB 存储器在整个扩展程序存储器 64KB 空间中的位置。

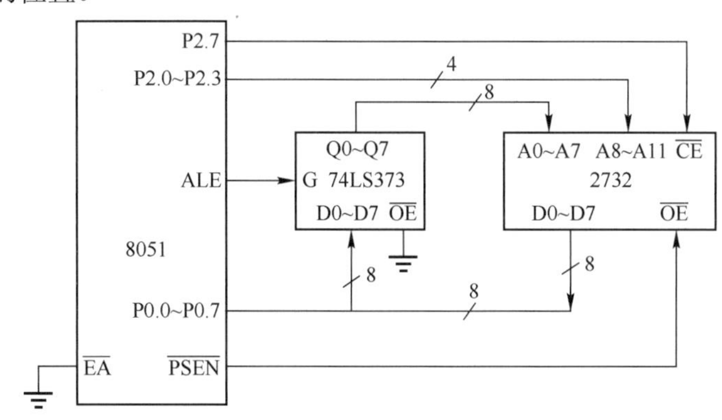

图 9-10　扩展 4KB EPROM 的 8051 系统接口

2）扩展芯片独立编址（$\overline{\text{EA}}$=0）。

2732 EPROM 的片选信号为 P2.7（A15）=0B。

2732 EPROM 存储容量 $2^{12}$=4KB，片内地址范围（12 位地址线）为 A0～A11（分别连接 P2.0～P2.3，P0.0～P0.7）。

取未使用位 P2.4～P2.6（A12～A14）=000B，则 2732 EPROM 地址分配如下。

| P2.7 | …… | | | | | | P2.0 | P0.7 | …… | | | | | | P0.0 |
|---|---|---|---|---|---|---|---|---|---|---|---|---|---|---|---|
| A15 | A14 | A13 | A12 | A11 | A10 | A9 | A8 | A7 | A6 | A5 | A4 | A3 | A2 | A1 | A0 |
| 0 | 0 | 0 | 0 | 0 | 0 | 0 | 0 | 0 | 0 | 0 | 0 | 0 | 0 | 0 | 0 |
| 0 | 0 | 0 | 0 | 1 | 1 | 1 | 1 | 1 | 1 | 1 | 1 | 1 | 1 | 1 | 1 |

由此，得出扩展的 2732 EPROM 芯片地址范围为

A15～A0=0000 0000 0000 0000B～0000 1111 1111 1111B=0000H～0FFFH

3）与片内 4KB-ROM 连续编址（$\overline{EA}$=1）。

由于片内 4KB ROM 地址系统定义为 0000 H～0FFFH，扩展芯片地址范围连续为 1000H～1FFFH。

仍然取 2732 EPROM 的片选信号为 P2.7（A15）=0B。

2732 EPROM 存储容量 $2^{12}$=4KB，片内地址范围（12 位地址线）为 A0～A11（分别连接 P2.0～P2.3，P0.0～P0.7）。

取 P2.4～P2.6（A12～A14）=100B，则 2732 EPROM 地址分配如下。

P2.7 ………………………………………. P2.0 P0.7 …………………………………P0.0

| A15 | A14 | A13 | A12 | A11 | A10 | A9 | A8 | A7 | A6 | A5 | A4 | A3 | A2 | A1 | A0 |
|---|---|---|---|---|---|---|---|---|---|---|---|---|---|---|---|
| 0 | 0 | 0 | 1 | 0 | 0 | 0 | 0 | 0 | 0 | 0 | 0 | 0 | 0 | 0 | 0 |
| 0 | 0 | 0 | 1 | 1 | 1 | 1 | 1 | 1 | 1 | 1 | 1 | 1 | 1 | 1 | 1 |

由此，得出扩展的 2732 EPROM 芯片地址范围为

A15～A0=0001 0000 0000 0000B～0001 1111 1111 1111B=1000H～1FFFH

（2）扩展 16KB EPROM 程序存储器

以 8051 为例，仅说明其扩展 16KB EPROM 程序存储器的系统结构。

设程序存储器独立编址（$\overline{EA}$=0）。

图 9-11 是采用译码方式对 8051 扩展 2 片 2764 EPROM 的系统接口。图中利用两根高位地址线 P2.5（A13）和 P2.6（A14），经 2/4 译码器后，用其中两根译码输出线接到 2764 的片选信号输入端。两片 2764 EPROM 程序存储器的地址范围分别为 0000H～1FFFH（片 1）和 2000H～3FFFH（片 2）。

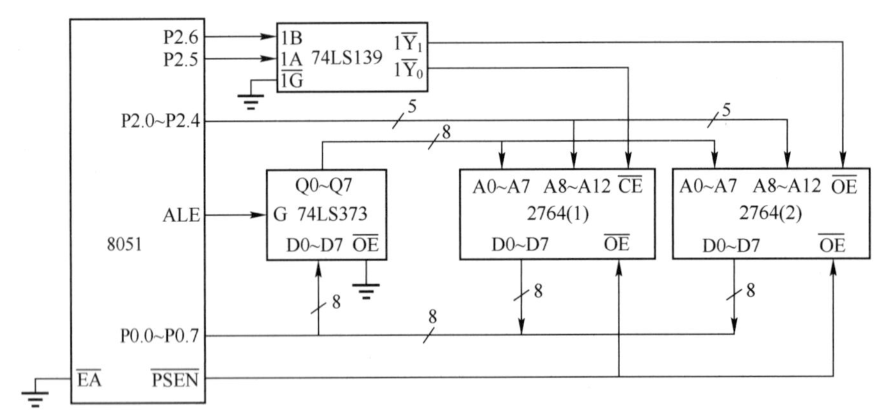


图 9-11 扩展 16KB EPROM 的 8051 系统接口

## 9.3 数据存储器的扩展

51 单片机片内有 128B 或 256B 的 RAM 数据存储器，可以满足一般系统对数据存储器的要求。但对于需要大容量数据缓冲器的应用系统（如数据采集系统），在片内的 RAM 存储器不能满足系统需求时，就需要在单片机外部扩展数据存储器。

## 9.3.1 常用数据存储器芯片

单片机外部数据存储器的扩展芯片大多采用 SRAM，或其他非易失随机存储器（NV-SRAM）芯片。

常用的 SRAM 有 6116、6264、62256 等，它们的引脚图如图 9-12 所示。

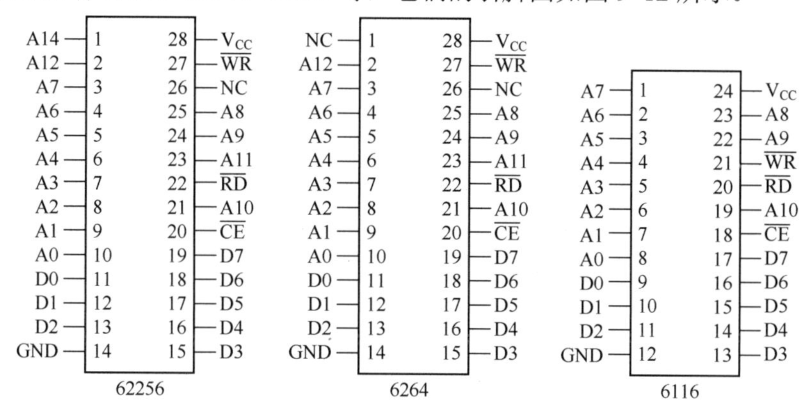


图 9-12 常用 SRAM 引脚图

图 9-12 中有关引脚功能如下。

1）A0～Ai：地址输入线，i=10（6116）、12（6264）、14（62256）。

2）D0～D7：双向三态数据线。

3）$\overline{CE}$：片选信号输入线，低电平有效。6264 的 26 脚（NC）为高电平，且 20 脚（$\overline{CE}$）为低电平时才选中该片。

4）$\overline{RD}$：读选通信号输入线，低电平有效。

5）$\overline{WR}$：写选通信号输入线，低电平有效。

6）$V_{CC}$：工作电源+5V。

7）GND：地线。

表 9-5 列出以上 3 种 SRAM 芯片的主要技术特性。

**表 9-5 常用 SRAM 主要技术特性**

| 型　号 | 6116 | 6264 | 62256 |
|---|---|---|---|
| 容量/KB | 2 | 8 | 32 |
| 典型工作电流/mA | 35 | 40 | 8 |
| 典型维持电流/μA | 5 | 2 | 0.5 |
| 存取时间/ns | 由产品型号而定① | | |

① 例如，6264-10 为 100ns，6264-12 为 120ns，6264-15 为 150ns。

SRAM 的工作方式有读出、写入、维持 3 种，见表 9-6。

**表 9-6 6116、6264、62256 的工作方式**

| | $\overline{CE}$ | $\overline{OE}$ | $\overline{WE}$ | D0～D7 |
|---|---|---|---|---|
| 读 | $V_{IL}$ | $V_{IL}$ | $V_{IH}$ | 数据输出 |
| 写 | $V_{IL}$ | $V_{IH}$ | $V_{IL}$ | 数据输入 |
| 维持① | $V_{IH}$ | 任意 | 任意 | 高阻态 |

① 对于 CMOS 的静态 RAM 电路，$\overline{CE}$ 为高电平时，电路处于降耗状态。此时，$V_{CC}$ 电压可降至 3V 左右，内部所存储的数据也不会丢失。

### 9.3.2 数据存储器扩展

**1．访问外部 RAM 的操作时序**

51 单片机对外部数据存储器的访问指令有以下 4 条。

```
MOVX    A, @Ri
MOVX    @Ri, A
MOVX    A, @DPTR
MOVX    @DPTR, A
```

以上指令在执行前，必须把需要访问的存储单元地址存放在寄存器 Ri（R0 或 R1）或 DPTR 中。CPU 在执行前两条指令时，作为外部地址总线的 P2 口输出 P2 锁存器的内容，P0 口输出 R0 或 R1 的内容；在执行后两条指令时，P2 口输出 DPH 内容，P0 口输出 DPL 内容。图 9-13 为 51 单片机访问外部数据存储器的时序图。

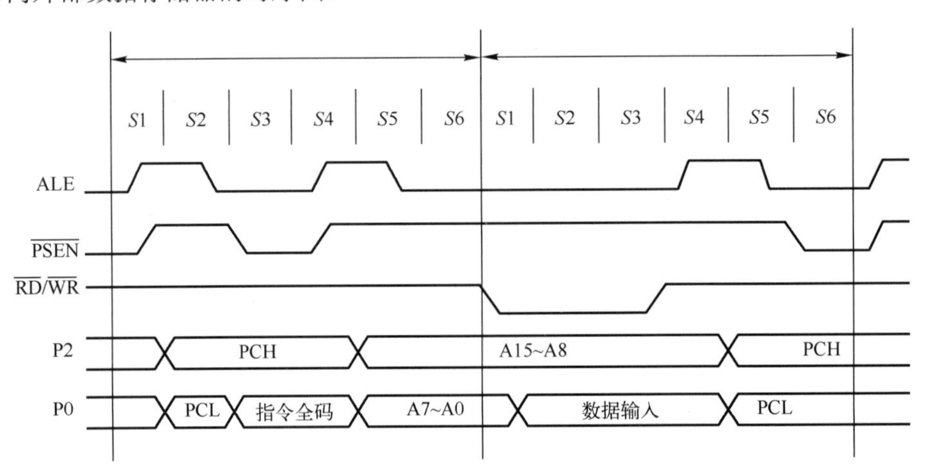


图 9-13　51 单片机的外部数据存储器读/写时序

图 9-13 中，CPU 在第一个机器周期从外部程序存储器中读取 MOVX 指令操作码，在第二个机器周期执行 MOVX 指令，访问外部数据存储器。在第 2 机器周期内，若是读操作，则 $\overline{RD}$ 信号有效（低电平），P0 口变为输入方式，被地址信号选通的外部 RAM 某个单元中的数据通过 P0 口输入 CPU；若是写操作，则 $\overline{WR}$ 信号有效（低电平），P0 口变为输出方式，CPU 内部数据通过 P0 口写入地址信号选通的外部 RAM 的某个单元中。

从图 9-13 中可以看出，在没有执行 MOVX 指令的机器周期中，ALE 信号总是两次有效，其频率为时钟频率的 1/6，因此，ALE 可作为外部时钟信号。但在执行 MOVX 指令的周期中，ALE 只有一次有效，$\overline{PSEN}$ 始终无效。

**2．数据存储器扩展的一般方法**

51 单片机扩展外部数据存储器的一般接口如图 9-14 所示。

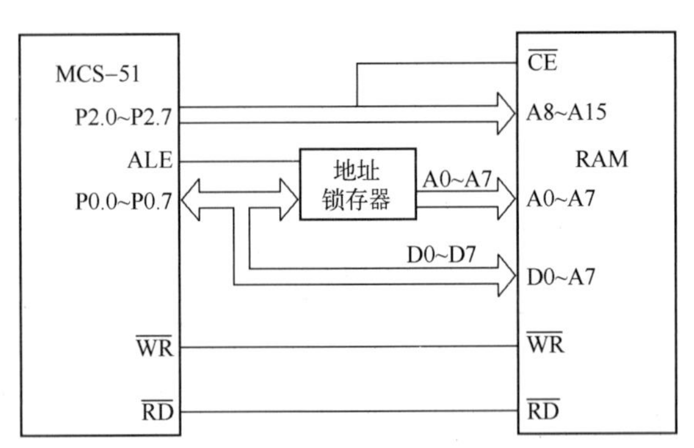


图 9-14　51 单片机扩展数据存储器的一般接口

外部数据存储器的高 8 位地址由 P2 口提供，低 8 位地址线由 P0 口经地址锁存器提供。外部 RAM 的读、写控制信号分别连接 51 单片机的引脚 $\overline{RD}$ 、$\overline{WR}$ 。外部 RAM 的片选信号可由 P2

口未用作地址线的剩余口线以线选方式或译码方式提供。

**3．存储器扩展与不扩展的区别**

在本章以前介绍的单片机应用中是直接使用内部存储器（或 I/O）进行读写操作的。在外部存储器扩展后，在应用时要注意以下方面。

1）内部存储器（或 I/O）的寻址是通过单片机内部总线实现的，在硬件上不需要用户设计；外部扩展存储器必须通过 P0、P2、P3 口实现数据总线、地址总线和控制总线，接口电路需要用户设计。

2）在访问内部存储器时，使用的指令助记符是 MOV，CPU 不产生读、写控制信号。对外围部件的控制是通过 I/O 口实现的；在访问外部存储器时，使用的指令助记符是 MOVX，CPU 会自动产生相应读、写等控制信号。

3）在没有存储器扩展时，I/O 口 P0～P3 都可以作输入/输出端口使用；在具有存储器扩展的单片机系统中，P0、P2、P3 口（部分位）要构成外部控制总线（数据、地址、控制总线），在使用外部存储器的情况下，只有 P1 口可以任意使用。

4）内部存储器不能作为 I/O 口，外部存储器可以使用 MOVX 实现 I/O（扩展）操作，这是因为外部 I/O 端口与外部存储器是统一编址的。

**4．数据存储器扩展系统结构及地址空间举例**

要求扩展 4KB 外部 RAM 系统。用两片 SRAM-6116（2KB）为 8051 扩展 4KB 的外部 RAM 系统。

1）系统结构。图 9-15 为 8051 扩展 4KB 的 RAM 系统接口电路。

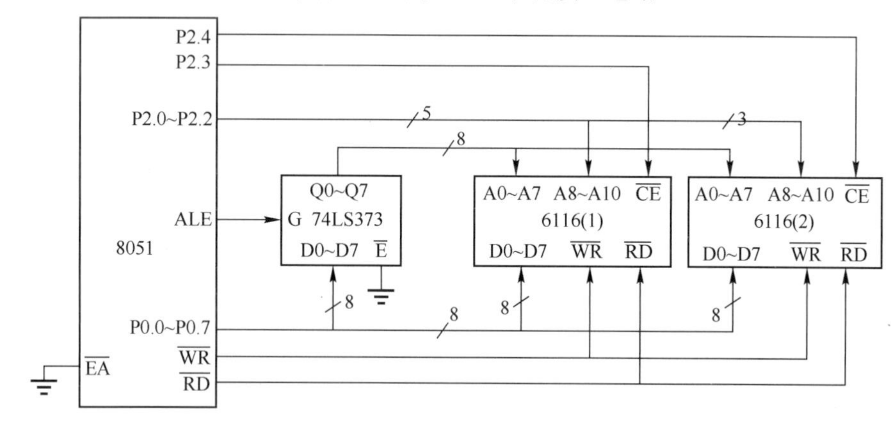


图 9-15　扩展 4KB 外部 RAM 系统接口电路

片选地址：采用 P2.3（低电平有效）作为 6116（1）的片选信号线；P2.4（低电平有效）作为 6116（2）的片选信号线。

片内地址：P0.0～P0.7 经 74LS373 锁存输出和 P2.0～P2.2 组成片内地址；P0 口为地址/数据复用端口。

2）地址空间分配。P2 口未使用位均设为 0。

由此可以确定外部 RAM 地址空间。

6116（1）地址分配如下。

P2.7……… P2.4 P2.3………. P2.0　P0.7…………………….P0.0

A15 A14 A13 A12 A11 A10 A9 A8　A7 A6 A5 A4 A3 A2 A1 A0

0 0 0 1 0 0 0 0　0 0 0 0 0 0 0 0

0 0 0 1 0 1 1 1　1 1 1 1 1 1 1 1

6116（2）地址分配如下。

| P2.7 | …… | … | P2.4 | P2.3 | …… | … | P2.0 | P0.7 | …… | … | … | … | … | … | P0.0 |
|---|---|---|---|---|---|---|---|---|---|---|---|---|---|---|---|
| A15 | A14 | A13 | A12 | A11 | A10 | A9 | A8 | A7 | A6 | A5 | A4 | A3 | A2 | A1 | A0 |
| 0 | 0 | 0 | 0 | 1 | 0 | 0 | 0 | 0 | 0 | 0 | 0 | 0 | 0 | 0 | 0 |
| 0 | 0 | 0 | 0 | 1 | 1 | 1 | 1 | 1 | 1 | 1 | 1 | 1 | 1 | 1 | 1 |

6116（1）的地址范围为1000H～17FFH。

6116（2）的地址范围为0800H～0FFFH。

3）读写示例。

将寄存器A的内容传送到外部RAM的0100H存储单元，执行指令为

```
MOV   DPTR, #0100H
MOVX      @DPTR, A
```

C51语句为

```
unsigned char xdata   *x=0x0100;
(*x)= ACC;
```

将外部RAM的0200H存储单元的内容传送到寄存器A，执行指令为

```
MOV   DPTR, #0200H
MOVX      A, @DPTR
```

C51语句为

```
unsigned char xdata   *x=0x0200;
ACC =(*x);
```

## 9.4 I/O端口的扩展

51单片机虽然有4个8位I/O口P0、P1、P2、P3，但在比较复杂的系统中是不能满足I/O需求的。尤其在系统外部扩展程序存储器和数据存储器时，要用P0和P2口作为地址/数据总线，P3口部分位作为控制信号，而留给用户使用的I/O口只有P1口和P3口的一部分。

本节主要介绍一般并行I/O口扩展、可编程接口芯片（8155）及其I/O接口应用技术。

### 9.4.1 简单并行I/O口的扩展

当应用系统需要扩展的I/O口数量较少而且功能单一时，可采用锁存器、三态门等构成简单的I/O接口电路。

由于51单片机没有设置专门的I/O操作指令，所以，扩展I/O口与外部数据存储器统一编址（I/O口的地址占用外部数据存储器的地址空间）。CPU对扩展I/O口的访问是通过MOVX（访问外部RAM）指令来实现的，该指令同时产生$\overline{RD}$或$\overline{WR}$信号作为输入或输出的控制信号。

下面介绍几种常用的简单I/O控制接口的连接方法。

**1．并行输出口的扩展**

扩展8位输出口常用的锁存器有74LS273、74LS377以及带三态门的8位D锁存器74LS373等。

（1）74LS377扩展并行输出口

74LS377是带有输出允许控制的8位D触发器，上升沿触发。其引脚功能如图9-2所示。

1）74LS377扩展并行输出口电路如图9-16所示。

在图9-16中，8位输出的P0口通过两片74LS377扩展为8×2位并行输出。

由于使用了 $\overline{WR}$、P2.4 和 P2.5 作为 74LS377 控制信号，因此，必须使用外部 RAM 访问指令 MOVX（产生控制信号）才能向 74LS377 写入数据。这里采用线选法，当 P2.4 为低电平时选中 74LS377（1）；当 P2.5 为低电平时选中 74LS377（2）。

2）地址（未考虑地址重叠）分配如下。

| | P2.7 | … | P2.5 | P2.4 | | … | | P2.0 | P1.7 | | | … | | | | P1.0 |
|---|---|---|---|---|---|---|---|---|---|---|---|---|---|---|---|---|
| | A15 | A14 | A13 | A12 | A11 | A10 | A9 | A8 | A7 | A6 | A5 | A4 | A3 | A2 | A1 | A0 |
| 74LS377（1） | 1 | 1 | 1 | 0 | 1 | 1 | 1 | 1 | 1 | 1 | 1 | 1 | 1 | 1 | 1 | 1 |
| 74LS377（2） | 1 | 1 | 0 | 1 | 1 | 1 | 1 | 1 | 1 | 1 | 1 | 1 | 1 | 1 | 1 | 1 |

74LS377（1）的地址为 0EFFFH。

74LS377（2）的地址为 0DFFFH。

3）编程示例

将内部 RAM 地址为 20H、21H 单元的内容分别写入设备 A（地址 0EFFFH）和设备 B（地址 0DFFFH），程序如下。

```
MOV    A, 20H
MOV    DPTR,# 0EFFFH
MOVX   @DPTR, A

MOV    A, 21H
MOV    DPTR,# 0DFFFH
MOVX   @DPTR, A
```

由于采用 P2.4 和 P2.5 线选方法，其他各个位地址线的变化不会影响芯片的选择，因此，会产生较大的地址重叠区（消除地址重叠区的方法可以采用全译码方法选择芯片）。

**2．并行输入口的扩展**

扩展 8 位并行输入口常用的三态门电路有 74LS244、74LS245 和 74LS373 等。

（1）74LS244 扩展并行输入口

74LS244 是一种三态输出的 8 位总线缓冲驱动器，无锁存功能，其引脚图和逻辑图如图 9-3 所示。

74LS244 扩展并行输入口电路如图 9-17 所示，图中将 74LS244 的 $\overline{1G}$ 和 $\overline{2G}$ 连在一起，由于使用了 P2.4 和 $\overline{RD}$ 作为 74LS244 的控制信号，因此，必须使用外部 RAM 访问指令 MOVX 读取 74LS244 数据。该扩展口的地址为 0EFFFH。

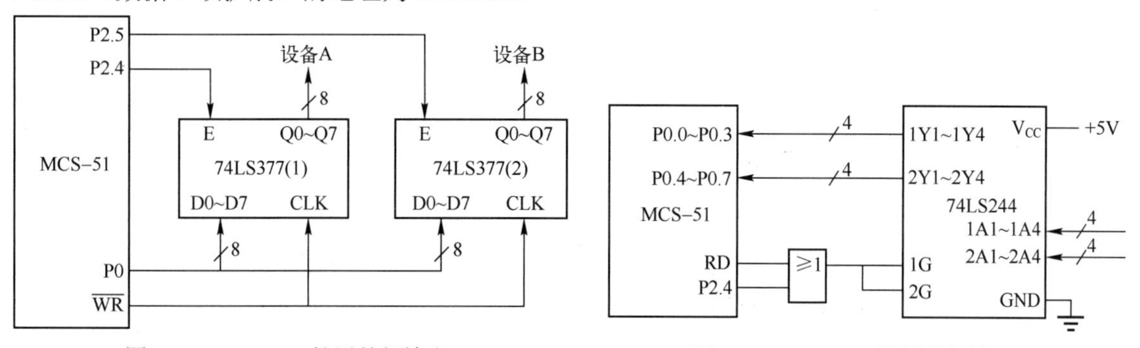


图 9-16　74LS377 扩展并行输出口　　图 9-17　74LS244 扩展并行输入口

（2）74LS245 扩展并行输入口

74LS245 是三态输出的 8 位总线收发器/驱动器，无锁存功能。该电路可将 8 位数据从 A 端送到 B 端或反之（由方向控制信号 DIR 电平决定），也可禁止传输（由使能信号 $\overline{G}$ 控制），其引脚图和功能表如图 9-4 所示。

74LS245 扩展并行输入口电路如图 9-18 所示，图中扩展接口 74LS245 的地址为 0EFFFH。

**说明：**以上并行输入口只是采用了扩展 I/O 技术并说明接口连接的方法，实际仍然是 8 位输入口。

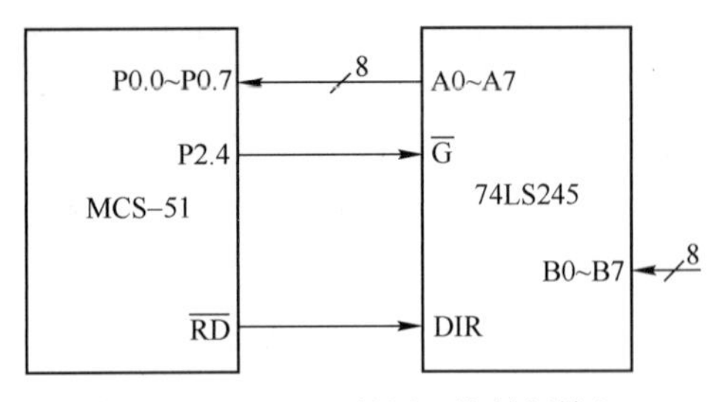


图 9-18　74LS245 扩展 8 位并行输入口

### 9.4.2　8155 可编程多功能接口芯片及扩展

8155 可编程多功能接口芯片有 3 个可编程并行 I/O 端口、256B 的 RAM 和一个计数器/定时器，特别适合于单片机系统需要同时扩展 I/O 口、少量 RAM 及计数器/定时器的场合。

**1．8155 的结构**

8155 的内部结构如图 9-19 所示，由以下 3 部分组成。

（1）存储器

容量为 256×8bit 的静态 RAM。

（2）I/O 接口

端口 A（PA）：可编程 8 位 I/O 口 PA0～PA7。

端口 B（PB）：可编程 8 位 I/O 口 PB0～PB7。

端口 C（PC）：可编程 6 位 I/O 口 PC0～PC5。

（3）计数器/定时器

一个 14 位二进制减 1 可编程计数器/定时器。

**2．8155 的引脚功能**

8155 的引脚图如图 9-20 所示，下面分别说明引脚功能。

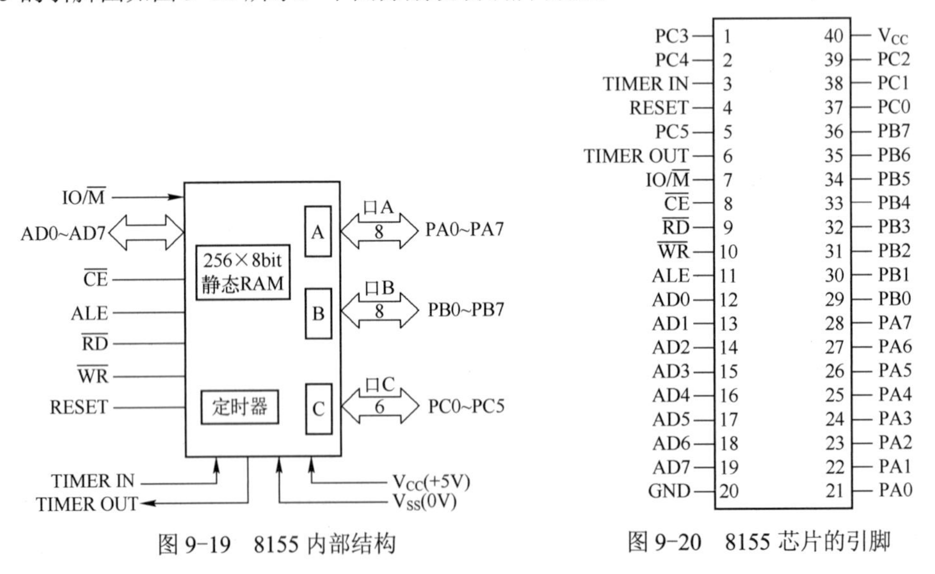


图 9-19　8155 内部结构　　图 9-20　8155 芯片的引脚

AD0～AD7：双向三态地址/数据总线，与单片机的地址/数据总线相连接。低 8 位地址在 ALE 信号的下降沿锁存到 8155 内部地址锁存器，该地址可作为存储器的 8 位地址，也可作为 I/O 口地址，这由 IO/$\overline{M}$ 引脚的信号状态决定。

$\overline{CE}$：片选信号输入线，低电平有效。

IO/$\overline{M}$：I/O 口或存储器 RAM 的选择信号输入线，当 IO/$\overline{M}$=1 时，选中 I/O 口；当 IO/$\overline{M}$=0 时，选中内部 RAM。

ALE：地址锁存允许信号输入线。

$\overline{RD}$：读信号输入线，低电平有效。

$\overline{WR}$：写信号输入线，低电平有效。

PA0～PA7：8 位并行 I/O 线，数据的输入或输出方向由命令字决定。

PB0～PB7：8 位并行 I/O 线，数据的输入或输出方向由命令字决定。

PC0～PC5：6 位并行 I/O 线，既可作为 6 位通用 I/O 口，工作在基本输入/输出方式；又可作为 PA 口和 PB 口工作在选通方式下的控制信号，由命令字决定。

TIMER IN（简写为 TIN）：计数器/定时器的计数脉冲输入线。

TIMER OUT（简写为 TOUT）：计数器/定时器的输出线，由计数器/定时器的寄存器决定输出信号的波形。

RESET：复位信号输入线，高电平有效，脉冲典型宽度为 600ns。在该信号作用下，8155 将复位，命令字被清 0，3 个 I/O 口被置为输入方式，计数器/定时器停止工作。

$V_{CC}$：+5V 电源。

GND（$V_{SS}$）：接地端。

**3．8155 的 RAM 和 I/O 口寻址**

在单片机应用系统中，8155 的 I/O 口、RAM 和定时器/计数器是按外部数据存储器统一编址的，16 位地址，其中高 8 位由 $\overline{CE}$ 和 IO/$\overline{M}$ 确定，而低 8 位由 AD0～AD7 确定。当 IO/$\overline{M}$=0 时，单片机对 8155 RAM 进行读/写操作，RAM 低 8 位编址为 00H～FFH；当 IO/$\overline{M}$=1 时，单片机对 8155 中的 I/O 口进行读/写操作。8155 内部 I/O 口及定时器的低 8 位编址见表 9-7。

**表 9-7　8155 的 I/O 口及定时器的低 8 位编址**

| A7 | A6 | A5 | A4 | A3 | A2 | A1 | A0 | I/O 口 |
|---|---|---|---|---|---|---|---|---|
| × | × | × | × | × | 0 | 0 | 0 | 命令/状态寄存器（命令/状态口） |
| × | × | × | × | × | 0 | 0 | 1 | PA 口 |
| × | × | × | × | × | 0 | 1 | 0 | PB 口 |
| × | × | × | × | × | 0 | 1 | 1 | PC 口 |
| × | × | × | × | × | 1 | 0 | 0 | 定时器低 8 位（TL） |
| × | × | × | × | × | 1 | 0 | 1 | 定时器高 8 位（TH） |

**4．8155 的命令字和状态字以及 I/O 口工作方式**

（1）8155 的命令字和状态字

8155 的 PA 口、PB 口、PC 口以及计数器/定时器都是可编程的，CPU 通过用户设定的命令字写入命令字寄存器，实现对工作方式的选择；通过读状态字寄存器来判别它们的工作状态。命令字和状态字寄存器共用一个口地址，命令字寄存器只能写入不能读出，状态字寄存器只能读出不能写入，由此可以区别是命令字还是状态字。

1）8155 命令字格式。8155 命令字格式如图 9-21 所示，其中 D0 和 D1 分别设置 PA 口和 PB 口是输入口还是输出口；D2、D3 两位确定了 ALT1～ALT4 的 4 种工作方式。

2）8155 状态字格式。8155 状态字格式如图 9-22 所示，各位都是为“1”时有效。

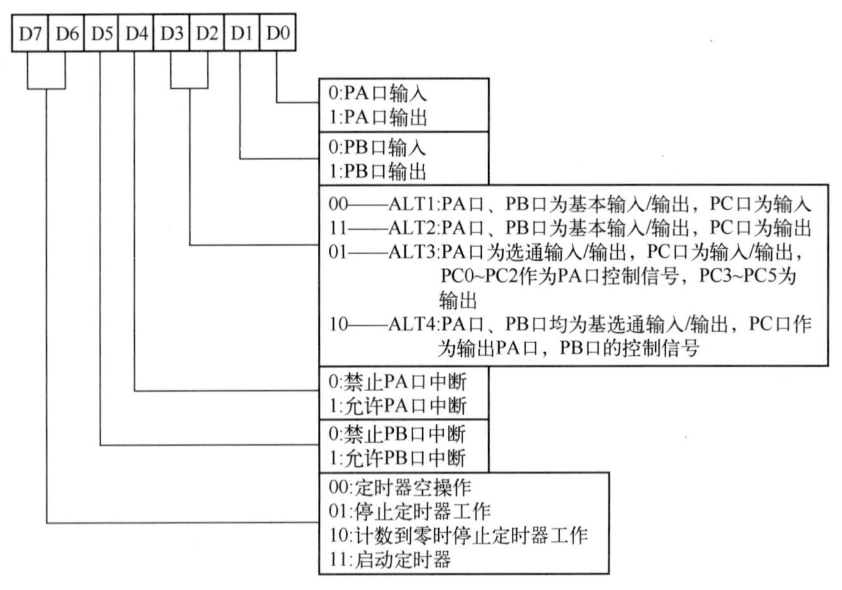


图 9-21　8155 的命令字格式

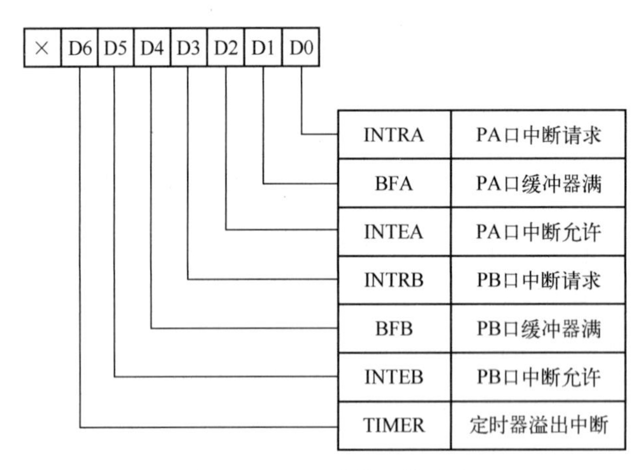


图 9-22　8155 的状态字格式

（2）8155 I/O 口的工作方式

8155 的 PA 口和 PB 口都有基本输入/输出和选通输入/输出两种工作方式。在每种方式下都可编程为输入或输出。PC 口可以作为基本输入/输出，也可作为 PA 口、PB 口工作在选通输入/输出方式时的控制线。

1）基本输入/输出方式。

当 8155 工作于 ALT1、ALT2 方式时，PA、PB、PC 三个端口均为基本输入/输出方式。PC 口在 ALT1 方式下为输入，在 ALT2 方式下为输出。PA、PB 口为输入还是输出由命令字的 D0、D1 两位设定。8155 工作于基本输入/输出方式如图 9-23 所示。

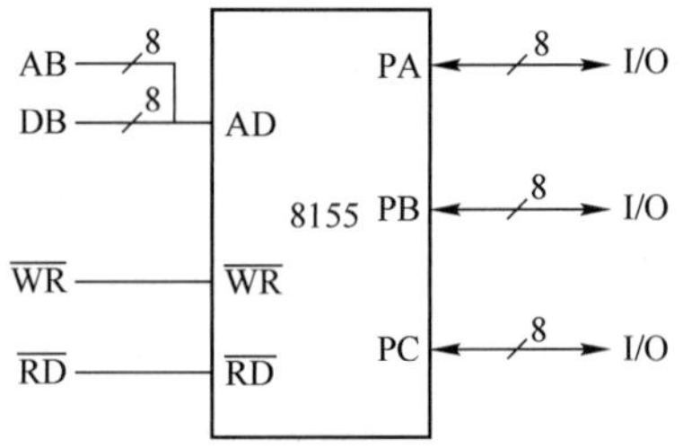


图 9-23　8155 基本输入/输出方式

2）选通输入/输出方式。

当 8155 工作于 ALT3 方式时，PA 口为选通输入/输出方式，PB 口为基本输入/输出方式。这时 PC 口的低 3 位用作 PA 口选通方式的控制信号，其余 3 位用作输出。8155 工作于 ALT3 方式的功能图如图 9-24a 所示。

当 8155 工作于 ALT4 方式时，PA 口和 PB 口均为选通输入/输出方式。这时 PC 口的 6 位作为 PA 口、PB 口的控制信号。其中 PC0～PC2 分配给 PA 口，PC3～PC5 分配给 PB 口。8155 工作于 ALT4 方式的功能图如图 9-24b 所示。

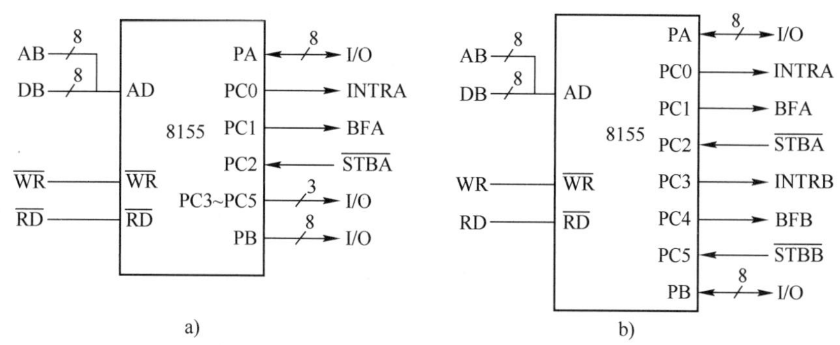


图 9-24　8155 选通输入/输出方式的功能

a) ALT3 方式　b) ALT4 方式

图 9-24 中 INTR 为中断请示输出线，可作为 CPU 的中断源。当 8155 的 PA 口（或 PB 口）缓冲器接收到设备输入的数据或设备从缓冲器中取走数据时，INTRA（或 INTRB）变为高电平（仅当命令寄存器中相应中断允许位为 1 时），向 CPU 申请中断，CPU 对 8155 相应的 I/O 口进行一次读/写操作，INTR 变为低电平。

BFA/BFB 为 PA/PB 口缓冲器满标志输出线，缓冲器存有数据时，BFA 和 BFB 为高电平；否则为低电平。$\overline{\text{STBA}}$ 和 $\overline{\text{STBB}}$ 为设备选通信号输入线，低电平有效。

**5．8155 的计数器/定时器**

8155 有一个 14 位减法计数器，从 TIN 脚输入计数脉冲，当计数器减到零时，从 TOUT 脚输出一个信号，同时将状态字中的 TIMER 置位（读出后清零），这样可实现计数或定时。

8155 计数器/定时器（简称定时器）要正常工作须设定其工作状态、时间常数（即定时器初值）和 TOUT 引脚输出信号形式。

定时器的工作状态由上述 8155 命令字的高两位来设定，说明如下。

- 00：空操作，即不影响定时器工作。
- 01：停止定时器工作。
- 10：若定时器未启动，表示空操作；若定时器正在工作，则在计数到零时停止工作。
- 11：启动定时器工作，在设置时间常数和输出方式后立即开始工作；若定时器正在工作，则表示要求在这次计数到零后，定时器以新设置的计数初值和输出方式开始工作。

定时器的时间常数和 TOUT 引脚的输出信号形式由定时器的低字节寄存器和高字节寄存器来设定，其格式如图 9-25 所示。

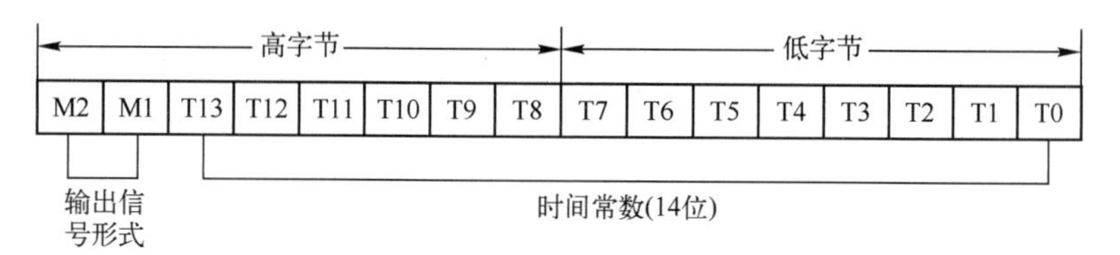


图 9-25　定时器的时间格式

M2、M1 两位用来设定 TOUT 引脚的 4 种输出信号形式，如图 9-26 所示。

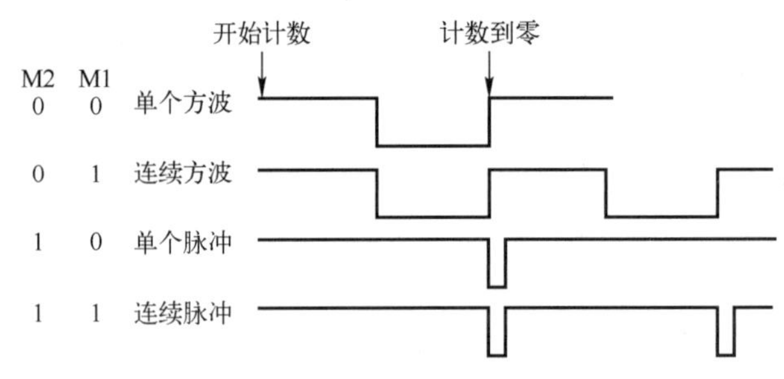

图 9-26　8155 定时器的输出信号形式

图 9-26 中从“开始计数”到“计数到零”为一计数（定时）周期。在 M2M1=00（或 10）时，输出为单个方波（或单个脉冲）。当 M2M1=01（或 11）时，输出为连续方波（或连续脉冲）；在这种情况下，当一次计数完毕后计数器能自动恢复初值，重新开始计数。

如果时间常数为偶数，则输出的方波是对称的；如果时间常数为奇数，则输出的方波不对称，输出方波的高电平比低电平多一个计数间隔。由于上述原因，时间常数最小应为 2，所以能设定的时间常数范围为 0002H～3FFFH。

8155 允许 TIN 引脚输入脉冲的最高频率为 4MHz。

**6．8155 与 51 单片机接口**

51 单片机可以直接和 8155 连接而不需要任何外加逻辑电路，其连接方法如图 9-27 所示。

由于 8155 片内有地址锁存器，所以 P0 口输出的低 8 位地址不需另加锁存器，而直接与 8155 的 AD0～AD7 相连，用单片机引脚 ALE 控制在 8155 中锁存。高 8 位地址由 $\overline{CE}$ 及 IO/$\overline{M}$ 的地址控制线决定，图 9-27 中 8155 片内 RAM 和各 I/O 口地址如下。

RAM 地址：7E00H～7EFFH
命令/状态口地址：7F00H
PA 口地址：7F01H
PB 口地址：7F02H
PC 口地址：7F03H
定时器低 8 位地址：7F04H
定时器高 8 位地址：7F05H

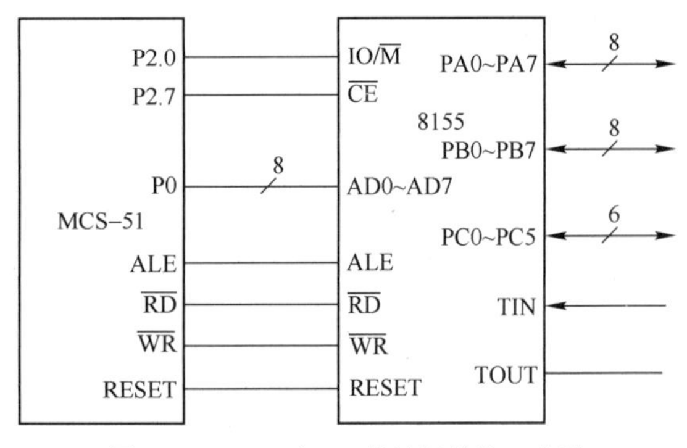

图 9-27　8155 与 51 单片机的接口电路

【例 9-1】 在图 9-27 中，把立即数 10H 送入 8155 RAM 的 20H 单元。

8155 RAM 20H 单元地址为 7E20H。

汇编语言程序如下。

```
MOV     A,#10H          ;立即数送 A
MOV     DPTR,#7E20H     ;DPTR 指向 8155 RAM 的 20H 单元
MOVX    @DPTR,A         ;立即数送入 8155 RAM 的 20H 单元
```

C51 程序如下。

```
#include<reg51.h>
#define uchar unsigned char
uchar xdata *px=0x7E20;
```

```
void main()
{
*px =0x10;
}
```

**【例 9-2】** 在图 9-27 中，要求 PA 口为基本输入方式，PB 口为基本输出方式，定时器作方波发生器，对输入 TIN 的方波进行 24 分频。

汇编语言程序如下。

```
MOV     DPTR,#7F04H      ;指向定时器低 8 位
MOV     A,#18H           ;计数常数为 0018H=24
MOVX    @DPTR,A          ;计数常数装入定时器
INC     DPTR             ;指向定时器高 8 位
MOV     A,#40H           ;设定时器输出方式为连续方波输出
MOVX    @DPTR,A          ;装入定时器高 8 位
MOV     DPTR,#7F00H      ;指向命令/状态口
MOV     A,#0C2H          ;命令字设定 PA 口为基本输入方式,PB 口为基本输出方式,
                         ;并启动定时器
MOVX    @DPTR,A
```

C51 程序如下。

```
#include<reg51.h>
#define uchar unsigned char
uchar xdata *px=0x7F04;
uchar xdata *pd=0x7F00;
void main()
{*px=0x18;
   px++;
  *px=0x40;
  *pd=0x0C2;
}
```

## 9.5 单片机扩展系统外部地址空间的编址方法

在 51 单片机扩展系统中，有时既需要扩展程序存储器，又需要扩展数据存储器。同时还需要扩展 I/O 接口，而且经常同时扩展多个存储芯片，这就需要对这些芯片进行统一地址编址及分配。

### 9.5.1 单片机扩展系统地址空间编址

所谓编址，就是使用系统提供的地址线，通过适当地连接，使外部存储器的每一个单元，或扩展 I/O 接口的每一个端口都对应一个地址，以便于 CPU 进行读写操作。

编址时应统筹考虑以下方面。

1）51 单片机外部地址空间有两种：程序存储器地址空间和数据存储器地址空间，其范围均为 64KB。

2）外部扩展 I/O 口占用数据存储器地址空间，与外部数据存储器统一编址，单片机用访问外部数据存储器的指令来访问外部扩展 I/O 口。

3）单片机扩展系统中占用同类地址空间的各个芯片之间的地址不允许重叠。但由于单片机访问外部程序存储器与访问外部数据存储器（包括外部 I/O 口）时，会分别产生 $\overline{PSEN}$ 与 $\overline{RD}$ / $\overline{WR}$

两类不同的控制信号，因此，占用不同类（指外部程序存储器、数据存储器）地址空间的各个芯片之间地址可以重叠。

4）任一存储单元地址包括片地址+片内地址。该存储单元所在的存储芯片为片地址，该存储单元所在片内位置为片内地址。

5）编址方法分为两步：存储器（I/O 接口）芯片编址和芯片内部存储单元编址。芯片内部存储单元编址由芯片内部的地址译码电路完成，对使用者来说，只需把芯片的地址线与相应的系统地址总线相连即可。芯片的编址实际上就是如何来选择芯片。几乎所有的存储器和 I/O 接口芯片都设有片选信号端。片选地址识别方法有线选法和译码法两种。

6）51 单片机扩展系统外部空间地址由 16 位地址总线（A0～A15）产生，其中高 8 位地址总线（A8～A15）由 P2 口（P2.0～P2.7）直接提供，因此，片选信号只能由 P2 口未被芯片地址线占用的位线来产生。

## 9.5.2 线选法

所谓线选法，是指 51 单片机 P2 口未被扩展芯片片内地址线占用的其他位直接与外接芯片的片选端相连，一般片选有效信号为低电平。

线选法的特点是连接简单，不必专门设计逻辑电路，但是各个扩展芯片占有的空间地址不连续，因而地址空间利用率低。线选法适用于扩展地址空间容量不太大的场合。

**【例 9-3】** 利用 2764 和 6264 为 8051 单片机分别扩展 16KB（独立编址 $\overline{EA}$=0）外部程序存储器和 16KB 数据存储器。

2764（6264）容量为 8KB，扩展 16KB 程序（数据）存储器需要两片；因为 2764（6264）片内需要 13 条（A0～A12）地址线，未被占用的有 3 条（A13～A15）地址总线，对应 8051 单片机 P2 口的 P2.5～P2.7 采用线选法进行扩展。由于程序存储器地址和数据存储器地址允许重叠，一片程序存储器和一片数据存储器允许共用一条地址总线作片选线。因此，采用 P2.5 和 P2.6 分别作为线选（芯片）的地址线（P2.7 可以置 1），其接口电路如图 9-28 所示。存储器的地址空间分配情况见表 9-8。

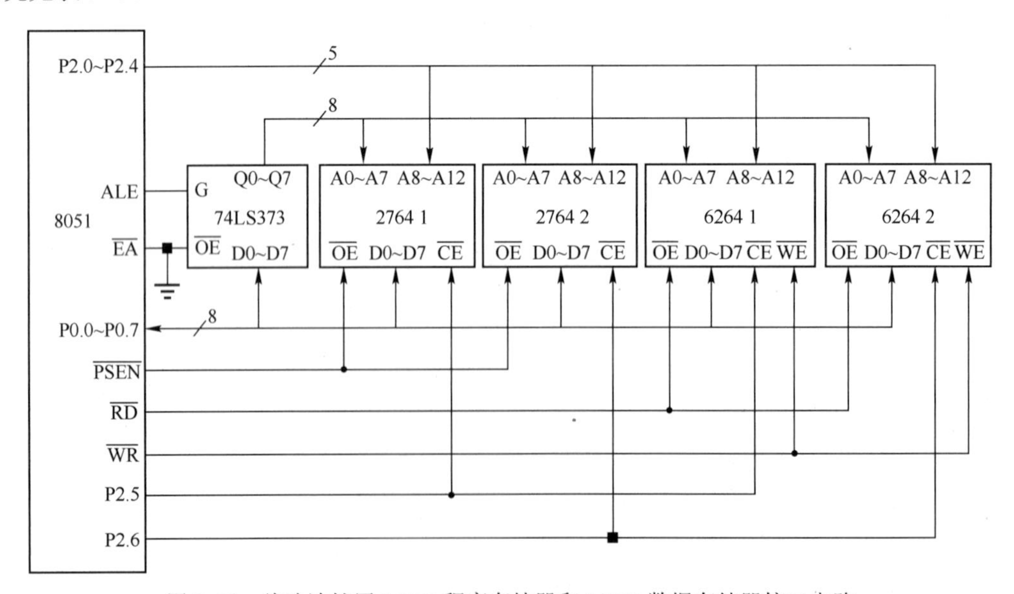


图 9-28　线选法扩展 16KB 程序存储器和 16KB 数据存储器接口电路

表 9-8　图 9-28 的地址编码

| 存　储　器 | A15A14A13 | A12～A0 | 地 址 编 码 |
|---|---|---|---|
| 2764（1） | 110 | 0000000000000～1111111111111 | C000H～DFFFH |
| 2764（2） | 101 | 0000000000000～1111111111111 | A000H～BFFFH |
| 6264（1） | 110 | 0000000000000～1111111111111 | C000H～DFFFH |
| 6264（2） | 101 | 0000000000000～1111111111111 | A000H～BFFFH |

## 9.5.3　译码法

所谓译码法，是指 51 单片机 P2 口未被扩展芯片片内地址线占用的其他位，经译码器译码，译码输出信号线作为外接芯片的片选信号（一般为低电平有效）。

译码法的特点是在地址总线数量相同的情况下，可以比线选法扩展更多的芯片，而且可以使各个扩展芯片占有连续的地址空间，因而适用于扩展芯片数量多、地址空间容量大的复杂系统。

**【例 9-4】** 利用 2732 为 8051 单片机分别扩展 32KB（独立编址 $\overline{EA}$=0）程序存储器。

2732 容量为 4KB，扩展 32KB 程序存储器需要 8 片。因为 2732 片内地址线为 A0～A11，对应 8051 单片机 P0 口和 P2.0～P2.3。未被占用的地址总线有 4 条（A12～A15），对应 8051 单片机 P2.4～P2.7。本例采用译码法进行扩展，可以用 P2.4～P2.6 经 3－8 译码器 74LS138 译码，译码输出信号作为片选信号，其接口电路如图 9-29 所示，存储器的地址空间分配见表 9-9。

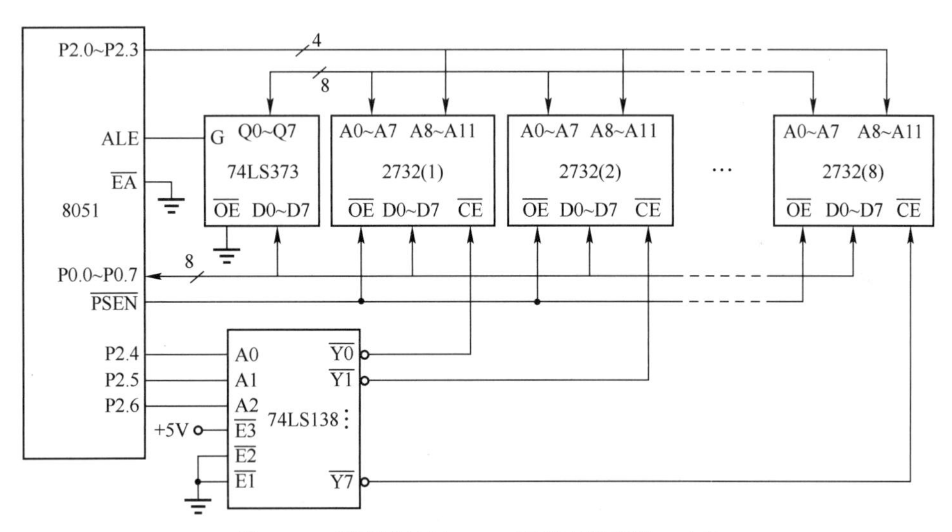


图 9-29　译码法扩展 32KB 程序存储器接口电路

表 9-9　图 9-29 的地址编码

| 存　储　器 | A15～A12 | A11～A0 | 地 址 编 码 |
|---|---|---|---|
| 2732 （1） | 1000 | 000000000000～111111111111 | 8000H～8FFFH |
| 2732 （2） | 1001 | 000000000000～111111111111 | 9000H～9FFFH |
| 2732（3） | 1010 | 000000000000～111111111111 | A000H～AFFFH |
| 2732 （4） | 1011 | 000000000000～111111111111 | B000H～BFFFH |
| 2732 （5） | 1100 | 000000000000～111111111111 | C000H～CFFFH |
| 2732 （6） | 1101 | 000000000000～111111111111 | D000H～DFFFH |
| 2732 （7） | 1110 | 000000000000～111111111111 | E000H～EFFFH |
| 2732 （8） | 1111 | 000000000000～111111111111 | F000H～FFFFH |

## 9.6　8155 扩展键盘与显示器设计实例

在一些比较复杂的系统中，当外部设备（例如，键盘或显示器）较多，以至于单片机 I/O 口满足不了要求时，就需要通过外部扩展来实现系统需求。通常可以通过 8155、8255 等并行接口芯片，或者可以通过单片机的串行口进行扩展，也可通过专用键盘、显示接口芯片，如 8279 进行键盘扩展等。

本节以 8051 经 8155 扩展键盘及显示器为例，介绍其应用技术。

（1）硬件电路

单片机由 8155 扩展为 4×4 键盘和 4 位数码管仿真电路，如图 9-30 所示。P2.7 为 8155 片选输入信号（低电平有效），P2.0 为 I/O 口 RAM 选择输入信号（高电平选 I/O 口），8155 I/O 口地址为 7F00H～7F05H，数码管为动态显示，共阴极连接。

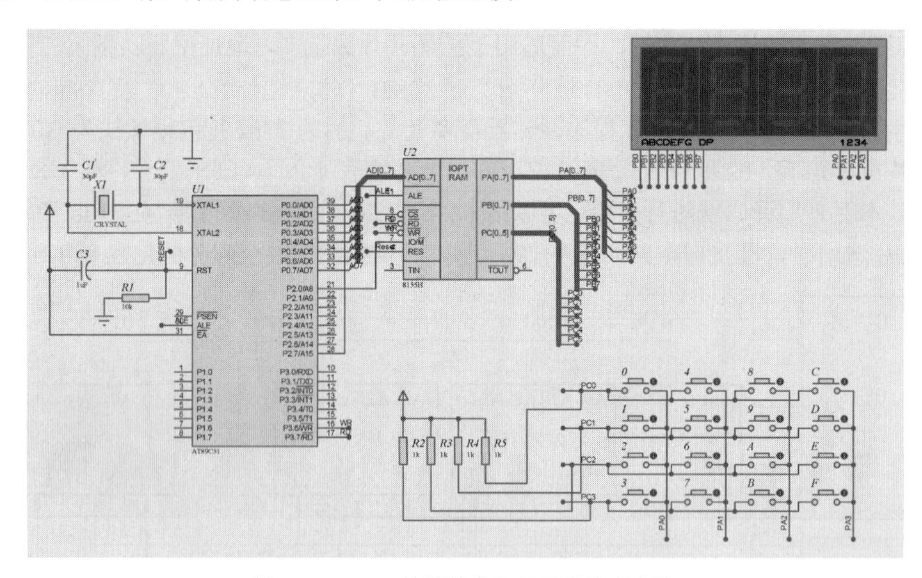


图 9-30　8155 扩展键盘和显示器仿真电路

（2）程序设计

图 9-30 中，键扫描子程序可以仿照 4×4 键盘的扫描方法来完成，C51 程序如下。

```
#include <reg51.h>
#include "absacc.h"
#define uchar unsigned char
#define uint unsigned int
#define COM8155 XBYTE[0x7f00]
#define PA8155    XBYTE[0x7f01]
#define PB8155    XBYTE[0x7f02]
#define PC8155    XBYTE[0x7f03]
#define TL8155    XBYTE[0x7f04]
#define TH8155    XBYTE[0x7f05]
#define RAM8155    XBYTE[0x7e01]
uchar wei=0x01;
bit press_flag = 0;
uchar code tab[]={0x3F,0x06,0x5B,0x4F,0x66,0x6D,0x7D,0x07,
                  0x7F,0x6F,0x77,0x7C,0x39,0x5E,0x79,0x71,0x00};
uchar key_scan();
void delay(uchar m)     //延时程序 (12MHz)
```

```
{
     uchar a,b,c;
     for(c=m;c>0;c--)
          for(b=142;b>0;b--)
               for(a=2;a>0;a--);
}
void   main()
{
      uchar num[4]= {0x10,0x10,0x10,0x10},i = 0;
      uchar key_value,weitemp;
      bit key_p = 0;
      COM8155=0x03;                      //初始化 8155
      while(1)
      {
       PB8155 = 0x00;
       PB8155 = tab[num[i]];
       key_value = key_scan();
       wei = wei << 1;                   //左移控制字,准备点亮下一位
       if(wei == 0x10)
       wei = 0x01;
       i++;
       if(i == 4)
            {
             i = 0;
            }
       if(key_value != 0x10)
            {
                 weitemp = wei;          //记录当有按键按下时扫到哪一位,以判断键弹起
            }
       if(weitemp == wei)
            {
             if(key_value == 0x10 )      //检测到无效值,说明按键弹起
             key_p = 1;
            }
       if(key_value != 0x10)
         if(press_flag&key_p)
           {
             num[3] = num[2];
             num[2] = num[1];
             num[1] = num[0];
             num[0] = key_value;
             press_flag = 0;
             key_p = 0;
           }
      }
 }
uchar key_scan()
{
      uchar keyv,keyh,keyh1,key;
      PA8155= ～wei;
      switch( wei )
           {
           case 0x1： keyv = 0;break;
```

```
            case 0x2：keyv = 4;break;
            case 0x4：keyv = 8;break;
            case 0x8：keyv = 12;break;
            default：         ;
            }
        keyh = PC8155 & 0x0f;
        delay(10);
        keyh1 = PC8155 & 0x0f;
        if(keyh == keyh1)
        {
            switch( keyh )
            {
                case 0xe：key = 0;break;
                case 0xd：key = 1;break;
                case 0xb：key = 2;break;
                case 0x7：key = 3;break;
                default：  key = 4;
            }
        }
        else
             key = 4;
        if( key == 4 )
           return 0x10;                    //无键按下，返回无效值
        else
        {
            key   = keyv+key;
            press_flag = 1;
            return (key);
        }
    }
```

（3）仿真调试

Proteus 仿真调试，设键盘按序输入 1、5、b、9，显示结果如图 9-31 所示。

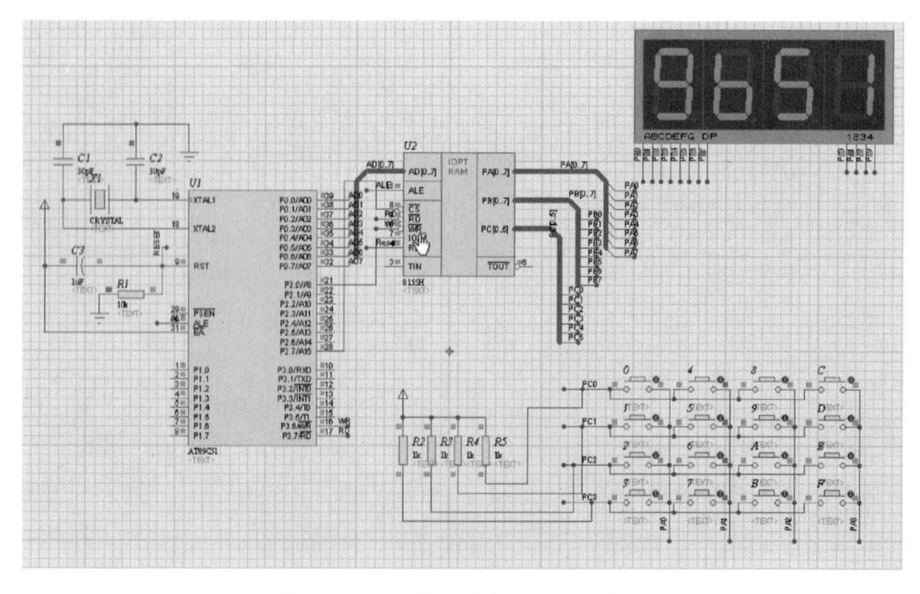


图9-31　8155扩展键盘仿真调试结果

## 9.7 A-D、D-A 转换器与单片机的接口

在单片机应用领域中，特别是在实时控制系统中，常常需要把外界连续变化的物理量（如温度、压力、湿度、流量、速度等）变成数字量送入单片机内进行加工、处理。而单片机输出的数字量（控制信号）需要转换成控制设备所能接受的连续变化的模拟量。

在实际应用系统中，通常利用传感器将被控对象的物理量转换成易传输、易处理的连续变化的电信号，再将其转换成单片机能接受的数字信号，这种转换称为模—数转换，完成此功能的器件称为模—数（A-D）转换器。而将单片机输出的数字信号转换为模拟信号，称为数—模转换，完成此功能的器件称为数—模（D-A）转换器。典型单片机闭环控制系统如图 9-32 所示。

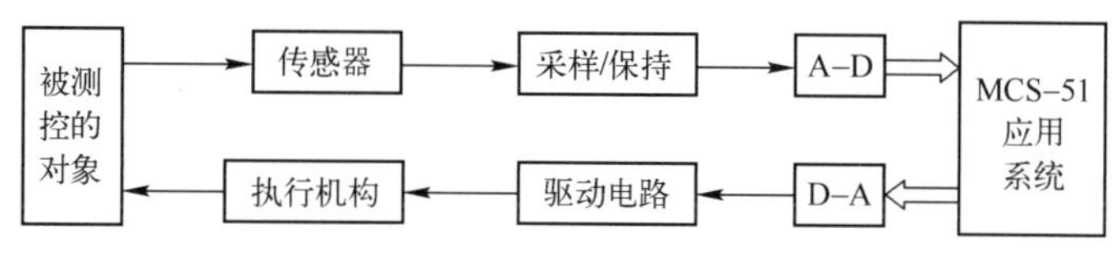


图 9-32 典型单片机闭环控制系统

图 9-32 中采样/保持部分是为避免模—数转换器的输出产生误差而加入的。因为模—数转换器完成一次转换需要一定的时间，在这段时间之内希望模—数转换器的输入端电压保持不变，加入采样/保持电路后，可使模—数转换器的输入端电压保持不变，大大提高数据采集系统的有效采集频率。

模—数（A-D）和数—模（D-A）转换技术是数字测量和数字控制领域中的重要组成部分，生产厂家推出了各种型号的 A-D、D-A 转换电路芯片。对于应用系统的开发者，只需按照设计要求合理地选用 A-D、D-A 转换器，熟悉它们的功能、掌握接口电路及编程方法即可。

本节从应用的角度来介绍典型的 A-D、D-A 转换器及其接口电路和控制程序。

### 9.7.1 D-A 转换器及应用技术

在控制系统中，D-A 转换器将单片机发出的数字量控制信号转换成模拟信号，用于控制或驱动外部执行电路。

**1. D-A 转换器的基本原理**

数—模（D-A）转换器的基本功能就是将输入的用二进制表示的数字量转换成相对应的模拟量输出。实现这种转换的基本方法是将相应的二进制数的每一位，产生一个相应的电压（电流），而这个电压（电流）的大小则正比于相应的二进制的权。“加权网络”D-A 转换器的简化原理图如图 9-33 所示。

在图 9-33 中，$K_0$，$K_1$，…，$K_{n-1}$，$K_n$ 是一组由数字输入量的第 0 位，第 1 位，…，第 n−1 位，第 n 位（最高位）来控制的电子开关，相应位为“1”时开关接向左面（$V_{REF}$），为“0”时接向右面（地）。$V_{REF}$ 为高精度参考电压源。$R_f$ 为运算放大器的反馈电阻。$R_0$，$R_1$，…，$R_{n-1}$，$R_n$ 称为“权”电阻，取值为 R，2R，4R，8R，…，2n−1R，2nR。运算放大器的输出（也就是反相加法运算）为

$$V_o = -V_{REF}R_f\sum_{i=0}^{n}\frac{D_i}{R_i} = -V_{REF}R_f\left(\frac{D_0}{R_0}+\frac{D_1}{R_1}+\frac{D_2}{R_2}+\cdots+\frac{D_n}{R_n}\right)$$

$$= -\frac{R_f}{R}V_{REF}\left(D_0+\frac{D_1}{2}+\frac{D_2}{4}+\frac{D_3}{8}+\cdots+\frac{D_n}{2^n}\right)$$

当 R、$R_f$ 和 $V_{REF}$ 一定时，其输出量取决于二进制数的值。但在制造中，要保证各加权电阻的倍数关系比较困难，所以在实际应用中大多采用图 9-34 所示的 T 形网络（也称为 R-2R 电阻网络）。T 形网络中仅有 R 与 2R 两种电阻，制造方便，同时还可以将反馈电阻也设置在同一块集成芯片中，并且使 $R_f$=R，则满足此条件的输出电压关系式为

$$V_o = -V_{REF}\sum_{i=0}^{n}\frac{D_i}{2^n}$$

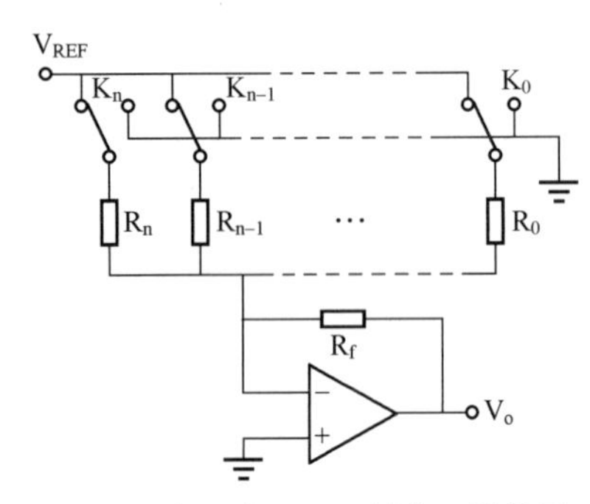


图 9-33 “加权网络”D-A 转换器简化原理图

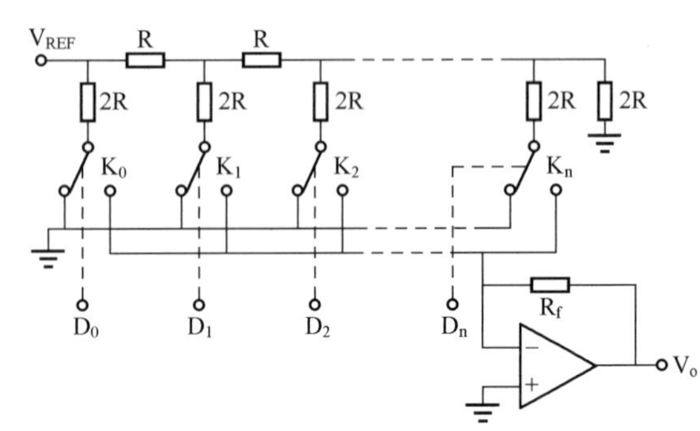


图 9-34 R-2R 电阻网络 D-A 转换器原理图

**2. D-A 转换器的主要参数**

D-A 转换器的主要参数分别如下。

1）分辨率。数—模（D-A）转换器能够转换的二进制的位数，位数越多，分辨率也越高，一般为 8 位、10 位、12 位、16 位等。当分辨率的位数为 8 位时，如果转换后电压的满量程为 5V，则它输出的可分辨出的最小电压为 5V/255≈19.6mV。

2）建立时间。建立时间是 D-A 转换的速率快慢的一个重要参数，一般是指输入数字量变化后，输出的模拟量稳定到相应数值范围所需要的时间，一般在几十纳秒到几微秒之间。

3）线性度。线性度是指当数字量变化时，D-A 转换器输出的模拟量按比例关系变化的程度。由于理想的 D-A 转换器是线性的，实际转换结果是有误差的，D-A 转换器模拟输出偏离理想输出的最大值称为线性误差（即线性度）。

4）输出电平。输出电平有电流型和电压型两种。电流型输出电流在几毫安到几十毫安；电压一般为 5～10V。

**3. 集成 D-A 转换器示例——DAC0832**

（1）DAC0832 的内部结构及引脚特性

DAC0832 是采用 CMOS 工艺制成的双列直插式单片 8 位 D-A 转换器。转换速度为 1μs，控制逻辑为 TTL 电平，可直接与单片机 8 位数据总线接口，DAC0832 的内部结构如图 9-35 所示。

DAC0832 片内有 R-2R 电阻网络，用以对参考电压提供的两条回路分别产生两个输出电流信号 $I_{OUT1}$ 和 $I_{OUT2}$。采用 8 位 DAC 寄存器两次缓冲方式，这样可以在 D-A 输出的同时，送入下一个数据，以便提高转换速度；也可以实现多片 D-A 转换器的同步输出。每个输入的数据为 8 位，可以直接与单片机 8 位数据线连接，控制逻辑电平为 TTL 电平。

DAC0832 引脚分布如图 9-36 所示，各引脚的含义如下。

1）D0～D7：8 位数据输入端。

2）ILE：数据允许锁存信号。

3）$\overline{CS}$：输入寄存器选择信号。

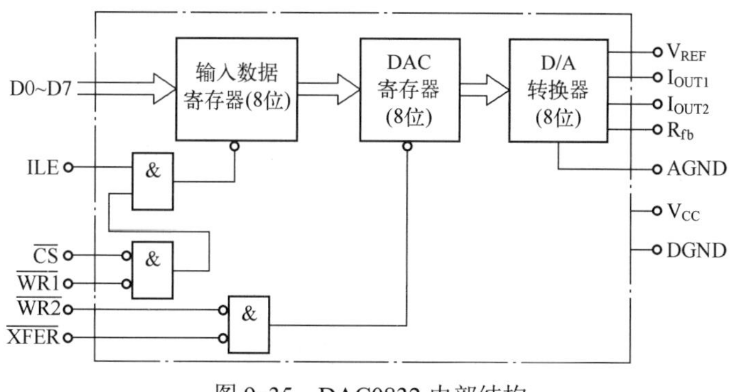

图 9-35 DAC0832 内部结构

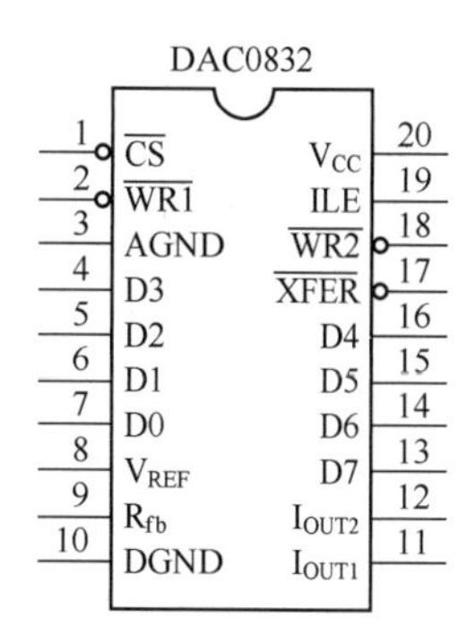

图 9-36 DAC0832 引脚

4）$\overline{WR1}$：输入寄存器写选通信号。

5）$\overline{XFER}$：数据传送信号。

6）$\overline{WR2}$：DAC 寄存器的写选通信号。

7）$V_{REF}$：基准电源输入端。

8）$R_{fb}$：反馈信号输入端。

9）$I_{OUT1}$：电流输出 1。

10）$I_{OUT2}$：电流输出 2。

11）$V_{CC}$：电源输入端。

12）AGND：模拟地。

13）DGND：数字地。

（2）DAC0832 与 51 单片机的接口

DAC0832 是电流输出型 D-A 转换器。当 D-A 转换结果需要电压输出时，可在 DAC0832 的 $I_{OUT1}$、$I_{OUT2}$ 输出端连接一块运算放大器，将电流信号转换成电压输出（I/V 转换）。由于 DAC0832 内有两个缓冲器，故可工作在直通、单缓冲器和双缓冲器 3 种工作方式。

1）直通工作方式：可将 $\overline{CS}$、$\overline{WR1}$、$\overline{WR2}$ 及 $\overline{XFER}$ 引脚都直接接地，ILE 引脚接高电平，芯片处于直通状态，这时 8 位数字量只要输入到 DAC0832 输入端，就立即进行 D-A 转换。这种方式中，DAC0832 不能直接与单片机数据总线相连接，一般很少采用此方式。

2）单缓冲器工作方式：输入寄存器的信号和 DAC 寄存器的信号同时控制，使一个数据直接写入 DAC 寄存器。或者可以将两个寄存器的控制信号并接，使之同时选通。单缓冲工作方式适用于只有一路模拟输出或多路模拟量不需要同步输出的系统。

3）双缓冲器工作方式：输入寄存器的信号和 DAC 寄存器的信号分开控制，要进行两步写操作，先将数据写入输入寄存器，再将输入寄存器的内容写入 DAC 寄存器并开始启动转换，这种方式一般应用于多个模拟量需同步输出的系统。输出电压可为单极性输出，也可为双极性输出。

DAC0832 工作于单极性单缓冲器方式时，与 8051 的接口仿真电路如图 9-37 所示。

在图 9-37 中，将 $V_{CC}$ 和 ILE 并接于+5V，$\overline{WR1}$、$\overline{WR2}$ 并接于 8051 的 $\overline{WR}$ 引脚，$\overline{CS}$ 和 $\overline{XFER}$ 并接于 8051 的 P2.7（线选）。这样 DAC0832 的地址为 7FFFH。单片机对 DAC0832 执行一次写操作，则把数字量直接写入 DAC 寄存器，模拟输出随之变化。DAC0832 的输出经运放转换成电压输出 $V_{OUT}$。为了保证转换精度，$V_{REF}$ 接标准电源，当 $V_{REF}$ 接+10V 或−10V 时，$V_{OUT}$ 输出范围为 0～+10V 或 0～−10V；当 $V_{REF}$ 接+5V 或−5V 时，则 $V_{OUT}$ 输出范围为 0～+5V 或 0～−5V。

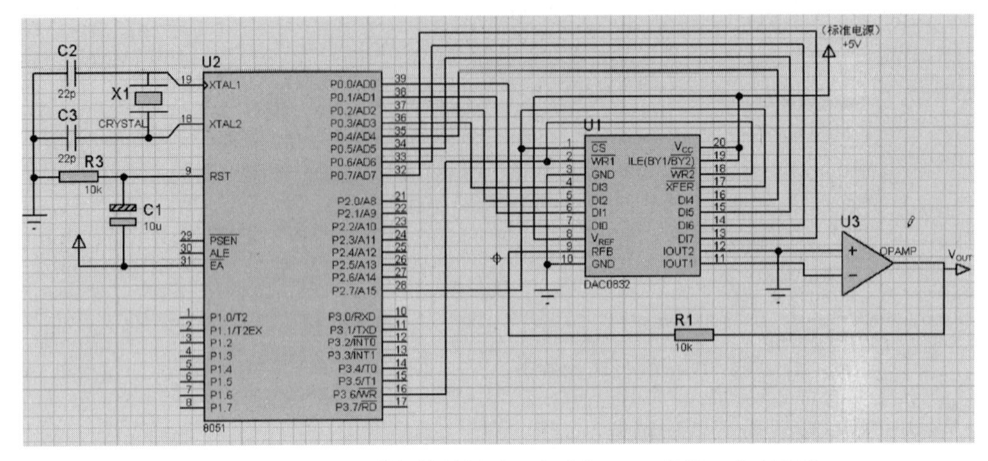


图 9-37 DAC0832 单极性单缓冲器方式与 8051 的接口仿真电路

**【例 9-5】** 在图 9-37 电路中，要求在运算放大器的输出端 $V_{OUT}$ 得到一个周期性锯齿波电压信号。

利用输出信号递增 1 的方法实现锯齿波电压，信号周期取决于指令执行的时间。

1）汇编语言源程序如下。

```
START:  MOV    DPTR, #7FFFH        ;指向 DAC0832 口地址
        MOV    A, #00H             ;转化数字初始值
LOOP:   MOVX   @DPTR, A            ;写数据到 DAC0832,启动转换
        INC    A                   ;转换数字量加 1
        AJMP   LOOP
        END
```

2）相同功能的 C51 程序如下。

```
/*************************************************************************
程序功能：连续访问外部 DAC 寄存器,产生锯齿波
*************************************************************************/
#include<reg52.h>                    //头文件包含
#include<absacc.h>
/*************************************************************************
主函数
*************************************************************************/
void main()
{
    unsigned char a=0;               //控制波形累加深度
    while(1)
    {
        XBYTE[0x7FFF]=a;
        a++;
        delay( );                    //加入延时函数,控制其周期

    }
}
```

3）仿真调试运行，虚拟示波器显示为锯齿波电压，如图 9-38 所示。

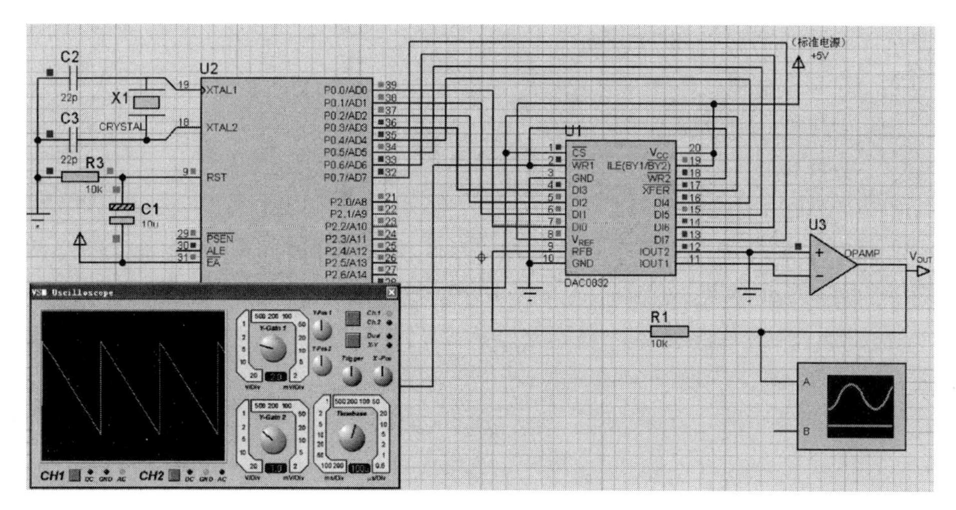


图 9-38　仿真调试结果

## 9.7.2　A-D 转换器及应用技术

A-D 转换器用来实现将连续变化的模拟信号转换成数字信号。

A-D 转换器通常包括的控制信号有模拟输入信号、数字输出信号、参考电压、启动转换信号、转换结束信号、数据输出允许信号等。

**1. A-D 转换原理**

根据 A-D 转换器的原理可以将 A-D 转换器分成两大类：一类是直接型 A-D 转换器，其输入的模拟电压被直接转换成数字代码，不经任何中间变量；另一类是间接型 A-D 转换器，其工作过程是，首先把输入的模拟电压转换成某种中间变量（时间、频率、脉冲宽度等），然后把中间变量转换为数字代码输出。目前应用较广泛的主要有逐次逼近式 A-D 转换器（直接型）、双积分式 A-D 转换器、计数式 A-D 转化器和 V/F 变换式 A-D 转换器（间接型）等。

（1）逐次逼近式 A-D 转换器

逐次逼近式 A-D 转换器是一种速度较快精度较高的转换器。转换速度较高，外围元器件较少，是使用较多的一种 A-D 转换电路，但其抗干扰能力较差。一般逐次逼近式 A-D 转换器转换时间在几微秒到几百微秒之间。

逐次逼近式 A-D 转换器的原理如图 9-39 所示。逐次逼近的转换方法是用一系列的基准电压同输入电压比较，以逐位确定转换后数据的位是 1 还是 0，确定次序是从高位到低位进行。它由电压比较器、D-A 转换器、控制逻辑电路、逐次逼近寄存器和输出缓冲寄存器组成。

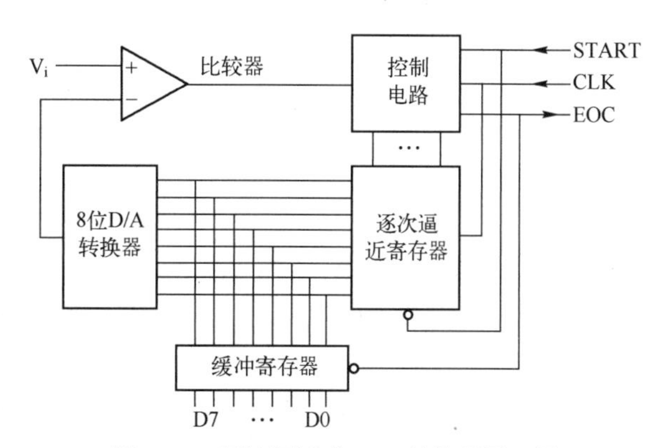


图 9-39　逐次逼近式 A-D 转换器原理图

在启动逐次逼近式转换时，首先取第一个基准电压为最大允许电压的 1/2，与输入电压相比较，如果比较器输出为低（电平），说明输入信号电压大于 0 小于最大值的 1/2，则最高位清 0；反之如果比较器输出为高（电平），则最高位置 1。然后根据最高位的值为 0 或 1 后，取第二个基准电压值为第一个基准电压值减去或者加上最大允许电压的 1/4，再继续和输入信号电压进行比较，大于基准电压值，次高位置 1；小于基准电压值，次高位清 0。依次进行比较，通过多次比较，就可以使基准电压逐渐逼近输入电压的大小，最终使基准电压和输入电压的误差最小，同时由多次比较也确定了各个位的值。逐次逼近法也称为二分搜索法。

（2）双积分式 A-D 转换器

双积分式 A-D 转换器的工作原理是将模拟电压转换成积分时间，然后用数字脉冲计时的方法转换成计数脉冲数，最后将代表模拟输入电压大小的脉冲数转换成所对应的二进制或 BCD 码输出。它是一种间接的 A-D 转换技术。双积分式 A-D 转换器由电子开关、积分器、比较器、计数器和控制逻辑等部件组成，如图 9-40a 所示。

在进行一次 A-D 转换时，开关先把 $V_x$ 采样输入到积分器，积分器从零开始进行固定时间 T 的正向积分，时间 T 到后，开关将与 $V_x$ 极性相反的基准电压 $V_{REF}$ 输入到积分器进行反相积分，到输出为 0V 时停止反相积分。

由图 9-40b 所示的积分器输出波形可以看出：在反相积分时，积分器的斜率是固定的，$V_x$ 越大，积分器的输出电压也越大，反相积分时间越长。计数器在反相积分时间内所计的数值就是与输入电压 $V_x$ 在时间 T 内的平均值对应的数字量。

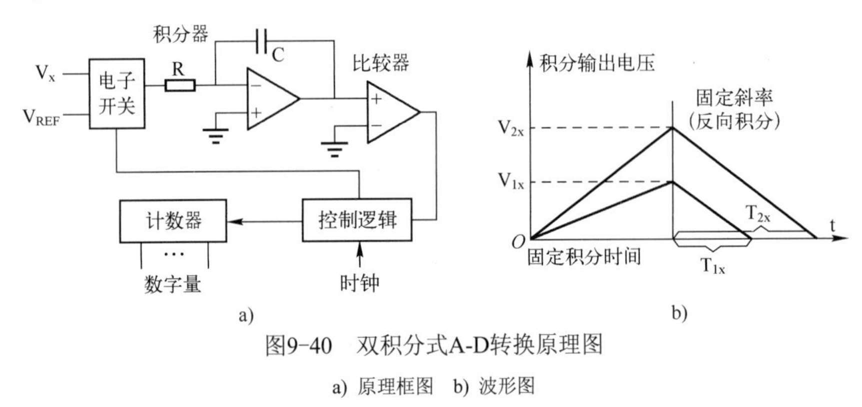


图9-40　双积分式A-D转换原理图

a) 原理框图　b) 波形图

由于这种 A-D 要经历正、反相两次积分，故转换速度较慢。但是，由于双积分式 A-D 转换器外接器件少、抗干扰能力强、成本低、使用比较灵活，具有极高的性价比，故在一些要求转换速度不高的系统中应用广泛。

**2. A-D 转换器的主要技术指标**

1）分辨率。分辨率表示变化一个相邻数码所需要输入的模拟电压的变化量，也就是表示转换器对微小输入量变化的敏感程度，通常用位数来表示。例如，对 8 位 A-D 转换器，其数字输出量的变化范围为 0～255，当输入电压的满刻度为 5V 时，数字量每变化一个数字所对应的输入模拟电压的值为 5V/255≈19.6mV，其分辨能力即为 19.6mV。当检测输入信号的精度较高时，需采用分辨率较高的 A-D，目前常用的 A-D 转换集成芯片的转换位数有 8 位、10 位、12 位和 14 位等。

2）量程。即所能转换的电压范围，如 5V、10V、±5V 等。

3）转换误差。指一个实际的 A-D 转换器量化值与一个理想的 A-D 转换器量化值之间的最大偏差，通常用最低有效位的倍数给出。转换误差一般有绝对误差和相对误差两种表示方法。常用数字量的位数作为度量绝对误差单位，如精度为±1/2 LSB，而用百分比来表示满量程时的相对误差，如±0.05%。要说明的是，转换误差和分辨率是不同的概念。转换误差和分辨率两者决定 A-D 转换器的转换精度。

4）转换时间与转换速率。A-D 转换时间是指完成一次转换所需要的时间，也就是从发出启动转换命令到转换结束所需的时间间隔。

**3. A-D 转换器的外部特性**

集成 A-D 转换芯片的封装和性能都有所不同。但是从原理和应用的角度来看，任何一种 A-D 转换器芯片一般具有以下控制信号引脚。

1）启动转换信号引脚（START）。它是由单片机发出的控制信号，当该信号有效时，A-D 转换器启动并开始转换。

2）转换结束信号引脚（EOC）。它是一条输出信号线。当 A-D 转换完成时，由此线发出结束信号，可利用它向单片机发出中断请求，单片机也可通过查询该线来判断 A-D 转换是否结束。

3）片选信号引脚（$\overline{CS}$）。该引脚为低电平时，则选中该转换芯片。

4）输出允许控制端（OE）。外部控制 OE=1，允许输出转换后的数据。

**4. 集成 A-D 芯片示例——ADC0809**

（1）ADC0809 的结构

ADC0809 具有 8 路模拟量输入，可在程序控制下对任意通道进行 A-D 转换，输出 8 位二进制数字量，其结构框图如图 9-41 所示。

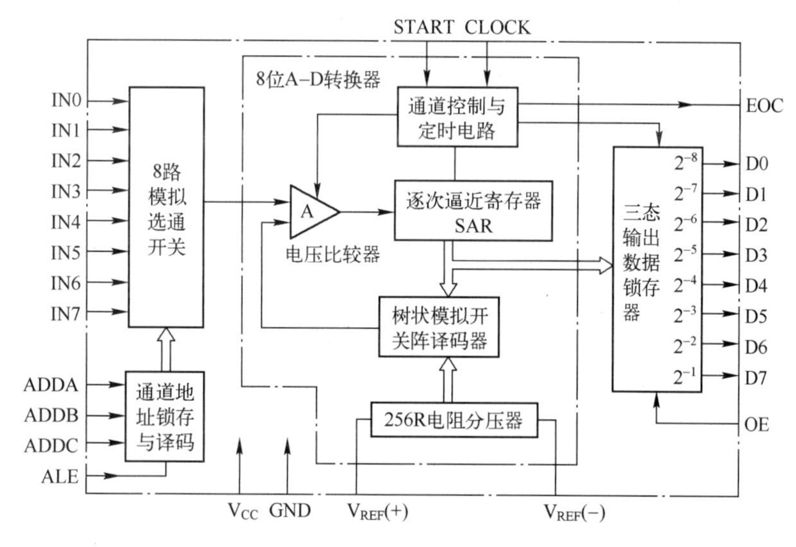


图9-41　ADC0809的结构框图

（2）ADC0809 外部引脚功能

ADC0809 外部引脚如图 9-42 所示，其引脚功能如下。

1）IN7～IN0：8 路模拟量输入通道，在多路开关控制下，任一时刻只能有一路模拟量实现 A-D 转换。ADC0809 要求输入模拟量为单极性，电压范围 0～5V，如果信号过小还需要进行放大。对于信号变化速度比较快的模拟量，在输入前应增加采样保持电路。

2）ADDA、ADDB、ADDC：8 路模拟开关的三位地址选通输入端，用来选通对应的输入通道，其对应关系见表 9-10。

3）ALE：地址锁存输入线，该信号的上升沿可将地址选择信号 A、B、C 锁入地址寄存器。

4）START：启动转换输入线，其上升沿用以清除 A-D 内部寄存器，其下降沿用以启动内部控制逻辑，开始 A-D 转换工作。

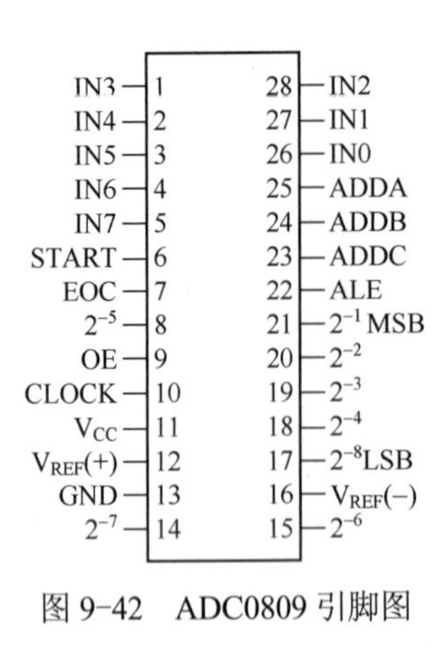


图 9-42　ADC0809 引脚图

**表 9-10　地址码与输入通道对应关系**

| 地址码 | | | 对应输入通道 |
|---|---|---|---|
| C | B | A | |
| 0 | 0 | 0 | IN0 |
| 0 | 0 | 1 | IN1 |
| 0 | 1 | 0 | IN2 |
| 0 | 1 | 1 | IN3 |
| 1 | 0 | 0 | IN4 |
| 1 | 0 | 1 | IN5 |
| 1 | 1 | 0 | IN6 |
| 1 | 1 | 1 | IN7 |

ALE 和 START 两个信号端可连接在一起，当通过软件输入一个正脉冲，便立即启动 A-D 转换。

5）EOC：转换结束状态信号，EOC=0，正在进行转换；EOC=1，转换结束。

6）D7～D0（$2^{-1}$～$2^{-8}$）：8 位数据输出端，为三态缓冲输出形式，可直接接入单片机的数据总线。

7）OE：输出允许控制端，OE=1，输出转换后的 8 位数据；OE=0，数据输出端为高阻态。

8）CLOCK：时钟信号。ADC0809 内部没有时钟电路，所需时钟信号由外界提供。输入时钟信号的频率决定了 A-D 转换器的转换速度。ADC0809 可正常工作的时钟频率范围为 10～1280kHz，典型值为 640kHz。

9）$V_{REF}$（+）和 $V_{REF}$（-）：内部 D-A 转换器的参考电压输入端。

$V_{CC}$ 为+5V 电源接入端，GND 为接地端。一般把 $V_{REF}$（+）与 $V_{CC}$ 连接在一起，$V_{REF}$（-）与 GND 连接在一起。

（3）ADC0809 工作时序

ADC0809 工作时序如图 9-43 所示，其中各时间量说明如下。

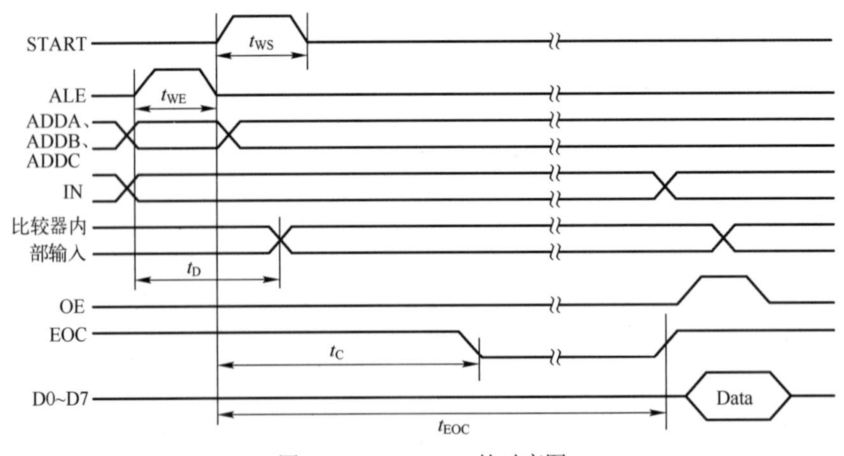


图 9-43　ADC0809 的时序图

$t_{WS}$：最小启动脉宽，典型值 100ns，最大 200ns。

$t_{WE}$：最小 ALE 脉宽，典型值 100ns，最大 200ns。

$t_D$：模拟开关延时，典型值 1μs，最大 2.5μs。

$t_C$：转换时间，当 $f_{CLK}$=640kHz 时，典型值为 100μs，最大为 116μs。

$t_{EOC}$：转换结束延时，最大为 8 个时钟周期+2μs。

在 ALE=1 期间，模拟开关的地址（ADDA、ADDB、ADDC）存入地址锁存器；在 ALE=0 时，地址被锁存，START 的上升沿复位 ADC0809，下降沿启动 A-D 转换。EOC 为输出的转换结束信号，正在转换时为 0，转换结束时为 1。OE 为输出允许控制端，在转换完成后用来打开输出三态门，以便从 ADC0809 输出此次转换结果。

**5. ADC0809 与 51 单片机的接口**

ADC0809 与 51 单片机的（数据传送）接口电路可以采用延时输入方式、查询方式和中断方式。

（1）延时输入方式接口

延时输入方式接口电路如图 9-44 所示。延时输入方式在启动 A-D 转换后，必须通过软件延时来保证 CPU 在读取数据时该次转换已经完成。

在图 9-44 中，接口电路特征如下。

1）由于 ADC0809 片内无时钟，所以，当系统主频为 6MHz 时，ALE 为 1MHz，将其经 D 触发器 2 分频后得到 500kHz 的 A-D 转换时钟脉冲（与 ADC0809 的 CLOCK 连接）；当系统主频为 12MHz 时，ALE 为 2MHz，则需要经 4 分频后与 ADC0809 的 CLOCK 连接。

2）8051 通过 P2.7 引脚和 $\overline{RD}$、$\overline{WR}$ 一起控制 ADC0809 的工作，以防止系统中有多个外部设备时出现地址重叠的现象。

3）启动 A-D 转换时，由单片机的写信号 $\overline{WR}$ 和 P2.7 经或非门共同控制 ADC 的地址锁存和转换启动。

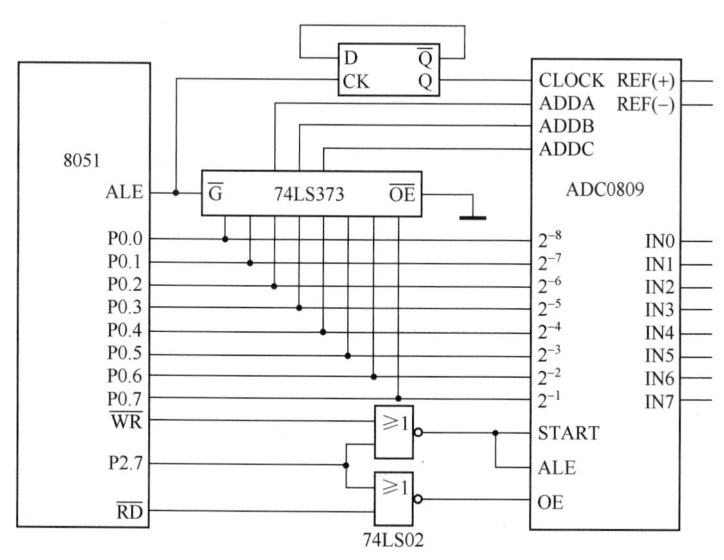


图 9-44　ADC0809 与 8051 接口电路

4）在读取转换结果时，用单片机的读信号 $\overline{RD}$ 和 P2.7 引脚经或非门后，产生正脉冲作为 OE 信号，用以打开三态输出锁存器。

P2.7 与 ADC0809 的 ALE、START 和 OE 之间有如下关系：

$$ALE = START = \overline{\overline{WR} + P2.7}$$

$$OE = \overline{\overline{RD} + P2.7}$$

所以，P2.7 应置为低电平，其输入通道 0～7 的地址分别是 7FF8H～7FFFH。

**【例 9-6】** 编写图 9-44 所示电路的接口控制程序，采用延时输入方式分别对 8 路模拟信号轮流采样一次，并把结果依次存到内部数据存储器。

汇编语言程序如下。

```
MAIN:       MOV     R1,#30H         ;R1 指向数据存储区首地址 30H
            MOV     DPTR,#7FF8H     ;DPTR 指向通道 0
            MOV     R7,#08H         ;通道数 8
LOOP:       MOVX    @DPTR,A         ;启动 A-D 转换
            MOV     R6,#0AH         ;延时一段时间
DELAY:      NOP
            NOP
            NOP
            DJNZ    R6,DELAY
            MOVX    A,@DPTR         ;转换结果读入累加器 A
            MOV     @R1,A           ;存储数据
            INC     DPTR            ;修改输入通道指针
            INC     R1              ;修改数据存储区指针
            DJNZ    R7,LOOP         ;检查是否采样完毕
            …
```

C51 程序如下。

```
/**************************************************************************/
//程序功能：对 8 路模拟信号轮流采样一次,并把结果依次存到数组中;
/**************************************************************************/
#include<reg52.h>                       //头文件定义
#include<absacc.h>
unsigned char a[8];
/**************************************************************************
延时函数
**************************************************************************/
void delay(unsigned char m)
{
    unsigned char i,j;
    for(i=0;i<m;i++)
        for(j=0;j<123;j++);
}
/**************************************************************************
主程序
**************************************************************************/
void main()
{
    unsigned char i;
    XBYTE[0x7FF8] = a[0];
    for(i=0;i<8;i++)
    {
        delay(10);
```

```
            a[i] = XBYTE[0x7FF8+i];
        }
        while(1);
    }
```

（2）查询方式接口

在图 9-44 电路基础上，将 ADC0809 的转换结束信号 EOC 端经反相器接入 P3.2（即外部中断 0）引脚，作为 CPU 查询信号或中断请求信号。用电位器 RV1、RV4 分压输出产生的模拟电压分别作为模拟通道 IN0、IN4 的输入信号，仿真接口电路如图 9-45 所示。

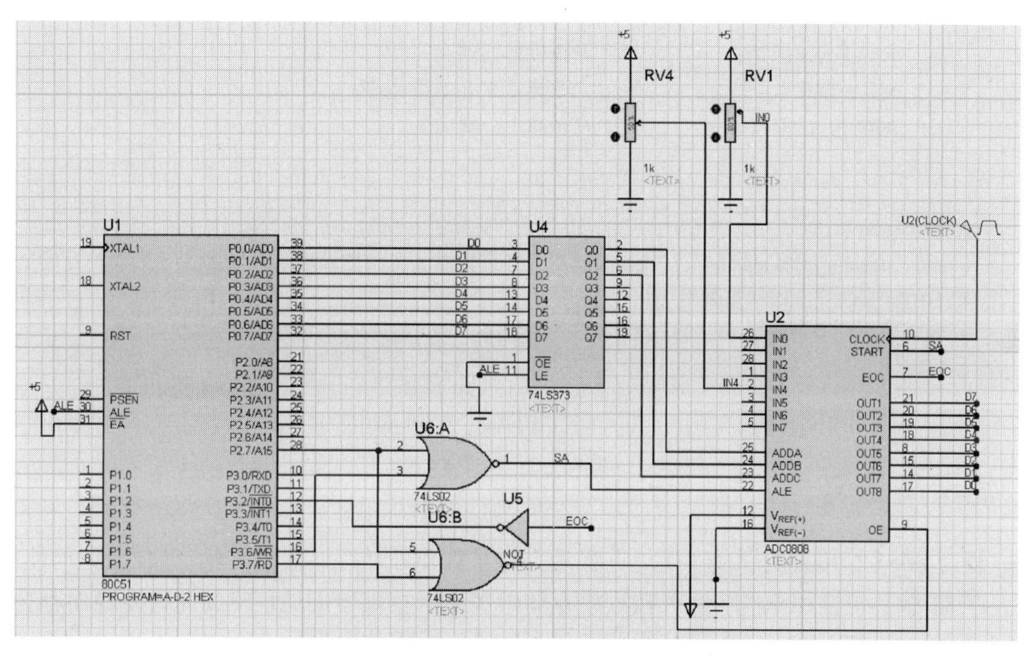


图 9-45　ADC0809 与 80C51 的接口电路

**【例 9-7】** 编写图 9-45 所示电路的接口控制程序，采用查询方式对 8 路模拟信号轮流采样一次，并把结果依次存入起始地址为 30H 的内部 RAM 存储单元。

汇编语言程序如下

```
MAIN:   MOV     R1,#30H         ;R1 指向数据存储区首地址
        MOV     DPTR,#7FF8H     ;DPTR 指向通道 0
        MOV     R7,#08H         ;通道数 8
LOOP:   MOVX    @DPTR,A         ;启动 A-D 转换
HERE:   JB      P3.2, HERE      ;查询转换结束
        MOVX    A, @DPTR
        MOV     @R1, A
        INC     DPTR
        INC     R1
        DJNZ    R7, LOOP
```

C51 程序如下。

```
/*源程序如下：*/
#include   "reg51.h"
#include   "absacc.h"
```

```
#define  IN0  XBYTE[0x7FF8]          /*定义 IN0 为通道 0(地址为 0x7FF8)*/
#define  uchar  unsigned  char
sbit  over = P3^2;
void  ad0809(uchar  idata  *x)       /*定义 ad0809 函数,形式参数为指针变量 x*/
{uchar  i;
 uchar  xdata  *adr;
 adr = &IN0;
 for(i=0; i<8; i++)                  /*循环 8 通道*/
      { *adr=0;                      /*启动 ADC0809*/
        i = i; i = i;
        while(over != 0) ;           /*查询转换结束？*/
        x[i] = *adr;                 /*数据依次存数组 x[i]*/
        adr ++;                      /*指向下一通道*/
      }
}
void main(void)
{static  uchar  idata a[10];         /*建立静态数组 a,在函数调用结束后,数组 a 占用的存储单
元不释放而继续保留原数据*/
ad0809[a];        /*调用 ad0809 函数,实参为数组名,即&a[0]传给形参指针变量 x*/
 while(1);
}
```

## 9.8 思考与练习

1．通常 8051 给用户提供的 I/O 口有哪几个？在需要外部存储器扩展时，I/O 口如何使用？

2．在 51 单片机应用系统中，外接程序存储器和数据存储器的地址空间允许重叠而不会发生冲突，为什么？外部 I/O 接口地址是否允许与存储器地址重叠？为什么？

3．在通过 MOVX 指令访问外部数据存储器时，通过 I/O 口的哪些位产生哪些控制信号？

4．外部存储器的片选方式有几种？各有哪些特点？

5．简述 51 单片机 CPU 访问外部扩展程序存储器的过程。

6．简述 51 单片机 CPU 访问外部扩展数据存储器的过程。

7．现要求为 8051 扩展两片 2732 作为外部程序存储器，试画出电路图，并指出各芯片的地址范围。

8．设某一 8051 单片机系统需要扩展两片 2764 EPROM 芯片和两片 6264 SRAM 芯片，画出电路图，并说明存储器地址分配情况。

9．一个 8051 应用系统扩展了 1 片 8155，晶振为 12MHz，具有上电复位功能，P2.1～P2.7 作为 I/O 口线使用，8155 的 PA 口、PB 口为输入口，PC 口为输出口。试画出该系统的逻辑图，并编写初始化程序。

10．8155 TIN 端输入脉冲频率为 1MHz，请编写能在 TOUT 引脚输出周期为 8ms 方波的程序。

11．现要求 8155 的 PA 口基本输入，PB 口、PC 口基本输出，启动定时器工作，输出连续方波，请编写 8155 的初始化程序。

12．试设计一个 8051 应用系统，使该系统扩展 1 片 27256、1 片 6264 和 1 片 8155。请画出

系统电路图，并分别写出各芯片的地址。

13．用 51 单片机控制 DAC0832 分时输出 1V、2V、3V、4V、5V 电压，并用两位 7 段 LED 显示输出电压的数值。

14．当系统的主频为 12MHz 时，请计算图 9-37 中 DAC0832 产生锯齿波信号的周期。

15．请编写图 9-37 中用 DAC0832 产生三角波的应用程序。

16．对图 9-45 的 A-D 转换电路，若采用中断方式，请编写相应的控制程序。

17．当图 9-45 的 ADC0809 对 4 路模拟信号进行 A-D 转换时，请编写用查询方式工作的采样程序，并进行 Proteus 仿真，要求如下。

1）4 路采样值（0～5.0V DC）存放在内部 RAM 的 30H～33H 单元。

2）LED 显示当前采样通道和采样数值。

# 第10章　单片机应用系统开发及设计实例

单片机以其控制灵活、使用方便、价格低廉、可靠性高等一系列特点而广泛应用于各个领域。同时也成为高等学校相关专业的大学生进行课程设计、毕业设计、学科竞赛及实践创新活动的主要工具。本章首先介绍单片机应用系统的开发过程，然后详细描述了常用单片机项目设计实例及控制系统的软、硬件设计过程。

## 10.1　单片机应用系统开发过程

单片机应用系统开发过程一般包括总体设计、硬件设计、软件设计、软硬件仿真调试、电路装配、联机调试、在线程序下载和脱机运行等环节，如图10-1所示。在开发过程中，各个环节相互支持、相互融合，一些比较复杂的控制系统需要反复进行才能达到设计要求。

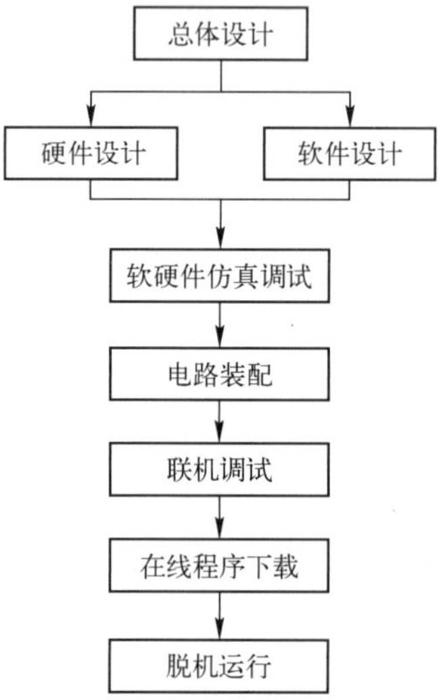

总体设计
硬件设计　软件设计
软硬件仿真调试
电路装配
联机调试
在线程序下载
脱机运行

图10-1　单片机应用系统开发过程

### 10.1.1　总体与软、硬件设计

**1. 总体设计**

在确定了产品或项目的功能和技术指标之后，需要确定系统的组成并进行总体设计。

单片机应用系统的总体设计主要包括系统功能（任务）的分配、确定软硬件任务及相互关系、单片机系统的选型、拟定调试方案和手段等。

1）设计总体方案。首先必须确定硬件和软件分别完成的任务。尤其面对软、硬件均能完成或需要软、硬件配合才能完成的任务，就要综合考虑软、硬件的优势和其他因素（如速度、成本、体积等），哪些功能由硬件完成，哪些功能由软件完成，以力求平衡，从而获得最佳设计效果。

2）选择单片机芯片。目前单片机的种类繁多，资源和性能也不尽相同。如何选择性价比最优、开发容易、开发周期最短的产品，是开发者需要考虑的主要问题之一。目前我国市场主流单片机产品是51兼容（STC、AT系列）、PIC、MSP430及AVR等系列单片机，并且Proteus支持上述类型单片机仿真调试。选择单片机时应从两方面考虑：一方面是目标系统（开发的产品和项目）需要哪些资源；另一方面是根据成本的控制选择价格最低的产品，即所谓“性价比最优”原则。

在总体设计及软、硬件任务明确的情况下，软、硬件设计可同步进行。

**2. 硬件设计**

硬件设计的第一步是进行单片机电路原理图设计，包括以下部分。

1）单片机最小系统。

2）扩展电路及I/O接口设计。

3）特殊专用电路设计。

4）在完成系统硬件原理图设计后，可进行元器件配置、参数计算，尤其是单片机I/O口负载能力及集成芯片的驱动能力。

5）在仿真原理图设计过程中，尽可能使用与实际元器件一致的仿真元器件。

6）硬件设计必须经过 Proteus 软、硬件仿真调试成功后，才可以确定硬件电路。

**3．软件设计**

单片机软件设计必须面向单片机系统资源编程，可以在 Keil 51 单片机集成开发环境下进行，该环境可用汇编语言编程，也可用 C51 编程。

与汇编语言相比，C51 有如下优点。

1）不要求用户熟悉单片机的指令系统，仅要求熟悉单片机的系统资源结构。

2）寄存器分配、不同存储器的寻址及数据类型等可由编译器管理。

3）具有典型的结构化程序设计语句和模块（函数）化编程技术，使程序设计清晰、方便移植。

4）具有将可变的选择与特殊操作组合在一起的能力，改善了程序的可读性。

5）关键字及运算函数可用近似人的思维过程的自然语言方式定义。

6）编程及程序调试时间明显缩短，从而提高效率。

7）提供的库文件包含许多标准子程序，具有较强的数据处理能力。

单片机软件设计与一般高级语言的软件设计过程基本相同。

### 10.1.2 软、硬件调试及电路装配

**1．软、硬件仿真调试**

设计程序在经过编译产生仿真所需文件后（如.HEX 文件），软、硬件仿真调试可以参考以下方法选择进行。

1）首先在 Keil 中直接仿真调试。

2）可以直接进行 Proteus 软、硬件仿真调试。

3）进行 Keil+ Proteus 虚拟仿真联机调试。

4）软件测试。可以使用一些软件测试的方法对程序功能进行测试，根据仿真测试结果对程序和仿真原理图进行不断修改和完善，直至仿真结果满足系统需求。

5）在初步仿真成功后，对于可能存在的实际元器件不能替代的个别虚拟仿真元器件，需要完善仿真电路的真实程度，甚至可以改变硬件电路，不仅得到最佳仿真效果，而且达到硬件电路的合理性和可操作性。

**2．电路装配**

在仿真调试成功的基础上，要确认仿真电路是否符合实际电路的操作要求，所使用的仿真元器件是否可选择，在满足要求的情况下可以根据仿真电路图及元器件参数，通过相关工具进行 PCB 制作、电路装配等硬件设计。

在电路装配时应注意以下方面。

1）所选择元器件质量必须可靠，可以用万用表等仪器进行测试确认。

2）充分考虑元器件的额定电压、电流是否满足电路要求。

3）单片机 I/O 口是否需要增加驱动电路。

4）确认所选择的集成芯片或晶体管的引脚位置。

5）焊接元器件时间要短，以免元器件受热损坏。

**3. 联机调试**

联机调试就是借助开发工具，对所设计的应用系统的硬件进行检查，排除设计和焊接装配的故障。联机调试时，应将应用系统中的单片机芯片拔掉，插上开发工具即仿真器的仿真头，如图 10-2 所示。

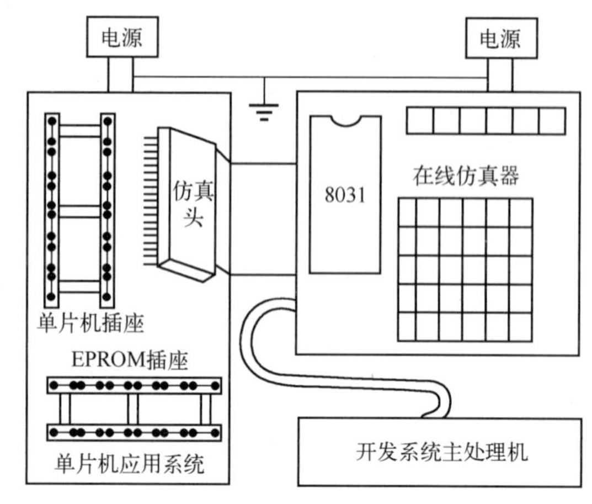


图 10-2 联机调试示意图

所谓“仿真头”实际上是一个 40 引脚的插头，它是仿真器的单片机芯片信号的延伸，即单片机与仿真器共用一块单片机芯片。当在开发系统上联机调试单片机应用系统时，就像使用应用系统中的真实的单片机一样。借助于开发系统的调试功能可对其应用系统的硬件和软件进行各种检查和调试，尽可能地模拟现场条件，包括人为地制造一些干扰、考察联机运行情况，直至所有功能均能实现且达到设计技术指标为止。

在确认应用系统的硬件没有问题后，可进入程序下载单片机调试阶段。

对于一般简单单片机应用系统，如果能够确认所设计和装配的硬件电路正确，联机调试阶段可以省略。

## 10.1.3 程序下载

联机调试完成后，将程序写入（下载）到单片机程序存储器中。

常见下载程序的方法有：ISP 下载、IAP 下载、直接 USB 下载等。

**1. STC-ISP 下载**

在上位机运行 STC-ISP 软件，用串口线可以直接将.HEX 文件写入单片机芯片。该方法简单方便，适用于以 STC 系列单片机为主芯片的开发电路。

STC-ISP 软件下载程序操作步骤如下。

1）正确配置单片机开发电路。通过 PC 的 RS-232 串口与 STC 单片机应用电路连接（ISP 在线下载），其下载电路原理如图 10-3 所示。也可以通过 PC 的 USB 口使用 USB 转 RS-232 串口数据线下载（下载电路原理图可查阅相关技术资料）。

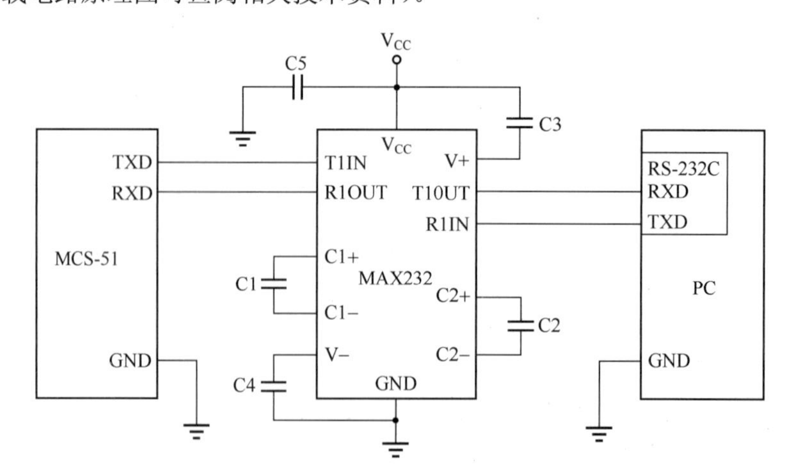


图 10-3 RS-232 串口与 STC 单片机下载电路原理图

2）在 PC 上正确安装 STC-ISP 软件并启动，工作窗口如图 10-4 所示。读者可以通过相关网站下载此软件。

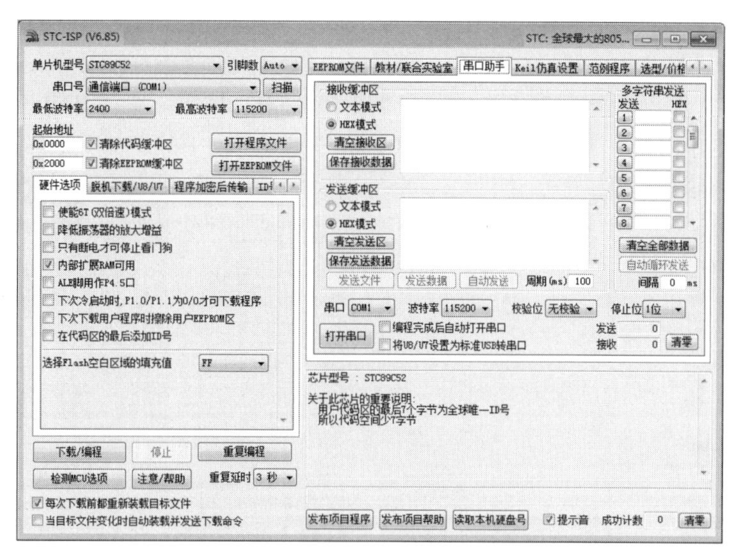


图 10-4　STC-ISP-V6.85 工作窗口

3）选择所用单片机型号，打开程序文件，选择需要下载的.HEX 文件。

4）设置串口和通信速度。选择所用串行口，通常选择 COM1。最高波特率可以选择默认值，如果所用计算机配置较低，可以选低一些的波特率。

5）设置其他选项。此选项一般选择默认设置。

6）下载时对单片机要求为冷启动。首先关闭单片机电路工作电源，然后单击 STC-ISP 窗口中的“下载/编程”按钮，接着给单片机电路通电，便开始下载。“重复编程”常用于大批量的编程。

7）下载完成后，可直接运行单片机电路以观察结果是否符合功能要求。如果有误，可排查原因处理后重新下载，直至符合设计功能要求。

**2. AT 单片机 ISP 下载测试**

下面以 AT89S52 单片机为例，使用 AVR_fighter 下载软件说明如何将生成的.HEX 文件下载到单片机中。

1）将通信线 USB-ISP 的排线插入电路板的 ISP 接口，一般的接口定义如图 10-5 所示。

2）将 USB-ISP 插入 PC 的 USB 接口，将会提示有新设备，安装完驱动之后，PC 的设备管理器窗口中出现设备 USB asp，如图 10-6 所示，说明驱动安装成功。

3）打开 ISP 下载软件 AVR_fighter，启动界面如图 10-7 所示。

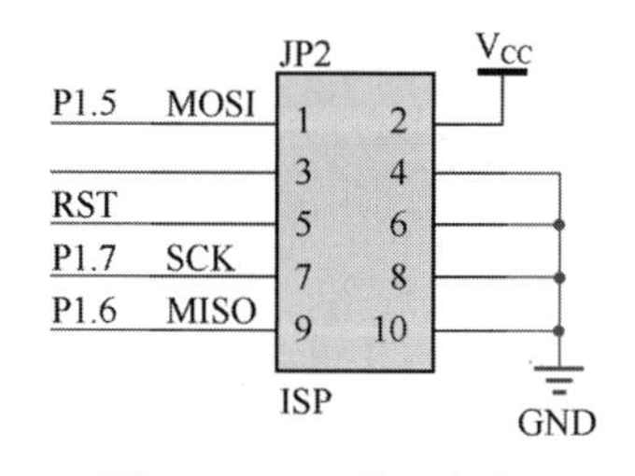


图 10-5　ISP 接口定义

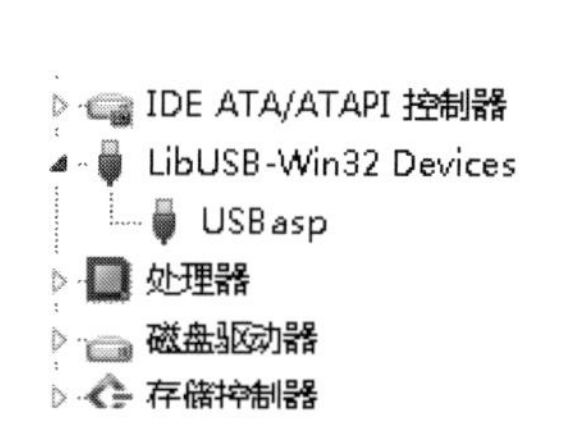


图 10-6　设备管理器窗口

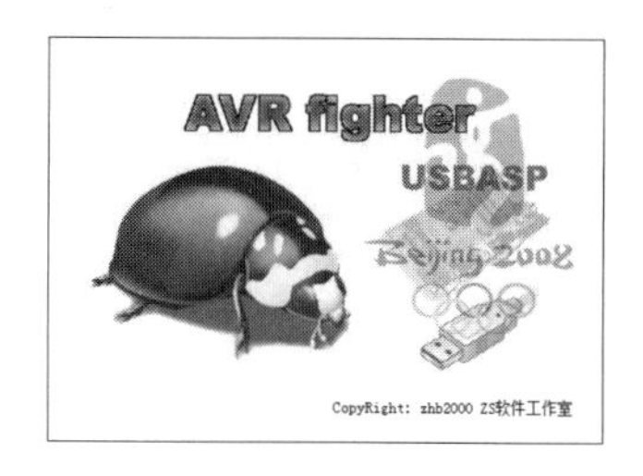


图 10-7　AVR_fighter 启动界面

4）进入 AVR_fighter 主窗口，如图 10-8 所示。编程的所有操作都可在“编程选项”选项卡内完成。在芯片选择的列表框中选择所用的单片机“At87s52”，单击“设置”按钮可以查询芯片的相关信息，如 ID、Flash 大小等；单击“读取”按钮可测试电路板的单片机和 ISP 接口电路是否正常。如果正常则在“选项及操作说明”列表框中显示“读取芯片特征字....完成”。

5）装载.HEX 文件。单击窗口菜单栏中的“装 FLASH”按钮，选择 Keil 工程生成的.HEX 文件，切换到“FLASH 内容”选项卡，“FLASH 内容”选项卡如图 10-9 所示。

图 10-8　AVR_fighter 主窗口

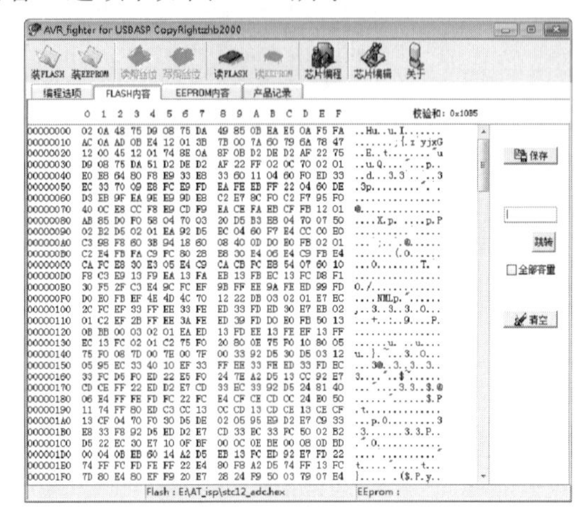

图 10-9　“FLASH 内容”选项卡

6）下载.HEX 文件。单击菜单栏中的“芯片编程”按钮或者“编程选项”选项卡中的“编程”按钮，均可实现单片机程序的下载，如图 10-10 所示。

7）系统测试。.HEX 文件下载成功之后，系统会直接运行程序。可以测试程序在单片机硬件电路上运行是否正常。如果异常则说明存在问题，排除故障，直到运行成功。

图 10-10　程序下载

### 10.1.4　脱机运行

单片机下载完成后，需脱机运行考核，以确定应用系统能否可靠、稳定地运行。只要电路系统没有变化、电源使用正确，则脱机运行一般是成功的。若出现问题则大多出现在复位、晶体振荡、“看门狗”等电路方面，可有针对性地予以解决。可将系统样机现场运行考核，进一步暴露问题。现场烤机要考察样机对现场环境的适应能力、抗干扰能力。对样机还需进行较长时间的连续运行烤机老化，以充分考察系统的稳定性和可靠性。

经过现场较长时间的运行和全面严格的检测、调试完善后，确认系统已稳定、可靠并已达到设计要求，可以进行资料整理，编写技术文档，进行产品鉴定或验收，最后交付使用、投入运行或定型投入生产。

## 10.2　单片机应用系统设计实例

本节以单片机系统工程项目及机器人控制单元为例，介绍单片机应用系统设计开发过程。

### 10.2.1　简易数控增益放大器

放大器一般是用来对模拟小信号进行放大的，其增益（电压放大倍数）可以通过改变反馈电阻进行线性调节。数控增益放大器就是通过数字控制信号（0 和 1）对放大器的增益进行控制的，其优点是可以通过按键方便地对放大器的增益进行改变或设定。

**1．设计要求**

用单片机实现对小信号运算放大器增益进行数字化增、减调节，其增益调节范围为 1，2，…，7，8，而且数字显示当前增益值。

**2．硬件电路**

简易数控增益放大器仿真电路如图 10-11 所示。

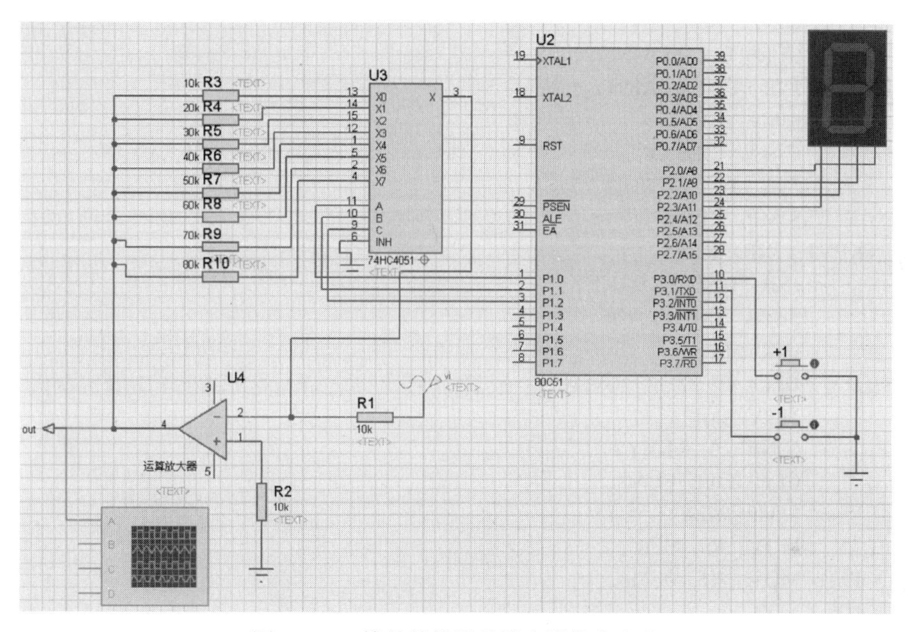


图 10-11　简易数控增益放大器仿真电路

运算放大器采用反向输入比例放大电路，其增益为

$$Av=out/vi= -R_f/R1$$

式中，$R_f$（即 R3～R10）为负反馈电阻。

74HC4051 是 8 通道模拟多路选择器/多路分配器，单片机 P1 口（P1.0～P1.2）控制该芯片地址输入信号 A，B，C，分时将 R3～R10 分别接入各路分配器时，增益分别为 1，2，3，…，7，8，P3 口控制按键实现增益加、减控制，P2 口控制显示器显示当前增益值。

**3．软件设计**

软件设计要求键盘进行消抖动处理，当 P3 口（P3.0/P3.0）按键按下后再抬起时控制增益有效，实现加 1 或减 1 控制放大倍数，P2 口低 4 位同步输出控制显示器。

1）汇编语言控制程序如下。

```
          DEC_FLAG BIT 20H.0
          INC_FLAG BIT 20H.1
START:    MOV   P1,#0
          MOV   P2,#1
          SETB  INC_FLAG
```

```
            SETB   DEC_FLAG
KEY1:       JNB    P3.0,AGAIN
            SJMP   KEY2
AGAIN:      CALL   DELAY
            JNB    P3.0,GETKEY
            SJMP   KEY2
GETKEY:     JNB    P3.0,$
            JNB    INC_FLAG,KEY1
            SETB   DEC_FLAG
            INC    P1
            INC    P2
            MOV    A,P1
            CJNE   A,#7,KEY1
            CLR    INC_FLAG
KEY2:       JNB    P3.1,AGAIN1
            SJMP   KEY1
AGAIN1:     CALL   DELAY
            JNB    P3.1,GETKEY1
            SJMP   KEY1
GETKEY1:    JNB    P3.1,$
            JNB    DEC_FLAG,KEY1
            SETB   INC_FLAG
            DEC    P1
            DEC    P2
            MOV    A,P1
            CJNE   A,#0,KEY2
            CLR    DEC_FLAG
            SJMP   KEY1
DELAY:      MOV    R7, #0FH
LOOP1:      MOV    R6, #0FFH
LOOP2:      NOP
            NOP
            NOP
            NOP
            NOP
            DJNZ   R6, LOOP2
            DJNZ   R7, LOOP1
            RET
            END
```

2）C51 控制程序如下。

```
#include <reg51.h>
#define uchar unsigned char
uchar code tab[]={0x00,0x01,0x02,0x03,0x04,0x05,0x06,0x07};
sbit keyA =P3^0;
sbit keyB =P3^1;
int a=0;
void delay_ms(unsigned int m)              /*延时函数*/
{
   unsigned int i,j;
   for (i=0;i<m;i++)
```

```
            {
              for(j=0;j<124;j++);
            }
    }
    uchar keyscan()                          /*读键盘,消抖动*/
    {
      if(keyA==0)
          {
            delay_ms(5);
            if(keyA==0)
            { a++;
            if(a>6)
            a=7;
            while(1)
            if(keyA==1) break;
            }
          }
      if(keyB==0)
          {
            delay_ms(5);
            if(keyB==0)
            { a--;
             if(a<1)
             a=0;
             while(1)
            if(keyB==1) break;
            }
          }
    return a;
    }
    void main()
    { uchar k;
     P1=0x00;
     while(1)
      { k=keyscan();
            P1=tab[k];              /*控制增益*/
            k++;
            P2=k;                   /*显示增益数值*/
       }
    }
```

**4．仿真调试**

1）在 Keil 环境下建立工程，输入源程序代码，输入文件名（.c 或.asm）存盘、编译生成.HEX 文件。

2)在 Proteus 环境中打开仿真电路文件，双击仿真电路图的单片机图标，弹出如图 10-12 所示的对话框。选择生成的.HEX 文件和设置晶振频率等，单击“OK”按钮，完成加载.HEX 文件。

3）单击仿真运行按钮，仿真调试结果如图 10-13 所示。

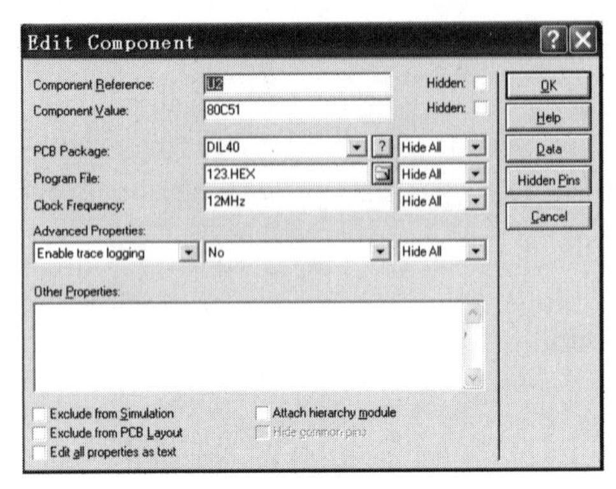

图 10-12　加载.HEX 文件

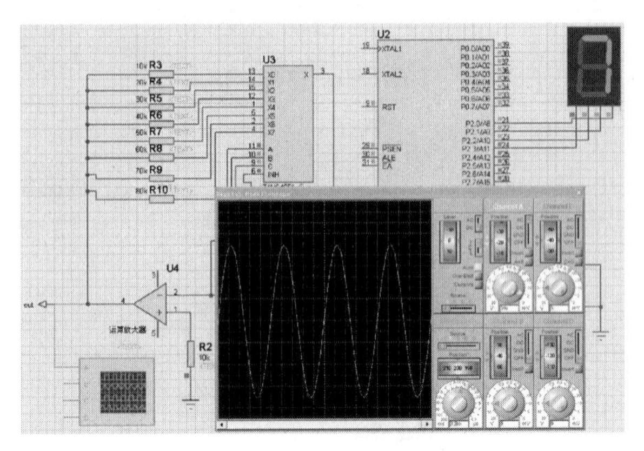

图 10-13　仿真调试结果

如果控制程序为.asm 源程序代码，也可以直接在 Proteus 仿真窗口中选择“source”选项后直接建立和编辑.asm 文件，自编译后自行加载 CPU，即可进行仿真调试（详见第 11 章）。

### 10.2.2　单片机“秒”计时器

以时间“秒”为单位的计时器（简称“秒”计时器），使用单片机定时器功能来实现十分方便、简单、可靠。

**1．设计要求**

利用单片机实现多功能“秒”计时器设计。运行开始时，显示“00”；第一次按下按键 K1 后从 0～99 秒计时；第二次按下 K1 后，计时停止，显示当前计时值；第三次按下 K1 后计时复位“00”。

**2．硬件设计。**

在 ISIS 原理图编辑窗口放置元器件并布线，设置相应元器件参数，完成电路图的设计，如图 10-14 所示。

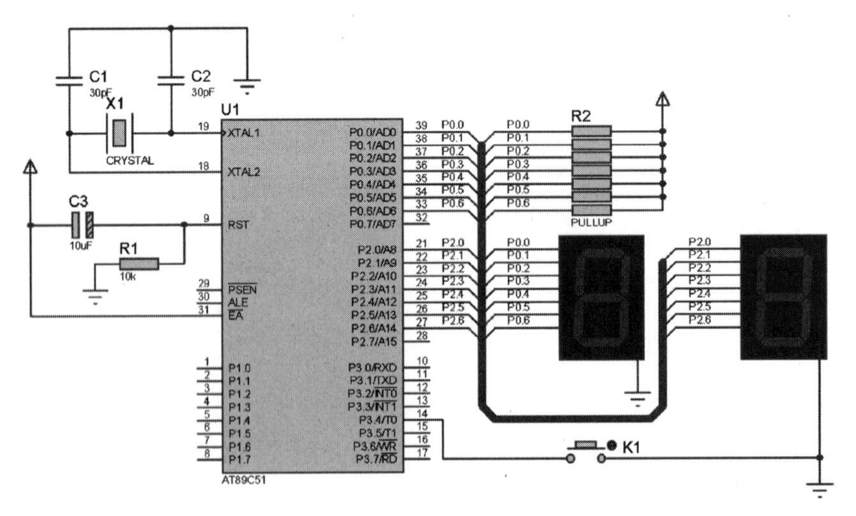


图 10-14　“秒”计时器仿真电路

所需元器件清单：单片机 AT89C51、普通电容 CAP、电解电容 CAP-ELEC、晶体振荡器 CRYSTAL、电阻 RES、数码管 7SEG-COM-CAT-GRN、排阻 PULLUP、按键 BUTTON。

**3. 程序设计**

1）汇编语言控制程序如下。

```
        SEC   EQU   40H
        TCO   EQU   41H
        KCO   EQ   TP3.4
        ORG   0000H
        LJMP   START
        ORG   000BH
        LJMP   INT_T0
START： MOV   DPTR,#TABLE
        MOV   P0,#3FH              ;开始显示“00”
        MOV   P2,#3FH
        MOV   SEC,#00H
        MOV   TCO,#00H
        MOV   KCO,#00H
        MOV   TMOD,#01H            ;设 T0 工作于方式 1
        MOV   TL0,#0DCH            ;赋初值
        MOV   TH0,#0BH
K1：    JB   KEY,$                 ;等待按键
        MOV   A,KCO
        CJNE   A,#00H,K2           ;第一次按键,启动 T0
        SETB   EA
        SETB   TR0
        SETB   ET0
        JNB   KEY,$
        INC   KCO
        LJMP   K1
K2：    CJNE   A,#01H,K3           ;第二次按键,关闭 T0
        CLR   TR0
        CLR   ET0
        CLR   EA
        JNB   KEY,$
        INC   KCO
K3：    CJNE   A,#02H,K1           ;第三次按键,返回初始状态
        JNB   KEY,$
        LJMP   START
INT_T0： MOV   TL0,#0DCH
        MOV   TH0,#0BH
        INC   TCO
        MOV   A,TCO
        CJNE   A,#02H,IN2
        MOV   TCO,#00H
        INC   SEC
        MOV   A,SEC
        CJNE   A,#100,IN1
        MOV   SEC,#00H
IN1：   MOV   A,SEC
        MOV   B,#10
        DIV   AB
        MOVC   A,@A+DPTR           ;显示时间
        MOV   P0,A
        MOV   A,B
        MOVC   A,@A+DPTR
        MOV   P2,A
```

```
IN2：     RETI
TABLE：   DB 3FH,06H,5BH,4FH,66H,6DH,7DH,07H,7FH,6FH
DELAY：   MOV   R6,#20
D1：      MOV   R7,#248
          DJNZ  R7,$
          DJNZ  R6,D1
          RET
          END
```

2）C51 控制程序如下。

```
#include < AT89X51.h>
unsigned char code dispcode[]={0x3f,0x06,0x5b,0x4f,0x66,0x6d,
0x7d,0x07,0x7f,0x6f};                    /*七段数码管译码表*/
unsigned char second;
unsigned char keycnt;
unsigned int tcnt;
void main(void)
{
unsigned char i,j;
TMOD=0x02;                               /*定时器 T0 工作在方式 2 */
ET0=1;                                   /*允许定时器 T0 中断*/
EA=1;                                    /*CPU 开中断*/
second=0;                                /*设置秒变量初值*/
P0=dispcode[second/10];                  /*显示定时值的十位*/
P2=dispcode[second%10];                  /*显示定时值的个位*/
while(1)
{ if(P3_4==0)                            /* P3.4 引脚连接的按键按下*/
    { for(i=20;i>0;i--)
    for(j=248;j>0;j--);
    if(P3_4==0)                          /*如果按键确实按下*/
    { keycnt++;                          /*变量加 1 */
     switch(keycnt)
        { case 1：
         TH0=0x06;
         TL0=0x06;
         TR0=1;                          /*启动定时器 T0 运行*/
         break;
         case 2：
         TR0=0;                          /*停止定时器 T0 运行*/
         break;
         case 3：
         keycnt=0;
         second=0;
         break;
         }
        while(P3_4==0);                  /*等待按键抬起*/
    }
}
P0=dispcode[second/10];
P2=dispcode[second%10];
}
}
void t0(void) interrupt 1 using 0        /*定时器 T0 中断服务程序*/
```

```
{
    tcnt++;                         /*每中断 1 次,tcnt 加 1   */
    if(tcnt==400)
      {
      tcnt=0;                       /*将 tcnt 清 0 */
      second++;                     /*秒变量加 1 */
      if(second==100)               /*如果变量等于 100 */
        second=0;                   /*变量清零  */
      }
}
```

**4. 仿真调试**

打开 Keil，输入汇编或 C 语言源程序并保存，编译成功生成.HEX 文件。在 ISIS 仿真原理图中向单片机中加载.HEX 文件，仿真运行结果如图 10-15 所示。

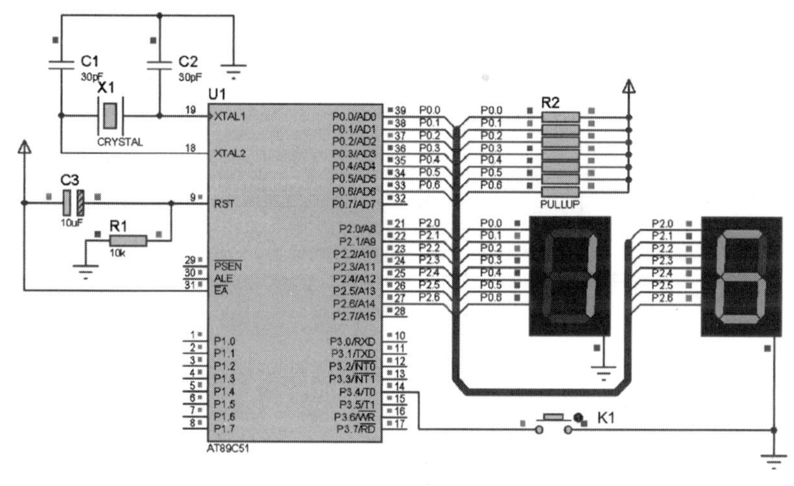

图 10-15 仿真运行结果

## 10.2.3 智能循迹小车

智能循迹小车以单片机控制为核心，同时运用简单机械结构、传感器等知识，通过这个项目可以增强学生的学习兴趣，提高学生的动手实践能力和解决实际问题的能力。智能循迹小车控制系统也是一般机器人制作的基本控制单元。

**1. 设计要求**

在一个 1 平方米的白色场地上，有一条宽为 20 毫米的闭合黑线，不管黑线如何弯曲，小车都能够按照预先设计好的路线自动行驶不断前行。

**2. 硬件设计**

整体电路以 8051 单片机为核心，主控部分的 Proteus 仿真电路如图 10-16 所示。

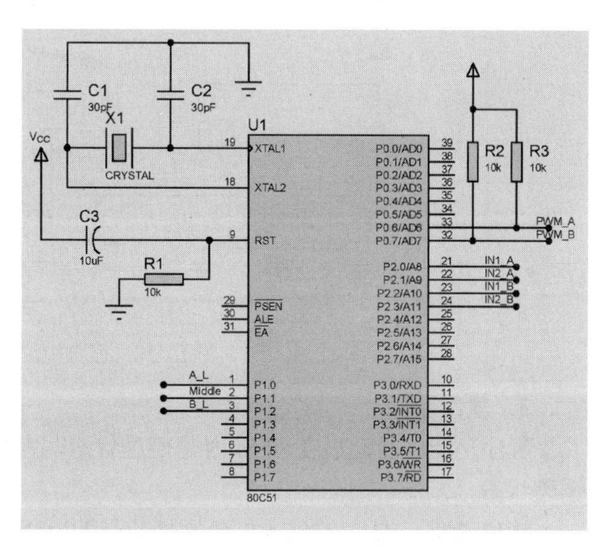

图 10-16 主控部分电路原理图

采用 L298N 专用电动机驱动芯片来驱动电动机的运行，如图 10-17 所示；黑线循迹检测传感器采用 3 个 Q817 光耦合器和 LM324 来完成，如图 10-18 所示。

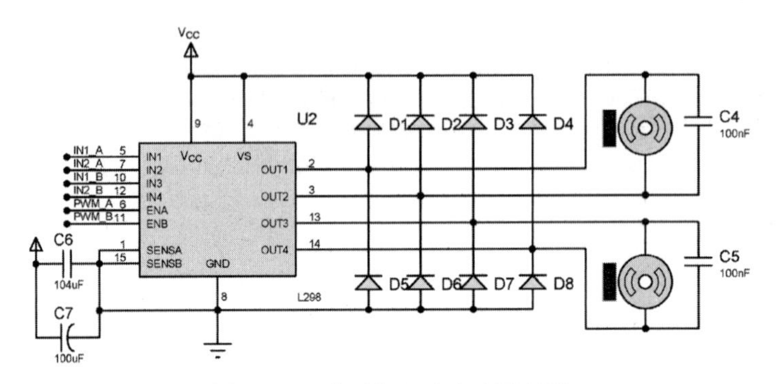


图 10-17 电动机驱动电路原理图

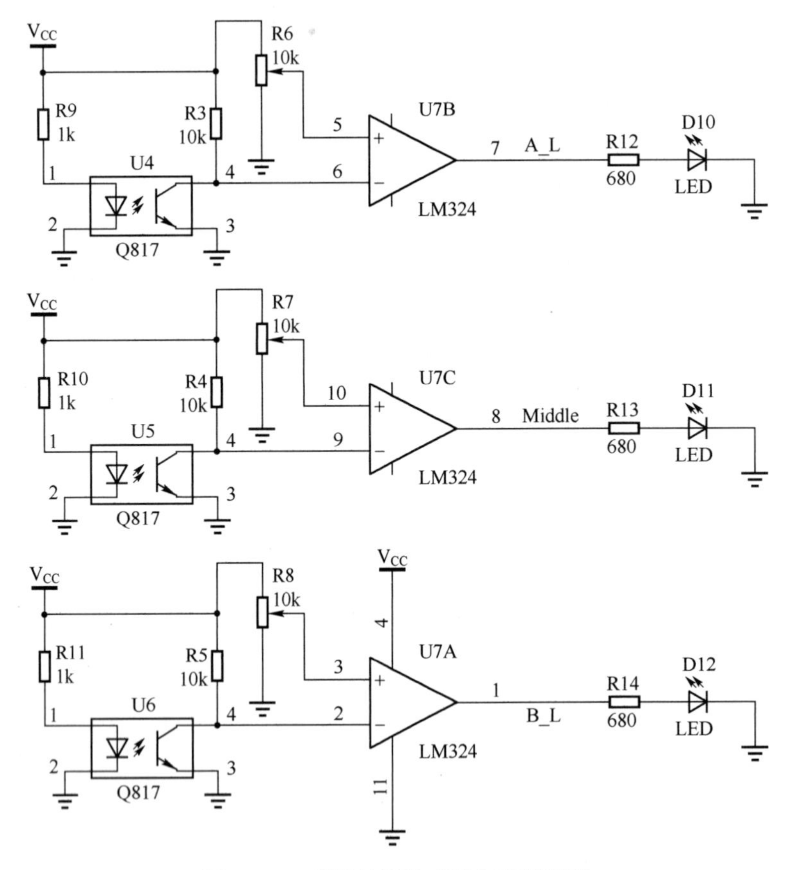


图 10-18 循迹检测传感器电路原理图

**3．软件设计**

程序功能：启动后在前 3s 内是前进状态，在接着约 3s 的时间里是后退状态，之后就是保持循迹状态。

接口说明：P2 口的低 4 位分别接的是 L298N 的 IN1_A，IN1_B，IN2_A，IN2_B。

P1.0：循迹检测的 A_L 端口。

P1.1：循迹检测的 Middle 端口。

P1.2：循迹检测的 B_L 端口。

P0.6：L298N 的 ENA 端口。

P0.7：L298N 的 ENB 端口。

C51 控制程序如下。

```
#include <reg51.h>
#define    uchar unsigned char
#define    uint    unsigned int
#define Dianji_Control P2                        //电动机控制宏定义
#define A_Qian 0x01
#define A_Hou 0x02
#define B_Qian 0x04
#define B_Hou 0x05
#define Stop 0x00
#define A_B_Qian 0x0a
#define A_B_Hou 0x05
sbit A_L      = P1^0;                            //循迹检测定义
sbit Middle = P1^1;
sbit B_L    = P1^2;
sbit PWM_A = P0^6;;                              //模拟 PWM
sbit PWM_B = P0^7;
uint t0;                                         //定义定时时间变量
/************************************************************************
    函数功能：定时器 0 配置
************************************************************************/
void Timer0_Config()
{
    TMOD = 0x01;
    TH0 =(65535 – 50000)/ 256;
    TL0 =(65535 – 50000)% 256;
    EA = 1;
    ET0 = 1;
    TR0 = 1;
}
/************************************************************************
    函数功能：A、B 两车轮全部正转,向前走
************************************************************************/
void Qianjin( )
{
    Dianji_Control = A_B_Qian;
}
/************************************************************************
    函数功能：A、B 两车轮全部反转,向后退
************************************************************************/
void Houtui( )
{
    Dianji_Control = A_B_Hou;
}
/************************************************************************
函数功能：向 A 轮的反方向转弯,即 A 转 B 停
************************************************************************/
```

```
void A_zhuan( )
{
    Dianji_Control = A_Qian; //控制前进方面,驱动 A 电动机转动,B 电动机停止转动
}
/************************************************************************
    函数功能：向 B 轮的反方向转弯,即 A 停 B 转
************************************************************************/
void B_zhuan( )
{
    Dianji_Control = B_Qian;   //控制前进方面,驱动 B 电动机转动,A 电动机停止转动
}
/************************************************************************
    函数功能：循迹功能,沿着黑线走
************************************************************************/
void Xunji( )
{
If((A_L == 0)&&(Middle == 0)&&(B_L == 0))      //三个循迹检测均在黑线上,保持前进
    Qianjin( );
If(A_L == 1)              //传感器 A 检测到黑线,A 转 B 停,往 B 轮方向转,直到 A_L=0
    A_zhuan( );
If(B_L == 1)              //传感器 B 检测到黑线,B 转 A 停,往 A 轮方向转,直到 B_L=0
    B_zhuan( );
If((A_L == 1) &&(B_L == 1))||(Middle == 1))
    Houtui( );            //如果 A=1,B=1 或者 Middle=1,小车严重偏离黑线轨道,
                          //后退到原来正确的位置.
}
void main ( )
{
    Timer0_Config( );
    PWM_A = 1;      //本程序不具备调速功能,所以 PWM_A、PWM_B 设置为有效电平 1
    PWM_B = 1;
    While(1)
        {
            If(t0 < 60)                         //在约前 3s 内是前进状态
                Qianjin( );
            If((t0 >= 60) &&(t0 < 120))         //在接着的 3s 内是后退状态
                Houtui( );
            If(t0 > 120)                        //之后是保持循迹状态
            {
                TR0 = 0;
                Xunji( );
            }
        }
}
void  time0( ) interrupt 1                      //定时器 0,中断服务程序
{
    TH0 =(65536-50000)/ 256;
    TL0 =(65536-50000)% 256;
    t0++;
}
```

**4．仿真调试**

由于红外循迹传感器输出的为开关量，因此可以用开关来替代传感器进行仿真，Proteus 仿真调试结果如图 10-19 所示。当 B_L 传感器检测不到黑线时，一个电动机倒转，另一个停转实现小车转向，电动机 Proteus 仿真状态如图 10-20 所示。

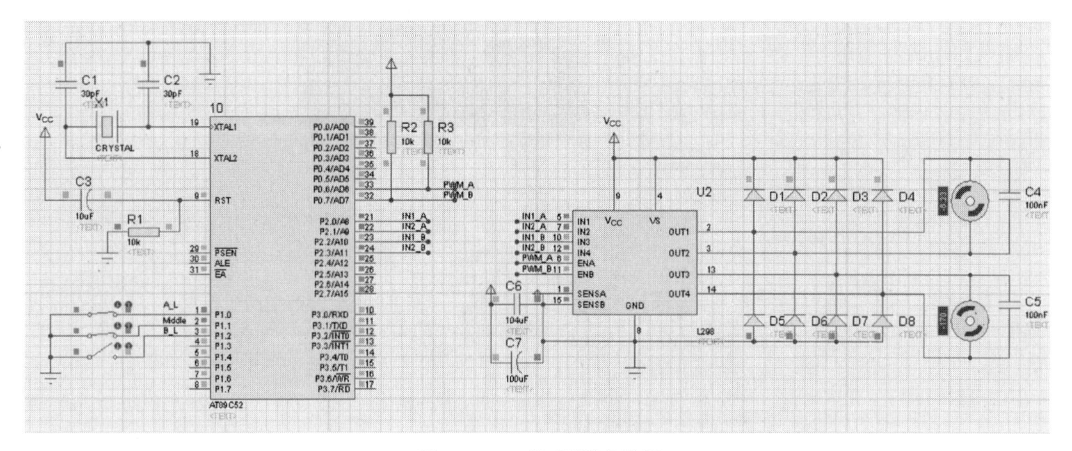


图 10-19　仿真调试结果

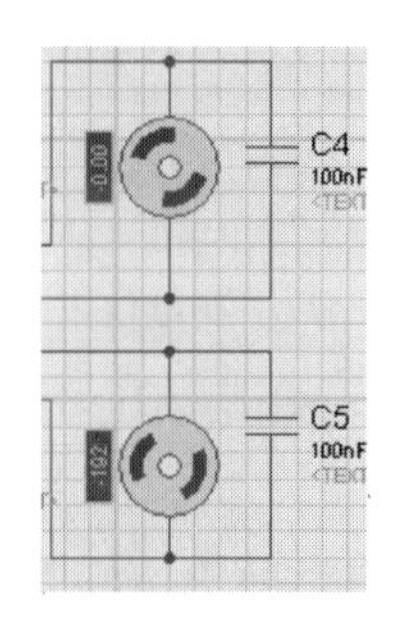


图 10-20　电动机 Proteus 仿真状态

## 10.2.4　数字测量仪表

该数字测量仪表可以实现对传感器输出的模拟电压（如 0～5VDC）的测量。

对于不同的传感器（如热电阻、热电偶、压力传感器）可以测量不同的物理量，其测量信号经变送器分别将其转换为标准模拟电压信号（如 0～5VDC）输入给 A-D 转换器 TLC549，TLC549 输出的数字信号串行输入给单片机，通过软件进行标度变换后显示不同的物理量。因此，本数字测量仪表在外加传感器电路的支持下，可以实现对多种物理量的数字化测量显示。

TLC549 是美国德州仪器公司生产的 8 位串行 A-D 转换器芯片。该芯片通过引脚 CS、I/O CLOCK、DATA OUT 与单片机进行串行接口，具有 4MHz 片内系统时钟、转换时间最长 17μs，最高转换速率为 40000 次/s。TLC549 芯片引脚如图 10-21 所示。

**1. 设计要求**

由单片机控制 TLC549 芯片完成 8 位串行 A-D 转换并显示模拟电压值。

**2. 硬件设计**

数字测量仪表电路如图 10-22 所示，由电位器 RV1 替代传

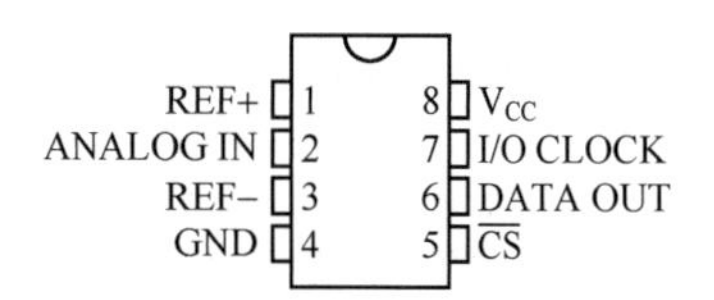


图 10-21　TLC549 芯片引脚图

感器输出的标准电压信号，由 TLC549 转换器实现对电位器 RV1 上的模拟电压的采集，单片机通过 P1.0、P1.1 及 P1.2 口与 TLC549 相连接，通过 4 位共阴极数码管来显示实时采集到的电压值，采用动态扫描，数码管显示采用两片 74HC573 来分别驱动数码管段选和位选信号，单片机的 P0 口控制段码的输出，P3 口输出位码。

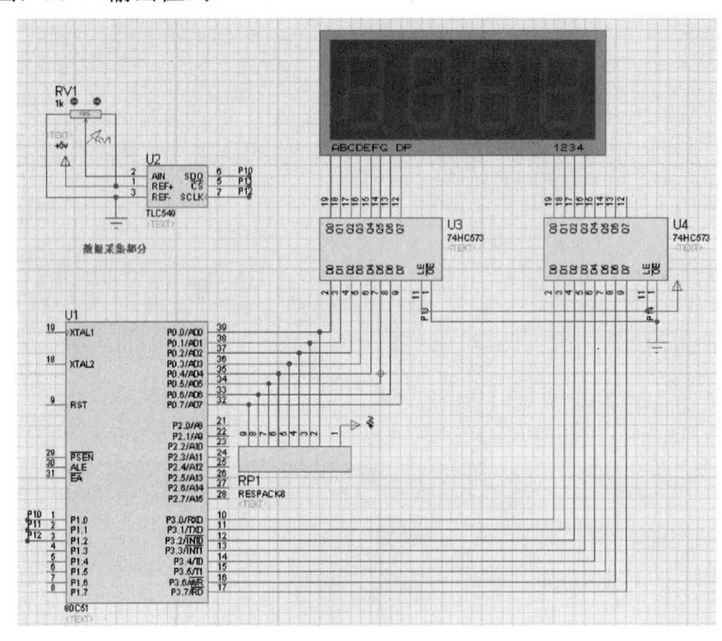


图 10-22　数字测量仪表仿真电路

注意，该电路为 Proteus 仿真电路，在实际电路中，七段数码管的每一段应该连接一限流电阻。

**3. 软件设计**

程序中由主函数完成读取 TLC549 的当前电压转换值，并将电压转换值换算成十进制的数值，送到数码管上显示出来。为使显示稳定，每次读出的电压值扫描显示 10 次。

C51 程序代码如下。

```
/************************************************************************/
//功能：串行 A-D 转换器 TLC549 进行一路模拟量的测量
//驱动 TLC549,TLC549 是串行 8 位 ADC
/************************************************************************/
#include<reg51.h>
#include<intrins.h>
#define uint     unsigned int                      //宏定义
#define uchar    unsigned char
sbit  CLK =      P1^2;                             //定义 TLC549 串行总线操作端口
sbit  DAT =      P1^0;
sbit  CS   =     P1^1;
unsigned char code lab[]={0x3f,0x06,0x5b,0x4f,0x66,0x6d,0x7d,0x07,0x7f,
                         0x6f,0x77,0x7c,0x37,0x5e,0x77,0x71};
uchar  bdata   ADCdata;
sbit   ADbit=ADCdata^0;
uchar  disp_buffer[4];
/************************************************************************/
//延时程序(参数为延时 ms 数)
/************************************************************************/
```

```
void delay(uint x)
{
        uint i,j;
        for(i=0;i<x;i++)
        {
                for(j=0;j<124;j++)
                {;}
        }
}
/**********************************************************************/
// 函 数 名：TLC549_READ()
// 功       能：A-D 转换子程序
// 说       明：读取上一次 A-D 转换的数据,启动下一次 A-D 转换
/**********************************************************************/
uchar TLC549_READ(void)
{
       uchar    i;
        CS=1;
       CLK=0;
       DAT=1;
       CS=0;
       for(i=0;i<8;i++)
       {
              CLK=1;
              _nop_();
              _nop_();
              ADCdata<<=1;                              //读出 ADC 端口值
              ADbit=DAT;
              CLK=0;
              _nop_();
       }
       return (ADCdata);
}
/**********************************************************************/
//显示函数
/**********************************************************************/
void display()
{
        uchar i,temp;
        temp=0xfe;
        for(i=4;i>0;i--)
        {
                if(i==4)
                {
                        P0=lab[disp_buffer[i-1]]|0x80;      //添加小数点
                }
                else
                        P0=lab[disp_buffer[i-1]];
                P3=temp;
                delay(2);
                P3=0xff;
                temp=(temp<<1)|0x01;
```

```
    }
}
/*************************************************************** /
// 函 数 名：main()
// 功    能：主程序
/***************************************************************/
void main()
{
    uchar i,ADC_DATA;                    //定义 A-D 转换数据变量
    float b;
    uint a;
    while(1)
    {
        TLC549_READ();                   //启动一次 A-D 转换
        delay(1);
        ADC_DATA=TLC549_READ();   //读取当前电压值的 A-D 转换数据
         b=ADC_DATA*0.0176;
         a=b*1000+0.5;
         disp_buffer[3]=a/1000;
         disp_buffer[2]=(a%1000)/100;
         disp_buffer[1]=a%100/10;
         disp_buffer[0]=a%10;
         for(i=0;i<10;i++)
                display();
    }
}
```

**4. 仿真调试**

调整电位器 RV1 上的模拟电压数值，数字测量仪表仿真调试结果如图 10-23 所示。

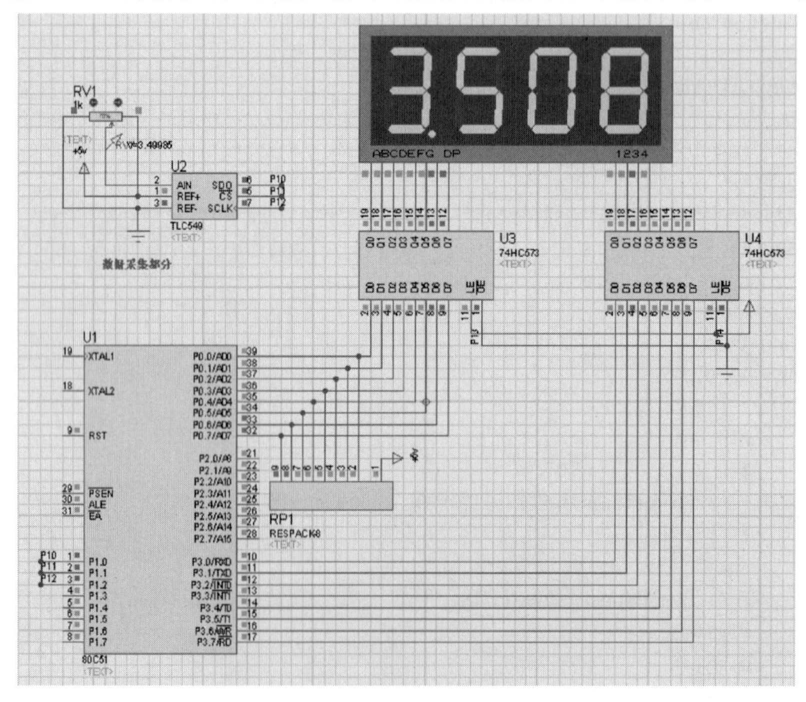


图 10-23　数字测量仪表仿真调试结果

### 10.2.5 直流电动机转速 PID 控制系统

直流电动机转速控制是一个典型的计算机闭环控制系统。该系统通过电动机转速测量、PID 控制算法及 PWM 输出实现对直流电动机转速的控制。

**1．系统要求**

系统基本功能和要求如下。

1）控制电动机的正反转与停止。

2）显示当前转速及电动机运行状态。

3）通过按键能够设置转速及各项参数。

4）控制电动机快速达到设定转速。

**2．系统分析**

1）系统要求电动机转速达到设定值，因此，应该设计为一个负反馈闭环（定值）PID 控制系统，如图 10−24 所示。

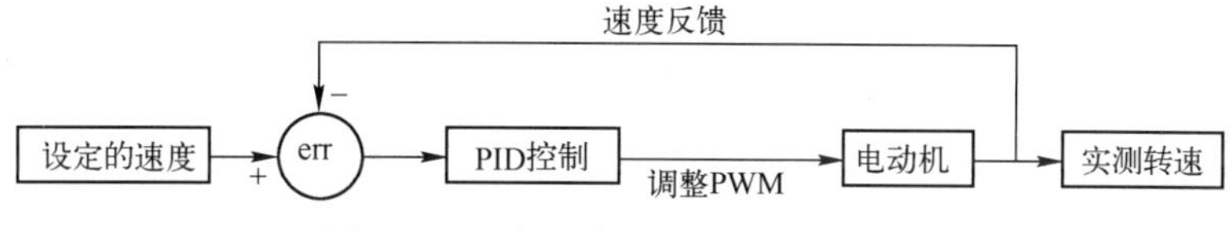


图 10−24　负反馈 PID 控制系统框图

2）通过测量电动机编码器输出方波的脉宽可快速计算出当前电动机的转速，采用 PWM 输出控制电动机转速。

3）电动机速度发生变化时，能快速达到设定转速，因此，使用 PID 控制算法。

**3．PID 控制算法**

设系统电动机速度测量值与设定值之间的偏差表示为

$$e(t)= \text{测量值} - \text{设定值}$$

PID 控制算法的数学公式（模拟量）为

$$u(t)=K_{\mathrm{P}}\left[e(t)+\frac{1}{T_{\mathrm{I}}}\int_0^t e(t)\mathrm{d}t+T_d\mathrm{d}e(t)/\mathrm{d}t\right]$$

PID 算法的输出 $u(t)$与偏差成为比例、积分和微分运算（变化率）的关系。

计算机为了实现 PID 运算，必须对模拟量的数学公式离散化，以便于程序设计。

（1）位置 PID 算法

位置 PID 算法（控制器）的输出就是执行机构的实际位置，适用于执行机构不带积分部件的对象。经离散化处理后的 PID 位置算法公式如下。

$$t\approx kT(k=0,1,2\cdots)$$

$$e(t0)\approx e(kT)$$

$$\int e(t)\mathrm{d}(t)\approx\sum_{j=0}^{k}e(jT)T=T\sum_{j=0}^{k}e(jT)$$

$$\frac{\mathrm{d}e(t)}{\mathrm{d}t}\approx\frac{e(kT)-e([k-1]T)}{T}$$

$$u(k)=K_{\mathrm{P}}\left\{e(k)+\frac{T}{T_{\mathrm{I}}}\sum_{j=0}^{K}e(j)+\frac{T_{\mathrm{D}}}{T}[e(k)-e(k-1)]\right\}$$

$$=K_{\mathrm{P}}e(k)+K_{\mathrm{I}}\sum_{j=0}^{k}e(j)+K_{\mathrm{D}}[e(k)-e(k-1)]$$

由于位置PID控制算法在每次采样计算时要对偏差进行累加，控制器的输出与过去的状态有关，因此，容易产生较大的累积计算误差。在计算机出现故障时，由于执行机构本身无积分（记忆）功能，对系统影响也较大。

（2）增量PID算法

增量PID算法输出的是控制量的增量（变化量），可以减小计算误差对控制量的影响。该算法适用于执行机构带积分部件的对象，如步进电动机等。

经离散化处理后的PID增量算法公式如下。

$$
\begin{aligned}
\Delta u(k) &= u(k) - u(k-1) \\
&= K_{\mathrm{P}} e(k) + K_{\mathrm{I}} \sum_{j=0}^{k} e(j) + K_{\mathrm{D}}[e(k) - e(k-1)] - \\
&\quad K_{\mathrm{P}} e(k-1) - K_{\mathrm{I}} \sum_{j=0}^{k-1} e(j) - K_{\mathrm{D}}[e(k-1) - e(k-2)] \\
&= K_{\mathrm{P}}[e(k) - e(k-1)] + K_{\mathrm{I}} e(k) + K_{\mathrm{D}}[e(k) - 2e(k-1)] + e(k-2)]
\end{aligned}
$$

增量PID控制器在计算机出现故障时，由于执行机构本身有记忆功能，可仍保持原来位置，对系统影响较小。

**4．硬件设计**

（1）选择元器件

显示采用LCD1602，状态指示采用LED，键盘采用单列的按键即可，电动机驱动采用常用的H桥电路。元器件见表10-1。

**表10-1　元器件（一）**

| 元器件名称 | 参数 | 数量 | 关键字 |
| --- | --- | --- | --- |
| 单片机 | 80C51 | 1 | 80c51 |
| 晶振 | 12MHz | 1 | Crystal |
| 瓷片电容 | 30pF | 2 | Cap |
| 电解电容 | 10μF | 1 | Cap-Pol |
| 电阻 | 10kΩ | 5 | Res |
| 按键 |  | 4 | Button |
| 液晶显示 | LCD1602 | 1 | Lm016L |
| 电位器 |  | 1 | Pot-hg |
| LED | 红色 | 1 | LED-Red |
| LED | 黄色 | 1 | LED-Yellow |
| LED | 绿色 | 1 | LED-Green |
| 晶体管 | PNP | 2 | PNP |
| 晶体管 | NPN | 2 | NPN |
| 与非门 | 74LS00 | 1 | 74ls00 |
| 电动机 | 带编码器 | 1 | Moto-Encoder |

（2）仿真电路

电动机转速控制系统Proteus仿真原理图如图10-25所示。

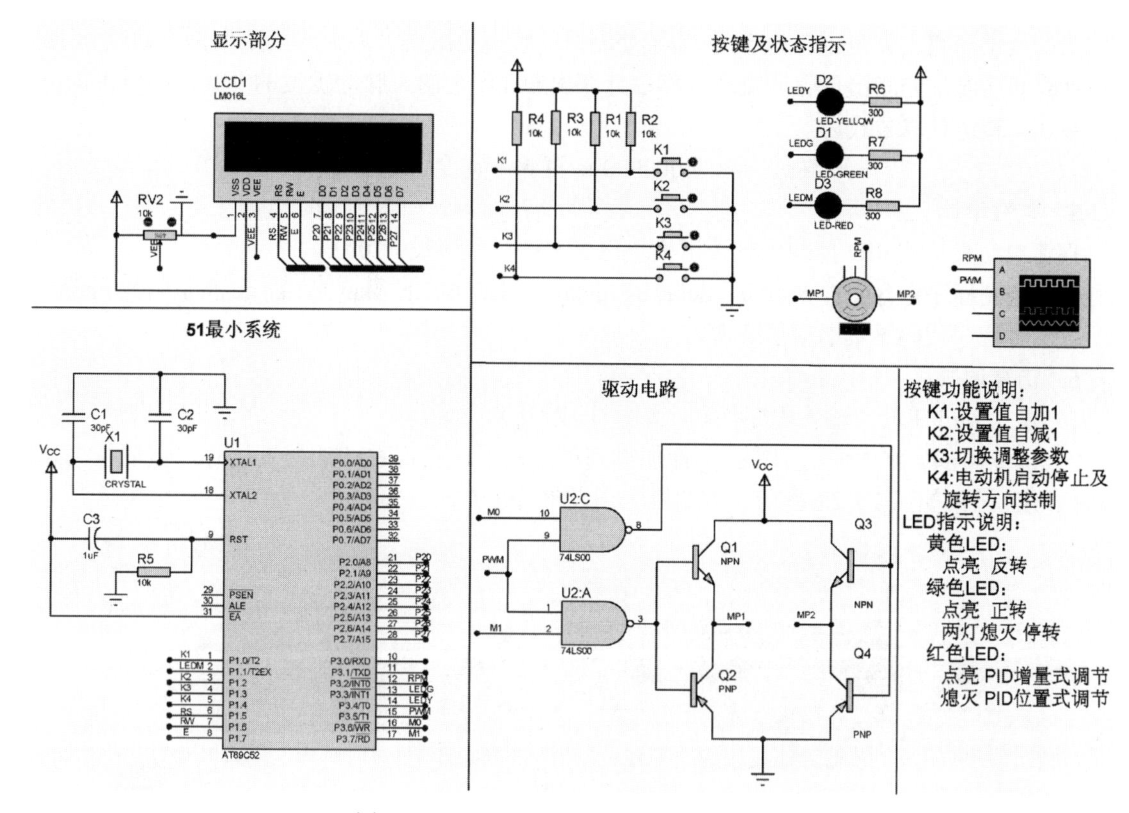


图 10-25 电动机转速控制系统仿真原理图

这里原理图中的电动机参数需要调整，在元器件选择关键字栏输入“mot”，选择“ENCMOTOR”，如图 10-26 所示。这种电动机自带编码器，通过测量编码器的输出可以计算出电动机的转速。

在图 10-25 中，MP1、MP2 分别为电动机输出端。电动机下方的绿色方框在运行时可显示电动机的转速，单位是转每分（RPM）。上方的 3 个引脚中，左侧引脚功能是电动机每转一圈输出多个脉冲，正、负脉冲宽度时间相同，默认为 12，可以在“Edit Component”对话框中设置；中间引脚电动机每转一周输出一个脉冲；右侧引脚可以输出多个脉冲，其相位与左侧引脚不同。

双击电动机原理图，弹出“Edit Component”对话框如图 10-27 所示。

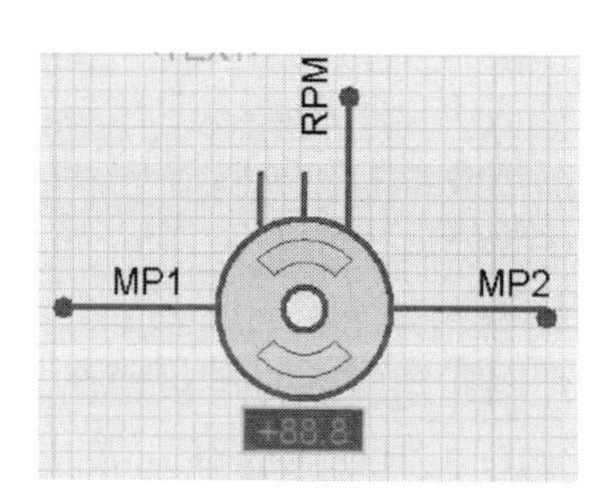


图 10-26 带编码器的电动机原理图

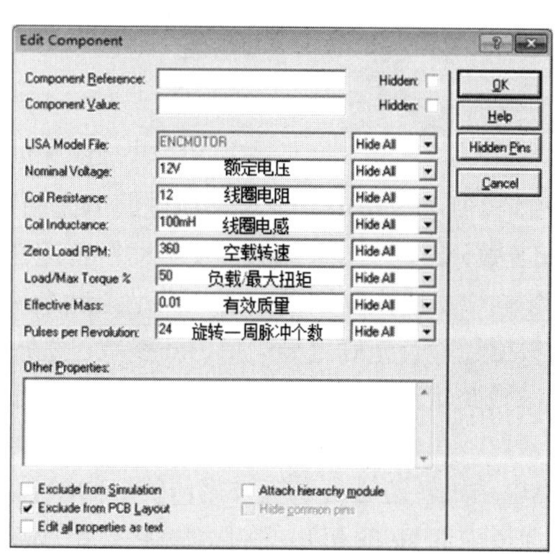


图 10-27 电动机属性设置

为配合电路将工作电压改为 5V；为了使测得的转速更准确，将旋转一周脉冲个数改为 128，则在计算转速时，先测出正脉冲宽度，然后计算出 60s 内含的正脉冲宽度的个数，即可求出电动机的转速。转速计算公式为

$$转速 =（60000000\mu s/正脉冲宽度/128）*2$$

**5．软件设计**

直流电动机转速 PID 控制系统采用模块化（文件）程序设计方法。

C51 控制程序包含文件 head.h、delay.h、delay.c、lcd1602.h、key.h、key.c 和主函数 main.c。各文件程序代码见本书电子资源。

**6．仿真调试**

1）建立 Keil 工程，输入程序代码，编译生成.HEX 文件。

2）仿真调试。将生成的.HEX 文件加载到单片机中，实现系统的仿真运行。电动机调速的 Proteus 仿真结果如图 10-28 所示（电动机达到设定转速）。

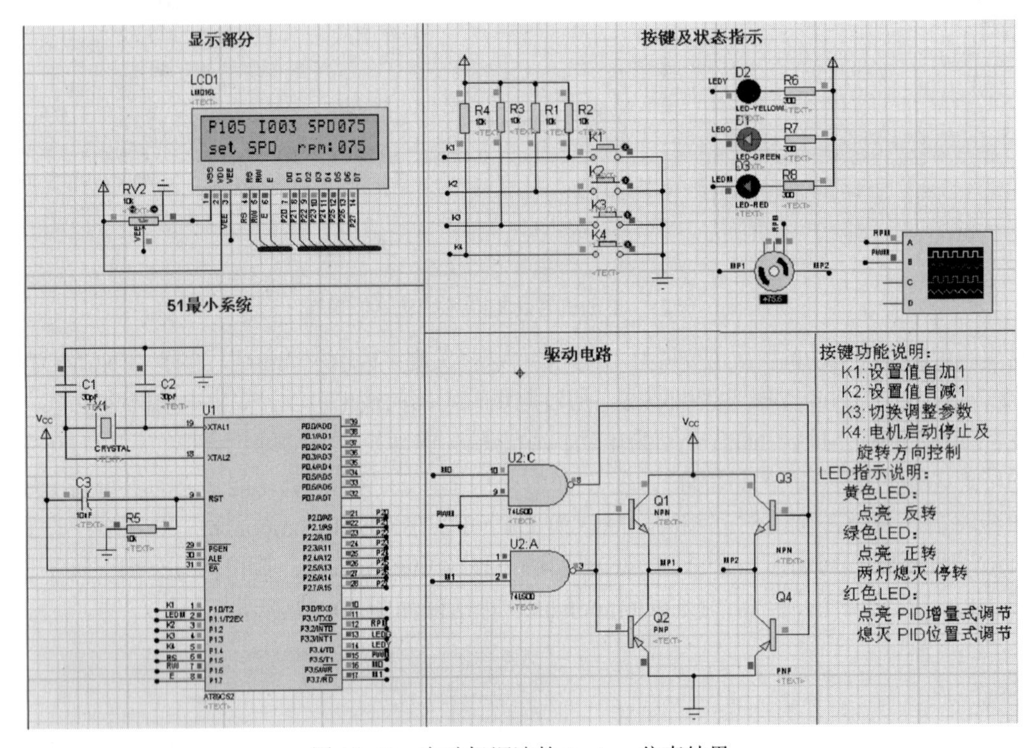


图 10-28 电动机调速的 Proteus 仿真结果

3）PID 控制参数整定。主要是通过调节比例系数 kp、积分系数 ki（积分时间 Ti=1/ki）和微分系数 kd（微分时间 Td=1/ kd），使电动机转速在受到扰动时，在 PID 算法控制下，使电动机按一定的变化规律尽快恢复到设定值，满足控制系统要求。

可以根据经验首先确定 kp、ki、kd 参数，然后根据系统运行状态进行 PID 参数工程整定（本系统 PID 参数整定必须通过修改函数 void init()中的 kp、ki、kd 数值）。

一般来说，在干扰作用下，PID 参数工程整定经验法的总体规则如下。

① 当电动机转速达到系统设定值的时间较长，说明 PID 控制作用较弱，可以增加 PID 输出控制量（选择增加 kp 或 ki）；当电动机转速出现振荡时，说明 PID 控制作用较强，可以减少 PID 输出控制量。

② 当电动机转速消除偏差的时间较长时，需要增加积分控制作用（增加 ki）；当电动机转速在设定值上下振荡时，需要减少积分控制作用。

③ 当电动机转速与设定值偏差较大时，需要增加微分控制作用（增加 kd）；当电动机转速振荡较频繁时，需要减少微分控制作用。

PID 控制参数的整定需要结合以上规则，并根据经验反复多次调整，才能达到较好的控制效果。

### 10.2.6 单片机舵机闭环控制系统

单片机舵机控制系统是机器人、无人机等系统常用的控制单元。

**1. 设计要求**

设计舵机闭环控制系统的基本功能和要求如下。

1）控制两路舵机。

2）通过按键调整舵机的角度位置信号，控制舵机角度按一定规律随其变化。

3）显示两路舵机的角度。

4）系统启动时要求舵机舵盘初始位置在中间（即能左转，又能右转），能够通过按键控制回到中间位置。

**2. 硬件设计**

通过上述要求，本系统可以采用 PWM 输出控制舵机。

1）舵机基本工作原理。舵机是一种实现精确角度控制的伺服电动机。标准舵机基本结构如图 10-29 所示，主要有小型直流电动机、变速齿轮组、电位器和控制电路板 4 部分组成，其工作过程是一个典型的闭环控制系统，如图 10-30 所示。通过向舵机的信号线输入 PWM 信号，可以控制舵机输出角度。输入的 PWM 信号输出要求 50Hz，脉宽为 0.5～2.5ms 变化，舵机输出角度对应为 0～180°，PWM 信号示意图如图 10-31 所示。

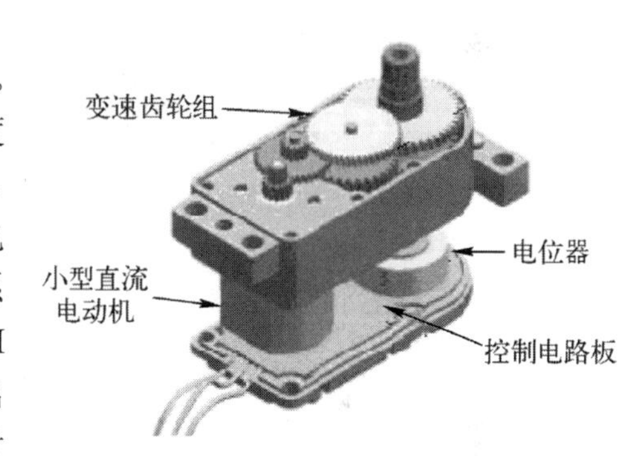

图 10-29　舵机内部结构

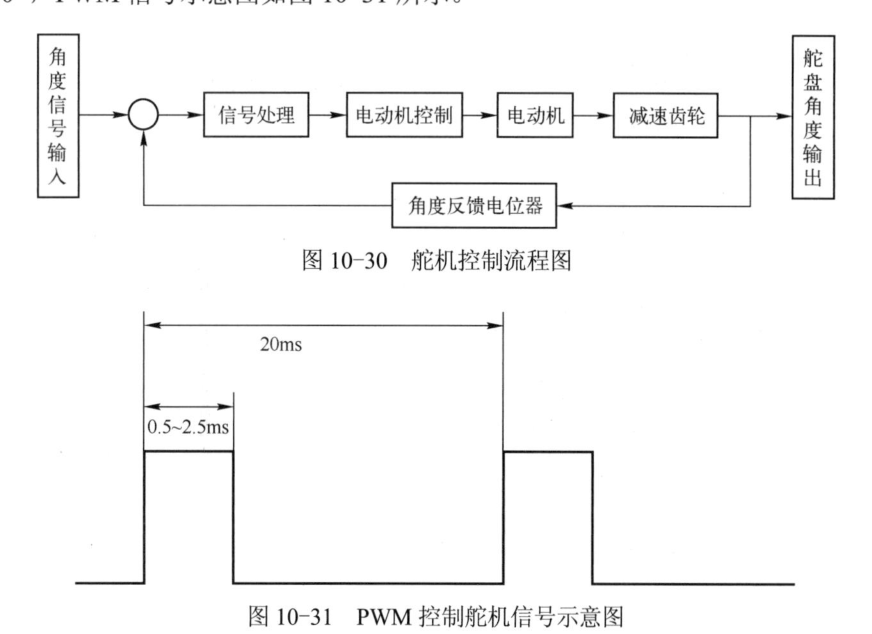

图 10-30　舵机控制流程图

图 10-31　PWM 控制舵机信号示意图

2）硬件电路。选取所需的基本元器件，见表 10-2。Proteus 舵机控制系统原理图如图 10-32 所示。

**表 10-2　元器件（二）**

| 元器件名称 | 参数 | 数量 | 关键字 |
| --- | --- | --- | --- |
| 单片机 | 80C51 | 1 | 80c51 |
| 晶振 | 24MHz | 1 | Crystal |
| 瓷片电容 | 30pF | 2 | Cap |
| 电解电容 | 10μF | 1 | Cap-Pol |
| 电阻 | 10kΩ | 5 | Res |
| 8 位一体数码管 | 蓝色共阳极 | 1 | 7Seg-MPX8-ca-blue |
| 锁存器 | 74HC573 | 2 | 74HC573.IEC |
| 按键 |  | 4 | BUTTON |
| 舵机 | 标准 PWM 驱动 | 2 | Motor-Pwmservo |

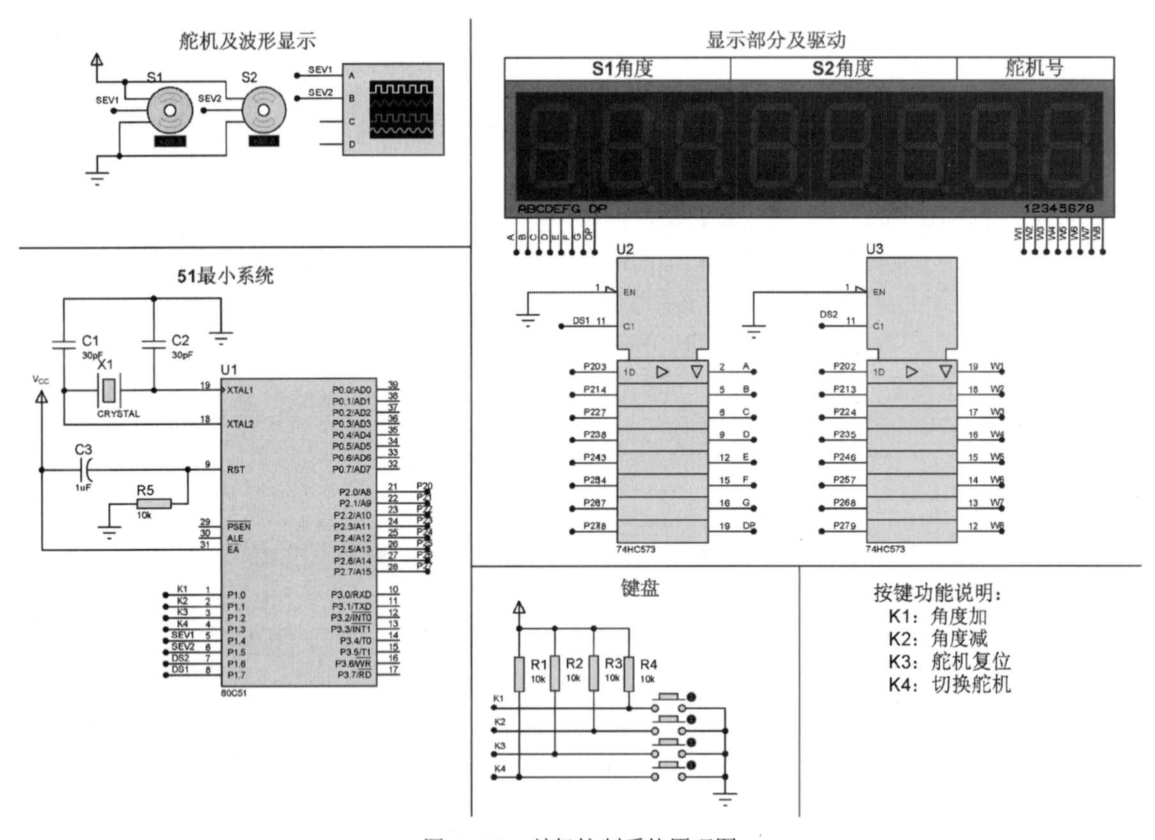


图 10-32　舵机控制系统原理图

**3．软件设计**

根据功能要求，单片机需要输出一个脉宽可调的 PWM。普通的 51 单片机是没有内置硬件 PWM 功能的，但是通过软件模拟可以生成 PWM。首先要保证输出 0.5～2.5ms 的正脉宽，要求频率为 50Hz，则计算出来的定时器最大定时时间为 0.5ms，定时溢出 40 次，作为 PWM 一个周期，即可得到所要求的频率为 50Hz。但是这样就只能控制 5 个角度，因此，可以使定时器的定时时间在 0.5ms 的基础上按倍数缩小，这里设置为 25μs，溢出次数扩大至 800 次，即可得到所要求的 PWM 频率为 50Hz。并且将单片机的晶振设计为 24MHz（Proteus 内的 51 单片机模型可支持更高的 CPU 频率，51 单片机最高支持 33MHz），以提高 PWM 输出精度。

软件程序流程图如图 10-33 所示。

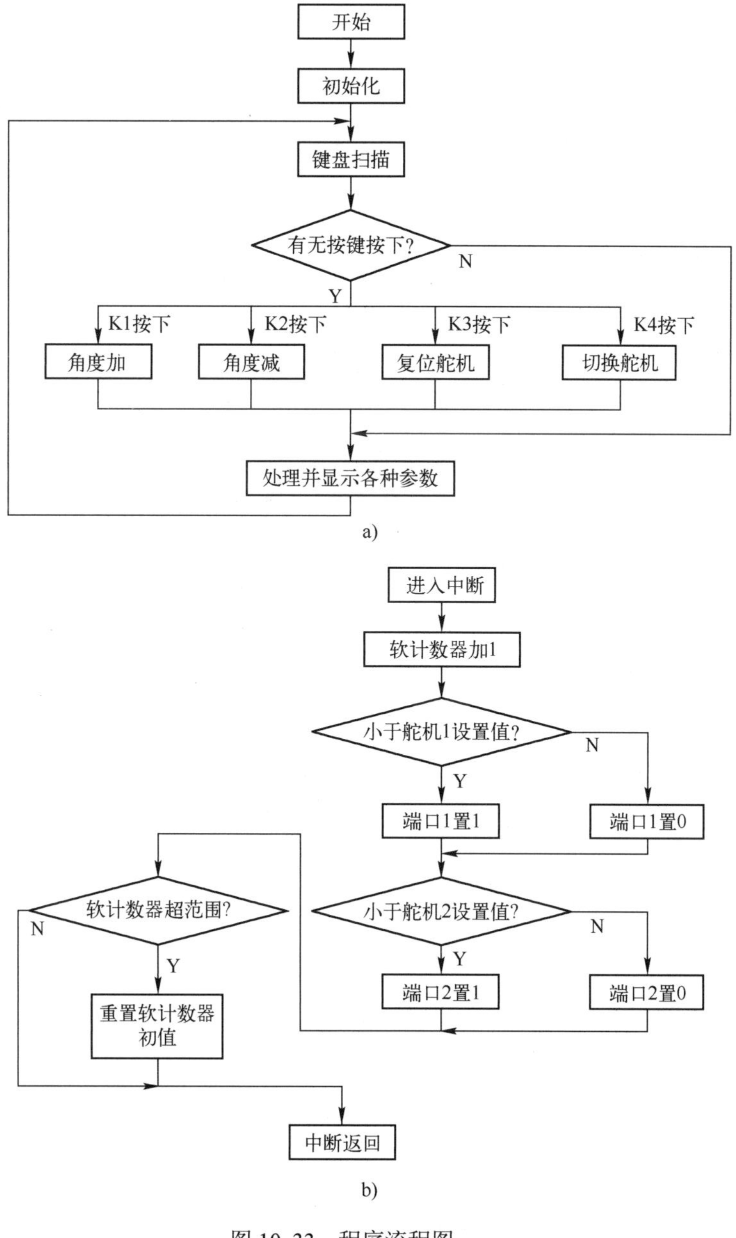


图 10-33　程序流程图

a) 主程序流程图　b) 中断服务子程序

单片机舵机控制系统 C51 程序见本书电子资源。

**4．仿真调试**

1）建立 Keil 工程，输入源码，编译生成.HEX、.OMF 文件，以便运行和仿真。

2）修改 Proteus 中仿真舵机 Motor-Pwmservo 的属性，如图 10-34 所示。

伺服电动机默认属性需要修改，最小角度默认值为-70°，最大角度 70°，根据需要更改为 0～180°；最小脉宽默认为 1ms，最大为 2ms，和实物的舵机脉宽有区别。为此，这里更改为 0.5～2.5ms。

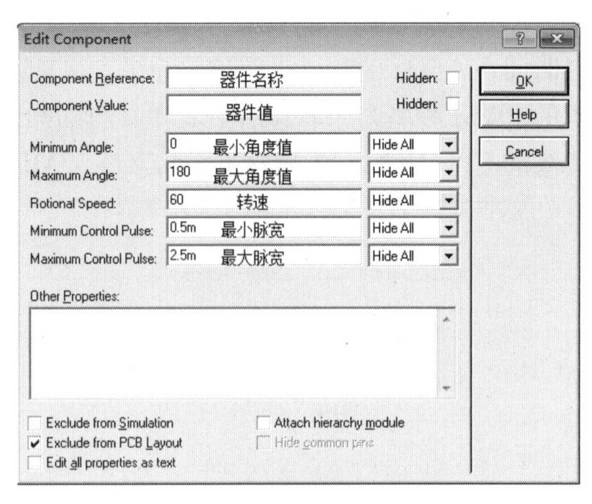


图 10-34　舵机属性编辑

3）仿真运行。将生成的.OEM 文件，载入原理图的单片机中，单击“运行”按钮，可实现系统的仿真运行。通过按键可以控制舵机的运行。如果系统运行中出现问题，可利用 Proteus 的调试功能，进行系统仿真调试。舵机控制系统 Proteus 仿真结果如图 10-35 所示，虚拟示波器显示的 PWM 波形如图 10-36 所示。

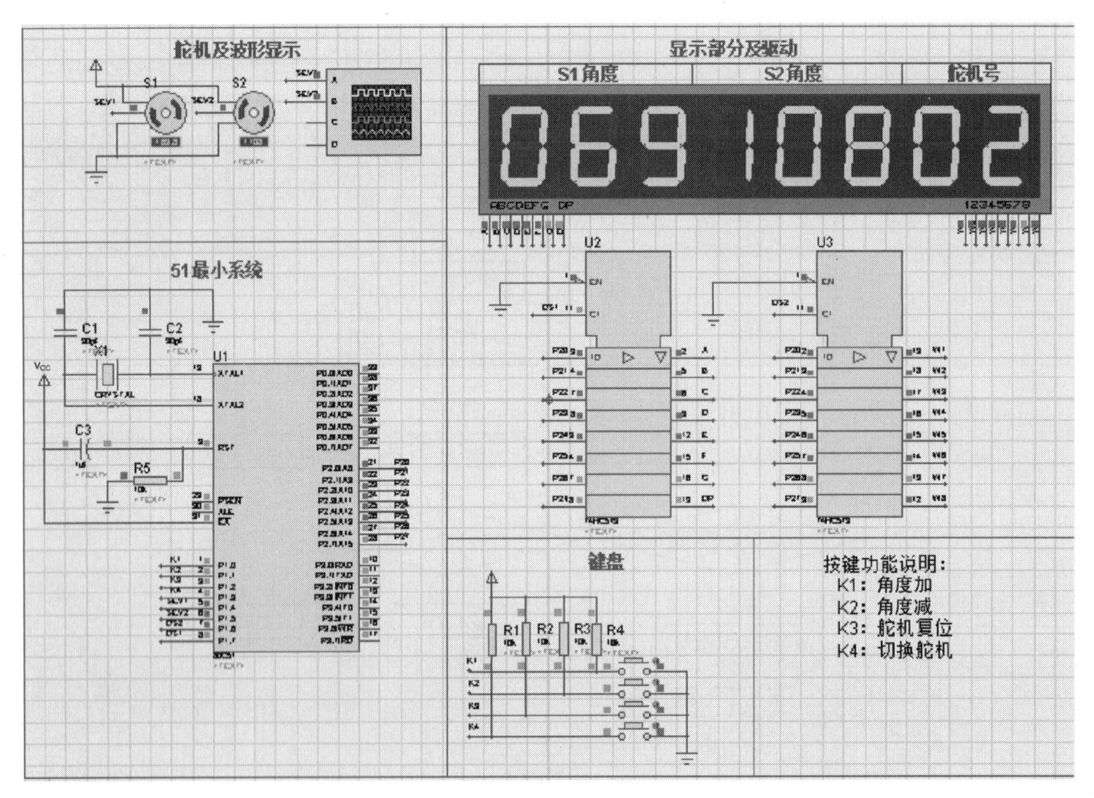


图 10-35　舵机控制系统 Proteus 仿真结果

## 5. 下载脱机运行

1）根据 Proteus 的仿真原理图，可画出相应的 PCB。按照电路原理图，焊接好实物硬件平台，并检测各部分电路是否正常。

2）使用 ISP 下载，将生成的.HEX 文件下载到单片机中。

3）上电运行系统，检测各项功能是否正常。一般情况，经过 Proteus 仿真成功的系统，在实物电路中调试也是成功的。

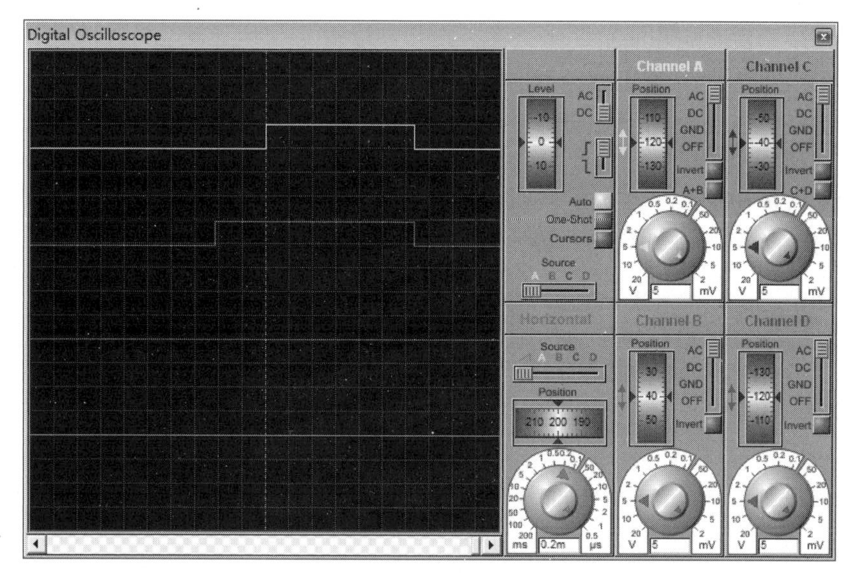


图 10-36　PWM 波形

## 10.2.7　LED 点阵显示系统

LED 点阵显示已经广泛应用在系统的信息显示，以及广告、商场、银行利率表、车站时刻表等公众信息场合。

### 1. 设计要求

设计 LED 点阵显示的基本功能和要求如下。

1）要求在 16×32 的点阵上显示汉字、字母和数字。

2）点阵可以水平移动显示和垂直滚动显示。

3）通过按键能够切换显示方式。

### 2. 硬件设计

1）元器件。选取所需的基本元器件，LED 点阵显示要求为 16×32，由于驱动需要的 I/O 口较多，直接用单片机的 I/O 口不能满足需要，因此这里选择用 74LS595 和 74LS154 进行 I/O 口扩展，元器件见表 10-3。

**表 10-3　元器件（三）**

| 元器件名称 | 参数 | 数量 | 关键字 |
|---|---|---|---|
| 单片机 | 80C51 | 1 | 80c51 |
| 晶振 | 12MHz | 1 | Crystal |
| 瓷片电容 | 30pF | 2 | Cap |
| 电解电容 | 10μF | 1 | Cap-Pol |
| 电阻 | 10kΩ | 5 | Res |
| 74LS595 | | 4 | 74LS595 |
| 74LS154 | | 1 | 74154 |
| 点阵显示 | 16×16 | 2 | LED-16×16-RED |
| 开关 | | 3 | Switch |

2）LED 点阵显示基本原理。LED 点阵显示是由若干个模块组成一个大的显示屏。

单元点阵模块是按照矩阵的形式组合在一起，目前市场上有 5×8、8×8、16×16 等几种类型，根据发光二极管的直径分别有 1.7、3.0、5.0 等，点阵模块按颜色分有单色（红色）、双色（红色和绿色，如果同时发光可显示黄色）和全彩（红色、绿色和蓝色，调整 3 种颜色的亮度可显示不同的颜色）等。8×8 单色点阵的结构连接图如图 10-37 所示。

图 10-37　8×8 单色点阵的结构连接图

由图 10-37 可知，LED 连接成了矩阵的形式，同一行 LED 的阳极共接在一起，同一列 LED 的阴极共接在一起，只有当 LED 阳极加高电平、阴极加低电平时，LED 才能被点亮。

按照点亮的规则，一个 16×16 的汉字点阵显示数据（汉字的字模编码）需要占用 32 个字节。如图 10-38 所示为一个“系”字的汉字字模编码显示图。按照从左向右，从上到下的顺序，字节正序（左为高位，右为低位），将字模取出存放于字模数组中，行线循环选通，列线查表输出，点亮相应的发光二极管，每一个字需要循环多次扫描才能得到稳定的显示。

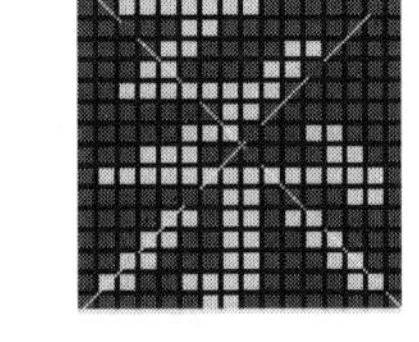

图 10-38　字模

3）74LS154 简介。74LS154 是一个 4-16 线译码器，其功能及引脚可查阅相关资料。

4）LED 点阵显示系统的 Proteus 仿真原理图如图 10-39 所示。

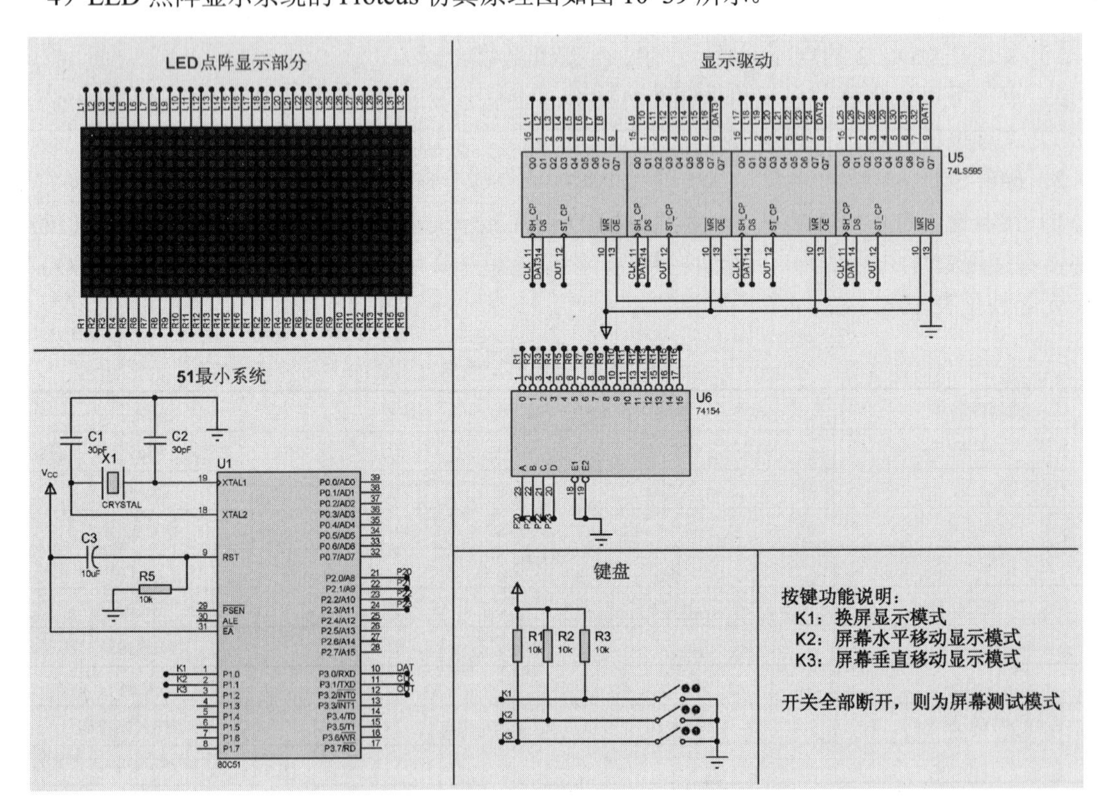


图 10-39　LED 点阵显示系统的 Proteus 仿真原理图

3．软件设计

LED 点阵显示系统 C51 程序见本书电子资源。

4．系统仿真

1）建立 Keil 工程，输入程序代码。

2）仿真运行。LED 点阵显示系统的 Proteus 仿真结果如图 10-40 所示。

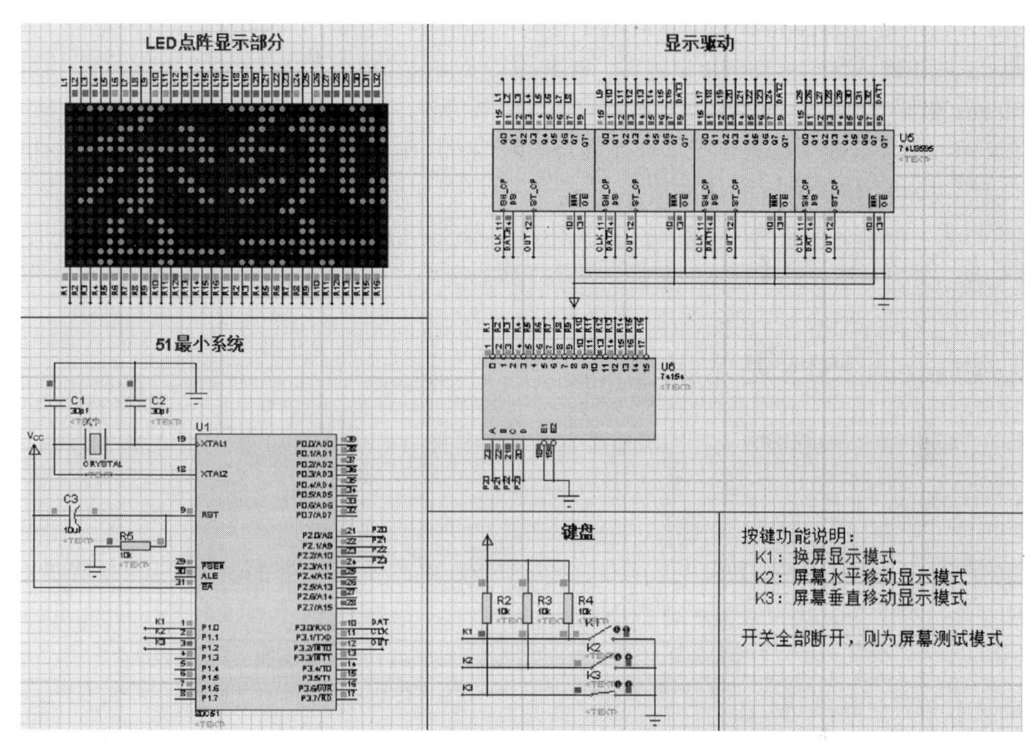


图 10-40　LED 点阵显示系统的 Proteus 仿真结果

## 10.3　思考与练习

1．哪些场合适合使用单片机系统？

2．什么是 ISP 技术？在单片机开发过程中如何使用？

3．简述单片机应用开发过程。

4．指出 Proteus 仿真原理图设计及调试在单片机开发过程的位置、作用及需要注意的问题。

5．设计完成一个电子时钟，可以根据需要选择实现下列功能。

1）显示年、月、日、时、分、秒。

2）可以对日期和时间进行校正。

3）可以选用 LED 数码管或者 LCD 显示。

4）能够显示星期、温度信息（发挥部分）。

5）可以实现整点报时、设定闹钟（发挥部分）。

# 第 11 章　Proteus 使用入门

Proteus 软件是英国 Lab Center Electronics 公司开发的嵌入式系统仿真软件。该软件组合了高级原理图设计工具 ISIS、混合模式 SPICE 仿真、PCB 设计及自动布线而形成一个完整的电子设计系统。

Proteus 软件支持的处理器模型有 51 系列、HC11 系列、PIC、AVR、ARM、8086 及 MSP430 等。在编译方面，该软件自身支持多种处理器的汇编程序编译，同时支持 IAR、Keil 单片机集成开发环境等多种编译器生成的.HEX 文件。

长期以来，Proteus 软件作为处理器及外围电子元器件的仿真工具，已经成为单片机学习和开发的必备工具，受到从事单片机教学的教师、学生及致力于单片机开发应用研发人员的青睐。

## 11.1　Proteus ISIS 基本操作

本节主要介绍 Proteus ISIS 工作区窗口基本操作、多种用于系统仿真的激励信号源及虚拟仪器。

### 11.1.1　Proteus 工作区

在桌面双击 ISIS 7 Professional 快捷方式图标，或者单击命令“ISIS 7 Professional”启动 Proteus，弹出 Proteus 工作区界面，如图 11-1 所示。

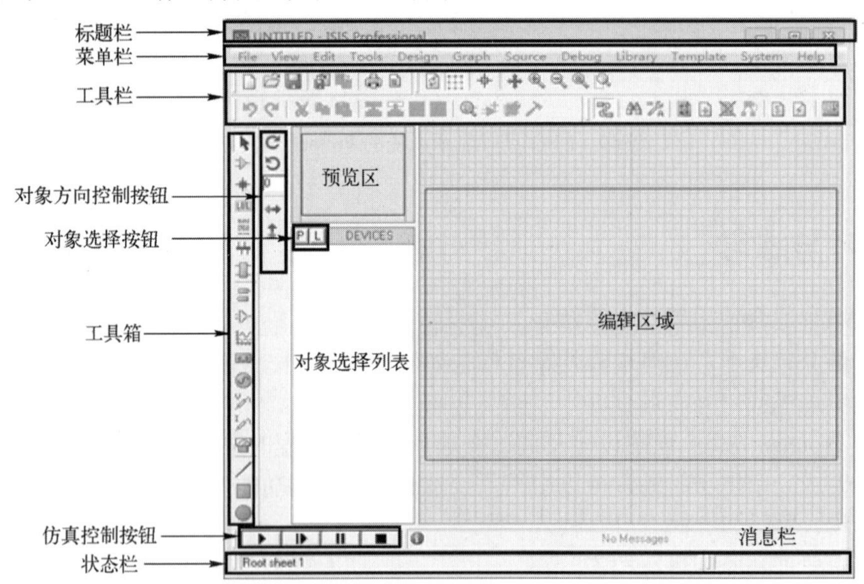


图 11-1　Proteus ISIS 工作窗口

（1）标题栏

标题栏显示当前工程文件的名称。图 11-1 中标题栏显示“UNTITLED”，表示该工程文件没有命名。

（2）菜单栏

菜单栏包括 File、View 等 12 项菜单，每一项都包含多种功能，用户可以通过展开菜单选择不同功能。

1）“File”菜单快捷键为〈Alt+F〉，展开后子菜单如图 11-2 所示。其中“导出图形”还包含二级子菜单，分别可以选择导出为位图文件（Bitmap）、图元文件（Metafile）、图形交换文件（DXF File）、EDS 文件（EDS File）、PDF 文档（PDF File）和矢量文件（Vector File）。

在图 11-2 中可以看到在部分选项两边附有相应的工具栏图标、快捷组合键提示及第 1 个快捷字母下划线，表示每个子菜单都能够通过 4 种不同方式激活。下面以激活“Open Design”选项为例说明其操作方法。

方式 1：直接按〈Ctrl+O〉组合键来激活“Open Design”选项。

方式 2：在打开“File”菜单后，直接选择“Open Design”选项。

方式 3：在打开“File”菜单后，直接按〈O〉键。

方式 4：在工具栏单击“打开”按钮。

2）“View”视图菜单快捷键为〈Alt+V〉，展开后如图 11-3 所示。其中 Toolbars 子菜单打开后，可以设置工具栏。网格项可以设置不同的网格类型。栅格尺寸选择项可以选择光标在工作区域一次移动的距离。

图 11-2 “File”菜单

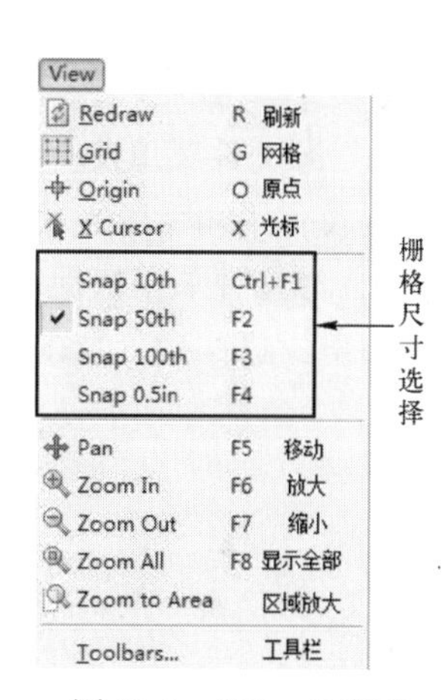


图 11-3 “View”菜单

3）“Edit”编辑菜单快捷键为〈Alt+E〉，展开后如图 11-4 所示。其中“Tidy”命令（清除）的作用是清除工作区域中蓝色线框部分之外的元器件。对于灰色的菜单，表明在当前不能使用该功能。

4）“Tools”工具菜单快捷键为〈Alt+T〉，展开后如图 11-5 所示。其中元器件清单展开后可以选择导出 HTML 网页文件、文本文件、紧凑型 CVS 文件和完整 CVS 文件。

图 11-4 “Edit”菜单

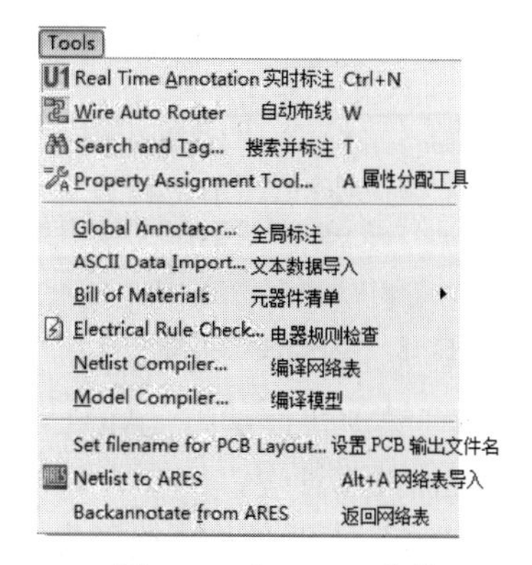


图 11-5 “Tools”菜单

5）“Design”设计菜单快捷键为〈Alt+D〉，展开后如图 11-6 所示。用来编辑、设计原理图的各种属性及配置电源。可以在多个原理图中进行新建和切换的操作，并列出当前文件包含的所有原理图。

6）“Graph”图形菜单快捷键为〈Alt+G〉，展开后如图 11-7 所示。用来编辑仿真图标，添加仿真曲线查看日志及一致性分析等功能。

图 11-6 “Design”菜单

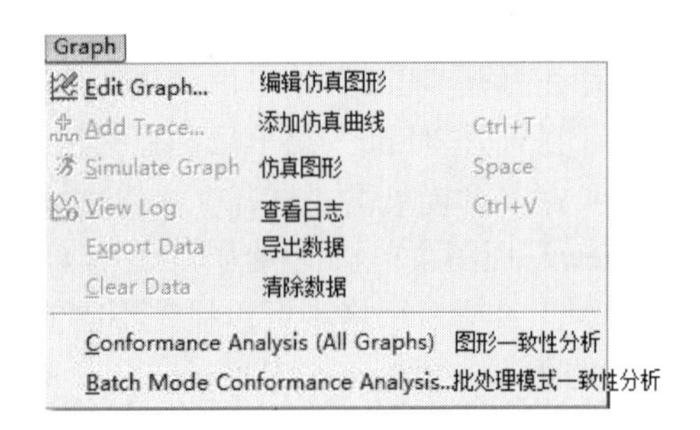


图 11-7 “Graph”菜单

7）“Source”源文件菜单快捷键为〈Alt+S〉，展开后如图 11-8 所示。用来添加删除程序源文件，设置编译器及代码编辑器等功能，还可以对源代码文件进行编译。

8）“Debug”源文件菜单快捷键为〈Alt+B〉，展开后如图 11-9 所示。用来调试程序，设置断点，通过不同的单步执行指令来跟踪程序。可以设置远程调试、调试方式及排布调试所需的各种窗口。

Source
Add/Remove Source files... 添加删除源文件
Define Code Generation Tools...设置编译器
Setup External Text Editor... 设置外部文本编辑器
Build All 编译全部

图 11-8 “Source”菜单

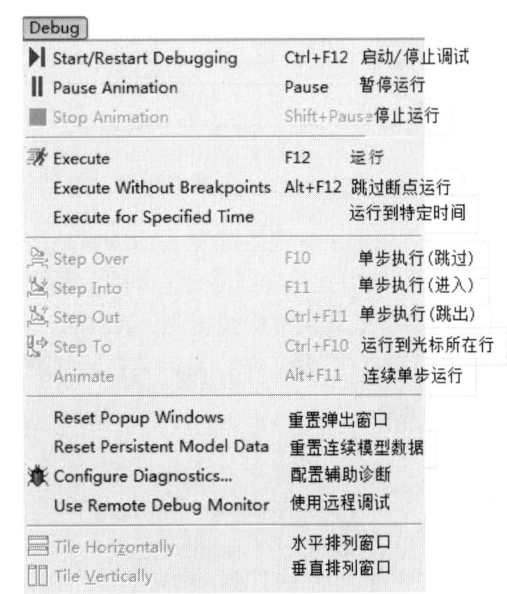


图 11-9 “Debug”窗口

9）“Library”菜单快捷键为〈Alt+L〉，展开后如图 11-10 所示。用来制作拆分元器件、符号，设置封装以及元器件库管理。

10）“Template”模板菜单快捷键为〈Alt+M〉，展开后如图 11-11 所示。主要用于对模板图纸、图形、文本的属性进行设置。

图 11-10 “Library”菜单

图 11-11 “Template”菜单

11）“System”系统菜单快捷键为〈Alt+Y〉，展开后如图 11-12 所示。用来显示系统信息，检查升级，设置软件的各种参数。

12）“Help”帮助菜单快捷键为〈Alt+H〉，展开后如图 11-13 所示。该菜单包含各种帮助文件。

图 11-12 “System”菜单

图 11-13 “Help”菜单

（3）工具栏

Proteus ISIS 工具栏如图 11-14 所示，包含文件工具栏（File Toolbar）、视图工具栏（View Toolbar）、编辑工具栏（Edit Toolbar）和设计工具栏（Design Toolbar）4 部分。可以选择“View”→“Toolbar”命令，打开工具栏设置窗口，单击工具栏内按钮执行相应功能。

图 11-14 工具栏

（4）工具箱

Proteus ISIS 工具箱用鼠标拖动成横向时，如图 11-15 所示。

图 11-15 工具箱

这部分内容又分为 3 个单元块（图中用竖线隔开），每个单元块包含多种工具按钮，其功能简介如下。

"Selection Mode"（选择模式）按钮，单击该按钮后可选取原理图编辑区内的元器件及其他元素，用来编辑其属性。

"Components Mode"（元器件模式）按钮，在当前模式下可以通过对象选择 P L 中的 P 按钮，选择需要的元器件，并在对象选择列表中显示。

"Junction Dot Mode"（连接点模式）按钮，用于在原理图编辑窗口放置连接点。

"Wire Label Mode"（网络标号模式）按钮，该工具的主要作用是在绘制原理图时，对电气连接线的端子标注一个网络标号。两个网络标号名称相同的端子，即使没有线路连接，也有电气连接，起到简化原理图连线的作用。

"Text Script Mode"（文本脚本模式）按钮，用于在原理图中输入文本信息。

"Buses Mode"（总线模式）按钮，用于在原理图中画出总线。总线在原理图中需要标好网络标号才能实现电气连接。

"Subcircuit Mode"（子电路模式）按钮，用于在原理图中绘制子电路或子电子元器件。

"Terminals Mode"（终端模式）按钮，用于放置电源 $V_{CC}$、地 GND、输入/输出等端子，在对象选择列表中进行选取。

"Device Pin Mode"（元器件引脚模式）按钮，用于绘制元器件的引脚，可以选择 6 种不同模式的引脚，并在对象选择列表中显示。

"Graph Mode"（图表模式）按钮，用于对电路原理图中的信号进行记录。

"Tape Recorder Mode"（磁带记录模式）按钮，用于对电路分割仿真，记录前一步电路的信号输出，作为下一步的仿真信号输入。

"Generator Mode"（信号发生模式）按钮，用于在电路仿真时，对电路输入模拟或数字激励源（信号）。单击该按钮，在对象选择列表中可显示多种不同的激励源，如直流 DC、正弦 SIN、自定义等信号。

"Voltage Probe Mode"（电压探针模式）按钮，用于在仿真电路中测量并实时显示电压值，作为图表模式中各类信号测量探针。

"Current Probe Mode"（电流探针模式）按钮，用于在仿真电路中测量并实时显示电流值。

"Virtual Instruments Mode"（虚拟仪器模式）按钮，用于提供电路仿真时所需要的各种不同的仿真仪器，包括示波器（OSCILLOSCOPE）、逻辑分析仪（LOGIC ANALYSER）、虚拟终端(VIRTUAL TERNINAL)等虚拟仪器工具。在后面的章节中会详细介绍各种虚拟仪器。

"2D Graphics Line Mode"（2D 直线模式）按钮，用于在电路原理图中绘制直线或分割线，也可在创建元器件时绘制直线。不能用于电气连接的连接线。

"2D Graphics Box Mode"（2D 框线模式）按钮，用于在电路原理图中绘制矩形框图，也可在创建元器件时绘制矩形框。

"2D Graphics Circle Mode"（2D 圆形模式）按钮，用于在电路原理图中绘制圆形，也可在创建元器件时绘制圆形。

"2D Graphics Arc Mode"（2D 弧线模式）按钮，用于在电路原理图中绘制弧形，也可在创建元器件时绘制弧形。

"2D Graphics Close Path Mode"（2D 封闭路径模式）按钮，用于在电路原理图中绘制封闭的多边形，也可在创建元器件时绘制封闭的多边形。

A “2D Graphics Text Mode”（2D 文本模式）按钮，用于在原理图中添加单行文字字符串。

“2D Graphics Symbol Mode”（2D 符号模式）按钮，用于在符号库中选择元器件符号。

“2D Graphics Markers Mode”（标记模式）按钮，用于在创建或编辑元器件、符号、终端及引脚时产生各种坐标标记图标。

（5）对象方向控制按钮

对象方向控制按钮如图 11-16 所示。主要用于在向编辑区域放置元器件前，调整元器件的方向，包括向左、右旋转、X 镜像及 Y 镜像。

（6）预览区

预览区主要用于显示完整电路原理图或元器件等对象预览图，同时可以拖动控制（显示）电路图在编辑区域的位置。

（7）对象选择按钮

对象选择按钮 P 用于选取元器件，按钮 L 用于实现库管理。

（8）对象选择列表

在工具箱选择不同的模式，对象选择列表显示相应的元器件或者元素列表。

（9）编辑区域

编辑区域用于绘制电路原理图，放置仿真所需的各类工具。

（10）仿真控制按钮

仿真控制按钮如图 11-17 所示，从左到右，分别是运行、单步运行、暂停和停止。

图 11-16　对象方向控制按钮

图 11-17　仿真控制按钮

（11）消息栏

消息栏显示电路仿真所产生的各种信息，包括各种错误和警告信息。

（12）状态栏

状态栏显示当前工作的状态及光标坐标和所处区域位置。

### 11.1.2　Proteus ISIS 激励信号源

前已述及，单击工具箱中的“Generator Mode”按钮选择激励信号源模式。在对象选择列表中，会显示 Proteus ISIS 提供的多种激励信号源，如图 11-18 所示，其说明分别如下。

DC：直流电压源。

SINE：正弦波发生器。

PULSE：模拟脉冲发生器。

EXP：指数脉冲发生器。

SFFM：单频率调频波信号发生器。

PWLIN：任意分段线性脉冲、信号发生器。

FILE：FILE 信号发生器，来源于 ASCII 文件。

AUDIO：音频信号发生器。

DSTATE：稳态逻辑电平发生器。

DEDGE：单边沿信号发生器。

DPULSE：单周期数字脉冲发生器。

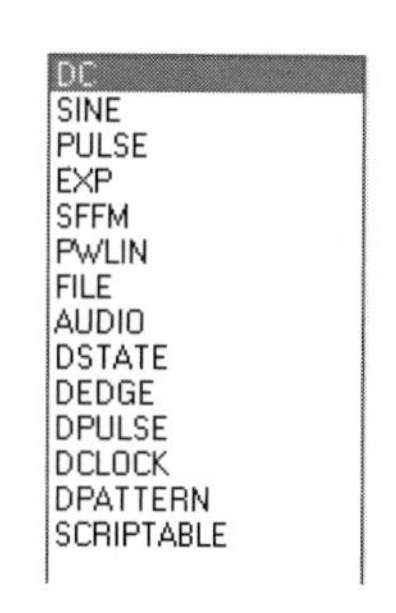


图 11-18　激励源列表

DCLOCK：数字时钟信号发生器。

DPATTERN：模式信号发生器。

SCRIPTABLE: 可编写脚本的信号发生器。

在选择列表中，选择要使用的激励信号源，可放置在电路图编辑区域。双击放置好的激励源，弹出激励信号源属性（Generator Properties）设置对话框，如图 11-19 所示。

激励信号源分为模拟和数字两大类，在设置窗口左边是激励源名称（Generator Name）、模拟类（Analog Types）分组、数字类（Digital Types）分组设置，分别对应在对象选择列表中的激励信号源。在这些分组里面可以更改信号源的类型，在修改信号源的同时，右侧对话框的内容会跟着改变。

（1）模拟类激励源示例

可以看到图 11-19 选择的是模拟类激励源正弦波（Sine），设置正弦波的电压偏移值（Offset（Volts））如下。

1）在“Amplitude”（振幅）选项组中，可分别通过振幅（Amplitude）、峰-峰值（Peak）和均方根（RMS）任意一项来设置信号的幅度。

2）在“Timing”（定时）选项组中，可分别通过频率（Frequency），周期（Period），循环（Cycles Graph）设置信号的频率。

3）在“Delay”（延迟）选项组中，分别通过时间延迟（Time Delay）、相移（Phase）来设置相位。

4）设置阻尼系数（Damping Factor）。

（2）数字类激励源示例

Proteus ISIS 在 51 单片机仿真时经常使用的是数字类激励源时钟（Clock），如图 11-20 所示。

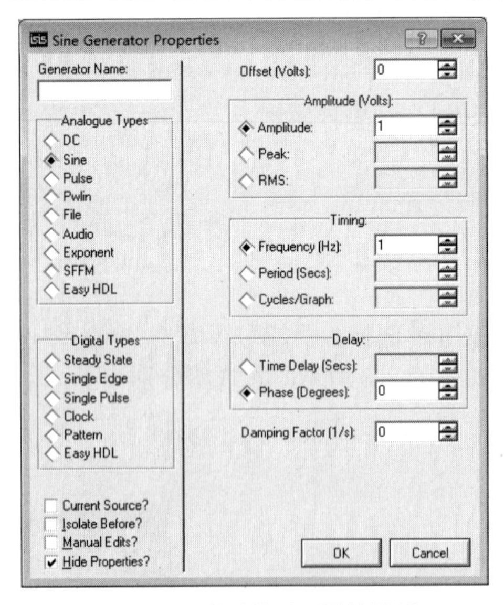

图 11-19　激励信号源属性设置

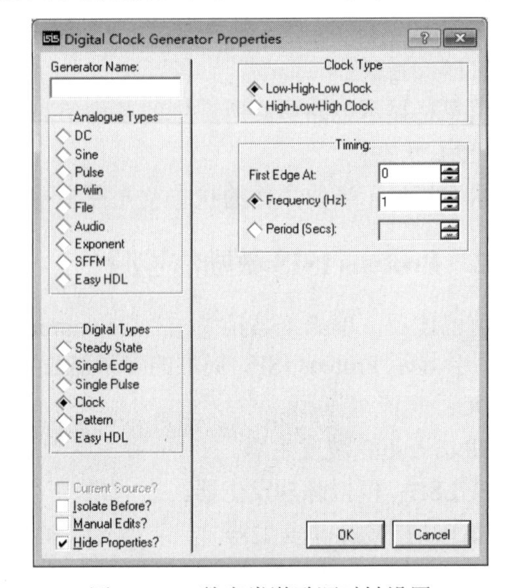


图 11-20　数字类激励源时钟设置

这时电流源（Current Source）选项不可用，右侧对话框的两个选项组如下。

1）在“Clock Type”（时钟类型）选项组，可选择低高低（Low-High-Low）或高低高（High-Low-High）。

2）在“Timing”（定时）选项组，可设置激励源信号第一个边沿产生的时间（First Edge At），也可以选择频率或信号周期。

### 11.1.3 Proteus ISIS VSM 虚拟仪器

Proteus ISIS 提供了多种虚拟仪器，用于系统仿真时测量分析信号及调试程序。

单击工具箱中的“Virtual Instruments Mode”按钮，在对象选择列表中列出 Proteus ISIS 提供的各种虚拟仪器，如图 11-21 所示。

（1）示波器（OSCILLOSCOPE）

选择列表中的“OSCILLOSCOPE”选项，放置到原理图编辑区域，如图 11-22 所示。

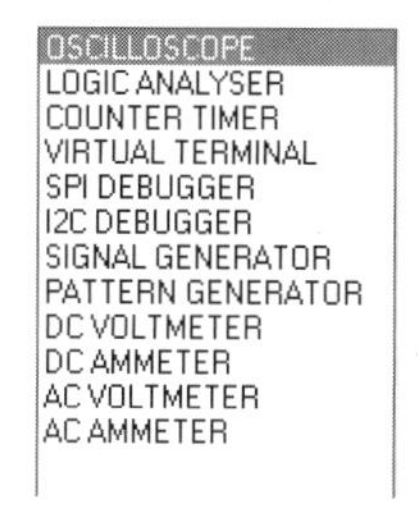


图 11-21　虚拟仪器列表

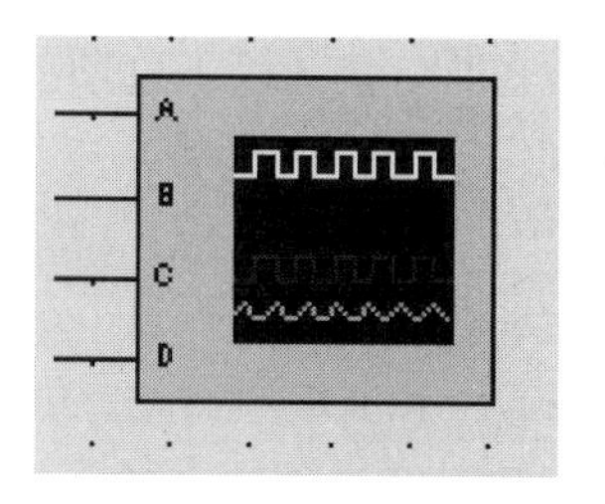


图 11-22　虚拟示波器

示波器仪器参数如下。

1）支持 4 个通道，每个通道都支持 X-Y 模式，AC、DC 耦合输入。

2）通道增益从 20V/ DIV～2mV/ DIV，支持 2.5 倍的微调。

3）时基是 200ms/ DIV～0.5μs/ DIV，支持 2.5 倍的微调。

4）自动电压电平触发，可锁定到通道、A + B 和 C+ D 通道叠加模式、支持鼠标滚轮放大缩小、支持游标测量、可自定义打印波形。

虚拟示波器共有 4 个通道 A、B、C、D，地线在原理图内部自动连接，所以一般虚拟仪器没有地线（GND）端子。

只有在仿真运行时，才能打开虚拟仪器（示波器）调节界面，如图 11-23 所示。

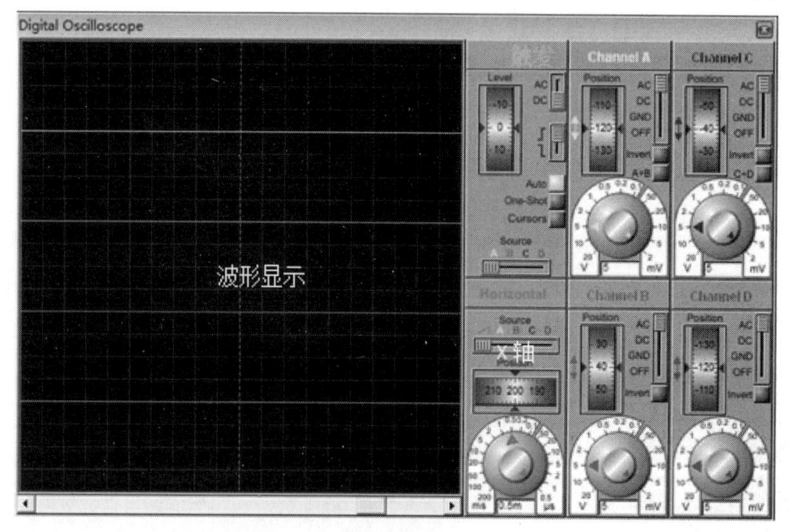


图 11-23　示波器调节界面

如果仿真时误将仪器关闭，可以在仪器图形上右击，在弹出的快捷菜单中选择“Digital Oscilloscope”选项，即可打开仪器；也可以选择“Debug”→“Digital Oscilloscope”命令，也可以打开仪器的调节界面。上述两种方法适用于所有的虚拟仪器。

从示波器的调节窗口，可以看到虚拟示波器显示 4 个通道的波形，分别以 A 黄色、B 蓝色、C 红色和 D 绿色表示。

Y 轴调节包括垂直位置（Position），耦合方式交流（AC）或直流（DC）、地（GND）、关闭本通道（OFF）、反向（Invert）、波形叠加（A+B 或 C+D），还可以通过旋钮进行增益比例的调节和微调。

X 轴调节包括 X-Y 模式触发源（Source）选择、水平位置（Position）调节，通过旋钮进行坐标比例的调节和微调。

触发（Trigger）调节包括以下选项：电平（Level）调节、交直流选择、边沿触发方式（上升沿和下降沿）。单击“Auto”（自动）按钮，表示连续显示波形；单击“One-short”（单次）按钮，表示单次触发显示一个波形的快照；单击“Cursor”（游标）按钮，可以通过鼠标选择任一点电压及时间信息。

（2）逻辑分析仪（LOGIC ANALYSER）

逻辑分析仪通过连续记录输入的数字信号并进行存储，用于对信号进行分析。通过调节采样频率，可记录不同速度的脉冲。

选择虚拟仪器列表中的“LOGIC ANALYSER”（逻辑分析仪），放置在电路输入编辑区域，如图 11-24 所示。

逻辑分析仪仪器参数如下。

1）拥有 24 个通道，包括 16 个 1 位的跟踪通道和 4 个 8 位总线跟踪通道，40000×52 位捕获缓冲容量。

2）采样间隔为 200μs～0.5ns，采样时间分别是 4s～10ns；显示缩放从 1000 个脉冲到 1 个。

3）触发方式多样，边沿和高低电平可任意设置；触发位置可以从-50％到捕捉缓冲区+50％被改变；支持游标测量。

电路仿真时，打开逻辑分析仪的设置界面如图 11-25 所示。设置界面主要用于调节每个通道的触发方式，显示分辨率和采样率。通过“Capture”（捕获）按钮开始捕获。如果单击“Cursor”（游标）按钮可在信号显示窗口对信号进行测量。

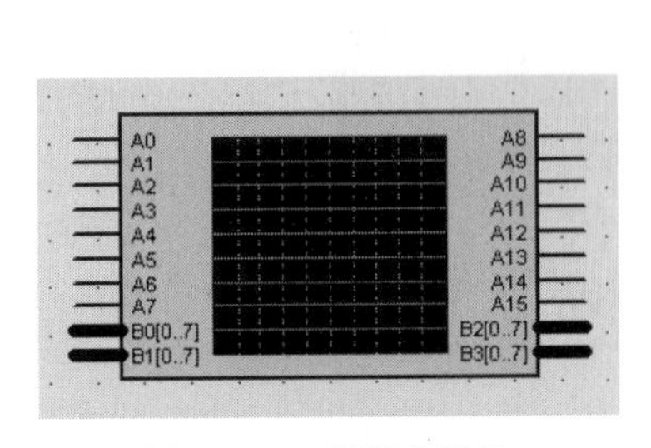


图 11-24　逻辑分析仪

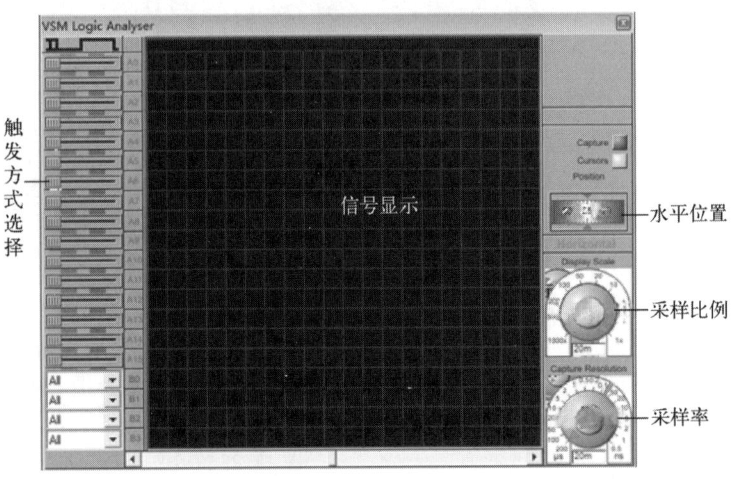


图 11-25　逻辑分析仪设置

（3）计数定时器（COUNTER TIMER）

计数定时器主要用于测量间隔时间、信号频率以及对脉冲进行计数。

选择虚拟仪器列表中的“COUNTER TIMER”（计数定时器），放置在电路输入编辑区域，如图 11-26 所示。

计数定时器仪器参数如下。

1）定时器模式，当格式为“秒”时，分辨率为 1μs；当格式为“时-分-秒”时，分辨率为 1ms。

2）频率计模式，分辨率为 1Hz。

3）计数器模式，最大计 99 999 999。

电路仿真时，通过 CE 引脚输入控制信号、RST 引脚输入复位信号，打开该仪器设置界面如图 11-27 所示。分别设置复位电平方式（RESET POLARITY）为上升沿或下降沿；设置门控方式（GATE POLARITY）为高电平或低电平；通过“MANUAL RESET”（手动复位）按钮复位；通过“MODE”（模式）按钮分别选择 TIME（secs）、TIME（hms）、FREQUENCY 或 COUNT 模式。

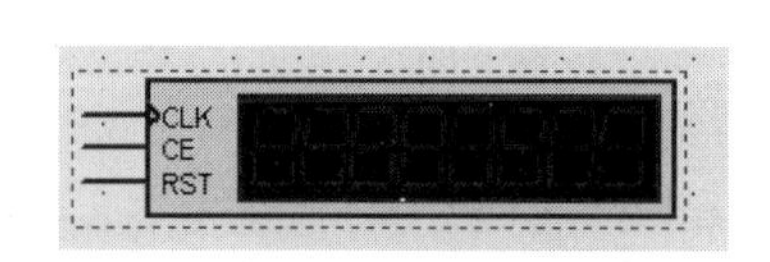


图 11-26　计数定时器

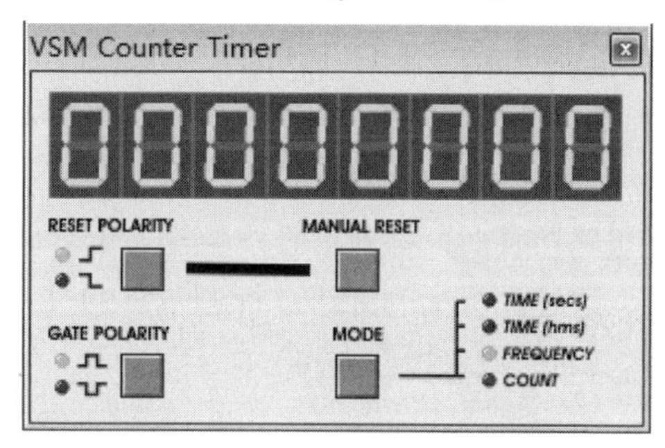


图 11-27　计数定时器设置

（4）虚拟终端（VIRTUAL TERMINAL）

虚拟终端主要用于接收并显示通过异步串行口发送的数据。

选择虚拟仪器列表中的“VIRTUAL TERMINAL”（虚拟终端），放置在电路输入编辑区域，如图 11-28 所示。

虚拟终端仪器支持全双工，可以实现获取按键值，发送和回显 ASCII 数据。波特率设置范围为 300～57600，数据位支持 7 位或 8 位。支持奇校验，偶校验或无奇偶校验。

RXD 用于接收数据，TXD 用于发送数据，RTS 用于请求发送，CTS 清除发送。

（5）SPI 调试器（SPI DEBUGGER）

选择虚拟仪器列表中的“SPI DEBUGGER”（SPI 调试器），放置在电路输入编辑区域，如图 11-29 所示。

SPI 调试器能够监视 SPI 接口的数据收发，可以进行总线协议的分析、显示 SPI 总线发送的数据，同时具有通过调试器向总线发送数据的作用。该终端可以工作在从模式（调试器作为 SPI 从器件）、主模式（调试器作为 SPI 主设备）和监控模式（调试器只是记录在总线上传输的数据）。

（6）I2C 调试器（I2C DEBUGGER）

选择虚拟仪器列表中的“I2C DEBUGGER”（I2C 调试器），放置在电路输入编辑区域，如图 11-30 所示。

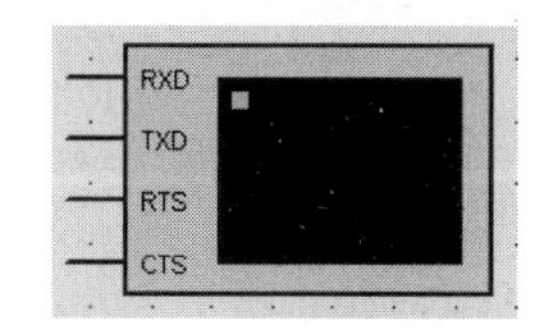


图 11-28　虚拟终端

图 11-29　SPI 调试器

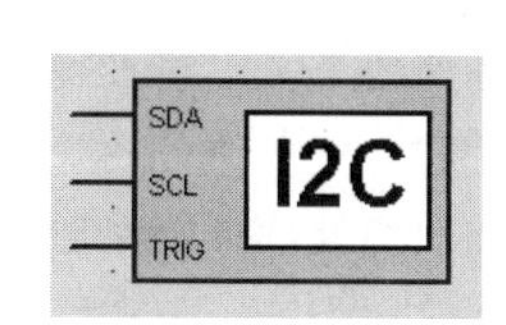


图 11-30　I2C 调试器

I2C 调试器可以实现对 I2C 总线的监控，并与 I2C 总线进行交互。

调试器可以用于查看 I2C 总线发送数据、支持通过调试器向 I2C 总线发送数据。调试器即可作为调试工具也可作为开发 I2C 程序测试的助手。

（7）信号发生器（SIGNAL GENERATOR）

信号发生器主要用于产生各种幅频可调的信号，作为仿真电路信号的输入，同时可以在线进行设置。

选择虚拟仪器列表中的“SIGNAL GENERATOR”（信号发生器），放置在电路输入编辑区域，如图 11-31 所示。

信号发生器参数如下。

1）可以产生方波、锯齿波、三角波和正弦波。

2）输出频率范围 0～12MHz，可分别在 8 个不同的频率段内进行调节。

3）输出幅度范围从 0～12V，可在 4 个不同的电压段内调节。

4）可输入调幅和调频信号。

在电路仿真时，打开信号发生器设置界面如图 11-32 所示。幅度调节、频率调节、波形输出类型可以通过面板上的旋钮进行调节；通过“Polarity”（极性）按钮切换波形的极性，可选择为单极性（Uni）或双极性（Bi）。

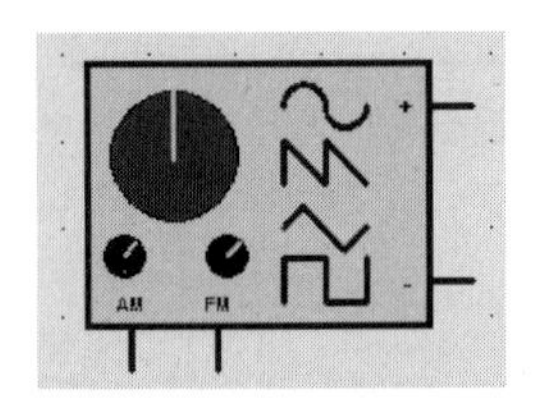


图 11-31　信号发生器

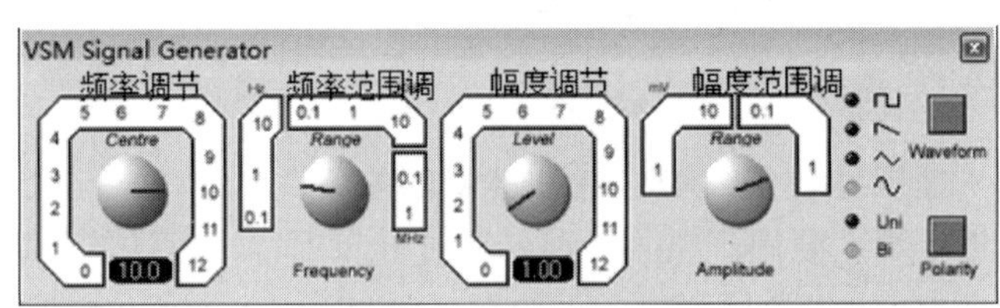


图 11-32　信号放生器设置

（8）序列信号发生器（PATTERN GENERATOR）

选择虚拟仪器列表中的“PATTERN GENERATOR”（序列信号发生器），放置在电路输入编辑区域，如图 11-33 所示。

序列信号发生器允许高达 1KB 的 8 位输出模式，可提前将 8 路信号预置，并循环输出；支持在图形模式或者脚本模式输入序列信号；可选内部或外部时钟与边沿触发；触发类型可调；显示模式可在十六进制或十进制切换；可直接输入精度高的特殊值；支持脚本的载入和保存；支持手动调节周期；允许单步逐位输出信号；可保持显示当前序列信号；可对序列块直接编辑。

引脚类型功能如下。

数据引脚三态输出 Q0～Q7、总线 B[0…7]；内部时钟输出引脚（CLKOUT）；级联输出引脚（CASCADE）。

触发输入引脚（TRIG）：有异步外部上升沿触发、同步外部上升沿触发、异步外部下降沿触发及同步外部下降沿触发 4 种方式，还可以选择内部时钟触发。

时钟输入引脚（CLKIN），该引脚用于从外部输入时钟。提供两个外部时钟模式，外部上升沿触发脉冲和外部下降沿触发脉冲。

保持输入引脚（HOLD）：该引脚为高电平有效，可以用于暂停并保持序列信号发生器当前状态，直到保持引脚为低电平。对于内部时钟或者内部触发则会从保持时刻重新开始。

使能引脚（OE）：输入高电平有效，序列信号可从数据引脚 Q0～Q7 输出。

电路仿真时，打开序列信号发生器设置界面如图 11-34 所示。单击“CLOCK”（时钟）按钮设置时钟模式，可选择内部时钟、外部上升沿触发脉冲和外部下降沿触发脉冲；单击“STEP”（单步）按钮可逐列输出序列；单击“TRIGGER”（触发）按钮，可选择内部时钟、外部上升沿触发和外部下降沿触发，同时可设置同步（Sync）和异步（Async）。

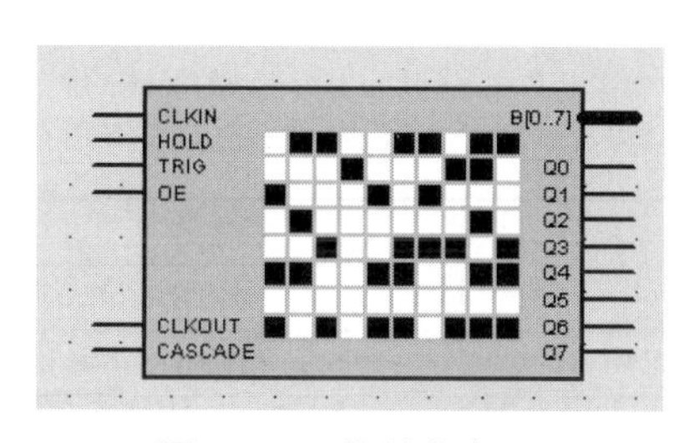


图 11-33　信号发生器

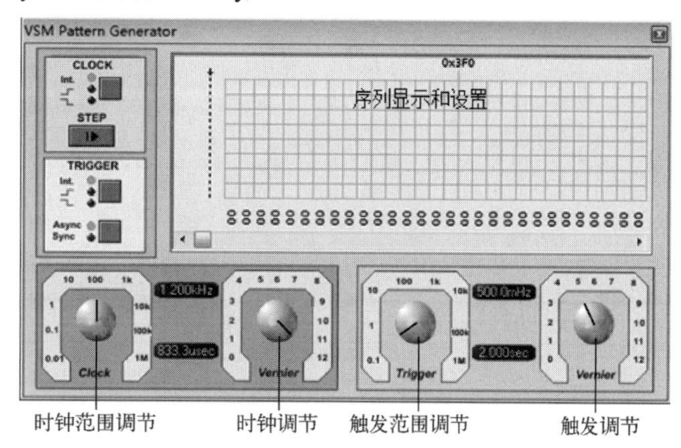


图 11-34　序列信号放生器设置

（9）电压表、电流表

Proteus ISIS 提供有交流和直流电压表电流表，如图 11-35 所示。从左至右分别是直流电压表、直流电流表、交流电压表和交流电流表。将相应的虚拟仪表接入电路，可通过属性设置改变其内阻等参数，在仿真运行时单击电压表或电流表图标就可以打开数值显示窗口。

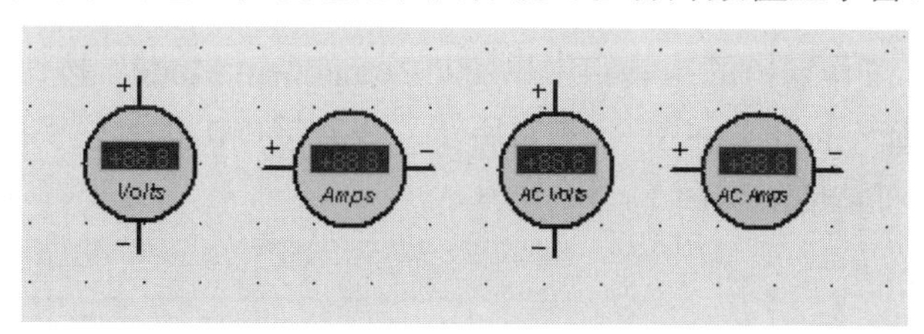


图 11-35　电压、电流表

## 11.2　Proteus 原理图编辑及仿真

本节主要介绍 Proteus 原理图编辑方法、电路仿真操作步骤及调试过程。

### 11.2.1　Proteus ISIS 原理图编辑

下面以绘制 51 单片机流水灯实验电路来说明原理图的编辑过程。

（1）新建设计文件

在 Proteus ISIS 工作窗口，选择“File”→“New Design”命令，打开“Create New Design”（设计文件模板选择）对话框，如图 11-36 所示。根据需要选择要用的模板，本实验选择“DEFAULT”。

（2）放置元器件

本实验电路元器件见表 11-1。

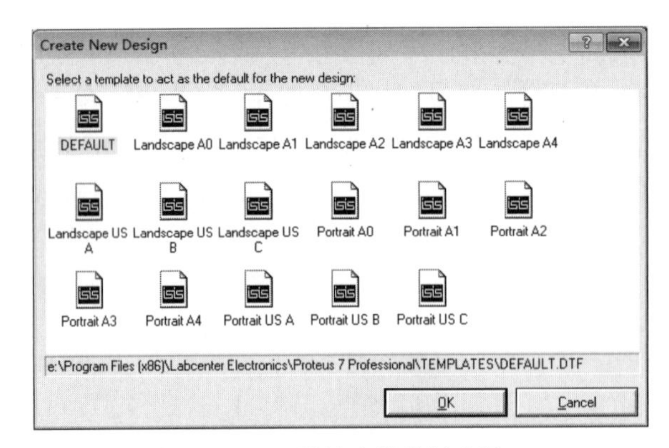


图 11-36　设计文件模板选择

**表 11-1　器件清单**

| 元器件名称 | 参数 | 数量 | 关键字 |
|---|---|---|---|
| 单片机 | AT89C51 | 1 | 89C51 |
| 晶振 | 12MHz | 1 | Crystal |
| 瓷片电容 | 30pF | 2 | Cap |
| 电解电容 | 20μF | 1 | Cap-Pol |
| 电阻 | 10kΩ | 1 | Res |
| 电阻 | 300Ω | 8 | Res |
| LED-YELLOW |  | 8 | LED—Yellow |

以添加单片机 AT89C51 为例说明如何添加元器件。

1）在 Proteus ISIS 工作窗口的工具箱中单击“Component Mode”按钮选择元器件模式。

2）单击“对象选择”按钮P如图 11-37 所示，或直接单击工具栏中的，均可打开“Pick Devices”（查找器件）对话框，如图 11-38 所示。

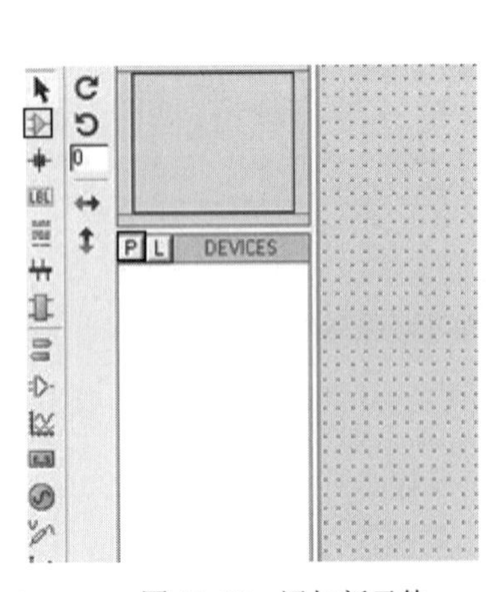


图 11-37　添加新元件

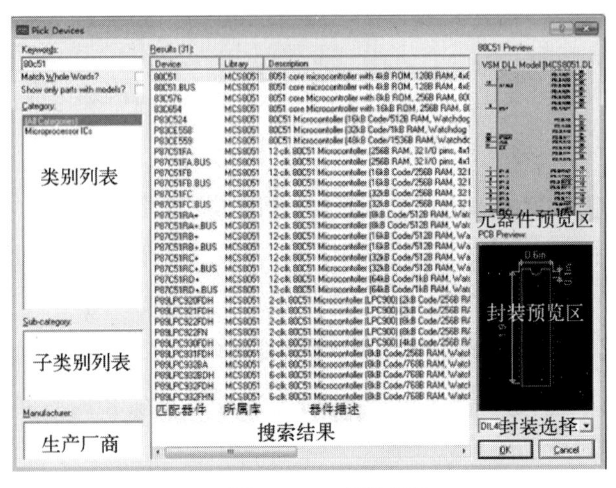


图 11-38　查找器件

3）在图 11-38 所示对话框的“Keywords”（关键字）文本框内输入“80C51”。“Keywords”选项组中有两个选项。

① 匹配整个关键字（Match Whole Words）。

② 仅显示有仿真模型的元器件（Show only with models）。

如果绘制电路原理图主要用于仿真，建议选择第二项。也可以通过元器件预览区的显示判断器件是否支持仿真，如果显示 No Simulator Model，则不支持仿真；反之，会显示对应器件的 DLL 文件。

4）在查找结果框内选择“AT89C51”，单击“OK”按钮将 AT89C51 加入对象选择列表。

按照上述方法，分别添加晶振（CRYSTAL）、发光二极管（LED-YELLOW）、按钮（BUTTON）、瓷片电容（CAP）、电解电容（CAP-POL）以及各类电阻（RES）。添加完成之后元器件列表如图 11-39 所示。

5）用鼠标拖动元器件列表区内的元器件，放入编辑区域。根据电路需要排布元器件，如图 11-40 所示。

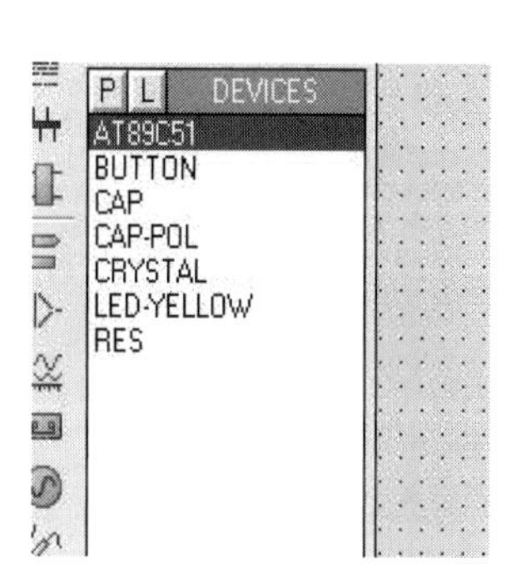


图 11-39　元器件列表

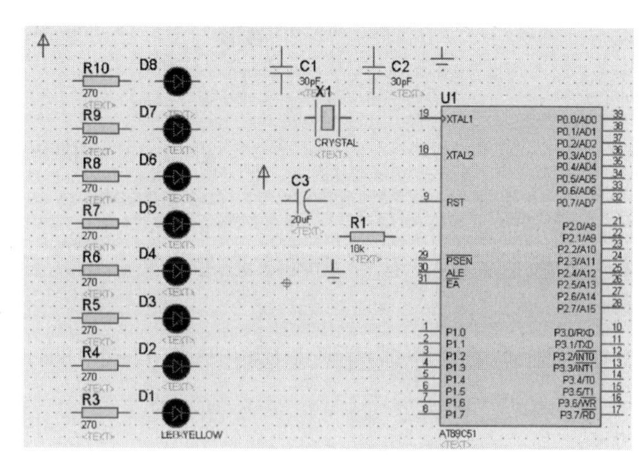


图 11-40　放置元器件

（3）放置电源和地

单击工具箱中的“Terminals Mode”按钮进入终端模式，选择“POWER”（电源）和“GROUND”（地），如图 11-41 所示，在编辑区内加入 POWER、GROUND。

（4）修改元器件参数

在图 11-40 中，双击编辑区内的元器件图标，可以修改元器件参数。

例如，修改电阻的阻值时弹出“Edit Component”对话框如图 11-42 所示。

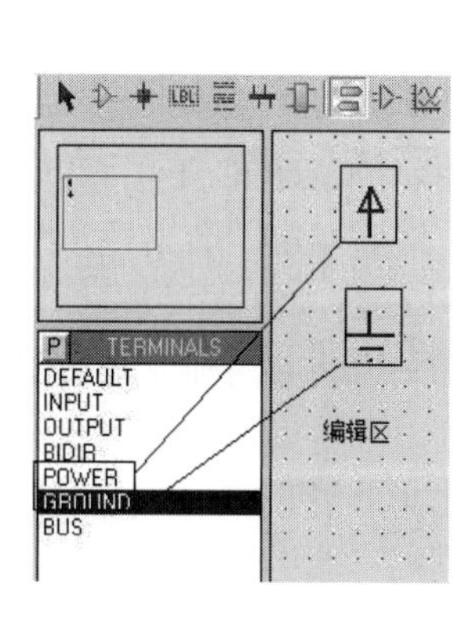


图 11-41　电源 POWER 和地 GROUND

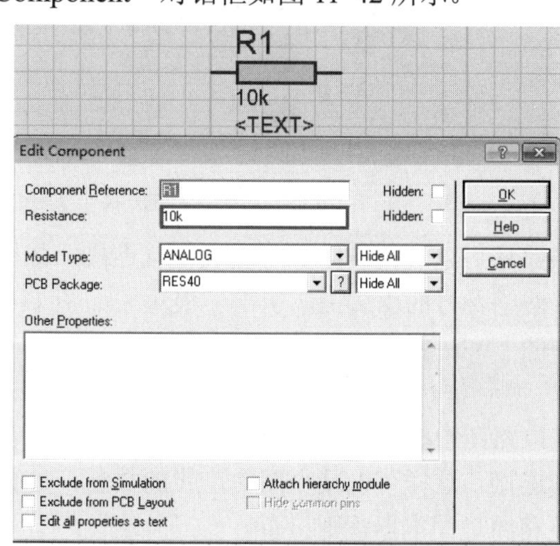


图 11-42　修改电阻值

（5）连接电路

在元器件之间进行电路连线。将鼠标指针移动到相应的元器件引脚上，光标变为绿色的笔，引脚上有虚线方格如图 11-43a 所示，单击就可以与其他元器件进行连线如图 11-43b 所示。在连线时选中工具栏的“自动布线”按钮，连线只能是直线如图 11-43c 所示，不选中该按钮，可以连接斜线如图 11-43d 所示。

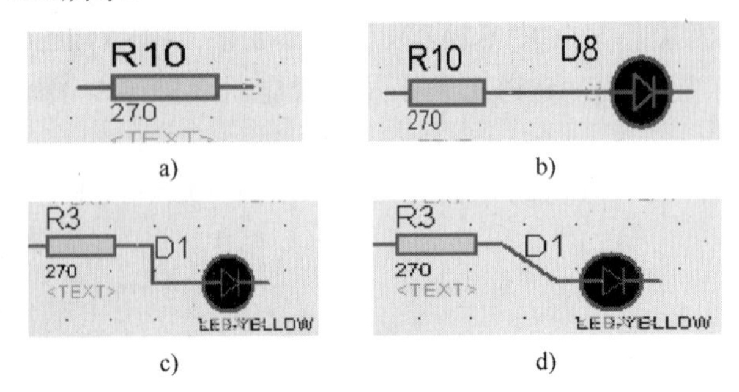


图 11-43　引脚连线

a) 引脚虚线方格　b) 与元器件连线　c) 连线为直线　d) 连线为斜线

如果需要删除连线，在需要删除的连线上右击，在弹出的快捷菜单中选择“Delete Wire”选项即可删除连线。

根据实验电路要求完成线路连接，如图 11-44 所示。

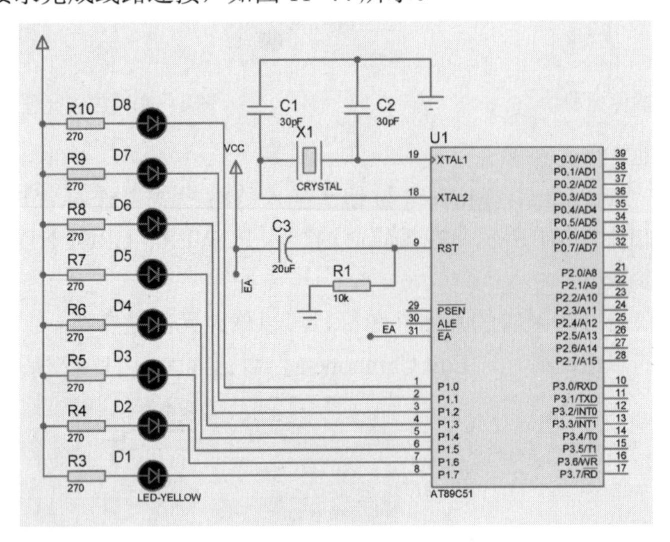


图 11-44　实验电路

连接线路还可以利用网络标号实现电气连接，如图 11-44 所示的 AT89C51 引脚 EA。首先，在需要放置网络标号的引脚上，引出一根短线如图 11-45 所示。然后双击，会出现一个结点，单击工具箱中的“Wire Lable Mode”按钮，鼠标显示一个 X 形，单击引脚 EA 的连线，弹出“Edit Wire Lable”对话框，在“String”文本框中输入“$EA$”，即可完成标号的标注。按照相同的方式，可以在电路图中标注另外一个相同标号，虽然两者没有连接，但是实际上已经通过网络标号实现了电气连接。这样可以减少图中连线的数量，使原理图更加简单清晰。

（6）电路原理图电器规则检查

在 Proteus ISIS 工作窗口，选择“Tool”→“Electrical Rule Check”命令，对电路图进行电气

规则检查，检查结果如图 11-46 所示。通过检查发现没有错误。

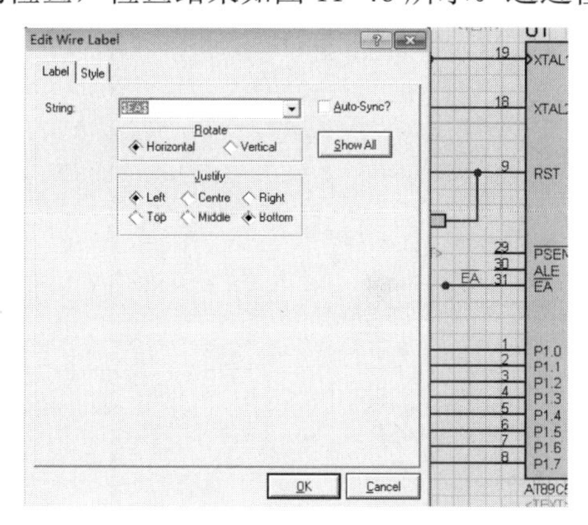

图 11-45　Label 标号编辑

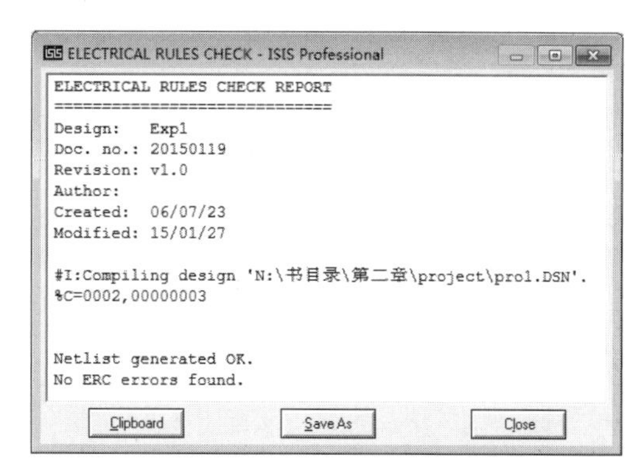
ELECTRICAL RULES CHECK - ISIS Professional

```
ELECTRICAL RULES CHECK REPORT
=============================

Design:   Expl
Doc. no.: 20150119
Revision: v1.0
Author:
Created:  06/07/23
Modified: 15/01/27

#I:Compiling design 'N:\书目录\第二章\project\prol.DSN'.
%C=0002,00000003


Netlist generated OK.
No ERC errors found.
```

Clipboard　Save As　Close

图 11-46　电气规则检查结果

这里需要说明，Proteus ISIS 提供的 51 单片机模型，在原理图中只需要放置一个单片机就可以实现最小系统的仿真，而不需要添加最小系统的晶振及复位等电路（在实际单片机最小系统中，这些电路是不可缺少的）。

### 11.2.2　Proteus ISIS 电路仿真

本节以 Proteus ISIS 设计的单片机流水灯仿真电路为例，介绍如何进行程序加载及仿真调试。

**1. 程序加载**

Proteus ISIS 电路仿真可以直接输入 51 单片机汇编源代码（或.ASM 文件）经编译后进行电路仿真，也可以加载.HEX 目标代码文件进行电路仿真。

（1）输入汇编源代码加载仿真

在 Proteus ISIS 工作窗口，选择“Source”→“Add/Remove Source files”命令，弹出“Add/Remove Source Code Files”（添加删除源程序文件）对话框，如图 11-47 所示，对仿真电路加载所需要的汇编源代码（Proteus 软件内置的编译器仅支持汇编语言源程序代码）。

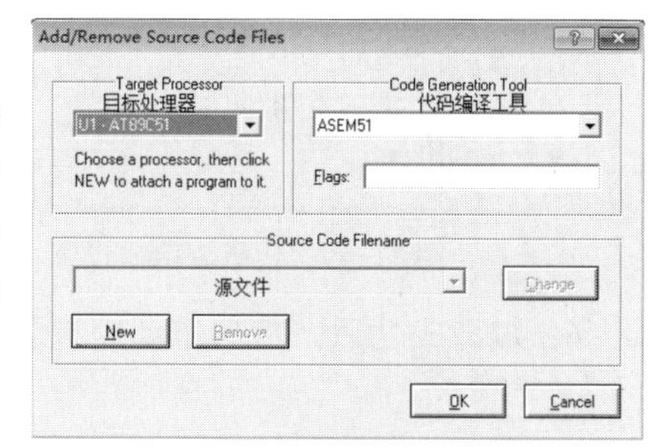


图 11-47　添加删除源程序文件

1）在图 11-47 所示对话框中的“Target Processor”（目标处理器）下拉列表框中选择仿真原理图中的处理器。由于这里用的是 51 内核的单片机，因此选择 ASEM51。

2）单击“New”按钮，弹出一个文件浏览对话框用于选择程序文件。这里可以选择已编写好的源程序，也可以新建程序文件。在需要建立程序文件的目录下，填入源程序文件名，文件类型中选择“ASEM51 source files（*.asm）”，完成程序文件的加载。

3）打开 Proteus ISIS 窗口中的“Soure”菜单，下拉菜单中会多出一个添加程序文件的选项。选择该选项打开项目，输入汇编源代码，如图 11-48a 所示。可以看出 Proteus ISIS 自带的代码编辑器不支持语法高亮显示，也不能修改字体。

4）也可以使用 Proteus ISIS 支持的自定义代码编辑工具，选择“Source”→“Setup External Text Editor”命令，打开如图 11-49 所示的对话框，单击“Browse”按钮，找到代码编辑工具，下面的 3 个选项不要修改，单击“OK”按钮，完成设置后输入编辑流水灯源代码，如图 11-48b 所示。建议读者使用该代码编辑工具。

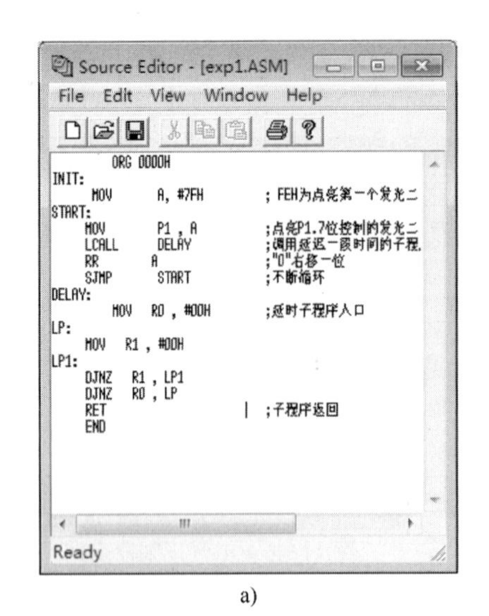


a)

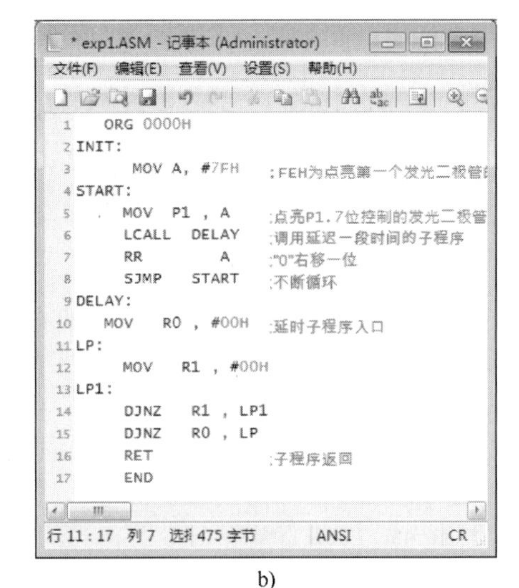


b)

图 11-48　汇编源程序

a) 自带的代码编辑器　b) 自定义的代码编辑器

5）程序编译与执行。

选择“Source”→“Build All”命令，对源程序编译，弹出编译结果窗口，如图 11-50 所示。如果提示错误，修改程序，保存文件后再次编译，直至编译成功。

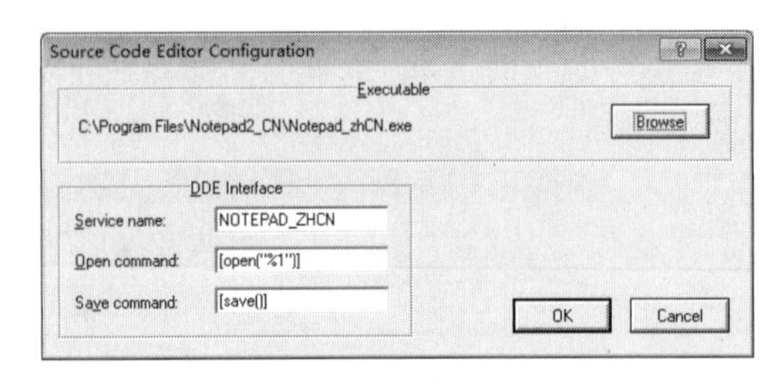


图 11-49　代码编辑器设置

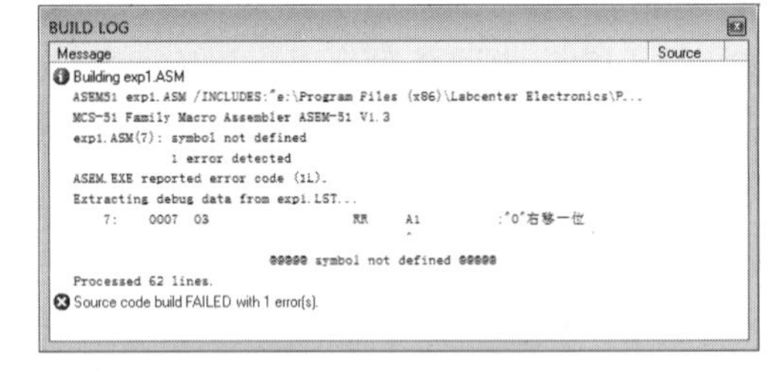


图 11-50　编译结果

6）编译成功后，单击仿真控制运行按钮进行仿真，仿真结果如图 11-51 所示。

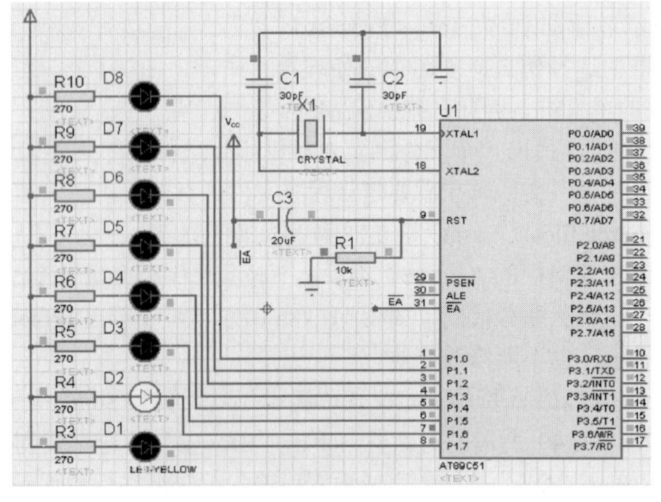


图 11-51　仿真结果

（2）.HEX 文件加载仿真

C51 或汇编源代码通过编译工具在已经产生目标代码.HEX 文件的情况下，可以直接给单片机加载.HEX 文件进行电路仿真，操作步骤如下。

1）双击原理图中的单片机图标，弹出“Edit Component”对话框，如图 11-52 所示。单击“Program File”右侧的“打开”按钮，选择生成的.HEX 文件，并将晶振（Clock Frequency）设置为 12MHz，单击“OK”按钮完成设置。

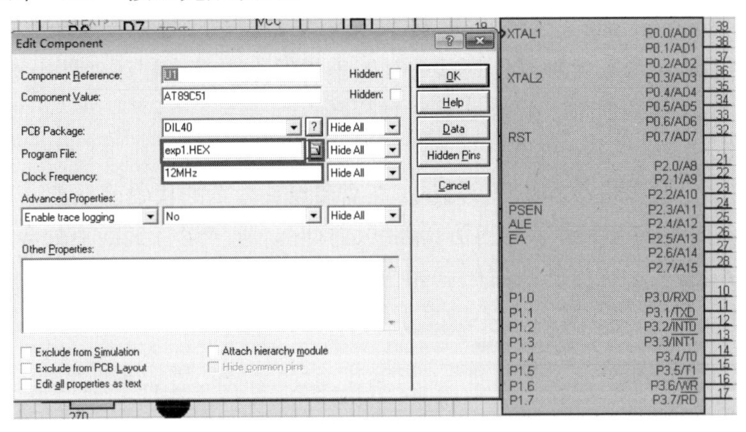


图 11-52 “Edit Component”对话框

2）单击“仿真运行”按钮，实现系统仿真，仿真结果如图 11-51 所示。

**2. 程序调试**

（1）调试模式

单击“仿真调试”按钮，或者通过 Debug 菜单进入调试模式，打开单片机的相关调试窗口如图 11-53 所示。该窗口各部分内容说明如下。

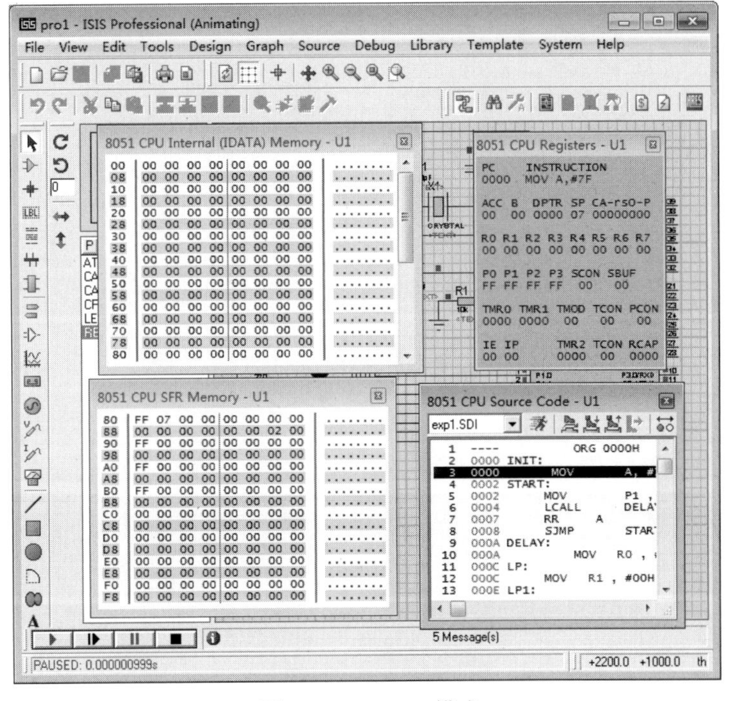


图 11-53 Debug 模式

1）8051 CPU Internal（IDATA）Memory（内部存储单元）：用于显示单片机内存单元的变化（高亮指示）。

2）8051 CPU Registers（寄存器）：显示当前行程序的地址（PC）、当前行程序的反汇编、通用寄存器 R0～R7 及特殊功能寄存器内容。

3）8051 CPU SFR Memory（特殊功能寄存器）：显示特殊功能寄存器区域内内存单元值的变化，高亮指示变化的内存单元。

4）8051 CPU Source Code（源代码）：显示当前运行程序的代码，可通过其上方的调试按钮进行程序调试。功能从左至右分别是：连续运行、单步但不跟踪子程序（即不进入子程序内部）、单步跟踪子程序、运行到当前行（光标选取一行程序）。

（2）设置断点

在程序适当的地方设置断点，以便于调试。在需要设置断点的代码前双击，即可设置断点（显示一个红色圆点），如图 11-53 所示。当仿真连续运行时，程序运行到断点处会自动停止。

在该窗口右击能够显示程序的机器码和相应的行号，但必须在工程中添加汇编源代码，如果仅仅添加.HEX 文件，进入调试模式是不能显示源码的。

# 附　　录

## 附录 A　51 单片机指令表

表 A-1　数据传送指令

| 助 记 符 | 十六进制代码 | 功　能 | 对标志影响 | | | | 字节数 | 周期数 |
|---|---|---|---|---|---|---|---|---|
| | | | P | OV | AC | Cy | | |
| MOV A,Rn | E8～EF | Rn→A | √ | × | × | × | 1 | 1 |
| MOV A,direct | E5 | (direct)→A | √ | × | × | × | 2 | 1 |
| MOV A,@Ri | E6、E7 | (Ri)→A | √ | × | × | × | 1 | 1 |
| MOV A,#data | 74 | data→A | √ | × | × | × | 2 | 1 |
| MOV Rn,A | F8～FF | A→Rn | × | × | × | × | 1 | 1 |
| MOV Rn,direct | A8～AF | direct→Rn | × | × | × | × | 2 | 2 |
| MOV Rn,#data | 78～7F | data→Rn | × | × | × | × | 2 | 1 |
| MOV direct,A | F5 | A→(direct) | × | × | × | × | 2 | 1 |
| MOV direct,Rn | 88～8F | Rn→(direct) | × | × | × | × | 2 | 2 |
| MOV direct1,direct2 | 85 | (direct2)→(direct1) | × | × | × | × | 3 | 2 |
| MOV direct,@Ri | 86,87 | (Ri)→(direct) | × | × | × | × | 2 | 2 |
| MOV direct,#data | 75 | data→(direct) | × | × | × | × | 3 | 2 |
| MOV @Ri,A | F6,F7 | A→(Ri) | × | × | × | × | 1 | 1 |
| MOV @Ri,direct | A6,A7 | (direct)→(Ri) | × | × | × | × | 2 | 2 |
| MOV @Ri,#data | 76,77 | data→(Ri) | × | × | × | × | 2 | 1 |
| MOV DPTR,#data16 | 90 | data16→DPTR | × | × | × | × | 3 | 2 |
| MOVC A,@A+DPTR | 93 | (A+DPTR)→A | √ | × | × | × | 1 | 2 |
| MOVC A,@A+PC | 83 | PC+1→PC,(A+PC)→A | √ | × | × | × | 1 | 2 |
| MOVX A,@Ri | E2,E3 | (Ri)→A | √ | × | × | × | 1 | 2 |
| MOVX A,@DPTR | E0 | (DPTR)→A | √ | × | × | × | 1 | 2 |
| MOVX @Ri,A | F2,F3 | A→(Ri) | × | × | × | × | 1 | 2 |
| MOVX @DPTR,A | F0 | A→(DPTR) | × | × | × | × | 1 | 2 |
| PUSH direct | C0 | SP+1→SP　(direct)→(SP) | × | × | × | × | 2 | 2 |
| POP direct | D0 | (SP)→(direct) SP-1→SP | × | × | × | × | 2 | 2 |
| XCH A,Rn | C8～CF | A↔Rn | √ | × | × | × | 1 | 1 |
| XCH A,direct | C5 | A↔ (direct) | √ | × | × | × | 2 | 1 |
| XCH A,@Ri | C6，C7 | A↔ (Ri) | √ | × | × | × | 1 | 1 |
| XCHD A,@Ri | D6，D7 | A0～3↔ (Ri)0～3 | √ | × | × | × | 1 | 1 |

**表 A-2 算术运算指令**

| 助 记 符 | 十六进制代码 | 功 能 | 对标志影响 | | | | 字节数 | 周期数 |
|---|---|---|---|---|---|---|---|---|
| | | | P | OV | AC | Cy | | |
| ADD A,Rn | 28～2F | A+Rn→A | √ | √ | √ | √ | 1 | 1 |
| ADD A,direct | 25 | A+(direct)→A | √ | √ | √ | √ | 2 | 1 |
| ADD A,@Ri | 26,27 | A+(Ri)→A | √ | √ | √ | √ | 1 | 1 |
| ADD A,#data | 24 | A+data→A | √ | √ | √ | √ | 2 | 1 |
| ADDC A,Rn | 38～3F | A+Rn+Cy→A | √ | √ | √ | √ | 1 | 1 |
| ADDC A,direct | 35 | A+(direct)+Cy→A | √ | √ | √ | √ | 2 | 1 |
| ADDC A,@Ri | 36,37 | A+(Ri)+Cy→A | √ | √ | √ | √ | 1 | 1 |
| ADDC A,#data | 34 | A+data+Cy→A | √ | √ | √ | √ | 2 | 1 |
| SUBB A,Rn | 98～9F | A-Rn-Cy→A | √ | √ | √ | √ | 1 | 1 |
| SUBB A,direct | 95 | A-(direct)-Cy→A | √ | √ | √ | √ | 2 | 1 |
| SUBB A,@Ri | 96,97 | A-(Ri)-Cy→A | √ | √ | √ | √ | 1 | 1 |
| SUBB A,#data | 94 | A-data-Cy→A | √ | √ | √ | √ | 2 | 1 |
| INC | 04 | A+1→A | √ | × | × | × | 1 | 1 |
| INC Rn | 08～0F | Rn+1→Rn | × | × | × | × | 1 | 1 |
| INC direct | 05 | (direct)+1→(direct) | × | × | × | × | 2 | 1 |
| INC @Ri | 06,07 | (Ri)+1→(Ri) | × | × | × | × | 1 | 1 |
| INC DPTR | A3 | DPTR+1→DPTR | | | | | 1 | 2 |
| DEC A | 14 | A-1→A | √ | × | × | × | 1 | 1 |
| DEC Rn | 18～1F | Rn-1→Rn | × | × | × | × | 1 | 1 |
| DEC direct | 15 | (direct)-1→(direct) | × | × | × | × | 2 | 1 |
| DEC @Ri | 16,17 | (Ri)-1→(Ri) | × | × | × | × | 1 | 1 |
| MUL AB | A4 | A·B→AB | √ | √ | × | 0 | 1 | 4 |
| DIV AB | 84 | A/B→AB | √ | √ | × | 0 | 1 | 4 |
| DA,A | D4 | 对 A 进行十进制调整 | √ | × | √ | √ | 1 | 1 |

**表 A-3 逻辑运算指令**

| 助 记 符 | 十六进制代码 | 功 能 | 对标志影响 | | | | 字节数 | 周期数 |
|---|---|---|---|---|---|---|---|---|
| | | | P | OV | AC | Cy | | |
| ANL A,Rn | 58～5F | A∧Rn→A | √ | × | × | × | 1 | 1 |
| ANL A,direct | 55 | A∧(direct)→A | √ | × | × | × | 2 | 1 |
| ANL A,@Ri | 56,57 | A∧(Ri)→A | √ | × | × | × | 1 | 1 |
| ANL A,#DATA | 54 | A∧data→A | √ | × | × | × | 2 | 1 |
| ANL direct,A | 52 | (direct)∧A→(direct) | × | × | × | × | 2 | 1 |
| ANL direct,#data | 53 | (direct)∧data→(direct) | × | × | × | × | 3 | 2 |
| ORL A,Rn | 48～4F | A∨Rn→A | √ | × | × | × | 1 | 1 |
| ORL A,direct | 45 | A∨(direct)→A | √ | × | × | × | 2 | 1 |
| ORL A,@Ri | 46,47 | A∨(Ri)→A | √ | × | × | × | 1 | 1 |
| ORL A,#data | 44 | A∨data→A | √ | × | × | × | 2 | 1 |
| ORL direct,A | 42 | (direct)∨A→(direct) | × | × | × | × | 2 | 1 |
| ORL direct,#data | 43 | (direct)∨data→(direct) | × | × | × | × | 3 | 2 |

（续）

| 助　记　符 | 十六进制代码 | 功　　能 | 对标志影响 | | | | 字节数 | 周期数 |
|---|---|---|---|---|---|---|---|---|
| | | | P | OV | AC | Cy | | |
| XRL A,Rn | 68～6F | A⊕Rn→A | √ | × | × | × | 1 | 1 |
| XRL A,direct | 65 | A⊕(direct)→A | √ | × | × | × | 2 | 1 |
| XRL A,@Ri | 66,67 | A⊕(Ri)→A | √ | × | × | × | 1 | 1 |
| XRL A,#data | 64 | A⊕data→A | √ | × | × | × | 2 | 1 |
| XRL direct,A | 62 | (direct)⊕A→(direct) | × | × | × | × | 2 | 1 |
| XRL direct,#data | 63 | (direct)⊕data→(direct) | × | × | × | × | 3 | 2 |
| CLR A | E4 | 0→A | √ | × | × | × | 1 | 1 |
| CPL A | F4 | $\overline{A}$→A | × | × | × | × | 1 | 1 |
| RL A | 23 | A 循环左移一位 | × | × | × | × | 1 | 1 |
| RLC A | 33 | A 带进位循环左移一位 | √ | × | × | √ | 1 | 1 |
| RR A | 03 | A 循环右移一位 | × | × | × | × | 1 | 1 |
| RRC A | 13 | A 带进位循环右移一位 | √ | × | × | √ | 1 | 1 |
| SWAP A | C4 | A 半字节交换 | × | × | × | × | 1 | 1 |

**表 A-4　控制转移指令**

| 助　记　符 | 十六进制代码 | 功　　能 | 对标志影响 | | | | 字节数 | 周期数 |
|---|---|---|---|---|---|---|---|---|
| | | | P | OV | AC | Cy | | |
| ACALL addr11 | *1 | PC+2→PC，SP+1→SP，PCL→(SP)，SP+1→SP，PCH→(SP)，addr11→PC10～0 | × | × | × | × | 2 | 2 |
| LCALL addr16 | 12 | PC+3→PC，SP+1→SP，PCL→(SP)，SP+1→SP，PCH→(SP)，addr16→PC | × | × | × | × | 3 | 2 |
| RET | 22 | (SP)→PCH，SP-1→SP，(SP)→PCL SP-1→SP | × | × | × | × | 1 | 2 |
| RETI | 32 | (SP)→PCH，SP-1→SP，(SP)→PCL SP-1→SP，从中断返回 | × | × | × | × | 1 | 2 |
| AJMP addr11 | *1 | PC+2→PC，addr11→PC10～0 | × | × | × | × | 2 | 2 |
| LJMP addr16 | 02 | addr16→PC | × | × | × | × | 3 | 2 |
| SJMP rel | 80 | PC+2→PC，PC+rel→PC | × | × | × | × | 2 | 2 |
| JMP @A+DPTR | 73 | (A+DPTR)→PC | × | × | × | × | 1 | 2 |
| JZ rel | 60 | PC+2→PC，若 A=0，PC+rel→PC | × | × | × | × | 2 | 2 |
| JNZ rel | 70 | PC+2→PC，若 A 不等于 0，则 PC+rel→PC | × | × | × | × | 2 | 2 |
| JC rel | 40 | PC+2→PC，若 Cy=1，则 PC+rel→PC | × | × | × | × | 2 | 2 |
| JNC rel | 50 | PC+2→PC，若 Cy=0，则 PC+rel→PC | × | × | × | × | 2 | 2 |
| JB bit,rel | 20 | PC+3→PC，若 bit=1，则 PC+rel→PC | × | × | × | × | 3 | 2 |
| JNB bit,rel | 30 | PC+3→PC，若 bit=0，则 PC+rel→PC | × | × | × | × | 3 | 2 |
| JBC bit,rel | 10 | PC+3→PC，若 bit=1，则 0→bit，PC+rel→PC | | | | | 3 | 2 |

（续）

| 助 记 符 | 十六进制代码 | 功 能 | 对标志影响 | | | | 字节数 | 周期数 |
|---|---|---|---|---|---|---|---|---|
| | | | P | OV | AC | Cy | | |
| CJNE A,direct,rel | B5 | PC+3→PC，若 A 不等于(direct)，则 PC+rel→PC，若 A<(direct)，则 1→Cy | × | × | × | × | 3 | 2 |
| CJNE A,#data,rel | B4 | PC+3→PC，若 A 不等于 data，则 PC+rel→PC，若 A<data，则 1→Cy | × | × | × | × | 3 | 2 |
| CJNE Rn,#data,rel | B8～BF | PC+3→PC，若 Rn 不等于 data，则 PC+rel→PC，若 Rn<data，则 1→Cy | × | × | × | × | 3 | 2 |
| CJNE @Ri,#data,rel | B6～B7 | PC+3→PC，若 Ri 不等于 data，则 PC+rel→PC，若 Ri<data，则 1→Cy | × | × | × | × | 3 | 2 |
| DJNZ Rn,rel | D8～DF | Rn-1→Rn，PC+2→PC，若 Rn 不等于 0，则 PC+rel→PC | × | × | × | × | 3 | 2 |
| DJNZ direct,rel | D5 | PC+2→PC，(direct)-1→(direct)，若(direct)不等于 0，则 PC+rel→PC | × | × | × | × | 3 | 2 |
| NOP | 00 | 空操作 | × | × | × | × | 1 | 1 |

**表 A-5 位操作指令**

| 助 记 符 | 十六进制代码 | 功 能 | 对标志影响 | | | | 字节数 | 周期数 |
|---|---|---|---|---|---|---|---|---|
| | | | P | OV | AC | Cy | | |
| CLR C | C3 | 0→Cy | × | × | × | √ | × | 1 |
| CLR bit | C2 | 0→bit | × | × | × | | × | 1 |
| SETB C | D3 | 1→Cy | × | × | × | √ | 1 | 1 |
| SETB bit | D2 | 1→bit | × | × | × | | 2 | 1 |
| CPL C | B3 | $\overline{Cy}$→Cy | × | × | × | √ | 1 | 1 |
| CPL bit | B2 | $\overline{bit}$→bit | × | × | × | | 2 | 1 |
| ANL C,bit | 82 | Cy∧bit→Cy | × | × | × | √ | 2 | 2 |
| ANL C,/bit | B0 | Cy∧$\overline{bit}$t→Cy | × | × | × | √ | 2 | 2 |
| ORL C,bit | 72 | Cy∨bit→Cy | × | × | × | √ | 2 | 2 |
| ORL C,/bit | A0 | Cy∨$\overline{bit}$→Cy | × | × | × | √ | 2 | 2 |
| MOV C,bit | A2 | Bit→Cy | × | × | × | √ | 2 | 1 |
| MOV bit,C | 92 | Cy→bit | × | × | × | √ | 2 | 2 |

51 指令系统所用符号和含义如下。

| | |
|---|---|
| addr11 | 11 位地址 |
| addr16 | 16 位地址 |
| bit | 位地址 |
| rel | 相对偏移量，为 8 位有符号数（补码形式） |
| direct | 直接地址单元（RAM、SFR、I/O） |
| #data | 立即数 |
| Rn | 工作寄存器 R0～R7 |
| A | 累加器 |
| Ri | i=0，1，数据指针 R0 或 R1 |
| X | 片内 RAM 中的直接地址或寄存器 |
| @ | 在间接寻址方式中，表示间址寄存器的符号 |

| | |
|---|---|
| (X) | 在直接寻址方式中，表示直接地址 X 中的内容<br>在间接寻址方式中，表示间址寄存器 X 指出的地址单元中的内容 |
| → | 数据传送方向 |
| ∧ | 逻辑与 |
| ∨ | 逻辑或 |
| ⊕ | 逻辑异或 |
| √ | 对标志产生影响 |
| × | 不影响标志 |

# 附录 B　常用 C51 库函数

表 B 为 C51 常用库函数及部分函数功能。

**表 B　常用 C51 库函数**

| 分类及文件包含 | 函数名 | 部分函数功能或说明 |
|---|---|---|
| 特殊功能寄存器访问 REG5x.H（REG51.H、REG52.H 等） | | 对 51 系列单片机的 SFR 可寻址位定义 |
| 字符函数 CTYPE.H | bit isalpha(char c) | 检查参数字符是否为英文字母（是返回 1，否则返回 0） |
| | bit isalnum (char c) | 检查参数字符是否为英文字母或数字字符（是返回 1，否则返回 0） |
| | bit iscntrl(char c) | 检查参数值是否为控制字符（是返回 1，否则返回 0） |
| | bit isdigit(char c) | 检查参数值是否为数字 0～9（是返回 1，否则返回 0） |
| | bit isgraph(char c) | 检查参数是否可显示字符 是返回非 0，否则返回 0 |
| | bit isprint(char c) | 检查参数值是否为可打印字符（是返回 1，否则返回 0） |
| | bit ispunct(char c) | 检查字符参数是否为标点、空格或格式符（是返回 1，否则返回 0） |
| | bit islower(char c) | 检查字符参数是否为小写字母（是返回 1，否则返回 0） |
| | bit isupper(char c) | 检查字符参数是否为大写字母（是返回 1，否则返回 0） |
| | bit isspace(char c) | 检查字符参数是否为空格、回车、换行等，（是返回 1，否则返回 0） |
| | bit isxdigit(char c) | 检查字符参数是否为 16 进制数字字符（是返回 1，否则返回 0） |
| | unsigned char toint(unsigned char c) | 将字符 0～9、a～f(A～F)转换为 16 进制数字 |
| | unsigned char tolower(unsigned char c) | 将大写字母转换为小写形式 |
| | unsigned char toupper(unsigned char c) | 将小写字母转换为大写字母 |
| I/O 函数 STDIO.H 用于串行口操作，操作前需要先对串行口初始化 | char _getkey(void) | 等待从 51 单片机串行口读入字符，返回读入的字符 |
| | char getchar(void) | 从串口读入一个字符并输出该字符 |
| | char *gets(char *s,int n) | 利用 getchar 从串行口读入的长度为 n 的字符串，存入 s 指向的数组 |
| | char ungetchar(char c) | 将输入的字符回送到输入缓冲区 |
| | char putchar(char c) | 通过 51 单片机串行口输出字符 |
| | int printf(const char *fmts) | 以第一个参数字符串指定的格式，通过 51 单片机串行口输出数值和字符串，返回值是实际输出字符数 |
| | int scanf(const char *fmts) | 将字符串和数据按照一定的格式从串口读入。返回值是所发现并转换的输入项数 |
| 字符串函数 STRING.H 用于字符串操作，如串搜索、串比较、串复制、确定串长度等 | void *memchr(void *s1,char val,intlen) | 顺序搜索字符串 s1 前 len 个字符，查找字符 val，找到时，返回是 s1 中 val 的指针，未找到返回 NULL |
| | void *memcmp(void *s1,void *s2,int len) | 比较 s1 和 s2 的前 len 个字符，相等时返回 0，若 s1 串大于或小于 s2，则返回一个正数或一个负数 |
| | void *memcpy(void *dest,void *src, int len) | 从 src 所指向的字符串中复制 len 个字符到 dest 字符串中，返回值指向 dest 中的最后一个字符的指针 |
| | void *memmove(void *dest,void *src　int len) | 从 src 所指向的字符串中复制 len 个字符到 dest 字符串中，返回值指向 dest 中的最后一个字符的指针 |

（续）

| 分类及文件包含 | 函数名 | 部分函数功能或说明 |
| --- | --- | --- |
| 字符串函数 STRING.H 用于字符串操作，如串搜索、串比较、串复制、确定串长度等 | void *menset(void *s,charval, int len)<br>void *strcat(char*s1,char*s2)<br>char *strcmp(char*s1,char*s2)<br><br>char *strcpy(char *s1,char *s2)<br>int strlen(char *s1)<br>char *strchr(char *s1,char c)<br>char *strrchr(char *s1,char c)<br>int strspn(char *s1,char *set) | 用 val 来填充指针 s 中的 len 个单元<br>将串 s2 复制到 s1 的尾部<br>比较 s1 和 s2，相等时返回 0，若 s1 串大于或小于 s2，则返回一个正数或一个负数<br>将串 s2 复制到 s1 中的第 1 个字符指针处<br>返回 s1 中字符个数<br>搜索 s1 中第一个出现的字符 c，找到返回该字符的指针<br>搜索 s1 中最后一个出现的字符 c，找到返回该字符的指针<br>返回 str1 中第一个不在字符串 str2 中出现的字符下标 |
| 类型转换及内存分配函数 STDLIB.H 将字符型参数转换成浮点型、长型或整型，产生随机数 | float atof（char *s1）<br>long atol(char *s1)<br>int atoi(char *s1)<br>int rand()<br>void srand(int n) | 将字符串 s1 转换成浮点数值并返回它<br>将字符串 s1 转换成长整型数值并返回它<br>将字符串 s1 转换成整型数值并返回它<br>产生一个 0～32767 之间的伪随机数并作为返回值<br>将随机数发生器初始化成一个已知值 |
| 数学函数 MATH.H 完成数学运算（求绝对值、指数、对数、平方根、三角函数、双曲函数等） | int abs(int val)<br>float fabs(float val)<br>float exp(float x)<br>float log(float x)<br>float log10(float x)<br>float sqrt(float)<br>float sin(float x)<br>float cos(float x)<br>float tan(float x)<br>float asin(float x)<br>float acos(float x)<br>float atan(float x)<br>float pow(float y,float x) | 返回 val 的整型绝对值<br>返回 val 的浮点型绝对值<br>返回 e 的 x 次幂<br>返回 x 的自然对数<br>返回以 10 为底的对数<br>返回 x 的平方根<br>返回 x 的正弦值<br>返回 X 的余弦值<br>返回 x 的正切值<br>返回 x 的反正弦值<br>返回 X 的反余弦值<br>返回 x 的反正切值<br>返回 x 的 y 次方 |
| 绝对地址访问 ABSACC.H | CBYTE<br>DBYTE<br>PBYTE<br>XBYTE<br>CWORD<br>DWORD<br>PWORD<br>XWORD | 对不同的存储空间进行字节或字的绝对地址访问 |
| 本征函数 INTRINS.H | unsigned char _crol_(unsigned char val,unsigned char n)<br>unsigned int _irol_(unsigned int val,unsigned char n)<br>unsigned long _lrol_(unsigned long val,unsigned char n)<br>unsigned char _cror_(unsigned char val,unsigned char n)<br>unsigned int _iror_(unsigned int val,unsigned char n)<br>unsigned long _lror_(unsigned long val,unsigned char n)<br>int_test_ (bit x)<br>unsigned char_chkfloat_(float val)<br>void_nop_(void)_ | 将 val 左移 n 位<br>将 val 左移 n 位<br>将 val 左移 n 位<br>将 val 右移 n 位<br>将 val 右移 n 位<br>将 val 右移 n 位<br>相当于 JBC bit 指令<br>测试并返回浮点数状态<br>产生一个 NOP 命令 |
| 变量参数表 STDARG.H | va_start<br>va_arg<br><br>va_end | 获取可变参数列表的第一个参数的地址<br>获取可变参数的当前参数，返回指定类型并将指针指向下一参数<br>清空 va_list 可变参数列表 |
| 全程跳转 SETJMP.H | int setjmp (jmp_bufVal)<br><br>void longjmp(jmp_buf Val, int value) | 把当前环境保存在变量 Val 中，以便函数 longjmp() 后续使用<br>该函数恢复最近一次调用 setjmp() 宏时保存的环境 |